电机现代测试技术

第 2 版

武建文　李德成　等编著

机 械 工 业 出 版 社

本书系根据各种类型电机的最新国家标准规定的试验项目和试验方法，对电机中的基本物理量的测量、电机的参数测定和电机的性能测试作了全面系统的介绍。书中重点对电机的测试原理、常用的测试方法以及测试设备进行了详细的叙述。

本书最适合作为高等工科院校电机电器及其控制专业以及其他相关专业的教材或教学参考书，也可作为电机检测工程技术人员参考资料和电机试验人员的自学和培训教材。

图书在版编目（CIP）数据

电机现代测试技术/武建文等编著．—2版．—北京：机械工业出版社，2015.10（2025.1重印）

ISBN 978-7-111-51462-6

Ⅰ.①电…　Ⅱ.①武…　Ⅲ.①电机—测试技术　Ⅳ.①TM301

中国版本图书馆CIP数据核字（2015）第203751号

机械工业出版社（北京市百万庄大街22号　邮政编码100037）
策划编辑：刘星宁　责任编辑：刘星宁
版式设计：霍永明　责任校对：肖　琳
封面设计：马精明　责任印制：单爱军
北京虎彩文化传播有限公司印刷
2025年1月第2版第7次印刷
184mm×260mm · 20.5印张 · 507千字
标准书号：ISBN 978-7-111-51462-6
定价：58.00元

第2版前言

本书第1版于2005年11月开始发行，到目前已经过去整整10年了。10年中本书共重印4次，说明本书始终受到相关读者的关注，体现了它的使用价值。

10年来，我国电机行业在试验设备和试验技术方面，有了飞跃式的发展，最突出的一点是在很多方面应用了数字技术、微机技术，甚至于网络技术。有些技术——例如直流母线内回馈变频电源和用以太网传输测量数据等，堪称是革命性的。

在试验标准方面，大力采用国际和世界发达国家的标准，其中最具代表性的，也是本书所用的两个主要标准GB 755—2008《旋转电机　定额和性能》和GB/T 25442—2010《旋转电机（牵引电机除外）确定损耗和效率的试验方法》则分别等同采用了国际电工委员会（IEC）的同名标准IEC 60034-1：2004和IEC 60034-2-1：2007；另一个主要标准GB/T 1032—2012《三相异步电动机试验方法》则代替了曾经代替1985版的2005版，其中更改和新增的内容均来自IEC 60034和美国IEEE 112同类标准。这些变化体现了我国电机行业标准的国际化和先进性。

本书中所涉及的其他主要标准，例如同步电机和直流电机试验方法、噪声和振动测试方法和限值、安全通用要求、绕组匝间耐冲击电压试验方法等，也都进行了修订或换版升级（有些已换版2次，有些从行业标准升级为国家标准）。当然，其中的内容也有较大的变化。

了解了上述情况后，本书再版的意图则不言而喻了。

这次再版，仍沿用原版的格局，更新和增添了目前现行标准（截止到2015年8月）中与第1版所用标准相比不同或增加的内容，删除了部分已不常用（或者停产的）试验设备资料，增加了部分先进的试验设备资料。

本版除第1版作者外，才家刚高级工程师负责了大部分修订工作。

由于作者的技术水平和经验有限，书中难免有不准确甚至错误之处，望广大读者批评指正。

作　者

第1版前言

电机是国民经济中应用最广泛的一种动力设备、发电设备和自动控制元件。随着工农业生产和国防事业的迅速发展、自动化程度的日益提高和家用电器的日趋普及，以及军事航空航天等特殊领域现代化的要求，电机的品种和产量日益增加，对电机的性能和质量指标提出了越来越高的要求。在电机的科学研究和新产品研制过程中，必须对模型和样机进行大量的试验验证，以探索改进的途径；在电机的研制和生产过程中，必须对样机和产品进行大量的检测，以确定其能否符合国家标准和产品技术条件的要求；在电机的运行过程中，还要对电机的运行状况进行监测，以确定电机的运行状态是否正常。

随着产品产量的增加，例行试验的工作量也随之增大，故必须改变传统人工记录、人工数据处理的低效率测试方法，以实现微机自动测试系统。综上所述，编写本书具有重要的实用意义，对于当前国家技术监督部门狠抓产品质量、提高检验人员的技术水平，具有重要的现实意义。

本书是作者在总结多年教学经验和科研工作基础上编写的，初稿曾多次为电机电器及其控制专业本科生、研究生讲授，还曾为技术监督检验部门以及电机制造厂的试验检验技术人员进行培训讲授。

全书共分三篇，第一篇阐述了电机中基本物理量的测量，包括电量、非电量和磁量的测量；第二篇阐述了电机参数的测定；第三篇阐述了电机性能的测试。本书虽多以异步电动机为典型实例，但其测试方法其他类型电机也都可以借鉴。

本书努力坚持理论联系实际，力图贯彻最新国家标准和反映电机测试方面的最新技术。在编写过程中，注意阐述基本原理、力求明确物理概念，注重生产实际和科研实际中的测试设备、测试仪器仪表和测试方法。

参加本书编写的有武建文教授、李德成教授。李琳助理研究员参加了本书的录入、校对等文稿工作。

本书由中国工程院院士沈阳工业大学唐任远教授仔细审阅，唐院士对全书编写体系、内容和写法提出了许多宝贵意见，对此作者表示衷心的感谢。作者对参考文献中提供样本和资料的个人和单位在此一并表示谢意。

由于作者水平有限，书中缺陷和错误在所难免，欢迎广大读者批评指正。

本书可作为高等工科院校电机电器及其控制专业以及其他相关专业的教材或教学参考书，可供电机检测工程技术人员参考，也可作为电机试验工人的自学和培训教材。

作　者

目　　录

绪　　论

一、测试技术在电机科研和生产中的作用

在自然界中，对任何不同的研究对象，不仅要从物理方面对它进行认识，而且还要从数量方面对它进行评价，这种评价都是通过测试代表其特性的物理量来实现的，因此测试技术是人类认识自然和改造自然不可缺少的手段。

电机是一种进行能量转换或信号变换的电磁机械装置。电机分为发电机、电动机和控制电机等，在国民经济各部门应用非常广泛。随着工农业生产的迅速发展、自动化程度的日益提高、家用电器的日趋普及，以及军事航空航天等特殊领域现代化的要求，电机的品种和产量日益增加，对电机性能和质量等指标也提出了各种不同的要求。对电机性能和质量的评价都要应用测试技术：在电机的科学研究和新产品研制过程中，必须对模型和样机进行大量的试验验证，以探索改进的途径；在电机的生产过程中，必须对产品进行大量的检验，以确定其是否符合国家标准和产品技术条件的要求；在大型电机的运行过程中，还必须进行运行状况的现场监测。随着产品产量的不断增加，半成品和成品的例行试验工作量也随之增加，故为了提高生产效率，必须采用自动测试系统。可见，测试技术在电机科研、生产和运行中都具有十分重要的地位。

电机工业的发展也促进了电机测试技术的发展，近代电子技术和计算机技术给电机的测试提供了许多先进的测试手段，为提高电机的测试精度和效率，进行动态性能测试提供了可能性，对分析电机的性能提供了很大方便。微型计算机在电机测试中的应用，可以实现参数的自动测定、性能的自动测试、数据的快速采集和处理，改变了长期以来依靠传统人工读数、人工记录、人工分析数据的低效率传统测试方法，这无疑是电机测试技术的重要变革。

二、电机测试的特点

电机为了适应国民经济各部门的使用要求，在性能、结构形式、安装方法以及使用环境方面都有许多不同，其种类和品种是非常繁多的。与此相应，它的技术指标也是多种多样的，要对这些技术指标进行测试，相应地就要有各种测试方法以及试验设备和电源装置。

电机是一种进行能量转换或信号变换的电磁机械装置，这种电磁机械装置既有静止的和旋转的，又有角位移的和直线运动的形式，虽然形式种类很多，但其工作原理都基于电磁感应定律和电磁力定律。因此，其构造的一般原则是用导电材料和导磁材料构成能互相进行电磁感应的磁路和电路，以产生电磁功率和电磁转矩，达到转换能量、变换信号的目的。由此可见，在电机测试过程中，有电量、磁量和非电量的测量。

所谓测量，就是通过物理实验的方法，把被测量与其同种类的、已知的标准量进行比较，以求得被测量的值，达到定量的认识过程。实际上，简单地说，测量就是将被测量直接或间接地与作为测量单位的同类量进行比较的过程。电机中物理量的测量，主要包括以下三个方面：

1）测量对象；

2）测量方式和测量方法；

3）测量设备，其中包括测量仪器仪表与电源（负载）。

在测量工作过程中，需要对一些术语有所了解，常用的几个术语如下：

1）准确度：测量结果与被测量真实值之间相接近的程度。它是测量结果准确度的量度。

2）精密度：在测量中所测数值重复一致的程度。它是测量重复性的量度。

3）灵敏度：仪器仪表读数的变化量与相应的被测量的变化的比值。

4）分辨率：仪器仪表所能反映的被测量的最小变化值。

5）量程（量限）：仪器仪表在规定的准确度下对应于某一测量范围内所能测量的最大值。

6）误差：测量结果对被测量真实值的偏离程度。

电机测试过程中，除要确定合理的试验方法外，测量仪器仪表和设备还必须满足测量准确度和速度的要求。在科学研究试验中，应根据所制定的特殊试验项目选择仪器仪表的准确度。在工业试验中，应根据国家有关标准的规定，确定所采用仪器仪表的准确度和量程。例如在国家标准中规定，采用的电气测量仪表的准确度应不低于0.5级（绝缘电阻表除外）；三相功率表的准确度应不低于1.0级；互感器的准确度应不低于0.2级；电量变送器的准确度应不低于0.5%（检查试验时应不低于1%）；数字式转速测量仪（包括十进频率仪）及转差率测量仪的准确度应不低于0.1% ±1个字；转矩测量仪及测功机的准确度应不低于1%（实测效率时应不低于0.5%）；测力计的准确度应不低于1.0级；温度计的误差在±1℃以内。

选择仪表量限时，应使测量值位于20%～95%仪表量程范围内。在用两功率表法测量三相功率时，应尽量使被测电压及电流值分别不低于功率表的电压量程及电流量程的20%。

电机试验按试验性质的分类如下：

1. 科研试验

科研试验是根据研究需要制订的特殊电机试验项目，这一试验的目的极为不同，一般可分为：

1）为新技术应用或新研制样机获得原始数据而进行的试验；

2）为改进现有设计公式和方法以及建立新的设计公式和方法而进行的试验；

3）为新材料、新工艺、新结构的可行性而进行的试验；

4）为产品的更新换代而进行的试验；

5）为解决各种电机运行中存在的问题而进行的试验等。

2. 工业试验

工业试验是由制造厂、产品测试检验站对电机产品按国家标准或技术条件规定的项目进行的试验，一般分为型式试验和检查试验（出厂试验）。

1）型式试验是按国家标准或技术条件规定的全部项目进行测试，是对产品的全面考核，以确定该产品是否可以投入生产。

2）检查试验是按国家标准或技术条件规定的有关项目进行测试，以检查该产品是否合格，能否出厂。

电机测试都要贯彻国家标准，这些方法在国家标准中做了详细规定。主要国家标准有：

1）GB 755—2008　旋转电机　定额和性能

2）GB 14711—2013　中小型旋转电机通用安全要求

3）GB 12350—2009　小功率电动机的安全要求

4）GB/T 25442—2010　旋转电机（牵引电机除外）确定损耗和效率的试验方法

5）GB 18613—2012　中小型三相异步电动机能效限定值及节能评价值

6）GB 10068—2008　轴中心高为56mm及以上电机的机械振动　振动的测量、评定及限值

7）GB/T 10069.1—2006　旋转电机噪声测定方法及限值　第1部分：旋转电机噪声测定方法

8）GB 10069.3—2008　旋转电机噪声测定方法及限值　第3部分：噪声限值

9）GB/T 1032—2012　三相异步电动机试验方法

10）GB/T 22670—2008　变频器供电三相笼型感应电动机试验方法

11）GB/T 8916—2008　三相异步电动机负载率现场测试方法

12）GB/T 9651—2008　单相异步电动机试验方法

13）GB/T 1029—2005　三相同步电机试验方法

14）GB/T 22669—2008　三相永磁同步电动机试验方法

15）JB/T 22672—2008　小功率同步电动机试验方法

16）GB/T 14481—2008　单相同步电机试验方法

17）GB/T 13958—2008　无直流励磁绕组同步电动机试验方法

18）GB/T 1311—2008　直流电机试验方法

19）JB/T 22719.1—2008　交流低压电机散嵌绕组匝间绝缘　第1部分：试验方法

20）JB/T 22719.2—2008　交流低压电机散嵌绕组匝间绝缘　第2部分：试验限值

21）GB/T 12785—2002　潜水电泵　试验方法

三、误差基本概念和测量误差分析

被测量的真实值就称为真值。在一定的时间和空间内，真值是一个客观存在的确定的数值。在测量过程中，即使选用准确度最高的测量器具、测量仪器和仪表，并且没有人为的失误，要想测得真值也是不可能的。况且由于人类对客观事物认识的局限性、测量方法的不完善性以及测量工作中常有的各种失误等，更会不可避免地使测量结果与被测量的真值之间有差别，这种差别就称为测量误差。

1. 测量误差按性质和特点的分类

测量误差按其性质和特点，可分为系统误差、偶然误差（也称随机误差）和疏失误差三类，下面逐一说明。

（1）系统误差

在相同的测量条件下，多次测量同一个量时，误差的数值（大小和符号）均保持不变或按某种确定性规律变化的误差称为系统误差。系统误差通常是由测量器具、测量仪器和仪表本身的误差产生的。此外，由于测量方法不完善以及测量者不正确的测量习惯等产生的测量误差也称为系统误差。系统误差的大小可以衡量测量数据与真值的偏离程度，即测量的准确度。系统误差越小，测量的结果就越准确。

由于系统误差具有一定的规律性，因此可以根据误差产生的原因，采取一定的措施，设法消除或加以修正。

（2）偶然误差（随机误差）

在测量过程中，由于某些偶然因素引起的误差称为偶然误差。例如，电磁场的微变、温度的起伏、空气扰动、大地微震、测量人员的感觉器官无规律的微小变化等，这些互不相关的独立因素产生的原因和规律无法掌握。因此，即使在完全相同的条件下进行多次测量，测量结果也不可能完全相同。如果测量结果完全相同，也只能说明仪器的灵敏度不够，不能说明偶然误差不存在。

大量测试结果表明，偶然误差是服从统计规律的。即误差相对小的出现概率大，而误差相对大的出现概率小，并且大小相等的正负误差出现的概率也基本相等。其概率分布曲线如图0-1所示。这种分布的曲线大体上呈正态分布。

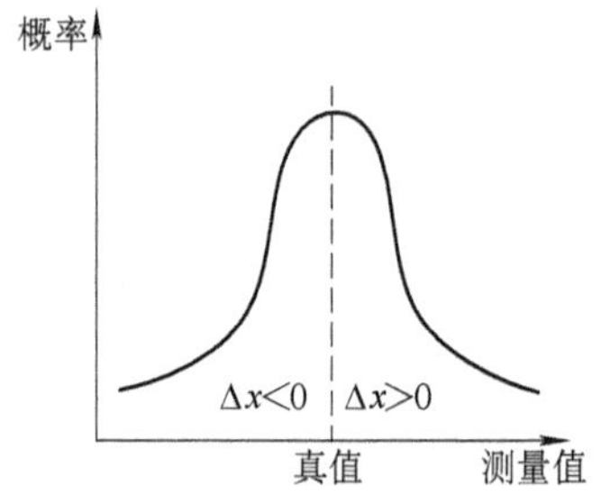

图0-1　偶然误差的概率曲线

偶然误差说明了测量数据本身的离散程度，它可以反映测量的精密度。偶然误差越小，测量的精密度就越高。

显然，一次测量的偶然误差没有规律，但是多次测量产生的偶然误差服从统计规律。图0-1表明，如果测量的次数足够多，则偶然误差平均值的极限将趋于零。因此，如果想使测量结果有更大的可靠性，应把同一种测量重复做多次，取多次测量的平均值作为测量结果。

（3）疏失误差

由于测量者的疏忽过失而造成的误差称为疏失误差。它的产生原因有两个：其一是实验者本身造成的；其二是由于测量条件造成的。在测量过程中，由于操作者的粗心或不正确操作，例如读数的错误、记录或计算的差错、操作方法不正确、测量方法不合理；或者使用有毛病的仪器仪表、出现不允许的干扰等都可能导致疏失误差的出现。就测量数值而言，疏失误差一般都明显地超过正常情况下的系统误差和偶然误差。凡确认含有疏失误差的测量数据常称其为“坏值”，不可采用，应该舍去。

（4）三种误差的比较

上面介绍了三种测量误差。它们可归纳为：

- 测量误差
  - 系统误差
    - 测量误差（仪器仪表本身的误差）
    - 测量者误差（测量者不正确的测量习惯所引起的误差）
  - 偶然误差（由某些偶然因素产生的误差，产生原因有时无法判定）
  - 疏失误差（由测量者的疏忽失误造成的误差）

为了对这三种误差有一个更形象的认识，下面以打靶为例，将这三种误差对射击结果的影响画在图0-2中。其中图0-2a中的弹着点都密集于靶心，说明只有偶然误差而不存在系统误差；在靶角上的点是由疏失误差造成的。图0-2b中的弹着点偏于靶心的一边，这是由于存在系统误差的缘故。图0-2c中的弹着点的平均值也在靶心，这说明没有系统误差；但分布较分散，这说明其偶然误差比图0-2a的要大。

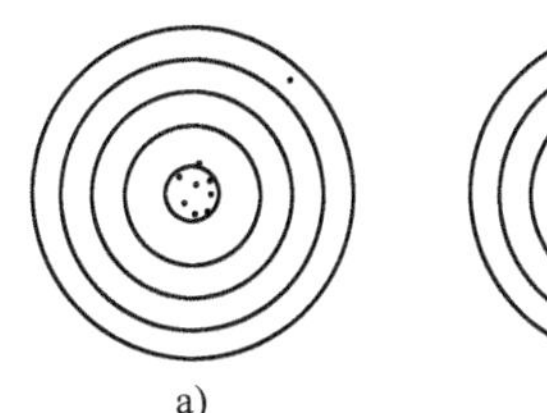
a)

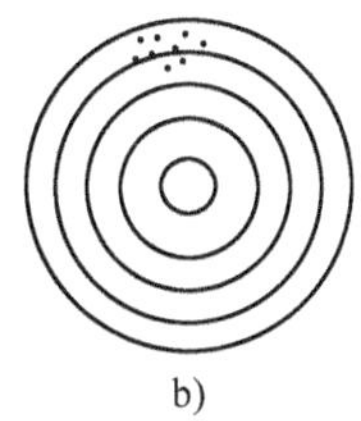
b)

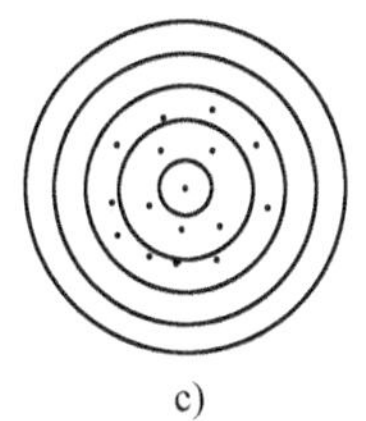
c)

图 0-2　用打靶为例来说明三种误差

应当指出，在实际测量过程中，系统误差、偶然误差和疏失误差的划分并不是绝对的。在一定条件下的系统误差，在另外的条件下可能以偶然误差的形式出现，反之亦然。例如，同是电源电压引起的误差，如果在测量过程中基本都偏高，则可视为系统误差；但如果在测量过程中有时高有时低，则应视为偶然误差。又例如，对于特别大的系统误差，有时也因为它难以修正，或严重地改变了被测对象的工作状态，其相应的测量数据应作为“坏值”舍去。同样，对于离散性特别大、出现的次数又非常少的偶然误差，其相应的测量数据也可舍去。

上面说过，系统误差的大小可以衡量测量数据与真值的偏离程度，用以表征测量的准确度；而偶然误差说明了测量数据本身的离散程度，用它来表征测量的精密度。精密度高的测量结果，其准确度不一定高；反之，准确度高的测量结果，其精密度不一定高。只有系统误差小，而测量数据的分布又集中的测量结果才是精密测量所追求的结果。作为某个测量质量综合指标的所谓“测量精度”，则是系统误差和偶然误差两者的综合。

2. *测量值的误差表示方法*

上面从误差的性质和特点讨论了三种不同的误差。如果不讨论误差的性质和特点，而只讨论其具体的表示方式，则测量值的误差通常又可分为绝对误差和相对误差两种。

（1）绝对误差

被测量的测得值 x（从测量仪器仪表直接测量得到或经过必要的计算得到的数据），与其真值 A 之差，称为 x 的绝对误差。绝对误差用 Δx 表示，即

$$\Delta x = x - A \tag{0-1}$$

因为从测量的角度讲，真值是一个理想的概念，不可能真正获得。因此，式（0-1）中的真值 A 通常用准确测量的实际值 x_0 来代替，即

$$\Delta x = x - x_0 \tag{0-2}$$

式中　x_0——满足规定准确度，可以用来近似代替真值的测量值（例如可以由高一级标准测量仪器测量获得）。

一般情况下，式（0-2）表示的实际绝对误差通常就称作绝对误差，并用来计算被测量的绝对误差值。绝对误差具有大小、正负和量纲。

测量值及其误差常写成 $x \pm \Delta x$ 的形式。其中 x 是测量值；$\pm \Delta x$ 表示最大可能的绝对误差（经常简称为绝对误差）。

在实际测量过程中，除了绝对误差外，还经常用到修正值的概念。它被定义为与绝对误差等值但符号相反，即

$$\varepsilon = x_0 - x \tag{0-3}$$

知道了测量值 x 和修正值 ε，由式（0-3）就可以求出被测量的实际值 x_0。

例如用某电流表测量电流时，其读数为10mA。该表在检定时给出10.00mA刻度处的修正值为+0.03mA，则被测电流的实际值应为

$$i_0 = i + \varepsilon = (10.00 + 0.03)\mathrm{mA} = 10.03\mathrm{mA}$$

（2）相对误差

绝对误差只能表示某个测量值的近似程度。但是，两个大小不同的测量值，当它们的绝对误差相同时，准确程度并不相同。例如测量北京到上海的距离，如果绝对误差为1m，则可以认为相当准确了；但如果测量飞机场跑道的长度时，绝对误差也是1m，则认为准确度很差。为了更加符合习惯地衡量测量值的准确程度，引入了相对误差的概念。

绝对误差与被测量的真值之比（用百分数表示），称为测量值的相对误差。相对误差可以表示为

$$\gamma = \frac{\Delta x}{A} \times 100\% \approx \frac{\Delta x}{x_0} \times 100\% \tag{0-4}$$

式中 x_0——满足规定准确度的实际值。

一般情况下，相对误差是用式（0-4）中的后一个算式来计算的。相对误差是一个纯数的量，与被测量的单位无关。它是单位测量值的绝对误差，所以它符合人们对准确程度的一般习惯，也反映了误差的方向。在衡量测量结果的误差程度或评价测量结果的准确度时，一般都用相对误差来表示。

3. 仪表和仪器的误差及其准确度

绝对误差和相对误差是从误差的表示和测量的结果来反映某一测量值的误差情况，但并不能用来评价测量仪表和测量仪器的准确度。例如，对于指针式仪表的某一量程来说，标度尺上各点的绝对误差尽管相近，但并不相同，某一个测量值的绝对误差并不能用来衡量整个仪表的准确度。另一方面，正因为各点的绝对误差相近，所以对于大小不同的测量值，其彼此间相对误差会差别很大，即相对误差更不能用来评价仪表的准确度。

当仪表在规定的正常条件下工作时，其示值的绝对误差 ΔA 与其量程 A_m（即满刻度值）之比称为仪表的引用误差，用 γ_n 表示，即

$$\gamma_n = \frac{\Delta A}{A_m} \times 100\% \tag{0-5}$$

因为引用误差以量程 A_m 为比较对象，因此也称为基准误差。测量仪表在整个量程范围内所出现的最大引用误差，称为仪表的容许误差，即容许误差为

$$\gamma_{nm} = \frac{\Delta A_m}{A_m} \times 100\%$$

式中 ΔA_m——所有可能的绝对误差中绝对值最大者。

根据以上定义，容许误差是单位测量值的最大可能绝对误差，它可以反映仪器仪表的准确度。通常，仪器仪表（包括量具）的技术说明书中标明的误差都是指容许误差。

对于指针式仪表，设容许误差的绝对值为

$$|\gamma_{nm}| = \frac{|\Delta A_m|}{A_m} \times 100\% \leqslant \alpha\% \tag{0-6}$$

式中 α——仪表的准确度等级，它表明了仪表容许误差绝对值的大小。

指针式仪表的准确度等级与其容许误差的关系如表0-1所示。从表中可以看出，容许误差的绝对值≤0.1%的仪表即为0.1级表，容许误差的绝对值≤0.2%的仪表即为0.2级表等。由表可见，准确度等级的数值越小，容许误差越小，仪表的准确度越高。0.1级和0.2级仪表通常作为标准表用于校验其他仪表，实验室一般用0.5~1.0级仪表；工厂用作监视生产过程的仪表一般是1.0~5.0级。

表0-1　仪表准确度等级

准确度等级指数 α	0.1	0.2	0.5	1.0	1.5	2.5	5.0
容许误差（%）	±0.1	±0.2	±0.5	±1.0	±1.5	±2.5	±5.0

由式（0-6）可知，任一测量值的绝对误差的最大绝对值为

$$|\Delta A_m| \leqslant \alpha\% A_m \tag{0-7}$$

当仪表的指示值为 x 时，可能产生的相对误差的最大绝对值为

$$|\gamma_m| = \frac{|\Delta A_m|}{x} \leqslant \alpha\% \frac{A_m}{x} \tag{0-8}$$

式中　A_m——量程。

式（0-8）表明，测量值 x 越接近于仪表的量程，相对误差的绝对值越小。为了充分利用仪表的准确度，应选择合适量程的仪表，或选择仪表上合适的量程挡，以使被测量的量值大于仪表量程的2/3以上，这时测量结果的相对误差约为 $(1\sim1.5)\alpha\%$。

例如：用一个量程为30mA、准确度为0.5级的直流电流表，测得某电路中的电流为25.0mA，则测量结果的最大绝对误差和最大相对误差计算如下：

由式（0-7）得测量值的最大绝对误差为

$$|\Delta A_m| \leqslant \alpha\% A_m = (0.5\% \times 30)\text{mA} = 0.15\text{mA}$$

由式（0-8）得可能出现的最大相对误差为

$$|\gamma_m| = \frac{|\Delta A_m|}{x} = \frac{0.15}{25.0} \times 100\% = 0.6\%$$

例如：有两只毫安表，量程分别为100mA、50mA，准确度均为1.0级。若用来测量40mA的电流，则由式（0-8）可得，量程分别为100mA、50mA的两只毫安表可能出现的最大相对误差分别为±2.5%、±1.25%。

例如：电阻箱的准确度等级分为0.01、0.02、0.05、0.1、0.2、0.5六个级别，在额定电流或额定电压范围内的最大绝对误差 ΔA_m 应符合

$$|\Delta A_m| = \alpha\% R + b \tag{0-9}$$

式中　α——准确度等级；

R——电阻箱中使用的电阻值；

b——常数。b 的取值为：当 $\alpha=0.01$、0.02、0.05时，$b=0.002$；当 $\alpha=0.1$、0.2、0.5时，$b=0.005$。

如果电阻箱的准确度 $\alpha=0.2$，$b=0.005$，实验中使用的电阻箱的电阻 $R=15.85\text{k}\Omega$，则由式（0-9）得最大绝对误差 $\Delta A_m = \pm31.71\Omega$。

在电子测量仪器中，容许误差有时又分为基本误差和附加误差两种。仪表在确定准确度等级时所规定的温度、湿度等条件称为定标条件。基本误差是指仪器在定标条件下存在的容

许误差。附加误差是指定标条件的一项或几项发生变化时，仪器附加产生的最大误差。

4. *系统误差的消除和计算*

由上可知，对测量准确度影响最大的是系统误差，因为疏失误差一般都明显地超过正常情况下的误差，作为“坏值”，可不采用而舍去；对于偶然误差而言，因为多次测量后，它服从统计规律，因此可通过统计学方法来估计和消除偶然误差的影响，例如可以用滤波的方法滤除原始数据中的噪声，最简单的处理方法是把同一种测量重复做多次，取多次测量的平均值作为测量结果。

（1）系统误差的消除

对于任何一个测量过程，都应当根据测量要求对测量仪器、仪表和测试条件进行全面研究和分析。首要的任务是发现系统误差，进行系统误差分析，以将系统误差消除或减小到与测量误差要求相适应的程度，这样就可以认为消除了系统误差的影响。

1）消除由测量仪器和仪表所引起的误差：设计用于测量的仪器（包括量具）、仪表的依据是它们的技术条件。在制造过程中产生的误差是基本容许误差，属于系统误差。基本容许误差决定了仪器、仪表的准确度等级。在测量过程中，要根据测量准确度的要求选用不同准确度等级的仪器、仪表。

若仪器、仪表的使用条件偏离其出厂时规定的标准条件，则还将产生附加误差。附加误差与仪表的安装、调整及其使用环境有关，在测量前要进行认真的观察研究，针对具体问题予以解决或估量其影响的大小。

精密仪器、仪表还可使用校正公式、曲线、表格或修正值。例如，某个仪表如果已知绝对误差 Δ 等于测量值 x 与准确值 x_0 的差值，即 $\Delta = x - x_0$，则准确值可以用下式计算：

$$x_0 = x - \Delta = x + \varepsilon$$

式中　ε——误差修正值，$\varepsilon = -\Delta$。

检查仪器、仪表是否在检定周期之内也是一项重要的工作，如超出检定周期，则应该进行检定。

2）消除由测量方法或理论分析所引起的误差：在测量前没有充分考虑，但在测量中参与作用的一些因素所导致的误差，经常是由于理论分析不全面或者是由于采用了近似公式所引起的。例如，测量电路与被测对象之间的相互影响，测量线路中的漏电、引线及接触电阻，平衡电路中的示零指示器的误差，理想运算放大器与实际放大器之间的差异，数字与模拟量之间的转换，计算机的舍入误差等，都是产生误差的原因。这些情况应尽量设法避免。但由于这些因素很多，所以有时并不能完全消除，而只能估计其影响。

3）消除由测量人员所引起的误差：由实验者的反应速度和固有习惯等生理特点所引起的误差属于人员误差。如记录一个信号时，观测者有超前或滞后读数的倾向，而且这种倾向因人而异，这必然导致误差。又如，当使用带有耳机的交流电桥测量电路参数时，实验者听觉灵敏度不同，也会导致不同结果。这些由实验者个人生理特点引起的系统误差，将反映到测量结果中去。目前，数字化仪器和仪表已经很普及，故由听觉、视觉差异所引起的这项误差也就随之消失。尽管如此，但由于多数实验还是靠人来直接操作，操作者带来的温度、静电等的影响有时也要考虑。

（2）系统误差的计算

工程上的一般测量，其误差主要指系统误差。因为偶然误差对整个测量过程影响较小，一般可忽略不计。

1）直接测量的误差计算：在直接测量的情况下，主要的系统误差即是所使用的仪器和仪表本身的容许误差。这时的误差一般可以根据测量仪表本身的准确度等级计算。例如仪表测量时的读数为 x，仪表量程为 A_m，仪表的准确度等级为 α，则测量结果可能出现的最大相对误差为

$$\gamma_m = \pm \alpha\% \frac{A_m}{x} \tag{0-10}$$

若测量条件不满足仪表的正常工作条件，则还须考虑附加误差。这时测量结果的最大误差应是仪表的基本容许误差和附加误差两者之和。关于附加误差的计算方法可查阅国家仪器仪表标准的有关规定。

2）间接测量的误差计算：由于间接测量需要通过一次或多次测量，然后根据公式或物理定律计算出被测量的结果。间接测量时，每次测量的误差都将对最终的计算结果产生影响，设间接测量的被测量 y 与直接测量的各个量 x_1，x_2，…，x_n 之间的函数关系为

$$y = f(x_1, x_2, \cdots, x_n) \tag{0-11}$$

令 Δx_1，Δx_2，…，Δx_n 分别表示直接测量的各个量 x_1，x_2，…，x_n 在测量时产生的绝对误差，Δy 表示 y 的间接测量的绝对误差。则由式（0-11）有

$$y + \Delta y = f(x_1 + \Delta x_1, x_2 + \Delta x_2, \cdots, x_n + \Delta x_n) \tag{0-12}$$

将式（0-12）的右边按泰勒级数展开，并略去高阶导数项，得

$$f(x_1 + \Delta x_1, x_2 + \Delta x_2, \cdots, x_n + \Delta x_n) \approx f(x_1, x_2, \cdots, x_n) + \frac{\partial f}{\partial x_1}\Delta x_1 + \frac{\partial f}{\partial x_2}\Delta x_2 + \cdots + \frac{\partial f}{\partial x_n}\Delta x_n \tag{0-13}$$

将式（0-11）和式（0-13）同时代入式（0-12），得

$$\Delta y = \frac{\partial f}{\partial x_1}\Delta x_1 + \frac{\partial f}{\partial x_2}\Delta x_2 + \cdots + \frac{\partial f}{\partial x_n}\Delta x_n \tag{0-14}$$

令

$$\Delta_k = \frac{\partial f}{\partial x_k}\Delta x_k, \quad k = 1, 2, \cdots, n$$

它表示各直接被测量 x_1，x_2，…，x_n 的误差在间接测量结果中所引起的绝对误差。由式（0-14）有

$$\Delta y = \sum_{k=1}^{n} \Delta_k \tag{0-15}$$

在最不利的条件下，式（0-15）结果中的各项误差都是同号。因此，可能出现的最大绝对误差为

$$\Delta y_m = \pm \sum_{k=1}^{n} |\Delta_k| \tag{0-16}$$

最大相对误差为

$$y_m = \frac{\Delta y_m}{y} \tag{0-17}$$

下面以两种常见的函数为例，说明间接测量误差的具体计算方法。

① 间接被测量 y 与各直接被测量 x_1，x_2，…，x_n 之间的函数关系为相加关系，即

$$y = x_1 + x_2 + \cdots + x_n$$

则

$$\Delta y = \Delta x_1 + \Delta x_2 + \cdots + \Delta x_n$$

最大绝对误差为

$$\Delta y_{\mathrm{m}} = \pm \sum_{k=1}^{n} |\Delta x_k|$$

最大相对误差为

$$\gamma_{\mathrm{m}} = \frac{\Delta y_{\mathrm{m}}}{y} = \frac{\sum_{k=1}^{n} |\Delta x_k|}{x_1 + x_2 + \cdots + x_n}$$

例如：用电流表测得 $i_1 = 35.50\mathrm{mA}$，由准确度等级可算得绝对误差为 $\Delta i_1 = \pm 0.86\mathrm{mA}$。用另一块电流表测得 $i_2 = 21.52\mathrm{mA}$，也可算得其绝对误差为 $\Delta i_2 = \pm 0.31\mathrm{mA}$。若 $i = i_1 + i_2$，试求 i 可能的最大绝对误差和最大相对误差。

由式（0-16）、式（0-17）得最大绝对误差和最大相对误差分别为

$$\Delta i_{\mathrm{m}} = \pm(|\Delta i_1| + |\Delta i_2|) = \pm(0.86 + 0.31)\mathrm{mA} = \pm 1.17\mathrm{mA}$$

$$\gamma_{\mathrm{m}} = \frac{\Delta i_{\mathrm{m}}}{i} = \frac{\Delta i_{\mathrm{m}}}{i_1 + i_2} = \frac{\pm 1.17}{57.02} = \pm 2.05\%$$

如果求的是 $i = i_1 - i_2$，则上式中的最大绝对误差并不变化，但分母变小，相对误差变大。由此可知，在间接测量时，应尽量避免求两个读数差的计算，尤其当这两个读数接近时就更要避免。

例如：在微差法测量中，设被测量的大小 x 与标准量具量值 A 的差值用 α 表示，即被测量的大小 $x = A + \alpha$。则被测量的绝对误差也等于 A 的绝对误差与 α 的绝对误差之和，即$\Delta x = \Delta A + \Delta\alpha$。

由上面的叙述可见，如果间接测量的函数关系是相加或相减的形式，则先计算绝对误差较方便。

② 间接被测量 y 与各直接被测量 x_1，x_2，…，x_n 之间的函数关系为幂积关系，即

$$y = x_1^m x_2^l \cdots x_n^q \tag{0-18}$$

为说明问题方便起见，设 $n = 3$，则式（0-18）写为

$$y = x_1^m x_2^l x_3^q$$

根据高等数学中的增量运算公式（即微分运算公式），式（0-18）中有的增量 Δy 可写为

$$\Delta y = (mx^{m-1}\Delta x_1)x_2^l x_3^q + x_1^m(lx_2^{l-1}\Delta x_2)x_3^q + x_1^m x_2^l(qx_3^{q-1})$$

y 的相对误差为

$$\frac{\Delta y}{y} = m\frac{\Delta x_1}{x_1} + l\frac{\Delta x_2}{x_2} + q\frac{\Delta x_3}{x_3}$$

式中，$\Delta y/y$、$\Delta x_1/x_1$、$\Delta x_2/x_2$、$\Delta x_3/x_3$ 分别为间接被测量 y 与直接被测量 x_1，x_2，…，x_3 的相对误差，如果分别用 γ、γ_1、γ_2、γ_3 表示，即

$$\gamma = m\gamma_1 + l\gamma_2 + q\gamma_3$$

则 y 的最大相对误差为

$$\gamma_{\mathrm{m}} = \pm(|m\gamma_1| + |l\gamma_2| + |q\gamma_3|) \tag{0-19}$$

显而易见，y 的最大绝对误差为

$$\Delta y_{\mathrm{m}} = \gamma_{\mathrm{m}} y \tag{0-20}$$

由上面的叙述可知，如果间接测量的函数关系是幂积的形式，则先计算其相对误差比较方便。

例如：有一电阻，其阻值测得为（20.00 ±0.20）Ω，通过的电流测得为（1.00 ±0.01）A。试求该电阻所消耗功率的相对误差和绝对误差。

因为电阻消耗的功率 $p = Ri^2$，由式（0-19）得最大相对误差为

$$\gamma_{\mathrm{m}} = \pm\left(\left|\frac{\Delta R}{R}\right| + \left|2\frac{\Delta i}{i}\right|\right) = \pm\left(\frac{0.20}{20.00} + 2\frac{0.01}{1.00}\right) = \pm 0.03 = \pm 3\%$$

由式（0-20）得最大绝对误差为

$$\Delta p = \gamma_{\mathrm{m}} p = \pm 3\% \times (20.00 \times 1.00^2)\mathrm{W} = \pm 0.60\mathrm{W}$$

第一篇　电机中基本物理量的测量

电机中基本物理量可分为电量、非电量和磁量三大类。本篇介绍它们的测量方法及所涉及的仪器仪表。

第一章　电机中电量的测量

第一节　电量测量仪器仪表的种类

电机中电量有电压、电流、功率、频率、相位、电路参数（电阻、电感、电容）和绝缘电阻等。通常测量这些物理量都是采用电工仪器仪表。电工仪器仪表的种类很多，可分为：

1）指示仪表，如各种电压表、电流表、功率表等。

2）校量仪表，如电桥等。

3）数字仪表，如数字电压表、数字频率表、数字相位表等。

4）扩大量程装置，如仪用互感器、分流器、附加电阻等。

5）记录仪表和示波器，如函数记录仪，电子示波器，光线示波器等。

电机中电量的测量比较简单，主要应正确选择和使用适当的仪器仪表。在电气测量中使用的指示仪表按工作原理分有磁电系、电磁系、电动系、静电系、感应系、整流系和电子系等。

电气测量指示仪表的板面标记和技术特征比较：

(1）电气测量指示仪表的板面标记

每一电气测量指示仪表的面板上都有多种符号的表面标记，它们显示了仪表的基本技术特性，只有在识别它们后才能正确地选择和使用仪表。指示仪表面板标记如表 1-1 所示。

表 1-1　电工指示仪表图形符号的含义

分类	符　　号	符号含义	分类	符　　号	符号含义
仪表工作原理符号		磁电系仪表	仪表工作原理符号		感应系仪表
		磁电系比率表			静电系仪表
		电磁系仪表			整流系仪表
		铁磁电动系仪表			直流

（续）

分类	符　　号	符号含义
仪表工作原理符号		交流（单相）仪表工作
		直流和交流
		具有单元件的三相平衡负载交流
	1.5	以标度尺量百分数表示的准确度等级。例：1.5级
	1.5	以标度尺长度百分数表示的准确度等级。例：1.5级
	1.5	以指示值百分数表示的准确度等级。例：1.5级
		标度尺位置为垂直的
		标度尺位置为水平的
	60°	标度尺位置与水平面倾斜成一个角度
		电磁系比率表
		电动系仪表
		电动系比率表
绝缘强度符　　号	0	不进行绝缘强度试验
绝缘强度符　　号		绝缘强度试验电压为500V
	2	绝缘强度试验电压为2kV
外界条件分组符号		防外磁场符号①框中*为仪表原理符号时Ⅰ为Ⅰ级、Ⅱ为Ⅱ级、Ⅲ为Ⅲ级、Ⅳ为Ⅳ级
		防外电场符号①，框中*含义同上
		使用环境组别符号。△中*用字母A、A_1、B、B_1或C表示组别
端钮和调零器符号	+　−	正端钮和负端钮
		多量限仪表的公共端钮或功率表、无功功率表、相位表的电源端钮
		接地用的端钮（或螺钉、螺杆）
		与外壳相连的端钮
		与屏蔽相连接的端钮
		与仪表可动线圈连接的端钮
		调零器

① 仪表防外电场或外磁场能力中，Ⅰ级允许指示值变化±0.5%；Ⅱ、Ⅲ、Ⅳ级分别为±1%、±2.5%和±5.0%。

(2) 电气测量指示仪表的技术特性比较

各种仪表的技术特性是由它的结构和作用原理决定，各种指示仪表的一般特性综合比较如表 1-2 所示。

表 1-2　各种直读式仪表的性能比较

性能＼型式	磁电系	电磁系	电动系	整流系	静电系	感应系
测量基本量	交流恒定分量 直流	交流有效值 直流	交流有效值 直流	交流平均值	交流电压 直流	交流电能
使用频率范围	直流	50Hz	50Hz	45 ~ 1000Hz	高频	50Hz
准确度	高	低	高	低	低	低
波形影响		可测非正弦交流有效值	可测非正弦交流有效值		可测非正弦交流有效值	可测非正弦交流有效值
刻　度	均匀	不均匀	不均匀	接近均匀	不均匀	数字指示
灵敏度	很高	低	较高	高	低	很高
过载能力	小	大	小	小	大	大
应用范围	直流	交流	交、直流	万用表	高压表	电度表
功率损耗	小	大	大	小	极小	大
量　限	$10^{-6} \sim 10^{1}$ A $10^{-3} \sim 10^{3}$ V	$10^{-3} \sim 10^{2}$ A $10^{1} \sim 10^{3}$ V	$10^{-3} \sim 10^{1}$ A $10^{1} \sim 10^{2}$ V	$10^{-6} \sim 10^{1}$ A $10^{0} \sim 10^{3}$ V		$10^{-3} \sim 10^{1}$ A $10^{1} \sim 10^{2}$ V
防外磁场能力	强	弱	弱	强		强

第二节　电压和电流的测量

在电机测量中，电压和电流的测量是最简单的。通常情况下，直接将电压表与电路并联，将电流表与电路串联，便可测得电压和电流。但是，电压表和电流表的种类繁多，特点各异，适用范围也不尽相同，因此了解各种电压表和电流表的工作原理、特点及适用范围对准确测量是很有帮助的。

一、指示式电压表和电流表

指示式仪表（又称指针式仪表）是将被测量转换成可动部分的角位移，通过可动部分的指针在标尺上的位置直接读出被测的量值。下面介绍几种常用的测量电压和电流的仪表。

磁电系仪表是根据通电线圈和永久磁铁磁场相互作用的原理制成的，广泛地用于直流电压和直流电流的测量。它与整流器件配合，可用于交流电流和电压的测量；与变换电路配合，还可用于功率、频率、相位等其他电量的测量。它具有灵敏度、准确度高、标尺刻度均匀等优点。

电磁系仪表是根据螺旋管线圈通电后吸引钢质铁心的原理制成的，是测量交流电压和电流最常用的一种仪表。它具有结构简单，过载能力强等优点，多用于开关板式电压和电流表。

电动系仪表是根据两个线圈通电后相互作用的原理制成的，用于交流精密测量仪表。它具有准确度高，适用于交、直流两用的优点。

二、扩大量限装置

各种仪表的量限都是一定的。在实际测量过程中，经常碰到仪表量限不能满足被测量的测量要求，就需要配置外附扩大量限的装置，以实现用小量程仪表测量高电压和大电流的目的。

1. 测量用互感器

测量用互感器是一种按一定比例和准确度变换电压或电流以便于测量的扩大量限装置。用以变换电压的称为电压互感器；用以变换电流的称为电流互感器。其原理与结构同一般小型变压器，利用它与交流仪表配合以达到扩大交流电压表或交流电流表的量程的目的。

图 1-1 为用电压互感器测量电压的接线图，其匝数较多的一次绕组 N_1 与被测高压电路并联；匝数较少的二次绕组 N_2 接电压表或瓦特表的电压线圈。由于电压表和瓦特表的电压线圈内阻抗很大，所以电压互感器的运行情况相当于变压器的空载情况。如果忽略漏阻抗压降，则有电压互感器的电压比为

$$K_{\mathrm{u}} = \frac{U_1}{U_2} = \frac{N_1}{N_2} \tag{1-1}$$

因此，利用一次、二次绕组不同的匝数比可将线路上的高电压变为低电压来测量。只要将二次绕组上电压表的读数乘以电压比 K_{u}，则可以得到被测的电压值。使用时，电压互感器二次侧不能短路，否则会产生很大的短路电流。为安全起见，电压互感器的二次绕组连同铁心一起必须可靠地接地。通常电压互感器二次侧额定电压为 100V。国产 HJ 系列电压互感器的准确度等级有 0.1 级、0.2 级、0.5 级。

图 1-2 为用电流互感器测量电流的接线图，它的一次绕组 N_1 由 1 匝或几匝截面积较大的导线构成，并串入需要测量电流的电路中；二次绕组 N_2 匝数较多，截面积较小，并与阻抗很小的电流表或瓦特表的电流线圈接成闭合回路。因此，电流互感器的运行情况相当于变压器的短路情况。如果忽略励磁电流，且根据磁动势平衡关系可得电流互感器的电流比为

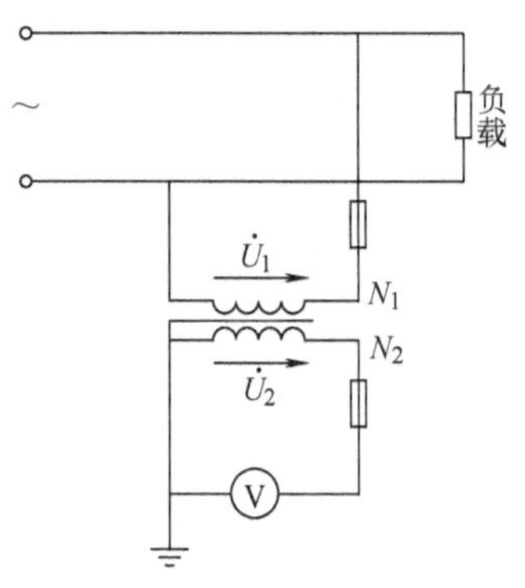

图 1-1　电压互感器接线图

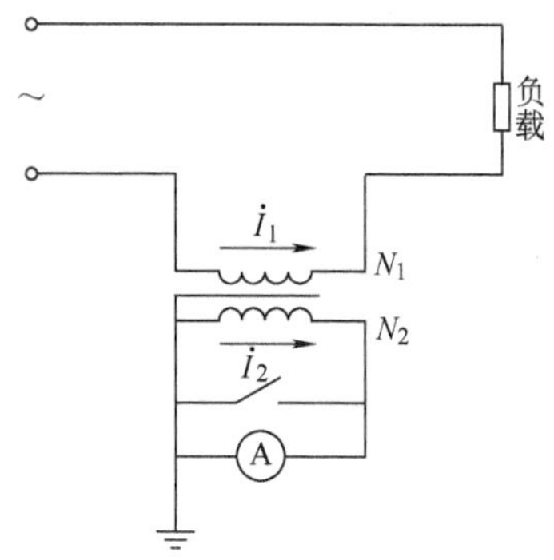

图 1-2　电流互感器接线图

$$K_{\mathrm{I}} = \frac{I_1}{I_2} = \frac{N_2}{N_1} \tag{1-2}$$

因此，利用一次、二次绕组不同的匝数比可将线路上的大电流变为小电流来测量。只要将二

次绕组上电流表的读数乘以电流比 K_I，则可以得到被测的电流值。使用时，电流互感器的二次绕组和铁心必须可靠地接地，以防止由于绝缘损坏后，一次侧的高压传到二次侧，发生人身事故。另外电流互感器的二次绕组在通电运行中绝对不容许开路，否则，电流互感器变为空载运行。此时，一次侧大电流成为励磁电流，使铁心内的磁通密度比正常情况下增加许多倍，这一方面将使二次侧感应出很高的电压，可能使绝缘击穿，同时对测量人员也很危险；另一方面，铁心内磁通密度饱和，铁损会大大增加，使铁心过热，影响电流互感器的性能，甚至把它烧坏。通常电流互感器二次侧额定电流为 5A 或 1A。国产 HL 系列电流互感器的准确度等级有 0.1 级、0.2 级、0.5 级、1.0 级。

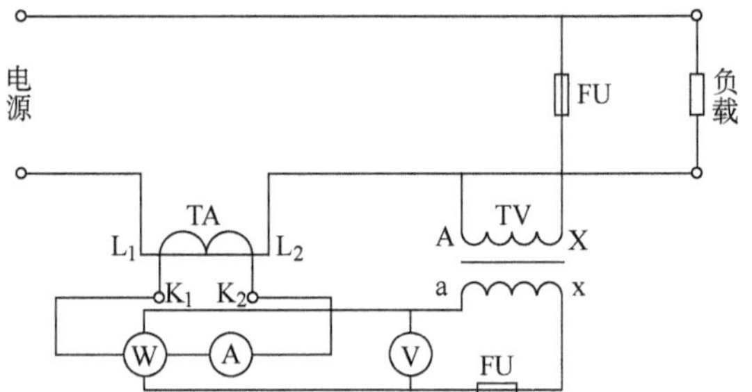

图 1-3　互感器在单相电路中的连接线路

图 1-3 为电压互感器和电流互感器在单相电路中的连接线路。

（1）互感器的选择

1）按被测量所在线路电压的高低，选择额定电压等级相同的互感器，以保护测量仪表和操作人员的安全。

2）按被测电压和电流的大小，选用适合的互感器的一次侧额定值。

3）按测量所需求的准确度，选择合适的准确度等级的互感器。

4）根据需要接入互感器的负载的大小及其性质，选择合适额定容量的互感器。

（2）互感器的正确使用

1）根据接线标志牌正确接线。

2）互感器各接线端子要接触良好，各连线电阻不宜过大，以免影响测量准确度。

3）电压互感器的二次绕组不允许短路。

4）电流互感器的二次绕组不允许开路。

5）测量用互感器的二次绕组、铁心和外壳都要可靠的接地。

6）互感器在使用中应注意远离外界强电场和磁场。

2. 外附分流器

外附分流器是扩大直流电流表量程的装置，如图 1-4 所示。它有两对接线端子，粗的一对是电流端子，串入被测电流电路中；细的一对是电位端子，与测量仪表相连。

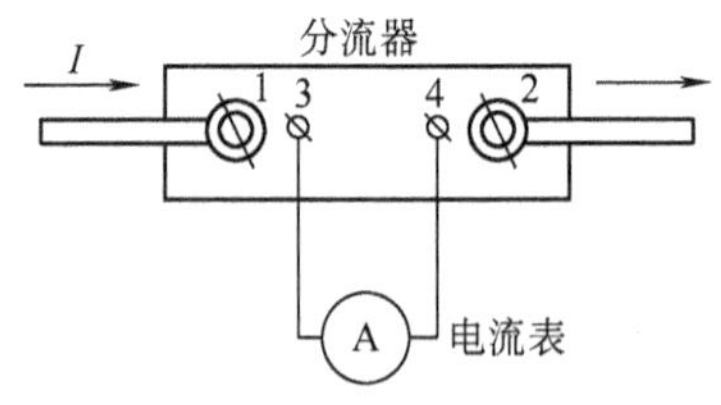

图 1-4　外附分流器接线图

如果已知电流表内阻 R_0 和分流器电阻 R_B，则电流表量程的扩大倍数为

$$K_L = 1 + \frac{R_0}{R_B} \tag{1-3}$$

所以用电流表读数乘以 K_L 就是被测电流值。

分流器的额定值分别为额定电压值和额定电流值。常见规格有 75mV 和 45mV 两种。国产 FL 分流器的准确度等级有 0.2 级、0.5 级、1.0 级。

用外附分流器扩大电流量程的方法如下：

1）计算所用直流电流表的电压量限：

电压量限(V) ＝电流表满刻度电流(A)×电流表内阻(Ω)

2）按所求得的电压量限（mV）选用相同额定电压的分流器。

3）按欲扩大到的电流量程选择分流器的额定电流值。此时电流表的量程已扩大到分流器上标定的额定电流值。

3. 外附附加电阻

外附附加电阻是扩大直流电压表量程的装置，如图1-5所示。

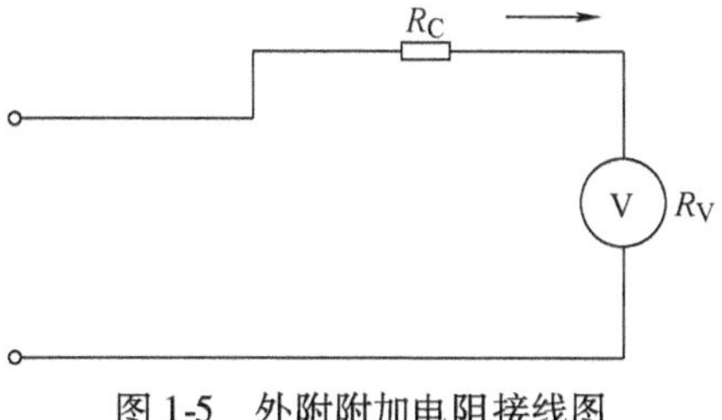

图1-5　外附附加电阻接线图

如果电压表内阻为R_V，欲扩大量程倍数为K，则需串联的外附附加电阻R_C可用下式求得：

$$R_C = (K-1)R_V$$

仪用附加电阻标有电阻值和额定电流值。国产FJ系列附加电阻的准确度等级有0.5级、1.0级。

三、电压表和电流表的选择和使用

合理地选择仪表是实现准确测量的基础，选择仪表时，应考虑以下几个方面。

1. 仪表类型的选择

选择什么类型的电压表和电流表，要根据被测电压和电流的性质。

(1) 被测电压和电流是直流还是交流

直流可选用磁电系仪表，交流可选用电动系、电磁系或整流系仪表。

(2) 被测电压和电流是低频交流还是高频交流

对于工频，电磁系、电动系和整流系仪表均可使用；中频，可选用电动系和整流系仪表；高频，一般要选用电子测量仪器。

(3) 被测电压和电流的波形是正弦还是非正弦

常用的交流仪表都是用正弦波的交流进行刻度的，都属于有效值电表，用来测量正弦波的有效值。如果要测量正弦波的平均值、峰值、峰-峰值，则可按表1-3所示的关系进行换算。

表1-3　正弦波各种值的换算关系

已知＼待求	平均值	有效值	峰　值	峰-峰值
平均值	1	1.11	1.57	3.14
有效值	0.900	1	1.414	2.83
峰　值	0.637	0.707	1	2.00
峰-峰值	0.318	0.354	0.500	1

如果是非正弦波电压或电流，则应区分是测量有效值、平均值、瞬时值还是最大值。由于电动系和电磁系仪表的转动力矩由有效值决定，所以不论被测电压或电流的波形是否为正弦，都可以直接读出有效值。整流系仪表的转动力矩是由平均值决定的，它可以测出非正弦电压或电流的平均值。用示波器可以从图形上分析出瞬时值和最大值。如果要测量最大值，还可以采用峰值表。

2. 仪表准确度的选择

任何一个仪表在测量时都有误差。仪表的误差是指仪表的指示值与被测量的实际值之间的差异，而仪表的准确度则是反映这种差异大小的一种度量。可见仪表的准确度越高，它的误差就越小。

仪表的准确度定义如下：

$$K=\frac{|\Delta_m|}{A_m}\times100\% \tag{1-4}$$

式中　Δ_m——仪表不同刻度点上可能出现的最大绝对误差；

A_m——仪表的测量上限；

K——仪表的准确度。

仪表的准确度分为0.1、0.2、0.5、1.0、1.5、2.5、5.0等7个等级。

选用电压表和电流表的准确度必须从测量要求出发，根据实际需要选择合适的准确度。

通常0.1级仪表作为标准表或用于精密测量；0.2级、0.5级、1.0级作为实验室测量；1.5级及以下的作为一般工程测量。

配套用的扩大量程装置，如分流器、附加电阻、互感器等，它们的准确度选择要求比测量仪表本身高1~2级（至少应同等级）。这是因为测量误差为仪表误差和扩程装置误差两部分之和。

仪表与扩程装置配套使用时，它们之间的准确度选择如表1-4所示。

表1-4　仪表与扩程装置准确度选择

仪表准确度等级	分流器或附加电阻准确度	电压或电流互感器准确度	仪表准确度等级	分流器或附加电阻准确度	电压或电流互感器准确度
0.1	0.05		1.5	0.5	0.5
0.2	0.1	0.2	2.5	0.5	1.0
0.5	0.2	0.2	5.0	1.0	1.0
1.0	0.5	0.2			

3. 仪表量限的选择

即使采用准确度较高的仪表，如果仪表量限选择不当、标尺利用不合理，测量误差仍会较大。

例如用量限为150V、0.5级电压表测量100V电压，测量结果可能出现的最大绝对误差为

$$\Delta_m=\pm KA_m=\pm0.5\%\times150\text{V}=\pm0.75\text{V}$$

其相对误差为

$$\gamma_1=\frac{|\Delta_m|}{A_{x1}}=\frac{\pm0.75}{100}=\pm0.75\%$$

用同样电压表测量20V电压时，其相对误差为

$$\gamma_2=\frac{|\Delta_m|}{A_{x2}}=\frac{\pm0.75}{20}=\pm3.75\%$$

计算结果表明，γ_2是γ_1的5倍，故测量误差不仅与仪表的准确度有关，而且与量限使用密切相关。

正确地选择量限，应尽可能使所测量值在25%~95%标尺范围内，并且以读数处于仪表满刻度的70%左右为最佳。

4. 仪表内阻的选择

必须根据测量电路中阻抗的大小，适当选择仪表的内阻，否则会带来不可容许的误差。为了不影响被测电路的工作状态，电压表内阻应尽量大些，量程越大，内阻应越大；电流表内阻应尽量小些，量程越大，内阻应越小。一般要求电压表内阻 r 与负载电阻 R 具有：$(R/r) \leqslant 0.2\gamma$；而电流表内阻 r 与负载电阻 R 具有：$(r/R) \leqslant 0.2\gamma$。式中，$\gamma$ 为测量允许的相对误差。

四、电子测量仪器

随着电气测量范围的扩大，传统的指针式电工仪表已不能满足测量要求，电子测量仪器已在电气测量领域得到广泛应用。电子测量仪器具有精度高、量程广、频带宽、灵活方便，易于实现自动测量等优点。

电子测量仪器品种规格很多，按用途可分为：

1）测量基本电量的电子仪器，包括测量电压、频率、功率等；

2）测量波形的电子仪器，包括各种示波器、波形参数分析仪等；

3）测量系统参数的电子仪器，包括电阻、电感、电容测定仪，各种电桥、Q 表、频率特性测试仪等；

4）各种信号源和稳压电源，包括各种频率、各种波形信号发生器、脉冲信号发生器以及各类型稳压电源；

5）各种专用电子测量仪器。

1. 电子交流电压表

电子交流电压表是用来测量交流电压的仪器，一般用来测量高频电压，其指示值大多为有效值，但也有指示峰值或峰-峰值的，如脉冲电压表。电子电压表种类繁多，在这里仅简单介绍应用较多的 DA—36 型超高频毫伏表，其整机框图如图 1-6 所示，由 6 部分组成。

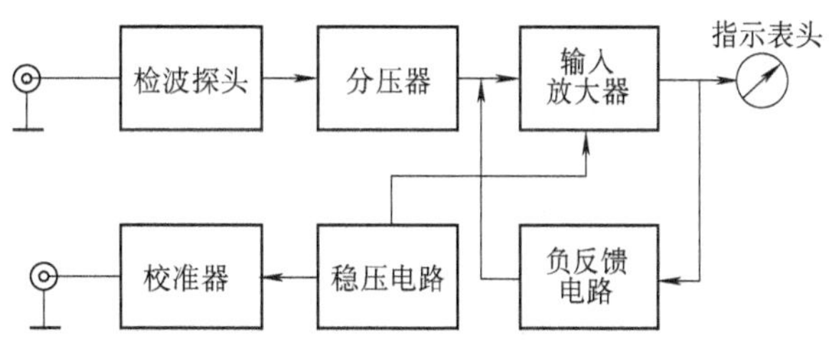

图 1-6　DA—36 型超高频毫伏表整机框图

DA—36 型超高频毫伏表的面板如图 1-7 所示。

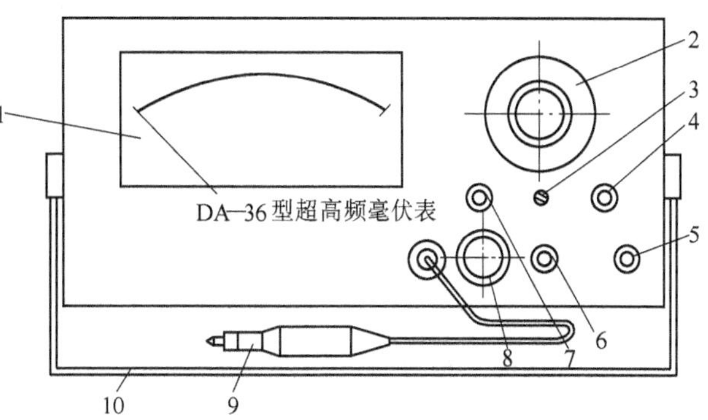

图 1-7　DA—36 型超高频毫伏表的面板略图

1—指示表头　2—量程开关　3—零点微调　4—零点调节　5—电源开关　6—地线接线柱　7—校准调节　8—校准器输出座　9—探头　10—提手

常用的还有 ZN2170 型三值电压表、ZN2190 型双通道电压表和 ZN2290 型噪声电压表。各种不同规格的电子电压表，由于采用的电路不同，性能各异，但其共同的主要特性包括：

1）被测电压频率范围宽；

2）灵敏度较高，电压量程宽；

3）输入阻抗大，输入电容小；

4）刻度线性、分度均匀。

使用电子电压表时，一定要仔细阅读相应仪器的使用说明书。

2. 电子示波器

电子示波器是利用被测电压控制示波管中的电子束，通过电子束的偏转反映被测电压的变化。由于电子束的质荷比较小，几乎没有惯性，故在快速变化的电场作用下，能随之产生偏转，因此电子示波器是一种用于观察快速变化波形的描绘仪器。其特点是应用频率范围宽、输入阻抗高等。

电子示波器分为通用示波器（又称单束示波器）、多束示波器（又称多线示波器）、取样示波器、存储示波器和特殊示波器（如数字示波器、矢量示波器、超低频示波器、高压示波器等）。

电子示波器的用途很广，可以测量电压、频率、周期和相位，还能对波形进行定性分析和测量。由于采用了微处理机，示波器正向着自动化、智能化方向发展，不但能显示波形，而且还具有自动运算、数据处理、自动调节、自动校准、自动打印等多种功能。应用比较广泛的电子示波器有6502、6504、6506系列双通道示波器，它可完成以下测量：

1）直流电压测量；

2）交流电压测量；

3）合成电压和脉冲电压测量；

4）频率和周期测量；

5）时差测量；

6）脉冲上升时间测量；

使用电子示波器时，一定要仔细阅读相应仪器的使用说明书。

五、数字测量仪表

数字测量仪表是把电子技术和计算技术结合起来的一种新型仪表，它能自动地把被测量直接用数量显示或记录。

通常许多物理量是随时间连续变化的，这些随时间变化的量叫模拟量，而数字测量仪表是以数字量表示被测量的，因此在数字测量仪表内必须要有一种把模拟量变换为数字量的转换器，一般称为模-数转换器，即A-D转换器。其框图如图1-8所示，数字测量仪表可理解为“A-D转换器”加“电子计数器”。

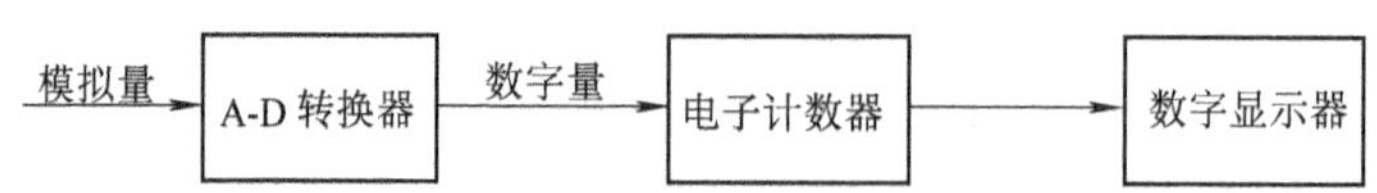

图1-8 数字测量仪表原理框图

数字测量仪表具有以下特点：

1）灵敏度高、准确度高；

2）输入阻抗特别高；

3）操作简单、测量速度快；

4）没有读数误差；

5）便于实现自动化测量，并可与计算机结合实现精密测量、远距离测量、自动检测和控制。

国产 PZ 系列数字交、直流电压（电流）表品种较多，现已制成智能化多功能数字测量仪器，该仪器可同时测量电压、电流、功率、功率因数、频率等，并设有计算机打印机接口，称为单相、三相交流电参数测量仪和直流电参数测量仪等。

第三节　功率的测量

一、直流功率的测量

1. 间接法

因为直流功率等于电压和电流的乘积，所以通过测量电压和电流可以间接求得功率。为了减小测量误差，对于电压较高、电流较小的负载采用图 1-9a 所示的接法；对于电压较低、电流较大的负载则采用图 1-9b 所示的接法。

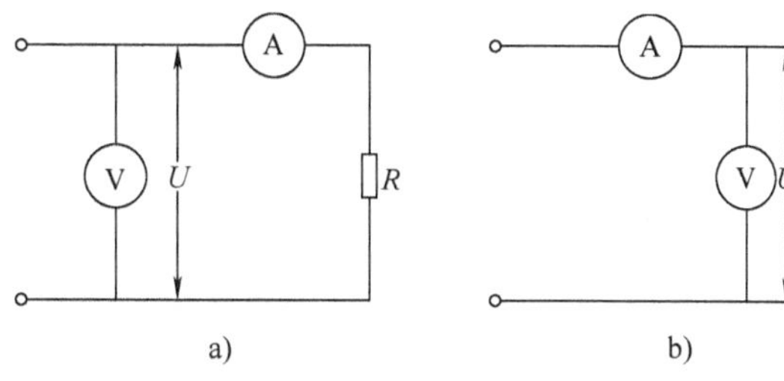

图 1-9　间接法测量直流功率
a）电压前接法　b）电压后接法

2. 直接法

用电动系功率表可以直接测量直流功率。测量时，将功率表的电压线圈与电源或负载并联，电流线圈与电路串联（见图 1-10），选择合适的电压和电流量程，可直接从刻度上读出功率值。

二、交流功率的测量

交流功率不仅与电压和电流有关，还与功率因数有关。因此，测量交流功率一般都采用电动系功率表直接测量。电动系功率表的两组线圈不但能反映电压和电流的乘积，而且能反映电压和电流间的相位关系，它是一种测量功率的理想仪表。电动系功率表分为普通功率因数功率表和低功率因数功率表。

1. 单相交流功率的测量

用单相功率表测量单相交流功率的接线方法如图 1-10 所示。其中图 a 称为电压前接法，图 b 称为电压后接法。在电机功率测量中图 b 较常用，特别是功率较大的电机。

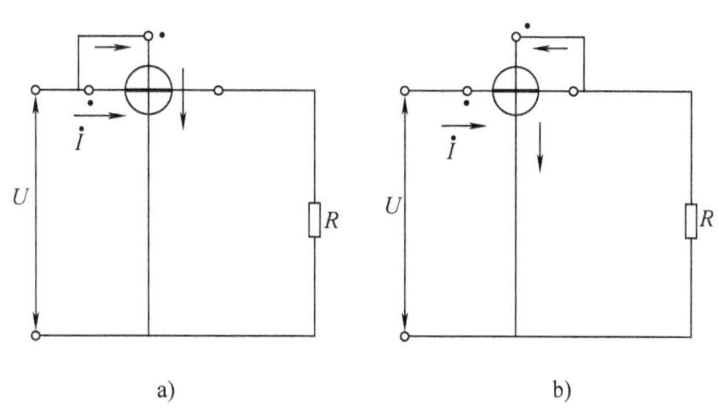

图 1-10　单相功率表接线方法
a）电压前接法　b）电压后接法

2. 三相交流功率的测量

三相对称电路只要用一个单相功率表测量任一相的功率，然后把它乘以 3 即得出三相负载的总功率。

三相不对称电路中，三相四线制线路采用三个单相功率表分别测量各相功率，它们的读数之和就是三相负载总功率；而三线制线路一般用两个单相功率表测量三相功率，三相总功率等于两个单相功率表读数的代数和。两功率表法测量三相功率的接线如图 1-11 所示。

两个单相功率表读数分别为

$$\left.\begin{aligned} P_{\mathrm{I}} &= U_{\mathrm{AC}} I_{\mathrm{A}} \cos(\dot{U}_{\mathrm{AC}} \dot{I}_{\mathrm{A}}) \\ P_{\mathrm{II}} &= U_{\mathrm{BC}} I_{\mathrm{B}} \cos(\dot{U}_{\mathrm{BC}} \dot{I}_{\mathrm{B}}) \end{aligned}\right\} \tag{1-5}$$

为简化分析起见，先假设三相线路是对称的，其相量关系如图 1-12 所示。由相量图，式（1-5）变为

$$\left.\begin{aligned} P_{\mathrm{I}} &= U_{\mathrm{L}} I_{\mathrm{L}} \cos(30° - \varphi) \\ P_{\mathrm{II}} &= U_{\mathrm{L}} I_{\mathrm{L}} \cos(30° + \varphi) \end{aligned}\right\} \tag{1-6}$$

两个单相功率表读数之和为

$$\begin{aligned} P = P_{\mathrm{I}} + P_{\mathrm{II}} &= U_{\mathrm{L}} I_{\mathrm{L}} [\cos(30° - \varphi) + \cos(30° + \varphi)] \\ &= 2U_{\mathrm{L}} I_{\mathrm{L}} \cos 30° \cos\varphi = \sqrt{3} U_{\mathrm{L}} I_{\mathrm{L}} \cos\varphi \end{aligned} \tag{1-7}$$

式中　U_{L}——线电压；

I_{L}——线电流；

$\cos\varphi$——负载的功率因数。

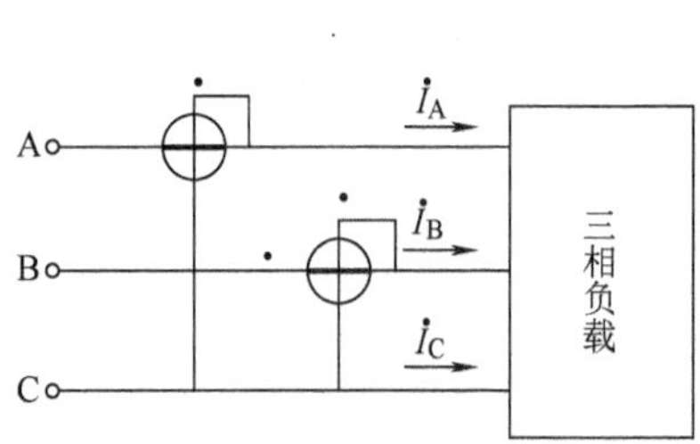

图 1-11　两功率表法测量三相功率

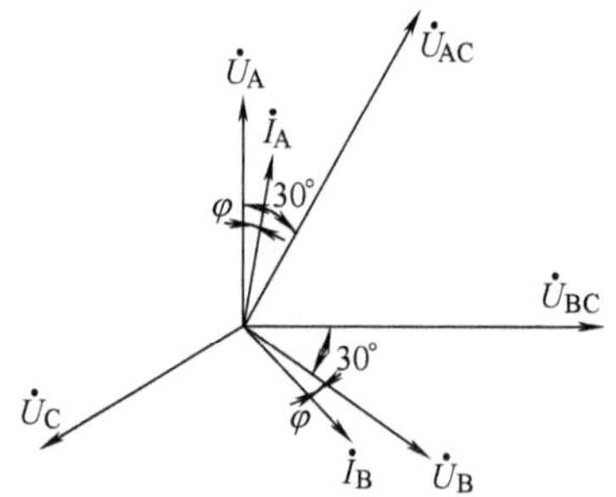

图 1-12　三相对称线路相量图

由式（1-7）可见，用两功率表法测三相功率时，两个单相功率表的读数加起来就是三相总功率。但应注意，随着负载功率因数的变化，两个单相功率表读数的大小和正负随之变化：

当 $\varphi = 0$ 时，$\cos\varphi = 1$，$P_{\mathrm{I}} = P_{\mathrm{II}}$，$P = 2P_{\mathrm{I}} = 2P_{\mathrm{II}}$

当 $0 < \varphi < 60°$时，$0.5 < \cos\varphi < 1$，$P_{\mathrm{I}} > 0$，$P_{\mathrm{II}} > 0$，$P = P_{\mathrm{I}} + P_{\mathrm{II}}$

当 $\varphi = 60°$时，$\cos\varphi = 0.5$，$P_{\mathrm{I}} > 0$，$P_{\mathrm{II}} = 0$，$P = P_{\mathrm{I}}$

当 $\varphi > 60°$时，$\cos\varphi < 0.5$，$P_{\mathrm{I}} > 0$，$P_{\mathrm{II}} < 0$，$P = P_{\mathrm{I}} - P_{\mathrm{II}}$

可见，两功率表法测量三相功率时，两个单相功率表的读数随负载的性质变化而变化。尤其是当负载的功率因数小于 0.5 时，其中一个表的读数为负值。此时，应该用一极性转换开关将电压线圈或电流线圈中的电流方向改变，使其正向偏转（对于装有改变指针偏转方向极性开关的单相功率表，可以直接由此开关调整指针转向），但计算功率时，这个表读出的值应以负值进行计算。

以上分析是以对称三相线路为例，事实上对于不对称三相线路，其结论仍是正确的。综上所述，不论三相线路是否对称，均可用两功率表法测量三相功率，且总功率为两个单相功率表读数的代数和。

三、功率表的选择及使用

1. 功率表量程的选择

功率表量程包括功率、电压和电流3个因素。功率表量程表示负载功率因数 $\cos\varphi=1$，电流和电压均为额定值时的乘积。若 $\cos\varphi<1$，即使电压和电流均达额定值，功率也不会达到额定值。可见功率表量程的选择，实际上就是电压和电流量程的选择。若被测交流电路的电压或电流超过功率表电压或电流的最大量程，应配用适当变比的互感器来扩大量程，（互感器的输出端额定值应与功率表所选量程相匹配）。使电路的电压和电流均在功率表的量程范围之内。同时还要考虑被测电路的功率因数高低，选用普通的功率表（额定功率因数 $\cos\varphi_N=1$）或低功率因数功率表（如 $\cos\varphi_N=0.1$ 或0.2）。

2. 功率表的正确接线

电动系功率表的转矩方向与电压和电流线圈中的电流方向有关。两个线圈的同名端钮均标有“*”或“±”符号，当两个线圈的电流都能从同名端流入时，指针是正向偏转的。因此，功率表的正确接线是：

1）功率表的电流线圈与被测负载串联，它的同名端钮接至电源侧，另一端接负载侧。

2）功率表的电压线圈并接在负载两端，它的同名端钮接至电流线圈的任一端，它的另一端钮跨接到负载的另一端。

按以上两点接线图如图1-9和图1-10所示。

3. 功率表的正确读数

一般功率表都有几种电压和电流额定值（即量程），但标尺只有一条，故标尺上不注明瓦特数，只标分格数。被测功率的数值大小需用功率表常数，即每格所代表的瓦特数来换算。功率表常数 C_W/(W/格) 为

$$C_W=\frac{U_N B_U I_N B_I \cos\varphi_N}{\alpha_N} \tag{1-8}$$

式中　U_N——功率表的电压量程（V）；

B_U——电压互感器比值（倍）；

I_N——功率表的电流量程（A）；

B_I——电流互感器比值（倍）；

α_N——功率表的满刻度格数；

$\cos\varphi_N$——功率表的功率因数，普通功率因数功率表为1，低功率因数功率表为0.1、0.2。

测量时，按选择的电压和电流量程及两者所用互感器的比值、功率表的满刻度格数及功率因数计算出功率表常数，然后算出被测功率的瓦特数

$$P=C_W\alpha \tag{1-9}$$

式中　α——测量时指针偏转的格数。

四、指针式功率表不同测量接线方法所引起误差的修正

在通电测量时，由于功率表电流回路或电压回路要产生电压降或分流功率，所以将对测量值带来一定的误差 ΔP，使仪表显示值 P_B 略大于实际值 P_F。这种误差属于“方法误差”。当该误差值占测量值的比例较大且足以影响测量结果，或要求精密测量时，应对这些误差进行修正。下面以较简单的单相电路来介绍修正办法。

与单相功率测量类似的电压－电流法直流电阻测量线路，以及三相功率测量线路等，其接线方法误差（电阻值或功率值）修正可参照进行。

1．电压前接法单相电路功率表误差修正

对电压前接法电路（见图1-10a），功率表电压测量量中包括负载的电压降和功率表电流回路的电压降两部分。后一部分与负载电流相互作用产生的功率即是功率表的方法误差ΔP。可用下式求取负载功率的实际值P_F。损耗和功率单位为W。

$$P_F = P_B - \Delta P = P_B - I^2 R_A \tag{1-10}$$

式中　I——通过负载的电流，也是通过功率表电流回路的电流（A）；

R_A——功率表电流回路的直流电阻（Ω）。

例　通过负载的电流$I=5A$；功率表电流回路的直流电阻$R_A=0.12\Omega$；功率表的示值$P_B=800W$。则负载功率的实际值$P_F=800W-(5A)^2\times0.12\Omega=800W-3W=797W$。

电压前接法功率测量线路较适用于负载电阻远大于功率表电流回路电阻的场合。

2．电压后接法单相电路功率表误差修正

对电压后接法电路（见图1-10b），功率表电流测量显示值中包括负载的电流和功率表电压支路的电流两部分。后一部分与负载电压相互作用产生的功率即是功率表的方法误差ΔP。可用下式求取负载功率的实际值P_F。损耗和功率单位为W。

$$P_F = P_B - \Delta P = P_B - \frac{U^2}{R_V} \tag{1-11}$$

式中　U——负载两端的电压，也是加在功率表电压回路两端的电压（V）；

R_V——功率表电压回路的直流电阻（Ω）。

例　负载两端的电压$U=380V$；功率表电压回路的直流电阻$R_V=20000\Omega$；功率表的示值$P_B=800W$。则负载功率的实际值$P_F=800W-[(380V)^2\div20000\Omega]=800W-7.22W=792.78W$。

电压后接法功率测量线路较适用于负载电阻远小于功率表电压回路电阻的场合。

五、数字功率表

数字功率表是通过A-D转换电路，分别把电流和电压信号的模拟量变为数字量，由乘法电路变成一个与功率成正比的脉冲信号，再由频率计或计数器计量，最后由显示器显示功率的数字。数字功率表分为单相和三相，准确度较高，其数字量输出还可与计算机、打印机连接。

第四节　频率和相位的测量

一、频率表和相位表

在电机试验中，常需要测量电路的频率和相位。频率表是直接用来测量电压频率的仪表。相位表是用来测量电路中电压和电流两个交变量之间相位差的仪表。如果将相位表的标度尺用相位差角的余弦刻度表示，就叫功率因数表。

电动系频率表和相位表都是采用电动系比率表，即一个固定线圈，两个可动线圈，彼此在空间相差90°，可动部分不装游丝。通电前既无作用力矩又无反作用力矩，可动线圈处于随遇平衡状态。

频率表的测量范围为 45 ~ 55Hz、900 ~ 1100Hz 和 1350 ~ 1600Hz。

相位表分为单相和三相相位表。相位表的接线与功率表相同，也要注意相位表的电压和电流量限。

二、电子示波器测量频率和相位

用示波器测量频率通常采用扫描法。扫描法是应用示波器内部水平扫描测量频率。把被测频率的信号电压接到示波器的垂直输入，调节内部水平扫描的旋钮，使示波器屏幕上仅出现一个完整的波形，这时就表明被测信号的频率等于水平扫描的频率。

例如：当用示波器测量某一信号频率时，若扫描速度调节器处在指示值为 5ms/cm 的位置，而示出的一个波形所占有的水平距离为 4cm，则表示被测信号的周期为 20ms，因此频率 f 即为 50Hz。

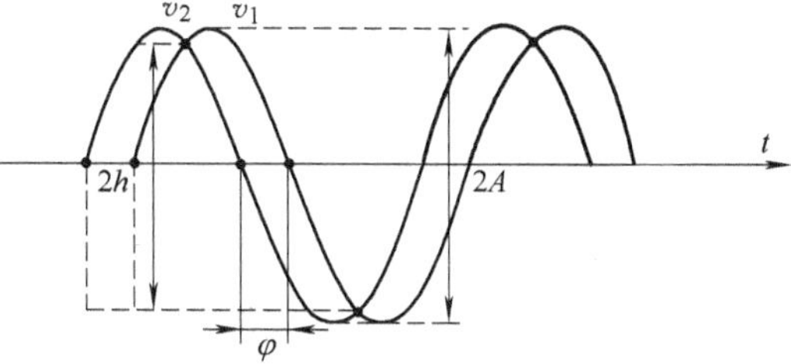

图 1-13　示波器测相位原理图

用双线示波器或用单线示波器与电子开关配合，可使被测相位差的两个信号电压波形同时出现在示波器的屏幕上。

双线电子示波器测量相位 φ（见图 1-13）

$$\varphi = 2\arctan\sqrt{\left(\frac{A}{h}\right)^2 - 1} \tag{1-12}$$

式中，$h = A\sin(\omega t + \varphi)$。

三、频率和相位的数字测量

数字频率表是数字仪表中最简单的一种，它不但能测量频率，而且还能测量周期、时间等。如果加上不同类型的 A-D 转换器后，还可测量其他电量、电参量以及非电量等。数字频率表实质上就是电子计数器。

1. 电子计数器测频原理

所谓频率就是周期性信号在单位时间（1s）内变化的次数。若在一定时间间隔 T 内计得这个周期性信号的重复变化次数 N，则其频率可表达为

$$f = \frac{N}{T} \tag{1-13}$$

电子计数器是严格按照式（1-13）的频率定义进行测频，其原理框图如图 1-14 所示。

被测信号通过整形放大，加到闸门输入端，闸门由门控信号来控制其开、闭时间。只有在闸门开通时间 T 内，被计数的脉冲才能通过闸门，被送到十进电子计数器进行计数。门控信号的作用时间 T 是非常准确的，以它作为时间基准（时基），它由时基信号发生器提供。时基信号发生器由一个高稳定的石英晶体振荡器和一系列数字分频器组成，由它输出的标准时间脉冲（时标）去控制门控电路形成的门控信号。

例如，时标信号的重复周期为 1s，则加到闸门的门控信号作用时间 $T = 1$s，即闸门开通时间为 1s，这时若计约 10 万个数，则被测频率为

$$f = \frac{N}{T} = 1 \times 10^5\text{Hz}$$

可见电子计数器的测频原理实质上以比较法为基础，将 f 和时基信号频率相比，两个频

率相比结果以数字形式显示出来。

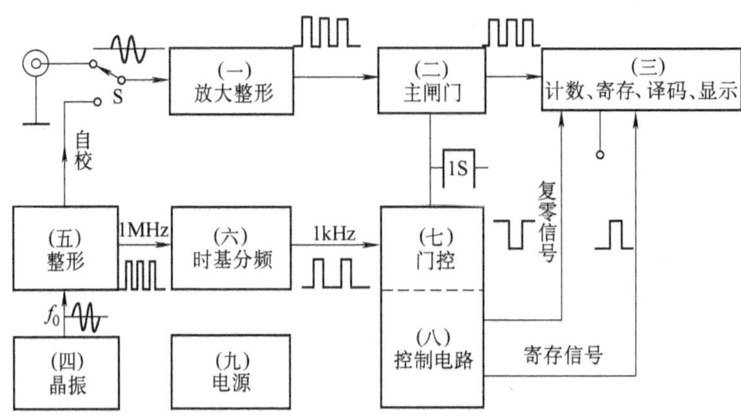

图 1-14　数字式频率计原理框图

国产 PP 系列数字频率计，用于工频测量。PM 系列数字频率计的技术性能如表 1-5 所示。

表 1-5　几种频率计的技术性能

频率范围/MHz	PM6669	PM6685	PM6681	PM6681R
	160	300	300	300
分辨率/(位/s)	7	10	11	11
输入灵敏度/mV	10	10	20	20
精度（1 年）	5×10^{-7}	7.5×10^{-8}	7.5×10^{-8}	9×10^{-10}
预热时间/min	30	30	30	6

2. 电子计数器测周原理

低频测频时，直接利用电子计数器往往会引起较大误差。为此先测周期，然后利用公式

$$f_x = \frac{1}{T_x} \tag{1-14}$$

因为f_x 越低，T_x 就越大，计数器计算的数 N 也越大，误差越小。

计数器测周原理框图如图 1-15 所示。

被测信号经整形放大变成方波，加到门控电路，例如 T_x = 10ms，则主闸门打开 10ms，在此期间时标脉冲通过主闸门计数。若选择时标为 T_s = 1μs，则计数器计出的脉冲数等于 T_x/T_s = 10000 个，如以毫秒为单位，则从计数器显示器上可读出 10.000ms。

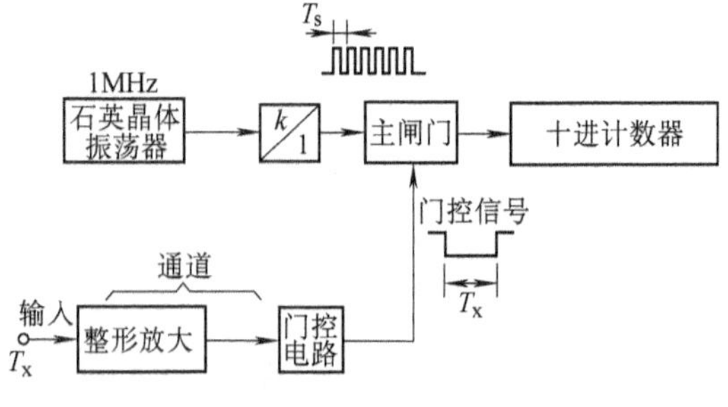

图 1-15　数字测周原理框图

可见，计数器测周的基本原理刚好与测频相反，即由被测信号控制主闸门开门，而用时标脉冲进行计数，所以实质上也是比较法。其波形如图 1-16 所示。

$$T_x = N\tau_0 \tag{1-15}$$

$$T_x = \frac{N\tau_0}{n} \tag{1-16}$$

式中　T_x——被测周期；

n——周期倍乘数；

N——计数器读数；

τ_0——时标信号周期。

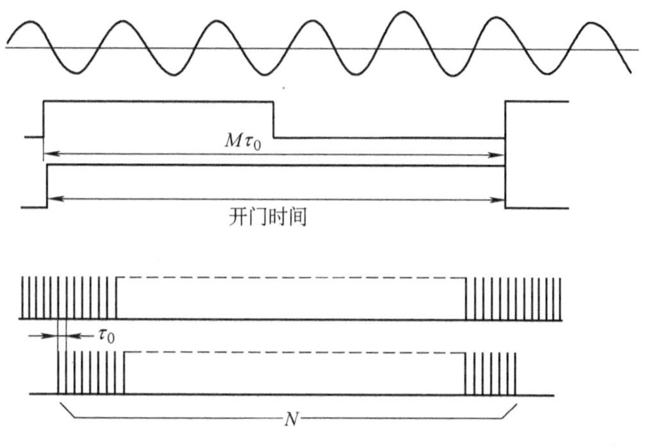

图 1-16　数字测周原理波形

3. 相位的数字测量

相位测量可以用数字相位表来实现，数字相位表的主要部件是相位转换器。相位转换器按其转换方式的不同有两种类型：一种是将相位差转换成时间，另一种是将相位差转换成直流电压，即相位 - 时间转换器和相位 - 电压转换器。

（1）相位 - 时间转换器

其原理框图如图 1-17 所示。

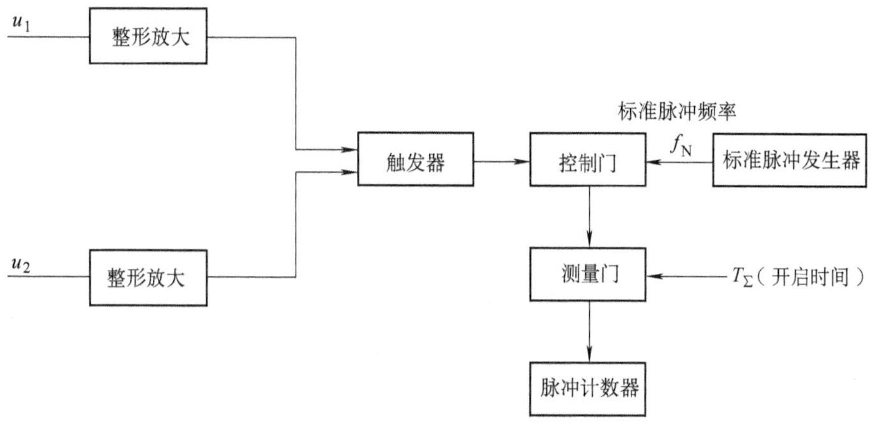

图 1-17　相位 - 时间转换器原理框图

（2）相位 - 电压转换器

其原理框图如图 1-18 所示，电压平均值与相位 φ 成正比。

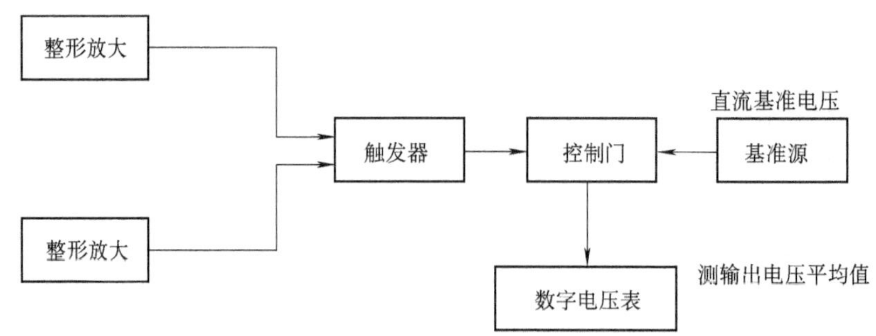

图 1-18　相位－电压转换器原理框图

第五节　电路参数的测量

一、电阻的测量

在电阻的测量中，由于被测电阻的阻值范围和性质不同，用一种方法或仪表是不可能的。通常将 1Ω 以下称为小阻值电阻；$1\sim10^6\Omega$ 以上称为大阻值电阻，为了测量准确，应根据不同情况和需求，选择不同的方法和仪表。

1. 小阻值电阻的测量

（1）伏安法

这是一种利用直流电流表和毫伏表，根据欧姆定律的原理，实现毫欧级的间接测量方法。其接线图如图 1-19 所示。

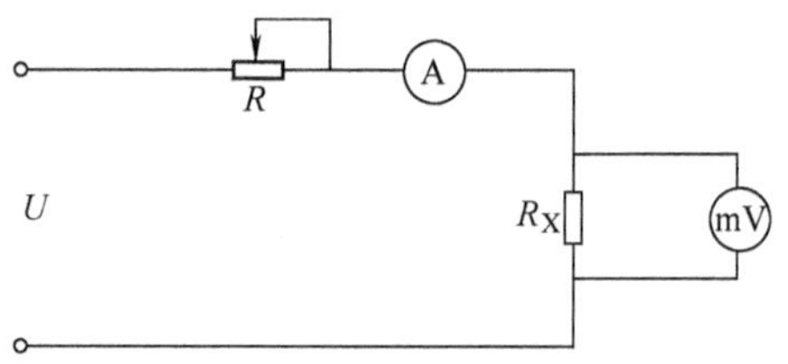

图 1-19　电流表和毫伏法测量小阻值电阻电气原理图

若进行接线方法误差修正，请参考本章第三节第四项中第 2 条所讲述的方法。

被测电阻 R_X(mΩ) 值

$$R_X=\frac{\text{毫伏表读数}}{\text{电流表读数}}$$

利用这种方法时，测量时间不要过长，否则因温度升高会使阻值发生变化。

（2）双臂电桥

1）双臂电桥的原理　双臂电桥也叫凯尔文电桥或汤姆逊电桥，其电气原理图如图1-20a 所示。

在图 1-20a 中，R_X 为被测电阻，称为未知臂；R_N 称为电桥的比较臂，简称较臂，一般由 4～6 个十进读数盘组成，精度较低的由 2～3 十进读数盘和一个滑线读数盘组成，用来与被测电阻比较，此臂由于是由标准电阻组成，所以也称为标准电阻臂；R_1、R_2 构成的称为比例臂，也称为比率倍或比臂，比例臂也是由电阻器组成，用一个步进旋钮来调节 R_1 和 R_2 的比例，如 ×0.001、×0.01、×0.1、×1、×10、×100、×1000 等；R_1'、R_2'为辅助桥臂，也称内臂，对应而言 R_1、R_2 也称外臂；G 为检流计，多为灵敏度较高的磁电系电流表，零位多在中间，有的电桥为增大检流计的灵敏度，在检流计回路中加装了放大器；E 为直流电源，一般是多节干电池或蓄电池；S 为电源开关；RP 为电源电流调节电阻，A 为电源电流指示，有的双臂电桥未设 RP 和 A；双臂电桥检流计回路还有按钮开关（图中未画）；C_1 和

C_2 为被测电阻的电流端；P_1、P_2 为电压端，所以测量电阻时，要有 4 根引线。

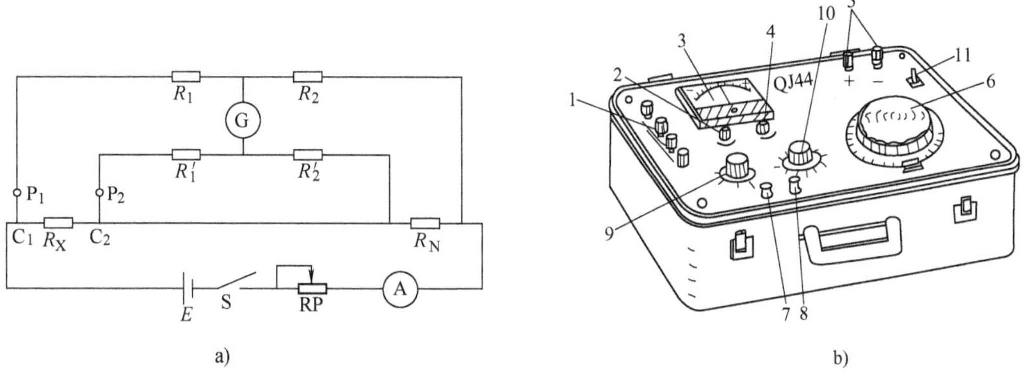

图 1-20　双臂电桥电气原理图和产品示例

a）电气原理图　b）QJ44 型

1—外接引线端子　2—调零旋钮　3—检流计　4—检流计灵敏度旋钮

5—外接电源端钮　6—小数值拨盘　7—电源按钮（B）　8—检流计按钮（G）

9—倍数旋钮　10—大数旋钮　11—电源开关

双臂电桥的测量原理是基尔霍夫第二定律，当检流计回路电流为零时，则

$$R_X R_2 = R_N R_1$$

即

$$R_X = \frac{R_1}{R_2} R_N \tag{1-17}$$

当检流计指示为零时，被测电阻等于 R_1 与 R_2 之比值与 R_N 的乘积，由于检流计为零读数，也称此时的电桥处于平衡状态。

2）特点和用途

① 双臂电桥的主要特点是使被测电阻的引线电阻参与了电桥的平衡之中，使其影响在很大程度上得到抵消，因而对被测电阻的测量准确度影响很小。

② 准确度高。双臂电桥的准确度等级可达 0.01 级，一般常用 0.05 ~2.0 级。

③ 使用较麻烦。在使用时，往往需要多次反复调节。

④ 双臂电桥只适用几微欧（μΩ）~几十欧（Ω）的较小阻值电阻的测量。

国产双臂电桥有 QJ 系列，电机试验常用的 QJ44 测量范围为 0.0001 ~11Ω，准确度为 0.2 级。

2. 中阻值电阻的测量

（1）伏安法

这种方法的原理图与图 1-19 相同，只是将毫伏表换成伏特表。

（2）电阻表法

电阻表既有指针式也有数字式，还有各种多功能仪表的电阻功能挡。电阻表法的基本原理可分为串联法和并联法，其电气原理图如图 1-21 所示。其中，图 1-21a 为串联法；图1-21b

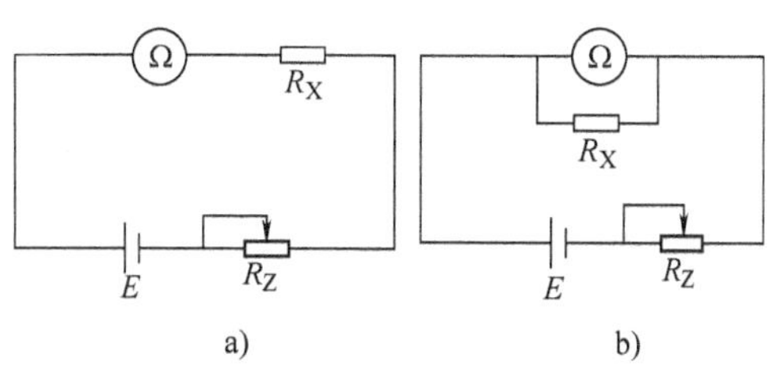

图 1-21　电阻表法测量电阻电气原理图

a）串联法　b）并联法

为并联法。图中的 Ω 为电阻表的表头或显示器；R_X 为被测电阻；R_Z 为调零电阻；E 为电源，要求电源电压为已知和稳定。

从图中可以看出：串联法电阻表表头的电流与 R_X 成反比关系；并联法电阻表的表头与 R_X 的压降成正比关系。一般电阻表有的为多量程，多量程电阻表是通过改变并联分流电阻、串联附加电阻或供电电压来实现多量程的。由于电阻表是利用电流表或电压表间接来测量电阻又有其他零件参与，所以电阻表的准确度会低些。

串联法和并联法电阻表在使用时无区别，但要注意串联法在电阻为零时零位在右（电流量大），并联法在电阻为零时零位在左（压降为零），这是指针式电阻表。

国产电阻表有 ZC 系列，数字电阻表为 PC 系列。

（3）单臂电桥

单臂电桥的结构与原理　单臂电桥的电气原理图如图 1-22所示。

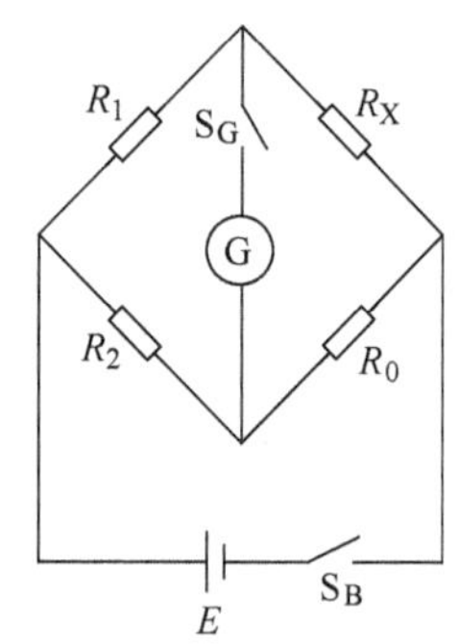

图 1-22　单臂电桥电气原理图

图 1-22 中，R_1、R_2 为用已知的多个固定电阻串联起来的电阻，用一个多挡开关来调节 R_1 和 R_2 的比例关系；R_0 为由多个标准电阻或电阻箱组成的标准电阻臂，用来比较被测电阻；R_X 为待测电阻，称为未知臂；G 为检流计；E 为直流电源；S_G 为检流计开关；S_B 为电源接通用按钮开关，一般 S_G 和 S_B 多为可保持的按钮开关，按下接通。

当电桥平衡，即检流计回路电流为零时，电桥的对边乘积相等，即

$$R_1R_0 = R_2R_X$$

$$R_X = \frac{R_1}{R_2}R_0 \tag{1-18}$$

即被测电阻 R_X 的阻值等于 R_1 与 R_2 的比值与 R_0 的乘积，所以把 R_1、R_2 称为比例臂，简称比臂；把 R_0 称为比较臂，简称较臂，也称测量臂。

常用的单臂电桥有 QJ23，其测量范围为 1 ~9999000，准确度为 ±0.2% ~ ±1%。

3. 大阻值电阻的测量

（1）带手摇发电机的绝缘电阻表

原称兆欧表，它的测量指示机构是一种称之为“比率计”或“流比计”的磁电系机构，与一般磁电系电表不同的是：它的可动部分的线圈是由两组线圈组成，其主要目的是解决手摇发电机发电不稳而影响测量结果的问题。这种表的发电机输出多为直流，其输出电压值与上量限有关，量限值越高的，输出电压也越高。常用的有 100V、250V、500V、1000V、2500V、5000V 等。

（2）其他型式的绝缘电阻表

目前市场已有用干电池、蓄电池的便携式绝缘电阻表。这种表都是经过振荡器和整流器等将电池电压提升后供测量用的；还有的台式绝缘电阻表（实验用的）是以工频 220V 为供电源，也需提升和整流后供测量部分用。

在电机中绝缘材料的好坏对电机的正常运行和安全有着重大的影响，表征绝缘材料性能的重要标志为绝缘电阻，绝缘电阻的测量就用绝缘电阻表。常用国产手摇发电机式绝缘电阻

表有 ZC7、ZC11 等。电机试验时绝缘电阻表的选择如表 1-6 所示。

表 1-6　绝缘电阻表选择

电机额定电压/V	绝缘电阻表规格/V	电机额定电压/V	绝缘电阻表规格/V
<36	250	>1000～2500	1000
36～1000	500	>2500～5000	2500

电机试验对绝缘电阻要求测量每相绕组对机壳及绕组相互间的绝缘电阻。绝缘电阻分别在实际冷态下和热态下进行测量，热态绝缘电阻（MΩ）应不低于

$$R = \frac{U}{1000 + P/100} \tag{1-19}$$

式中　P——额定功率（kW 或 kVA）。

测量时，需注意：

1）转动手摇发电机转速一般应为 120(1 ±20%)r/min；

2）测量时间一般为 1min；

3）测量完成后，应将绕组对地放电后再拆下接线。

二、电感和电容的测量

电感和电容的测量，最常用的方法是交流电桥法，其准确度相对高。

1. 交流电桥的基本原理

交流电桥是在交流情况下工作，有些便携式交流电桥虽然用干电池供电，但加到电桥电路时，已转换成一定频率的交流电。图 1-23 为交流电桥的电气原理图。

交流电桥的平衡条件，即检流计电路没有电流通过时，其四臂阻抗关系为

$$Z_X Z_N = Z_A Z_B$$

即

$$Z_X = \frac{Z_A}{Z_B} Z_N \tag{1-20}$$

式中　Z_A/Z_B——比例臂或比臂；

Z_N——比较臂或较臂；

Z_X——未知臂。

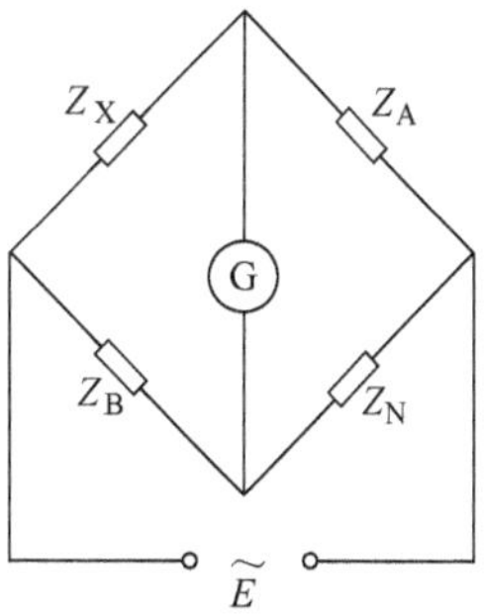

图 1-23　交流电桥的电气原理图

从交流电桥的平衡公式可以看出，只要 Z_A/Z_B 和 Z_C 为已知，就可测量出 Z_X 的值。

通常单纯测量电感或电容的仪表不多，而是把电阻、电容、电感等测量功能组合到一起，使之一表多用，常称之为万用电桥、*RCL* 测量仪等。国产万用电桥为 QS 系列和 *RCL* 数字测试仪。

2. 用电压表、电流表测量电感

利用交流电流表、电压表和功率表可以在交流电路中测量阻抗和电感、电容以及电容器的介质损耗等。尽管这种测量方式因仪表本身原因会造成一定的误差，但由于其设备简单，并可在电路处于工作状态时进行测量，这点对于非线性元件的参数测量尤为重要，所以在电机试验中被广泛采用。

用电压表、电流表（简称为“二表法”）测量电感的线路如图1-24所示。为了减少误差，要选用内阻较高的电压表。

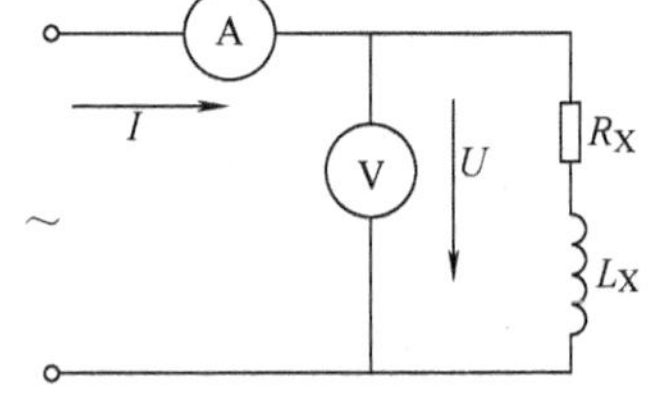

图1-24　用电流表、电压表法测量电感接线图

设所加交流电压为U(V)时，电流表示值为I(A)，则被测线圈的阻抗Z_X(Ω)为

$$Z_X = \frac{U}{I} \tag{1-21}$$

加直流电压U(V)，得到直流电流I(A)，则可得到线圈的电阻R_X(Ω)为

$$R_X = \frac{U}{I} \tag{1-22}$$

根据$Z_X=\sqrt{R_X^2+X_X^2}$、$X_X=2\pi fL_X$两个关系式和上述两次测量结果，可用下式求得线圈的电感L_X(H)：

$$L_X = \frac{\sqrt{Z_X^2 - R_X^2}}{2\pi f} \tag{1-23}$$

式中　f——交流电源频率（Hz）。

3. 用电压表、电流表及功率表测量交流阻抗

此法简称为“三表法”。有两种不同的测量线路（见图1-25）。其中图1-25a适用于阻抗较大的测量。

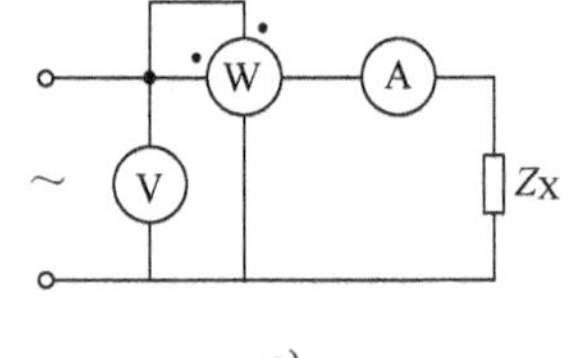

a)

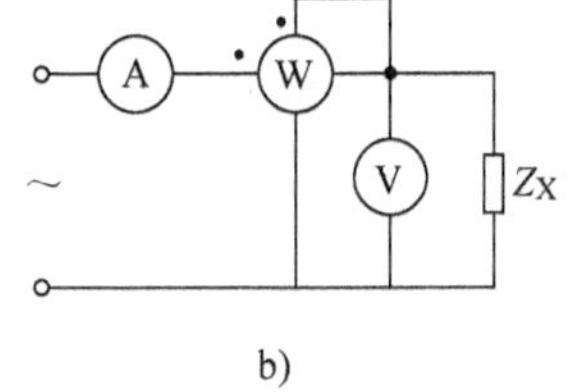

b)

图1-25　用“三表法”测量交流阻抗接线图

a）电压前接法　b）电压后接法

不计仪表本身损耗时，被测量阻抗Z_X的电阻R'_X和电抗X'_X分别为

$$R'_X = \frac{P}{I^2} \tag{1-24}$$

$$X'_X = \sqrt{Z_X^2 - R_X^2} = \sqrt{\left(\frac{U}{I}\right)^2 - \left(\frac{P}{I^2}\right)^2}$$

式中　I、U、P——电流（A）、电压（V）、功率（W）的测量值。

若Z_X为感抗，则其自感系数L(H)为

$$L = \frac{1}{2\pi f}\sqrt{(U)^2 - \left(\frac{P}{I}\right)^2} \tag{1-25}$$

若Z_X为容抗，则其电容量C(F)为

$$C = \frac{1}{\dfrac{2\pi f}{I}} \frac{1}{\sqrt{(U)^2 - \left(\dfrac{P}{I}\right)^2}} \tag{1-26}$$

4. 用电压表、电流表测量电容

测量线路如图1-26所示。为使电流表获得足够大的读数，可串联一个适当的可调电感L，采用内阻较大的电压表。在没有专用的可调电感时，可选用自耦调压器的二次绕组代替。

给线路加交流电压U（可用50Hz电网电源）。调节电感L，使电流表指示为满量程的90%左右。记录电流I(A)和电压U(V)，则被测电容器的电容量C(F)为

$$C = \frac{1}{2\pi fU} \tag{1-27}$$

式中 f——交流电源频率（Hz）。

上述“二表法”和“三表法”要在2～4s内读数，测量误差为1.5%～20%。

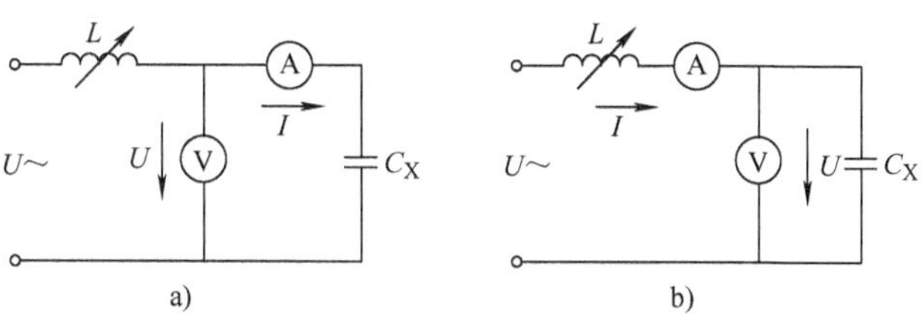

图1-26 用电压表、电流表测量电容接线图

a）电压前接法 b）电压后接法

第六节 介电强度试验

介电强度试验包括绝缘耐电压试验、匝间绝缘冲击耐压试验和泄漏电流测试。

一、交流耐压试验

电机在制造过程中根据国家标准要求都要进行耐交流电压试验（简称耐压试验）。对试验电压的规定，频率为50Hz，波形为接近正弦波，电压数值一般为2倍额定电压+1000V，但最低为1500V。功率低于1kW的为2倍额定电压+500V，但不低于1000V。试验时，应从低于试验电压全值的一半处开始，然后连续地或分段地（每段不超过全值5%）升压，自半值升至全值的时间以10～15s为宜。试验应在全值电压下维持1min。试毕逐渐降至全值的1/2以下时方可切断电源，并将绕组接地充分放电。耐电压试验设备原理图如图1-27所示。耐电压试验用变压器的容量规定如表1-7所示。

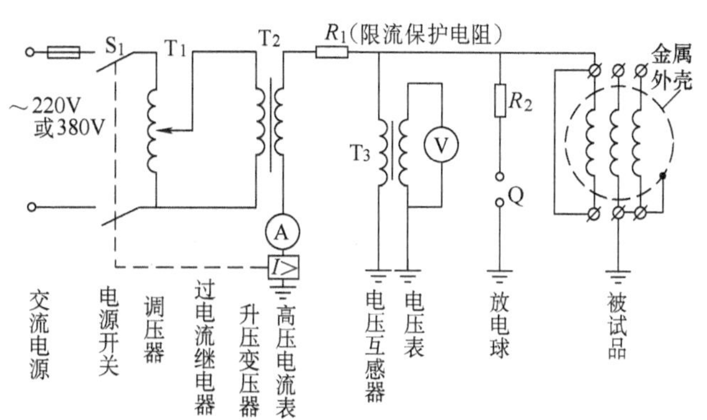

图1-27 耐电压试验设备主要部分示意图

表1-7 耐电压试验用变压器容量选择

电 机 类 别	试验变压器容量 $P/(\mathrm{kVA})$
小功率电机	每1kV试验电压，$P \geqslant 0.5$
低压电机	每1kV试验电压，$P \geqslant 1$
高压电机	每5kV试验电压，$P \geqslant 1$

二、匝间绝缘冲击耐压试验

绕组的匝间绝缘冲击耐压试验简称匝间试验，由于国家标准GB/T 22719—2008等规定的匝间试验方法采用冲击波形比较法，因此也称为匝间绝缘冲击耐电压试验。

为了评价匝间绝缘耐过电压冲击的能力和检验匝间绝缘中的弱点，需要提高匝间绝缘的试验电压。由于电机线圈每匝的直流电阻甚低，而感抗又与施加电压的频率成正比，因此一般无法在匝间施加足够高的工频试验电压。为此国家标准规定匝间绝缘用冲击电压。

由于电机的绕组结构形式、电压等级、使用条件等各不相同，所以对试验电压的要求都在各种电机的技术条件中做了规定。

在冲击波形比较法中，应用较多的是输入冲击波法，试验原理图如图 1-28 所示。由电源给主电容器 C_1 充电后，在适当时刻闭合放电开关 S，对试品放电。输入冲击波的波前和波尾时间可以利用波前电阻 R_2、波尾电阻 R_1 与波前电容 C_2 来调节，使冲击波的陡度和幅值接近实际操作过电压。此冲击波经特殊措施交替地施加于两组试品上，其中一组作为被试品；另一组作为对比用。同一设计的电机绕组，其各相电阻、电感、电容 R、L、C 的设计值应是对称和平衡的。若试品有各种匝间绝缘故障，绕组阻抗就会改变，从而破坏了绕组阻抗平衡和对称，使冲击波在两组试品中呈现两个不同形状的衰减振荡波形，如图 1-29 所示。在绕组中将形成衰减振荡，其频率为

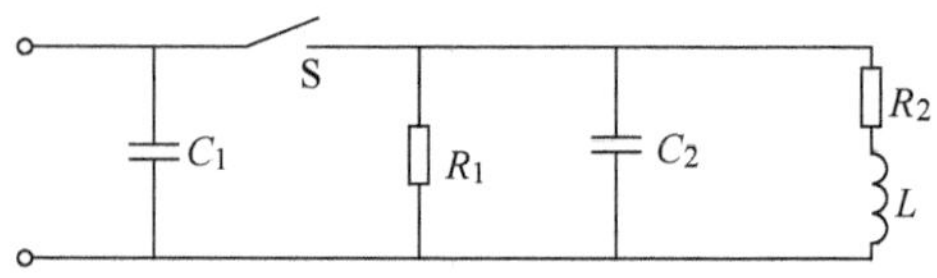

图 1-28　输入冲击波法原理图

C_1—主电容器　C_2—波前电容　R_1—波尾电阻　R_2—波前电阻　L—被试线圈　S—放电开关

$$f=\frac{1}{2\pi\sqrt{LC}} \tag{1-28}$$

式中　f——冲击波衰减振荡频率（Hz）；

L——绕组电感（H）；

C——绕组及仪器放电回路电容（F）。

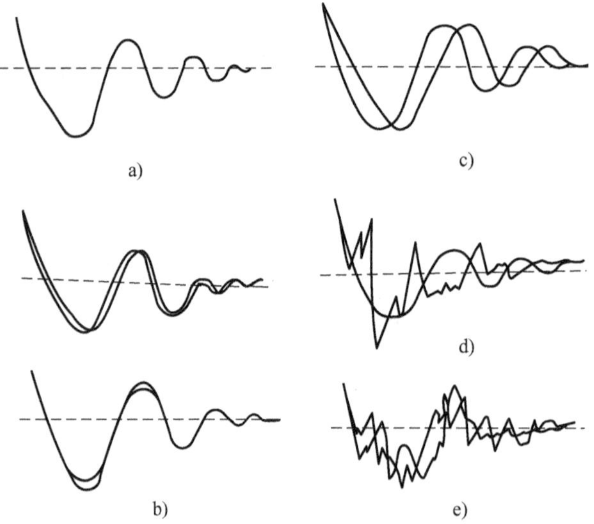

图 1-29　匝间耐电压试验波形曲线典型示例图

a）正常波形　b）有较小差异的波形　c）有较大差异的波形　d）有匝间短路放电的波形　e）两相都存在匝间短路或铁心接地不实的波形

在参照品和被试品中交替地输入冲击波，比较两者中衰减振荡波形重合与否，即可判断绕组匝间等绝缘是否良好。

此方法比较简便，又接近于实际情况，可对大批同规格电机的绕组接地、匝间短路、相

间短路、接线错误、匝数错误、导线或绝缘放错位置等故障进行经济、迅速和有效的检测。

图 1-29 给出了三相绕组的几种典型曲线。

对试验仪器主要要求：

1）仪器输出的两组冲击电压波应对称，容差为 ±3%；

2）仪器的冲击电压峰值应连续可调，容差为 ±3%，并能数显峰值电压；

3）仪器输出的最大冲击电压峰值应能满足试品最高试验电压的要求；

4）仪器输出的第一个冲击电压波的波前时间为 0.5μs，容差为 ±3%；

5）仪器应能清晰显示和分辨波形，显示采样频率不小于 25Hz。

图 1-30 给出了几种国产匝间仪外形示例。

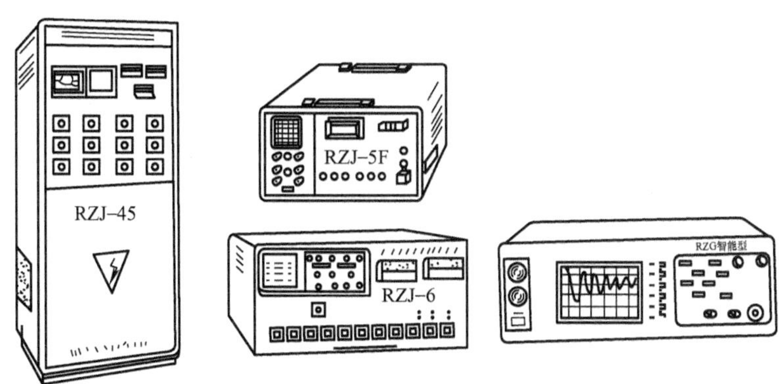

图 1-30　几种国产匝间仪

三、耐直流电压和泄漏电流试验

泄漏电流是指被试品加上高电压后，在升压变压器与被试品组成的闭合回路中形成的电流，应在高压回路中测量。其值大小是判定被试品泄漏电流是否合格的依据。

泄漏电流测量是与直流耐压试验同时进行的。绕组绝缘应能承受 3.5 倍额定电压 U_N，直流耐压试验时间为 1min。在 $2.5U_N$ 的直流电压作用下，最大泄漏电流超过 20μA 时，各相泄漏电流的差值应不大于最小一相泄漏电流值的 50%，且试验时泄漏电流应不随时间的延长而增长。图 1-31 为直流耐压试验与泄漏电流测量线路。

国产 CY26 等系列耐压泄漏测试仪是可用来测量交流耐压和泄漏电流的仪器。

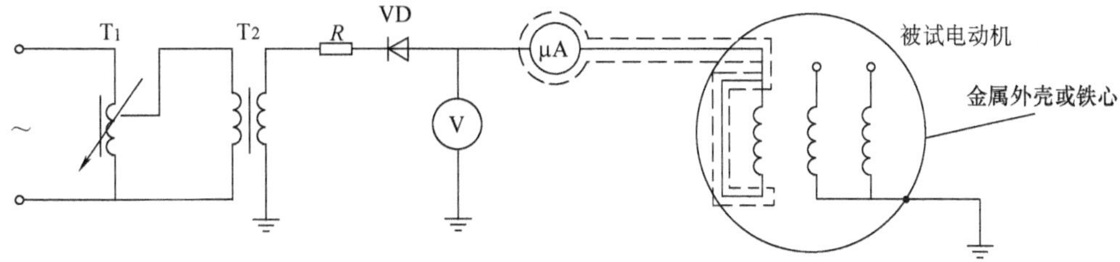

图 1-31　直流耐压试验与泄漏电流测量线路

T_1—调压器　T_2—高压变压器　R—限流电阻

VD—高压硅整流器　V—高压静电电压表　μA—微安表

第二章　电机中非电量的测量

电机中有许多非电量要进行测试，如转速、转矩、温度、温升、噪声和振动等。

第一节　转速的测量

电机的转速是电机试验中需测量的重要物理量之一，可分为平均转速和瞬时转速。

转速的单位：转/分（r/min）；角速度的单位：弧度/秒（rad/s）。

一块转速表（仪）基本由三个环节组成：转换器（传感器、换能器），如实地反映转速变化；接触式转速表的传动机构，起桥梁作用；测量机构，起指示或记录转速值的作用。

转速表（仪）的种类：

1）离心式转速表；

2）定时式转速表；

3）振动式转速表；

4）电动式转速表；

5）磁感应式转速表；

6）频闪式转速表；

7）电子计数式转速表；

8）自动记录式转速测量仪。

一、常用转速表

1. 离心式转速表

图 2-1 是 LZ 型离心式转速表的外形。

离心式转速表由传动部分、机心和指示器三部分组成。

离心式转速表是根据角速度与惯性离心力的非线性关系制成的。当转速表轴转动时，离心器上重锤在惯性离心力的作用下离开轴心，并通过传动装置带动表针转动。轴的转速根据指针在惯性离心力和弹簧弹性力平衡时指示的位置来确定。

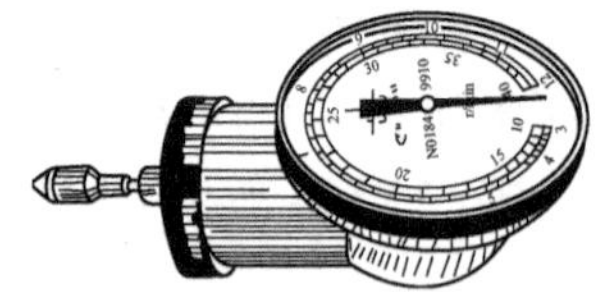

图 2-1　LZ 型离心式转速表

惯性离心力为

$$F = mr\omega^2 \tag{2-1}$$

式中　F——惯性离心力；

m——重锤质量；

r——重锤重心到旋转轴心的距离；

ω——旋转角速度。

式（2-1）表明：惯性离心力 F 与旋转角速度 ω 的二次方成正比，两者是非线性关系，所以离心式转速表的表盘刻度是不均匀的。而角速度的测定归结为惯性离心力大小的测定，通常采用平卷簧或由螺旋形弹簧作为惯性离心力的测量元件。转速表的转速指示由惯性离心力和弹簧弹性力平衡的位置来确定。

2. 定时式转速表

定时式转速表是一种精密的机械式转速表。这种转速表是按照在一定时间间隔内测量旋转体转数的方法，确定转速的平均值，并由指针在表盘上直接指示被测转速值。

被测角速度 ω，在已知间隔时间τ内的平均值 ω_{cp}为

$$\omega_{cp} = \frac{1}{\tau}\int_0^{\tau}\omega dt \text{ 或 } \omega_{cp} = (2\pi n_\tau)/\tau \tag{2-2}$$

式中 n_τ——旋转轴在时间τ s 内的转数，用每分转数（r/min）来表示：

$$n_{cp} = \frac{60n_\tau}{\tau} \tag{2-3}$$

为了测定时间间隔τ，要在定时转速表上装有定时机构，定时式转速表即由此得名。一般时间间隔为 3s 或 6s。

3. 磁电式转速表

磁电式转速表有电动式、电脉冲式、电谐振式、磁感应式转速表等。

（1）电动式转速表

电动式转速表带有直流发电机或交流发电机，其工作原理是当发电机的磁通 ϕ 一定时，感应电动势 e 正比于转速 n。

（2）电容式电脉冲转速表

这种转速表的结构原理如图 2-2 所示。电容器 C 利用整流子 K 时而与电源 E 接通，时而与测量仪表接通。

整流子 K 是一个鼓形轮，由两个互相绝缘的带齿金属筒构成，两边的电刷在其表面连续滑动；而中间电刷将电容器时而与左边的圆筒接通（电容器充电），时而与右边的圆筒接通（电容器向测量仪表放电）。

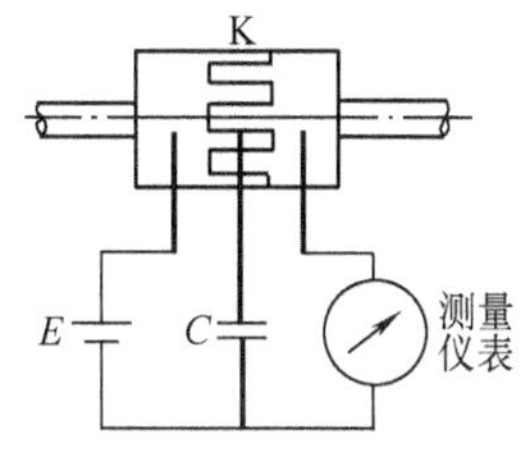

图 2-2 带电容器的电脉冲式转速表

测量放电电流 I_{cp}（A）为

$$I_{cp} = \frac{Z}{2}\cdot\frac{n}{60}CU \tag{2-4}$$

式中 $Z/2$——鼓形轮上轮齿对数；

$n/60$——鼓形轮的转速（r/s）；

C——电容值（F）；

U——电源电压（V）。

例 $C=10\mu F$、$Z=20$、$U=12V$、$n=2000r/min$，则得

$$I_{cp} = \frac{Z}{2}\cdot\frac{n}{60}CU = \left(\frac{20}{2}\times\frac{2000}{60}\times 10\times 10^{-6}\times 12\right)A = 0.04A = 40mA$$

（3）磁电式电脉冲转速表

这种转速表的结构原理如图 2-3 所示。

它是利用齿顶、齿谷的交替，造成气体磁导的交变，使磁路中的磁通脉动，因而在测量线圈中产生交流电动势，该电动势的频率与转速成正比。其原理框图如图 2-4 所示。

国产磁电式电脉冲转速表型号为 SZM—1。

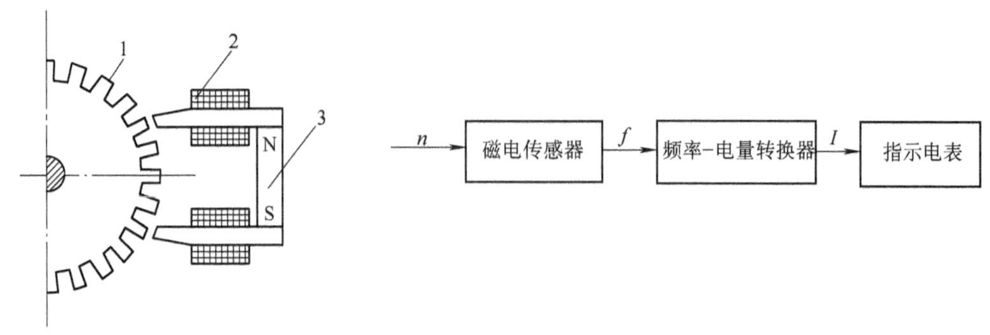

图 2-3　磁电式传感器

1—齿盘　2—测量线圈　3—永久磁铁

图 2-4　原理框图

二、光电数字测速

光电数字测速是通过转速传感器将光电信号转变为与转速有关的电信号，从而测量电机的转速。光电数字式转速表是由光电转速传感器和转速数字显示仪两部分组成。光电转速传感器分为投射式和反射式两种，如图 2-5 和图 2-6 所示，可知它是把转速转换为电脉冲信号输出，供转速数字显示仪计数。

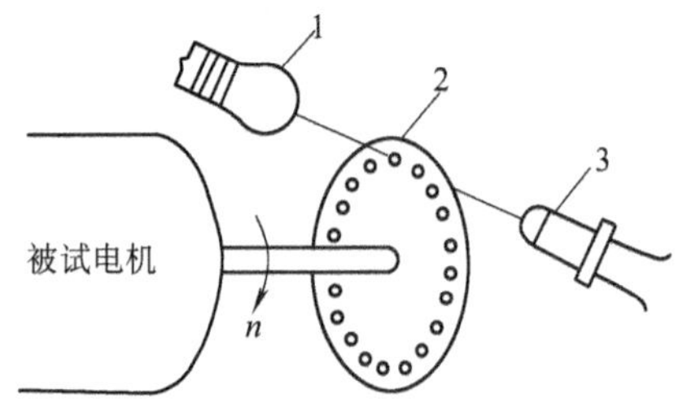

图 2-5　投射式光电传感器

1—光源　2—测量盘　3—光敏二极管

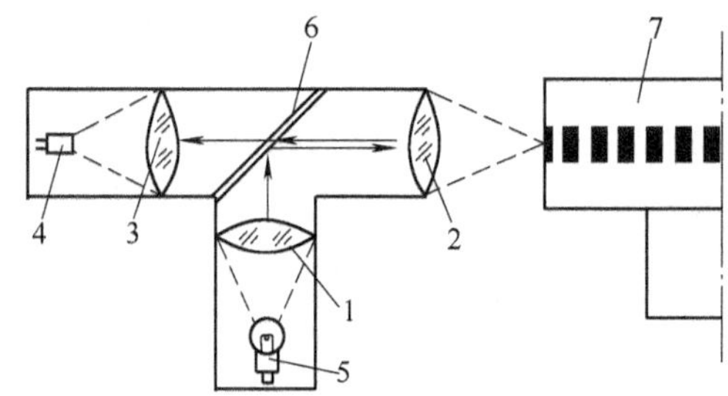

图 2-6　反射式光电传感器

1、2、3—透镜　4—光敏二极管

5—光源　6—半透膜　7—联轴器

转速传感器输出的电脉冲数可按下式求得：

$$N = \frac{Znt}{60} \tag{2-5}$$

式中　N——输出电脉冲数；

n——转速（r/min）；

Z——传感器倍增数（每转一转传感器发出的脉冲数）；

t——测量时间（s）。

按测速工作原理可分为测频法和测周法两种。测频法是测量标准的单位时间内与转速成正比的脉冲数来测定转速；测周法是通过测量电机转速一个给定角位移所需的时间来测定转速。通常对于高速采用测频法，对于低速采用测周法。

1. 测频法测速

电信号的频率是指单位时间内所产生的电脉冲数

$$f = \frac{N}{t} \tag{2-6}$$

式中　f——频率（Hz）；

N——电脉冲数；

t——产生 N 个脉冲所需的时间（s）。

测频法测速的原理框图如图 2-7 所示；波形图如图 2-8 所示。

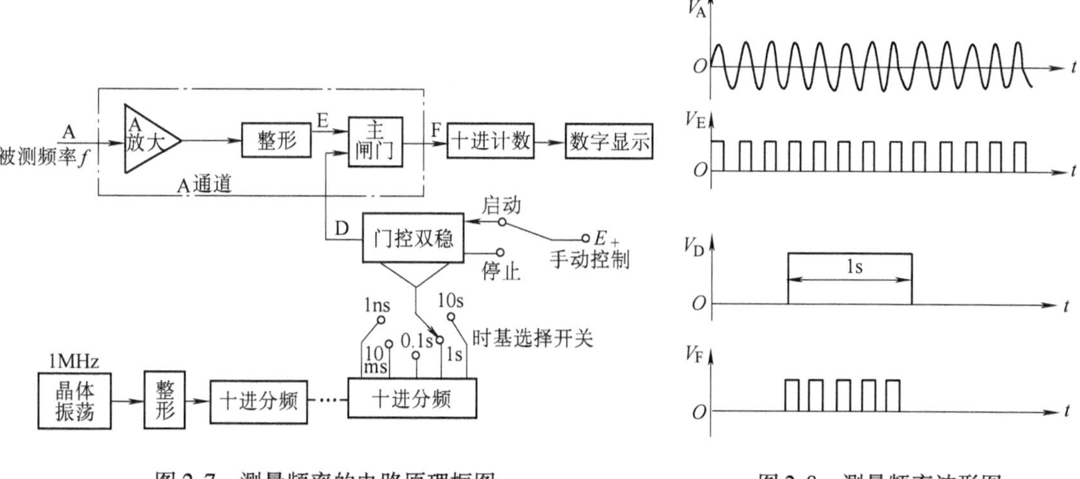

图 2-7　测量频率的电路原理框图　　图 2-8　测量频率波形图

用测频法测量的转速

$$n = 60\frac{N}{Zt}$$

例　$Z=30$，$t=2\text{s}$、$N=2000$，则得

$$n = 60\frac{N}{Zt} = \frac{2000}{30\times 2}\times 60\text{r/min} = 2000\text{r/min}$$

2. 测周法测速

周期 T 是指电信号振荡一周所需的时间。假设时标信号周期为τ_0，计数器读数为 N，则被测周期为

$$T = N\tau_0 \tag{2-7}$$

测周法测速的原理框图及其对应的波形图如图 2-9 所示。

用测周法测量的转速

$$n = 60\frac{m}{N\tau_0 Z} \tag{2-8}$$

当 $Z=1$ 时，有

$$n = 60\frac{m}{N\tau_0}$$

式中　m—— 周期倍数。

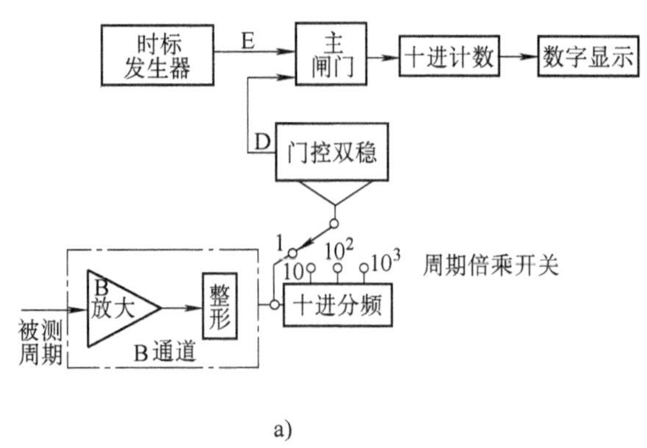

a)

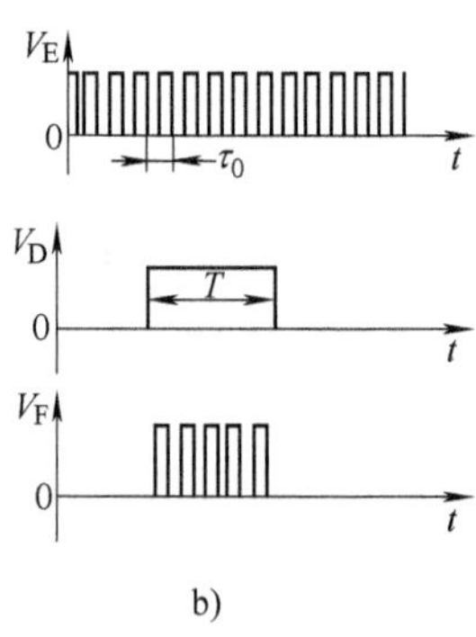

b)

图 2-9　测量周期的电路原理图

a）电路图　b）波形图

例　$N=2000$，$\tau_0=1\text{ms}=0.001\text{s}$，$m=1$，则得

$$n = 60\frac{m}{N\tau_0} = 60\times\frac{1}{2000\times0.001}\text{r/min} = 30\text{r/min}$$

3. 手持式光电数字转速表

手持式光电数字转速表分为投射式和反射式两种。手持接触式数字转速表的光电测速传感器的示意图如图 2-10 所示。光电测速盘设置 60 个均匀透光孔。

当光电测速盘每转一圈时，光源透过盘孔，可使光电管产生 60 个光电信号，测速时用下式进行计算：

$$N = \frac{n}{60}Zt \tag{2-9}$$

式中　N——测速表读数；

Z——测速盘透光孔数；

n——被测转速。

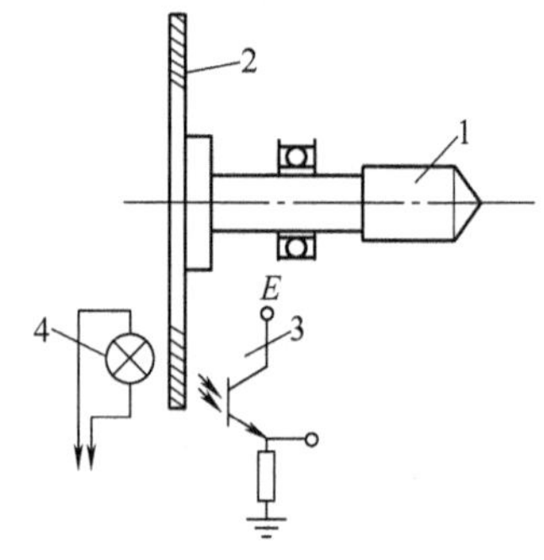

图 2-10　光电测速传感器

1—测速轴　2—光电测速盘　3—光电管　4—光源

若采样时间 $t=1\text{s}$，$Z=60$，则得

$$n = \frac{N}{Zt}\times60 = \frac{N}{60\times1}\times60 = N \tag{2-10}$$

上式表明，测速表的读数就是被测转速。

手持式光电数字转速表由于采用集成电路，故体积小，便于携带。其原理框图如图2-11所示。

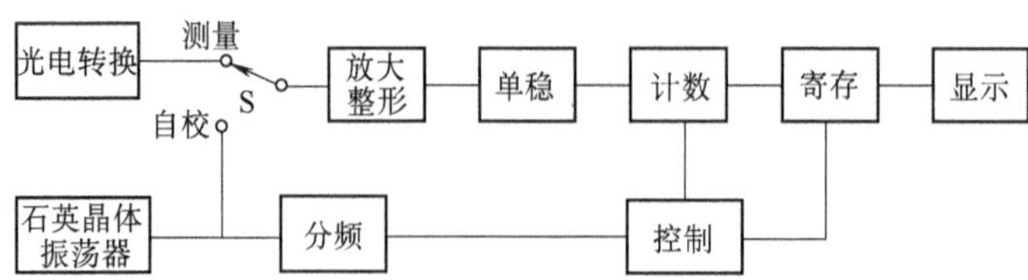

图 2-11　测速仪原理框图

该仪表含有32768Hz石英晶体振荡器，经过15次2分频获得“秒脉冲”，借以控制计数时间。国产手持式光电数字转速表为SZG—20系列。

三、频闪测量转速

频闪测量转速是基于频闪原理。它的特点是利用频闪像直接测量转速，既不需要与被测物接触，也不需要转速传感器。它具有使用方便、量程宽、精度高等特点。

1. 频闪测速原理

频闪原理，即频闪效应原理，频闪效应就是物体在人的视野中存在时间暂存而形成的一种现象，暂存的时间为（1/15～1/20）s。

倘若被测旋转体带动频闪盘转速为f，对照旋转频闪盘的频闪灯闪光频率为f_0，当转速等于闪光频率，即$f=f_0$时，会出现频闪盘静止不动的视觉效果。

当被测转速超过闪光频率f_0，即$f=Kf_0$时，频闪像静止不动，K为频闪盘转过的转数。

当闪光频率f_0超过转速m倍时，则在频闪盘上将出现m个频闪像，这时$f=(1/m)f_0$，频闪像处于静止不动。

当频闪盘上不是一个记号，而是两个记号，并均匀分布在同一个同心圆周上时，如果在两次闪光的时间间隔内，频闪盘转过一个记号的间距，则频闪像呈现不动状态，这时$f=(1/Z)$等。

综合上述关系式，则有

$$f=\frac{K}{mZ}f_0 \text{ 或 } n=\frac{K}{mZ}n_0 \tag{2-11}$$

式中　n_0（f_0）——每分钟频闪闪光次数；

n（f）——被测转速（r/min）。

令$m=1$时，则$n=Kn_0/Z$。

2. 数字式闪光测速仪

国产SSC—1型数字式闪光测速仪，测量范围分四档连续可调，数字显示：100～400闪次/min、400～1500闪次/min、1500～6000闪次/min、6000～2400闪次/min。

工作原理框图如图2-12所示。

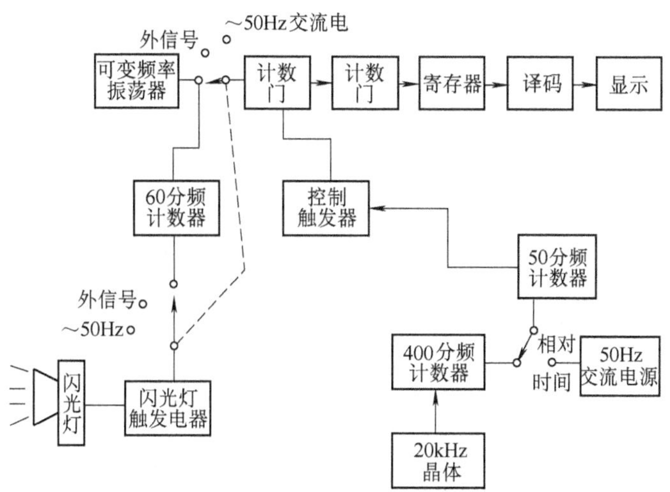

图2-12　SSC—1型测速仪原理框图

四、激光测量转速

激光测量转速也是一种非接触式转速测量，它与光电和频闪数字测速相比，具有三大优点。

1）非接触式工作距离可远达 10m。

2）当被测物体除旋转外，还在振动或回转进动时，只有激光测速才能测量这些处于特殊状态物体的转速；而且操作简单，读数可靠。

3）抗干扰能力强。当工作环境存在杂光干扰或振动时，仍能正常测量，可以测量摇头回转的风扇转速，还可以测量水下旋转的螺旋桨转速。

激光测量转速的光路原理图如图 2-13 所示；电路原理框图如图 2-14 所示。

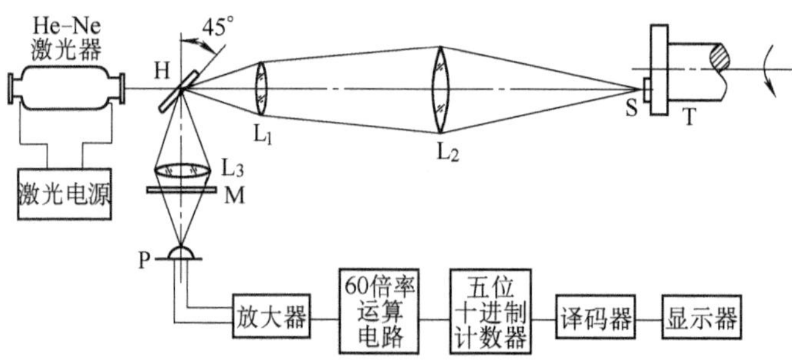

图 2-13　激光测速仪光路原理图

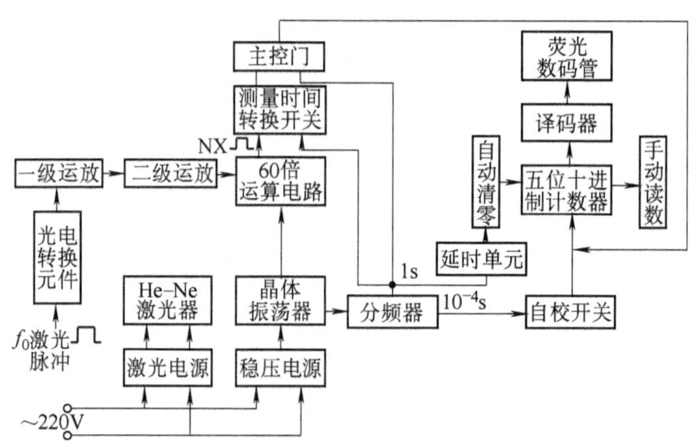

图 2-14　激光测速仪电路原理框图

如图 2-13 所示，激光测速仪的激光传感器由氦-氖激光器和定向反射材料组成。氦-氖激光器具有高亮度、小发散角、单色性好的特点。同时利用定向反射材料的定向反射特性，采用了发射接收系统合二为一的光路，构成具有远距离检取物体旋转的转速信号的功能。

五、电机瞬时转速的测量

测量电机瞬时转速，也即测量转速变化曲线，即 $n = f(t)$、$\Omega = f(t)$、$\theta = f(t)$ 或 $n = f(\theta)$、$\Omega = f(\theta)$。

测量电机的瞬时转速的原理和方法是多种多样的。只需电动机转速变化足以能引起其他物理量的明显改变，就可以直接或间接地测量电动机的瞬时转速。

电机的瞬时转速常以瞬时角速度 Ω(rad/s) 表示，其定义为

$$\Omega = \lim_{t \to 0} \frac{\Delta\theta}{\Delta t} \tag{2-12}$$

从这个定义出发，有两种测量瞬时角速度的基本方法。

1）定角测时法：电动机每转过一确定的很小的角度 $\Delta\theta$，测量所用的时间为 Δt_i。

2）定时测角法：在确定的很短的时间 Δt 内，测量电动机转过的空间角度为 $\Delta\theta_i$。

按上述方法，经过计算即可得所求的瞬时转速，即

$$\Omega_i = \frac{\Delta\theta_i}{\Delta t} \text{或} \Omega_i = \frac{\Delta\theta}{\Delta t_i} \tag{2-13}$$

由于时间基准可由石英晶体振荡器产生，故频率能做到很高，稳定性也很好。相比之下，$\Delta\theta_i$ 角度分割的太小时，工艺上比较困难，成本也很高。因此目前大多采用定角测时法。

多齿电容传感器　电容式传感器是比较精确的角位移传感器，如图 2-15 所示。图中 1 为定子，2 为转子，它们均用铜或铝合金制成。在定子内圆和转子外圆各开有分度十分精确的 Z 个均匀分布的齿槽。

传感器转子通过联轴器与被测电机的轴相连，随电机一起转动。定子与其外壳间镶有绝缘环，使定子与转子相互绝缘。当定子和转子齿与齿相对时，电容最大值为 C_{max}；齿与槽相对时，电容最小值为 C_{min}，如图 2-16 所示。随着传感器定子与转子相互位置的移动，传感器的电容量 C 将在最大值 C_{max} 与最小值 C_{min} 之间变化。每移过一个齿距，电容量将变化一个周期。

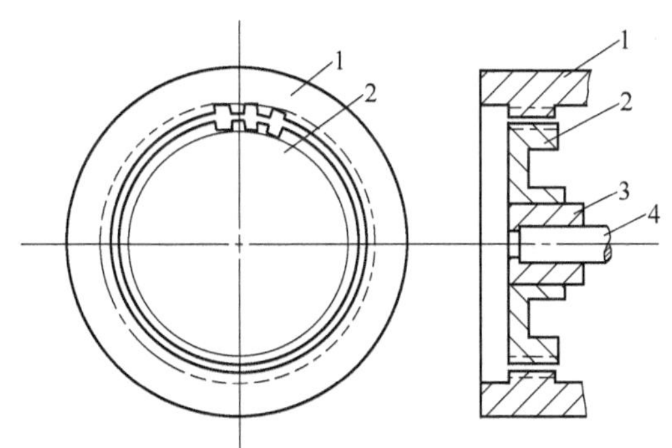

图 2-15　电容式传感器

1—定子　2—转子　3—联轴器　4—被测电机的轴

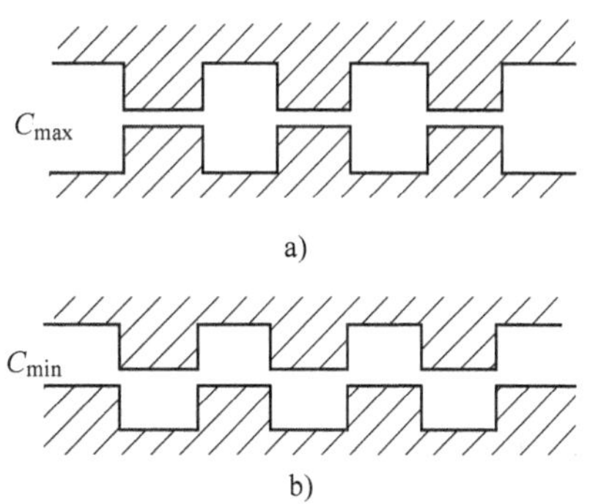

图 2-16　电容传感器电容变化示意图

将电容传感器接至如图 2-17 所示的电路，当传感器转子随着被测电机旋转时，该电路就输出与传感器电容量变化周期相同的近似正弦波形的电压。

$$U_0 = U_m \sin Z\Omega t \tag{2-14}$$

式中　Z——传感器的齿数；

Ω——被测电机的角速度（rad/s）。

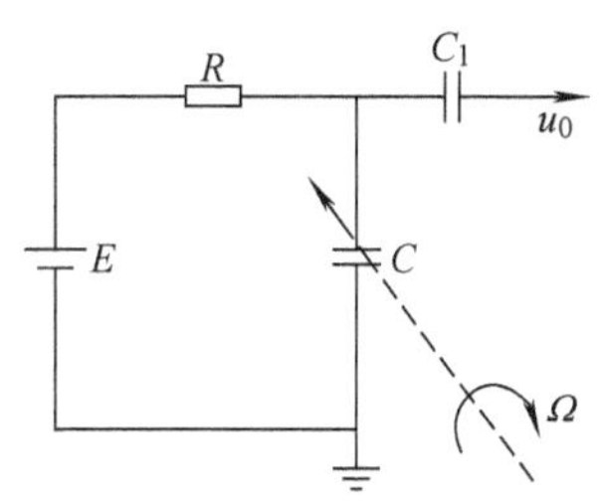

图 2-17　电容传感器原理电路

可见，输出电压的频率与电机的角速度 Ω 成正比。这种传感器适用于测量中、高速的电机转速。低速时，电容器的电荷量在单位时间内的变化很小，信

号太微弱，可采用双动多齿电容传感器。

电机瞬时转速测量计算机控制系统原理框图如图 2-18所示。

六、转差率的测量

1. 常用的转差率测量方法

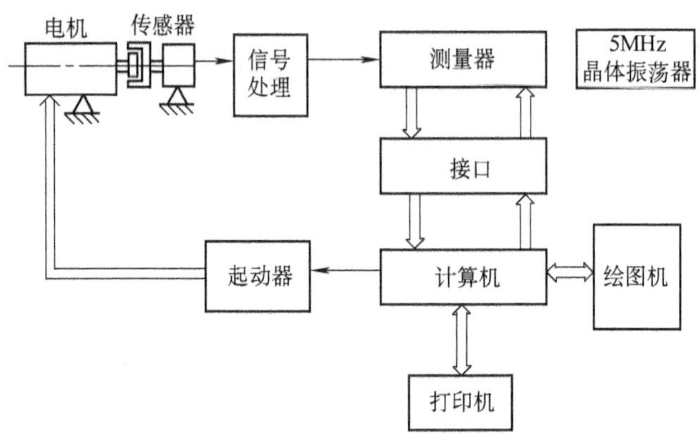

图 2-18　计算机控制的电机瞬态转速测量系统框图

（1）用测速法计算转差率

这种方法从转差率 s（%）定义出发，即

$$s = \frac{n_1 - n}{n_1} \times 100\% = \frac{\Delta n}{n_1} \times 100\% \tag{2-15}$$

式中　n_1——电机的同步转速（r/min）；

n——电机转子转速（r/min）。

（2）用频闪法计算转差率

利用频闪法测转差率，使闪光的频率与电源频率同步，将闪光灯照射电机旋转部分的标记，这时标记的影子是逆转向后退。用秒表测量时间 t（s）内影子倒退的圈数 N，则其转差率为

$$s = \frac{\Delta n}{n_1} \times 100\% = \left(\frac{60N}{t}\right) / \left(\frac{60f_1}{p}\right) \times 100\% = \frac{pN}{tf_1} \times 100\% \tag{2-16}$$

式中　f_1——电源频率（Hz）；

p——电机的极对数。

（3）测量异步电机转子电流频率 f_2 计算转差率

1）感应线圈法

在电动机轴端附近，放置一个匝数很多的铁心线圈，利用转子电流产生的轴端漏磁场在铁心线圈中感应电动势。这个电动势的频率即为转子电流的频率 f_2，将线圈与检流计连接，用秒表测量 t(s)内检流计摆动次数 N，则 $f_2 = N/t$，于是转差率为

$$s = \frac{N}{tf_1} \times 100\% \tag{2-17}$$

2）直接法

只适用于绕线转子异步电动机。在转子回路中串入一个分流电阻器。在此电阻器的两端接一个中点指零的直流毫伏表，用秒表测 t（s）内来回摆动次数 N，则 $f_2 = N/t$，于是转差率为

$$s = \frac{N}{tf_1} \times 100\%$$

2. 数字式转差率测量仪

数字式转差率测量仪的原理框图如图 2-19 所示。

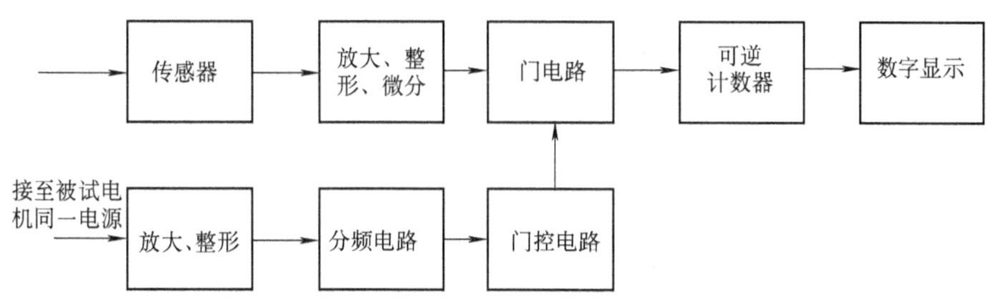

图 2-19　数字式转差率测量仪原理框图

其工作原理是公式 $s = \Delta n / n_1$。如果将分别代表 n_1 和 n 的两个脉冲信号经过减法器运算后，便可得正比于 Δn 的值。该框图与测频法测速的原理框图相比，有很多是相同的；不同之处是控制门电路开闭的时间信号来源是与被试电机同一工频电源，而不是来自石英晶体振荡器。

七、电动机离心开关断开转速的测量

1. 离心开关断开转速测量的必要性

单相异步电动机主绕组不具有起动转矩，电机的起动依靠主绕组与起动绕组共同产生起动转矩。起动结束后，电阻裂相和部分电容裂相电机起动绕组就应立即断开。通常控制起动绕组通断的是一只其动作值与转速有关的离心开关（见图 2-20 给出的示例）。在起动过程中，离心开关断开时，转速过低或过高，造成断开时间过早或过晚，会导致电机不能正常起动；或起动绕组长期通电，而使绝缘老化，直至烧毁绕组。很显然，离心开关断开转速性能的好坏直接影响电机工作的可靠性。

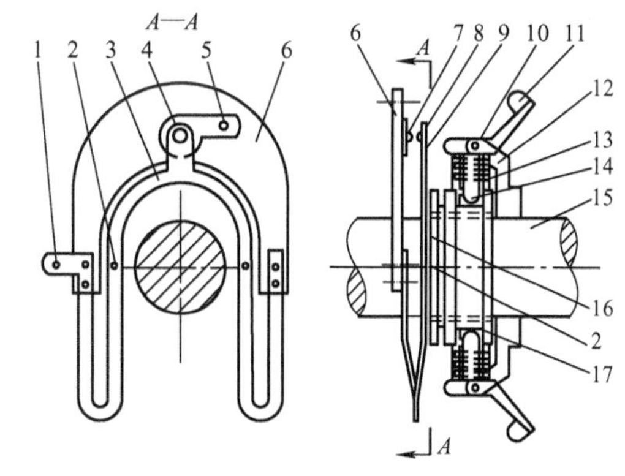

图 2-20　离心开关结构示例

1—动触点引接线　2—顶压点　3、9—U 形弹簧触点臂　4—触点　5—定触点引接点　6—固定在电动机端盖内的绝缘底板　7—定触点　8—动触点　10—活销　11—离心臂重锤　12—固定在轴上的支架　13—张力弹簧　14—拨杆　15—电动机转子轴　16—绝缘套　17—滑槽

机械式测量，由于精度低、操作不方便被淘汰。微机断开转速测试仪具有操作方便、准确度高，具有数字显示和打印功能，以及稳定可靠等优点，特别适合单相电机出厂检验时的需要，是一种先进的测试手段。

2. 微机断开转速测试仪的硬件构成

采用高性能单片机作为本仪器的控制单元，经软硬件结合，充分发挥了微机的智能性强、易于开发的特点，不仅能实现断开转速测量要求，而且还可进行功能扩展，如电动机稳态和动态转速的测试等。多功能单相电动机离心开关微机测试的硬件原理框图如图 2-21所示。测试时，利用副绕组断开时电流突变作为单相电动机离心开关断开信号。由于断开转速为瞬时转速，故对电流测量也应是瞬时测量，单片机内部带有 10 位 A/D 转换器，转换时间为 10μs，完全满足瞬时测量的快速性和精度要求。为增强抗干扰能力，与外部传感器相连的信号线全部采用了光电耦合电路。

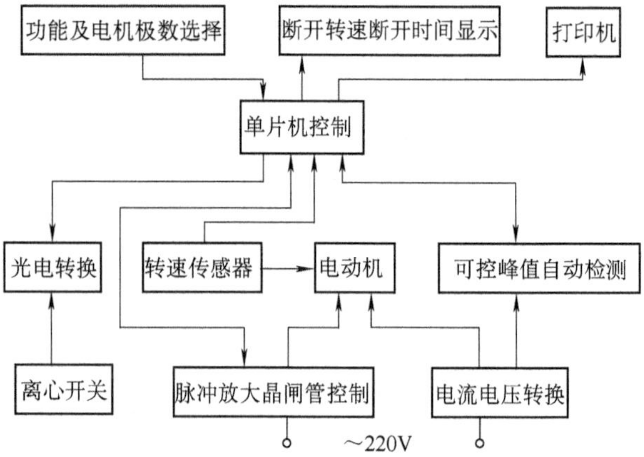

图 2-21　电动机离心开关微机测试硬件原理框图

3. 软件特点

断开转速测量软件程序框图如图 2-22所示。

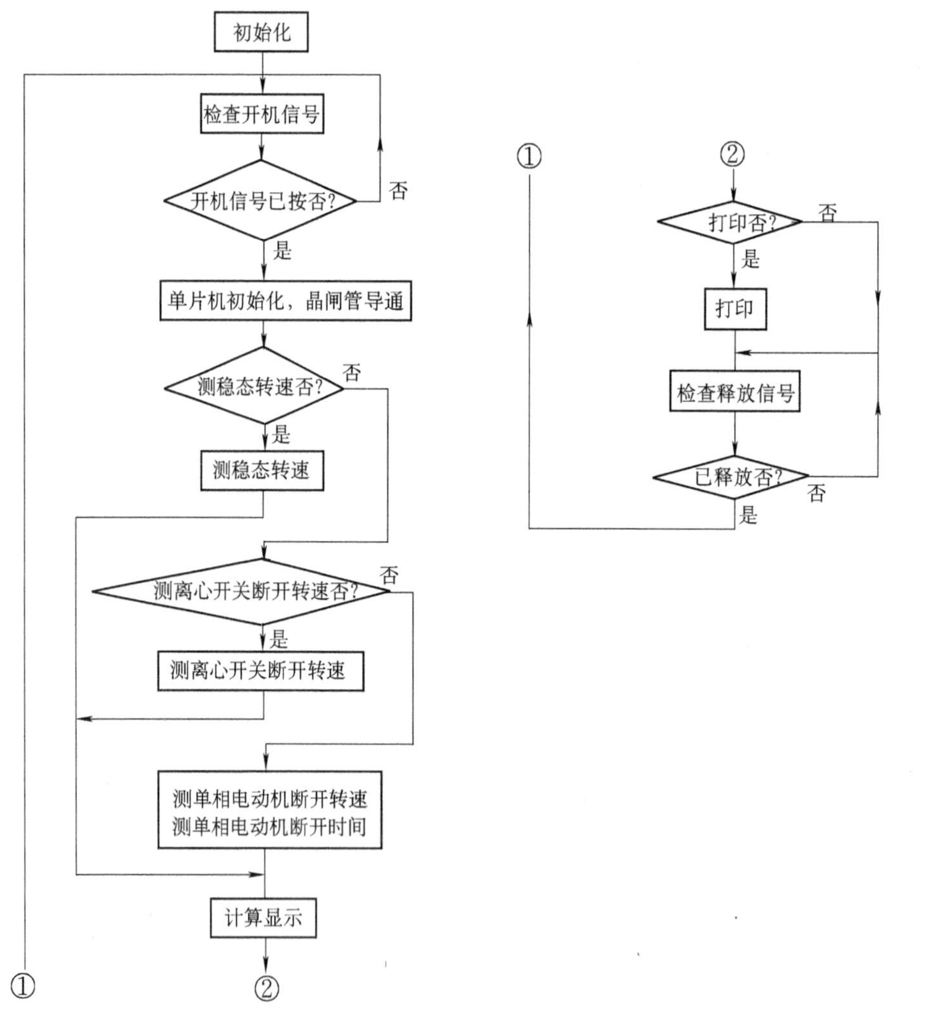

图 2-22　离心开关断开转速微机测量软件程序框图

4. 测量原理

(1) 断开时间

单板机在收到传感器上的手动"起动开关"信号后，即触发晶闸管导通，电动机开始起动，定时器开始计时，并对电流进行连续检测。当电流发生突减时，即为离心开关断开时刻，其间为断开时间。

(2) 断开转速

转速测量采用光电码盘传感器，断开转速属于瞬时速度，利用定角测时法。为保证转速测量精度，对不同极数电动机，传感器可利用软件设置成不同的齿数，由开关选择。

电动机转速表达式为

$$n = K/\Delta T \tag{2-18}$$

$$\Delta T = T_2 - T_1 \tag{2-19}$$

式中　$T_2 < T < T_1$；

T——断开时间；

T_1——断开前光脉冲时间；

T_2——断开后光脉冲时间；

K——常数。

5. 提高测试精度措施

(1) 硬件

硬件引起的误差有几个方面，其中最主要的是光电转速传感器带来的误差。传感器不管采用何种加工方法，都不能保证齿盘各齿沿圆周分布是绝对均匀的，故必然带来系统误差，最大相对误差为

$$\varepsilon = \Delta\alpha/\alpha \tag{2-20}$$

式中　$\Delta\alpha$——各齿中最大角度误差；

α——两齿间角度。

由此可见，$\Delta\alpha$ 一定时，α 越小，误差越大。为此必须选用精度较高的光电转速传感器。

(2) 软件

除了尽可能减少硬件误差外，利用软件也可弥补硬件之不足，采用的方法是：自动齿数变换法。

断开转速为瞬时转速，在实际测量时是无法测得瞬时转速的，只能以短时间内的平均转速来近似，采用光电测速、定角测时法，光电码盘齿数越多，越接近瞬时转速。不过齿数过多反而不好，这是因为对于任何机械加工的码盘，齿数不是绝对均匀的。在角度误差一定时，齿数越多，计时间隔越短，相对误差越大。另一方面，计算机计时定时器采用对时钟信号计数的方法，在对光脉冲计数时存在着 ±1 个数的误差，这样一来，ΔT 越小，其计时相对误差也越大。为了适用于不同极数电机断开转速的测量，克服不同极数电机由于 ΔT 长短造成的断开转速误差，采用了自动齿数变换法。为操作方便，不变换传感器，只通过开关预置便可由软件来实现，从而减少了在低速时，由于 ΔT 过大带来的误差。

第二节　转矩的测量

转矩是电机中的一个非常重要的物理量。转矩的测量方式、方法及其测试装置是从事计

量和电机研究方面的技术人员长期探索的问题。

使机械转动的力矩叫转动力矩，简称转矩。在机械工程中，使机械元件转动的转矩叫驱动转矩；阻止机械元件转动的转矩叫制动转矩。电动机产生的是驱动转矩；发电机产生的是制动转矩。转矩是电机的最重要的特征参数之一，也是电机试验中必须测量的一项参数。

转矩分为静态转矩和动态转矩两种，静态转矩通常包括静止转矩、恒定转矩及缓变转矩等；动态转矩通常包括过渡转矩、脉动转矩及随机转矩等。

一、转矩测量原理

测量转矩的方法有三种：传递法（扭转法）、平衡力法（反力法）及能量转换法。

1. 传递法（扭转法）

传递法是根据弹性元件在传递转矩时所产生的物理参数的变化而测量转矩的方法，所谓物理参数指弹性元件的变形、应力或应变。最常用于测量转矩的弹性元件是扭轴。

等截面圆柱形扭轴的变形

$$\varphi = \frac{32}{\pi} \cdot \frac{TL}{Gd^4} \tag{2-21}$$

式中　φ——扭转角（rad）；

T——转矩（N·m）；

L——扭轴工作长度（m）；

d——扭轴直径（m）；

G——扭轴材料切变弹性模量［N/m^2(Pa)］。

扭轴变形可以引起机械、液压、气动、电阻、电容、电感、光学、光电、钢弦等参数的变化而形成各种变形型转矩传感器。

等截面圆柱形扭轴应力

$$\tau = \frac{16}{\pi} \cdot \frac{T}{d^3} \tag{2-22}$$

式中　τ——扭轴表面的剪切应力［N/m^2(Pa)］。

扭轴的应力变化引起扭轴材料磁阻的变化构成磁弹转矩传感器；引起某些透光材料的双折射现象，形成光弹转矩传感器，统称为应力型转矩传感器。

等截面圆柱形扭轴的应变

$$\varepsilon_{45°} = -\varepsilon_{135°} = \frac{16}{\pi} \cdot \frac{T}{Gd^3} \tag{2-23}$$

式中　$\varepsilon_{45°}$、$\varepsilon_{135°}$——扭轴表面上与轴母线呈45°、135°夹角的螺旋线上的主应变值。

扭轴的应变可以引起贴在轴表面上的电阻应变片的电阻变化，构成应变型转矩传感器。传递转矩的弹性元件一般是旋转件。在旋转件上所产生的变形、应变或应力，需通过转矩传感器中的信号变换机构转换成与转矩值成比例的相应的信号。该信号再传输到转矩测量仪器上显示出转矩，如图2-23所示。

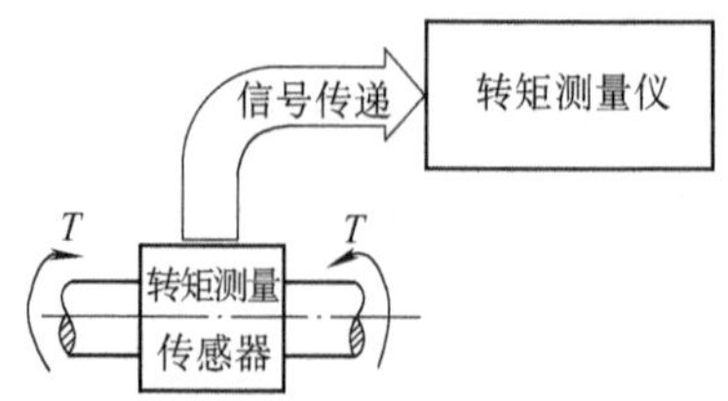

图2-23　传递法转矩测量原理框图

2. 平衡力法（反力法）

对于匀速工作的动力机械或制动机械，当它的主轴受转矩作用时，在它的机体上必定同时作用着方向相反的平衡力矩。测量机体上的平衡力矩以确定机器主轴上作用转矩大小的方法，就是所谓平衡力法，亦称反力法。

设机械在匀速状态下运行，则作用在主轴上的转矩 T 应与作用在机壳上的力矩 M 相平衡，如图 2-24 所示。由此可以列出机械整体的力矩平衡方程为

$$T = M \tag{2-24}$$

作用在机壳上的力矩 M，通常是通过作用在力臂上的作用力 F 而形成的。设力臂长度为 L，则作用在机壳上的力矩 M 为

$$M = FL \tag{2-25}$$

显然，测得力臂上的作用力 F 和力臂长度 L，就可以确定力矩 M 及转矩 T 的值。

采用平衡力法测量转矩，没有从旋转件到静止件的转矩信号的传输问题。力臂上作用的平衡力 F，可以用测力计测得。只是这种方法仅可测量匀速工作情况下的转矩，不能测量动态转矩。

3. 能量转换法

能量转换法是根据其他能量参数（如电能参数）测量机械能参数及转矩的方法。

按照能量转换的观点：动力机械，如电动机是把电能转换为机械能的机构；而制动机械，如发电机是把机械能转换为电能的机构，如图 2-25 所示。

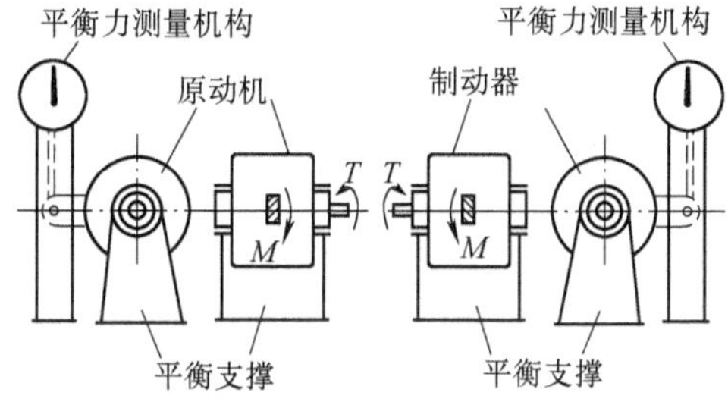

图 2-24　平衡力法转矩测量原理框图

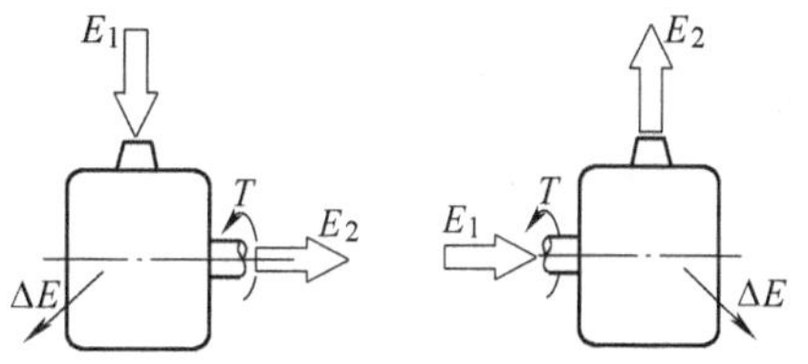

图 2-25　能量法转矩测量原理框图

按照能量守恒定律

$$E_1 = E_2 + \Delta E$$

或

$$P_1 = P_2 + \Delta P \tag{2-26}$$

式中　P_1、E_1——机构的输入功率、能量；

P_2、E_2——机构的输出功率、能量；

ΔP、ΔE——能量转换过程中的功率、能量损耗。

若用效率表示时，则有

$$P_2 = P_1\eta$$

或

$$\eta = \frac{P_1 - \Delta P_2}{P_1} \tag{2-27}$$

如果要求测量的是电动机动力机械的转矩 T，由于 $P_2 = KTn$，则有

$$T = \frac{1}{K} \cdot \frac{P_1 \eta}{n} \tag{2-28}$$

式中　K——取决于所用单位的常数。

如果要求测量的是发电机制动机械的转矩 T，由于 $P_1 = KTn$，则有

$$T = \frac{1}{K} \cdot \frac{P_2}{n\eta} \tag{2-29}$$

由此可见，若已知 η，分别测得 P_1 或 P_2，则可确定机构的工作转矩 T。

二、转矩测量仪器的分类

按照转矩测量方法的基本原理分为以下三大类：

1）传递类——扭轴类或转矩类；

2）平衡类——反力类或测功机类；

3）能量转换类——间接测量类。

在传递类转矩测量仪器中，根据测量传感器弹性元件的物理参数分为变形型、应力型、应变型 3 种。

在扭轴变形型的转矩测量仪器中，按照转矩信号的产生方式分为光电式、磁电式、电容式、光学式及纲弦式等。

在应力型转矩测量仪器中，有磁弹式及光弹式等。

在应变型转矩测量仪器中，有电阻应变片式。

在平衡力类转矩测量装置中，根据平衡支架上的机种分为电机测功机、水力测功机、涡流测功机、磁滞测功机、磁粉测功机等。

在平衡力类转矩测量装置中，根据测力机构分为砝码式、摆锤式、弹簧式、电子秤式等。

在能量转换测量转矩方法中，测量电机电参数的方法应用较多，例如损耗分析法、分析过直流电机法、回馈法等。

三、传递类转矩测量装置

1. 光学与光电转矩测量仪

光学转矩传感器是利用光电元件测量转轴产生的扭转角变形。

（1）反射式光学转矩测量仪

在转轴的两端装有两个反射光环。当轴不受转矩作用时，由两个反射光环反射到各自的光敏电池的光线在时间上是同步的，因而由光敏电池发出的电信号是同相位的；当轴受转矩作用时，两个光环的反射光线相差一个相位角，因而光敏电池发出的两个电信号有一定的相位差，由此相位差换成数字显示出转矩值，如图 2-26 所示。

（2）透射式光学转矩测量仪

在转轴两端装上两个轻质圆盘，圆盘上各开有相等数量的槽，圆盘两侧分别装有光电管和光源灯泡。当弹性轴承受转矩作用时，偏转角使两个圆盘错位，两个光电管发出的脉冲信号产生相位差并和转矩成正比，用时钟脉冲填充后便可计数。图 2-27 为此种类型转矩传感器结构示意图，图中的微调机构用于仪器调零，即当传感器无载时，仪表应指零。

（3）光弹转矩测量仪

图 2-28 为一种光弹转矩测量仪的结构示意图。在弹性扭轴 1 的表面有一层光弹性材料涂层 2。在 2 的内面，即弹性扭轴 1 的表面是反射面。单色光源 3 经过起偏振器 4、四分之一

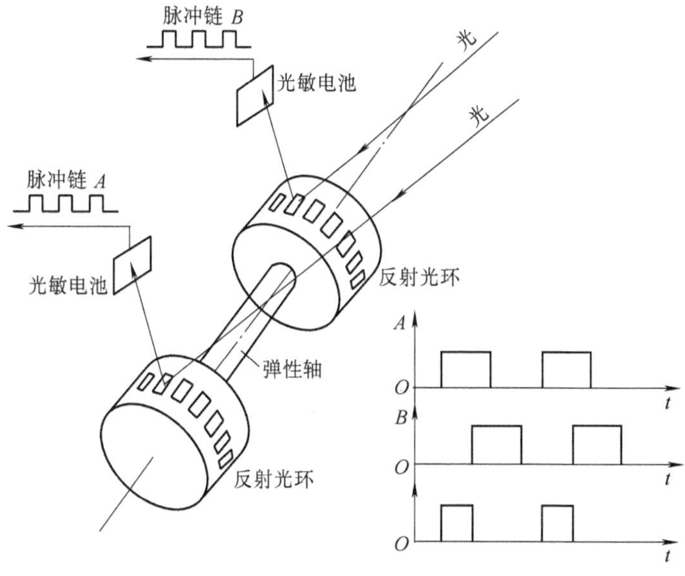

图 2-26　反射光环式转矩传感器示意图

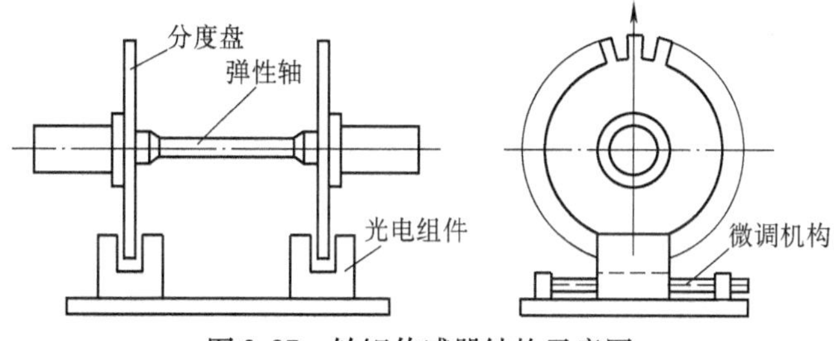

图 2-27　转矩传感器结构示意图

波片 5，由半透膜镜片 8 反射到光弹性材料涂层 2 上。然后，经扭轴表面的反射面，穿过半透膜镜片 8，射向光电元件 7。另外一部分光线，由光源 3，经半透膜镜片 8 直接向图上方折射四分之一波片 5、检偏振片 6，到达光电元件 7。

照在光电元件 7 上的光照强度 I_e 与二组光线的相差角 φ 有关。在弹性扭轴表面上的主应力与转矩 T 之间的关系为

$$\tau = \frac{16}{\pi}\frac{T}{d^3} \tag{2-30}$$

式中　τ——扭轴表面的剪切应力；

d——扭轴的直径。

由此可知，光照强度 I_e 与转矩 T 成比例关系。而光电元件的光电流 I 与光照强度 I_e 也成一定的比例关系，所以可根据光电元件 7 的光电流输出测定转矩值 T 的大小。仪器的测量精确度取决于光源、光弹材料、偏振片及光电元件的质量，精确度一般不高。

（4）激光衍射转矩测量仪

图 2-29a 为这种激光衍射转矩测量仪的示意简图。在弹性扭轴 1 的两端，固定着两个套管 2、3，套管上各装着圆盘 4、5。两个圆盘在对应的位置上，各有一个缝隙。而两个缝隙

组成的透光缝隙的大小，则与扭轴的扭转变形有关，即缝隙的宽度 W 与转矩的大小成正比例。

图中，6 为 1mW 氦-氖激光发生器，光源波长约为 2.5mm；7、8 为反射镜；9 为衍射图形观测屏，扭轴每转一圈，可以在观测屏上看到一次衍射图形（见图 2-29b）。

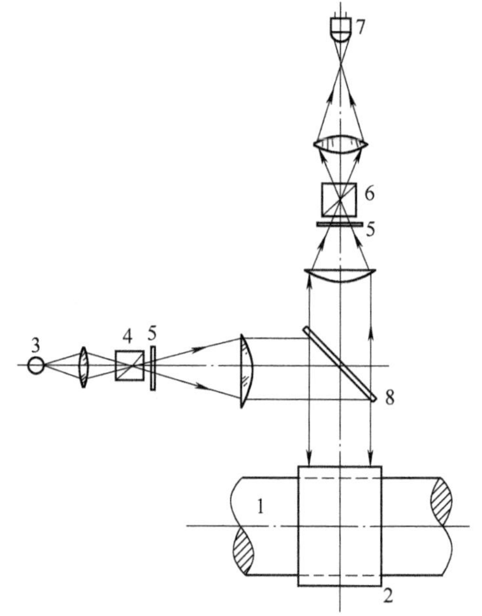

图 2-28　光弹层转矩测量仪

当扭轴承受转矩作用时，衍射图形的光斑频率的变化为

$$(f - f_0) = \frac{1}{\lambda R}(W - W_0) \qquad (2\text{-}31)$$

式中　f_0——转矩为零时，衍射图形的光斑频率；
　　W_0——转矩为零时，狭缝的宽度；
　　f、W——在转矩作用下的光斑频率和狭缝宽度；
　　λ——波长；
　　R——距离。

上式中的光斑频率值 f，可以用游标刻度尺在观测屏上测量光斑节距 S 而求得

$$f = \frac{1}{S} \qquad (2\text{-}32)$$

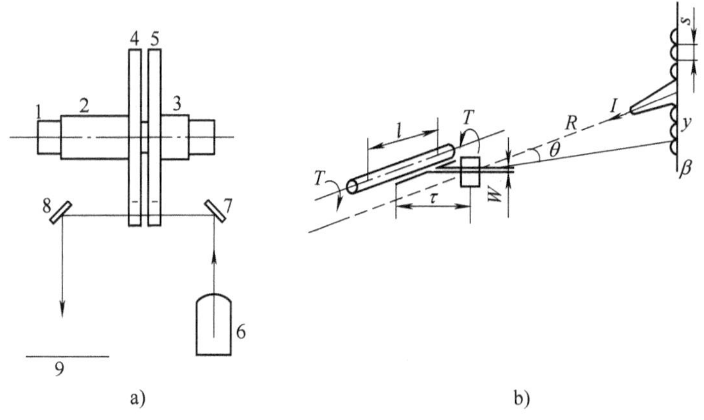

图 2-29　激光衍射转矩测量仪
a）原理结构图　b）衍射过程示意图

这种转矩测量仪具有良好的线性关系。与测量结果有关的参数：波长 λ 和距离 R 和剪切弹性模量 G 实际上是十分稳定的，读数重复误差可以保持在 ±0.01% 以内。

2. *磁弹转矩测量仪*

利用磁弹性效应原理，属于应力类。磁弹性效应是指铁磁材料在机械应力的作用下，材料本身的导磁性能发生相应变化的现象。

图 2-30 为桥式磁弹性传感器的工作原理图。传感器的铁心是两个互相垂直交叉放置的 Π 型铁心。顺轴线放置的铁心绕有激磁线圈；垂直于轴线方向放置的铁心绕有测量线圈；两个铁心与被测轴表面之间分别有一个小间隙，它们与被测轴共同组成一个闭合磁路。

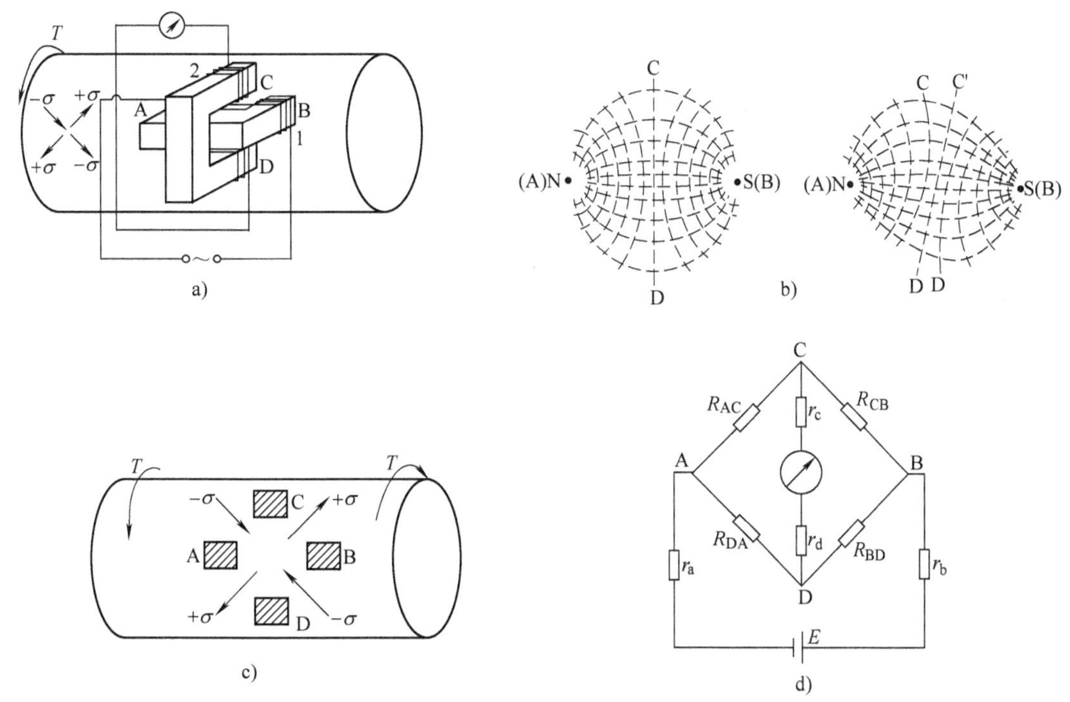

图 2-30　磁弹性传感器的工作原理

图 2-30c 中，A、B、C、D 分别表示激磁铁心的磁极和测量铁心的磁极在轴表面的投影，应用磁-电相似原理，轴表面 4 个极之间的磁阻可以组成相似于电桥的“磁桥”，如图 2-30d所示。图中，R_{AC}、R_{CB}、R_{BD}、R_{DA}分别代表磁极 A 与 C、C 与 B、B 与 D、D 与 A 之间轴表面的磁阻，励磁线圈的磁势（IW）对应于电桥的电源；测量线圈对应于电桥的检流计，接于 C、D 两点之间，电阻 r_a、r_b、r_c、r_d 对应于磁极 A、B、C、D 与被测轴表面的气隙磁阻。

当被测轴不承受转矩作用时，由于轴表面导磁性能为各向同性，所以 $R_{AC}=R_{CB}=R_{BD}=R_{DA}$，磁桥平衡，没有信号输出。

从磁场角度看，在被测轴没有承受转矩作用且轴内部没有残余应力时，当励磁线圈通以交流电产生交变磁通，在被测轴表面形成的磁场是对称的，如图 2-30b所示。因此，在测量线圈磁极下的 C、D 处的磁位相等，没有磁通通过测量线圈，也就没有电压信号输出。

当被测轴承受转矩作用时，与轴线成 45°角的两个方向上分别产生最大拉应力和最大压应力，如图 2-30c 所示。在两种应力方向上的磁导率发生不同变化，这使得励磁线圈在轴表面产生的磁场发生歪扭，如图 2-30b 所示。等磁位线由原来的 C、D 两点移到 C′、D′，此时，C 点磁位高于 D 点磁位，因此，将有部分磁通从 C 点穿过气隙，通过装有测量线圈的铁心，再穿过气隙回到轴表面流向 D 点，在测量线圈中产生一定的感应电动势。

当转矩的作用方向改变时，磁力线的分布图形向相反的方向扭变，通过装有测量线圈的铁心中的磁通相位改变 180°，所以在此线圈中的感应电动势的相位也改变 180°。

3. 相位转矩测量仪

相位转矩测量仪属于变形类，是一种高精度的直读数字式电子仪器，它与转矩-相位差变换传感器配合，并结合适当的负载，完成转矩、功率、转速的测量显示。若通过 RS-232 串行接口与计算机连接实现自动测量和数据打印。

当轴受转矩时，轴的一端相对另一端会产生一个偏转角 $\Delta\theta$，当轴在弹性限度内，$\Delta\theta$ 将与转矩 T 成正比，即 $\Delta\theta = KT$。相位转矩测量仪就是利用上述关系来测量转矩的，因此它必须有一台相位差式转矩传感器检测弹性轴受转矩后的变形角 $\Delta\theta$。通过磁电变换器，将转矩量转换成具有一定相位差角的两个电信号。相位转矩测量仪通过对该相位差角的测量，最后直接用数字显示出转矩值。下面分别阐述相位差式转矩传感器及相位差式转矩测量仪的工作原理。

（1）相位差式转矩传感器

相位差式转矩传感器的原理图如图2-31所示。中间为一弹性轴，两端安装有两个相同的齿轮。在每个齿轮的外侧各安装一块磁钢，磁钢上各绕有一个信号线圈。当轴旋转时，由于磁钢与齿轮间的气隙磁导随着齿、槽位置的变化而发生周期性变化，使穿过信号线圈的磁通 ϕ 也发生周期性变化，于是在信号线圈中分别感应出电动势。在外加转矩时，弹性轴产生的偏转角 $\Delta\theta$ 与外加转矩成正比。此时，在两个信号线圈中的感应电动势的相位差角也随之发生相应的变化，这一相位差角的变化与外加转矩 T 成正比。

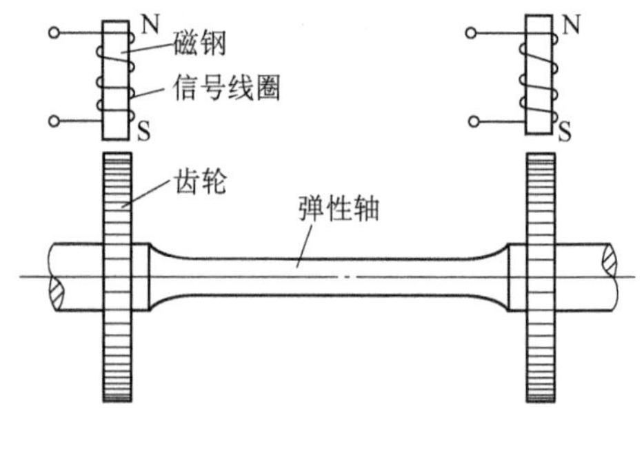

图 2-31　相位差式转矩传感器原理图

两个信号线圈中的感应电动势为

$$\left.\begin{aligned} U_1 &= U_m \sin(2\pi nZt) \\ U_2 &= U_m \sin(2\pi nZt + Z\theta) \end{aligned}\right\} \qquad (2\text{-}33)$$

式中　Z——齿轮齿数；

n——轴的转速（r/min）；

θ——两个齿轮间的空间偏转角（rad）。

θ 角由两部分组成：一是齿轮安装时的初始偏差角 θ_0；二是受转矩 T 作用后，弹性轴变形产生的偏转角 $\Delta\theta = KT$，于是

$$\left.\begin{aligned} U_1 &= U_m \sin(2\pi nZt) \\ U_2 &= U_m \sin(2\pi nZt + Z\theta_0 + ZKT) \end{aligned}\right\} \qquad (2\text{-}34)$$

若设法补偿初始相位差 $Z\theta_0$ 之后，U_1 和 U_2 两个电压之间的相位差就与转矩 T 成正比，把这两路电压信号 U_1 和 U_2 接至仪器进行测量。

图 2-32 为相位差式转矩传感器的外形和结构示意图。

（2）相位差式转矩测量仪工作原理

图 2-33 为双门数字转矩测量仪的原理框图。

图 2-34 为双门数字转矩测量仪电路中的信号波形图。

正弦波信号 A、B 经过放大整形后变为较理想的矩形波，再经微分电路之后变为尖脉冲

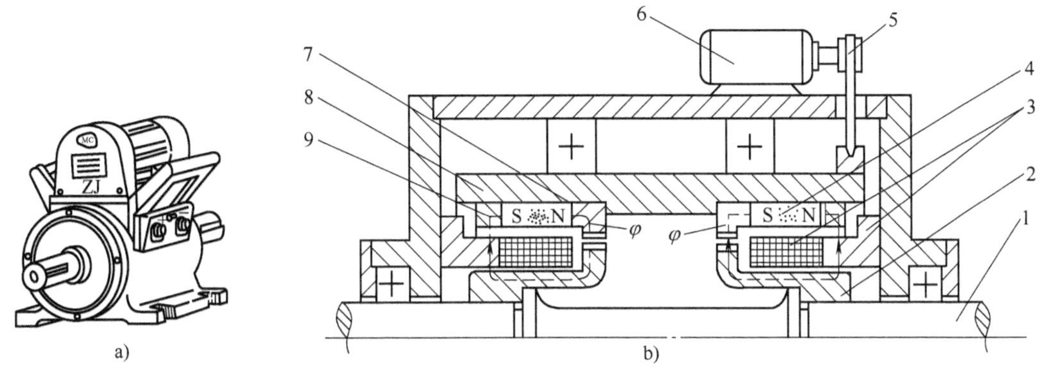

图 2-32 相位差式转矩传感器外形和结构示意图

a）外形 b）结构

1—弹性轴 2—外齿轮 3—信号线圈及支架 4—永久磁钢 5—三角皮带 6—电动机 7—内齿轮 8—旋转套筒 9—导磁环

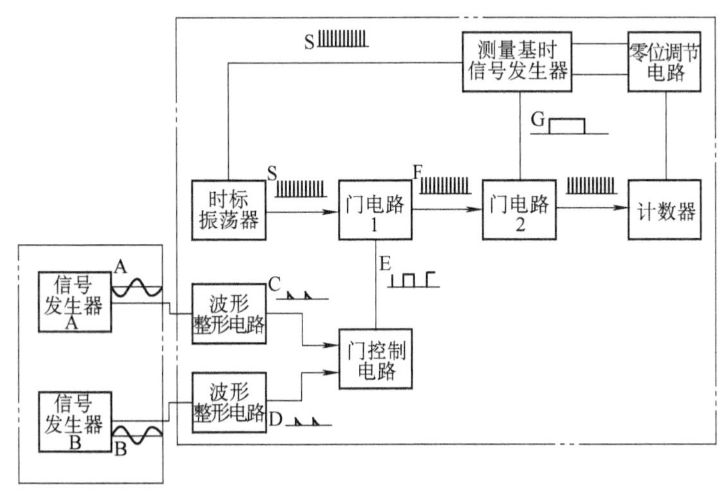

图 2-33 双门数字转矩测量仪的电路

波 C、D（见图 2-34）。波形整形电路是当正弦波信号每次正向通过零线时（如图中 a、b 点）触发工作，即动作电平为零，这样可以使正弦波信号的振幅变化不引起它们的相位差值的变化。

两组尖脉冲信号 C、D 同时输入门控制电路。后者是双稳态触发电路，它把 C、D 两组信号变换成矩形脉冲信号 E。脉冲信号 E 的宽度 t 与 A、B 两组信号的相位差值 θ 成正比例关系。

相位差脉冲信号 E 用于控制门电路 1，使时标振荡器产生的时标信号 S，在时间 t 的范围内通过。由此得到如图 2-34 中的 F 所示的一组脉冲调制信号。

门电路 2 受测量基时信号发生器控制。在测量基时 τ 的范围内（见图 2-34 中 G），允许来自门电路 1 的脉冲调制信号 F 通过（见图 2-34中 H）。在时标信号频率固定条件下，通过的时标信号的数目 N 与 A、B 两信号的相位差 θ 成正比，亦与测量基时 τ 值成正比。这部分时标信号 H 被输送到计数器显示。

由此可见，数码 N_d 与作用转矩值 T 之间有如下关系：

$$N_d = N - N_0 = KT$$

或

$$T = \frac{N_d}{K} \qquad (2\text{-}35)$$

式中　N——通过门电路 2 的时标信号总数；

N_0——转矩 T 等于零时，通过门电路 2 的时标信号数；

K——常系数，它与仪器的构造参数等有关：

$$K = \frac{f_s \tau Z}{2\pi C} \qquad (2\text{-}36)$$

式中　f_s——时标信号频率；

τ——测量基时；

Z——扭轴每转一圈，信号发生器输出的信号个数；

C——扭轴的扭转刚度。

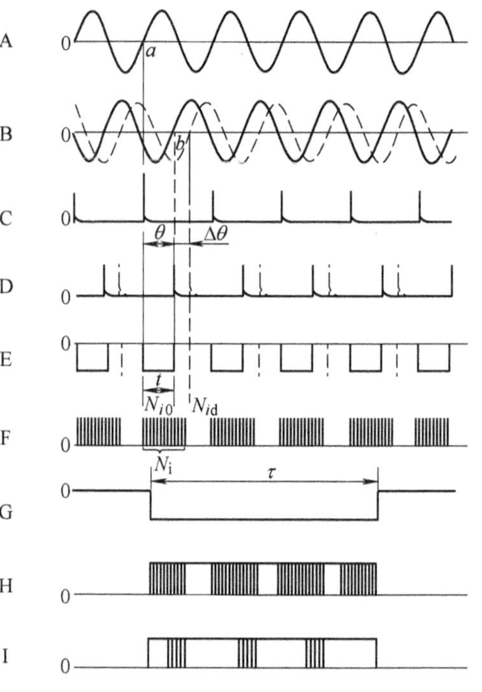

图 2-34　双门数字转矩测量仪电路中的波形图

从前面的公式可以看出，为了使计数器显示的是与转矩成正比的 N_d 值，应该在 N 值中扣除 N_0 值，为此，设有零位调节电路。它实际上是一个预置加数器。标定时，在作用转矩等于零的工作状况下，使预置数与 N_0 之和等于 10000。由于仪器只有四位显示数字，万位数溢出不计，这样，就将 N_0 从显示中自动消除。计数器显示的是 $N_d = N - N_0$。

为了使计数显示的数值正好是转矩的数值，这就要求前面公式中的常系数 K 值等于 1×10^4 或 1×10^5。适当地选择测量基时τ的数值即可达到此目的。例如，当 $f_s = 1\text{MHz}$，$Z = 60$，$C = 1881\text{N}\cdot\text{m}$ 时，选择 $\tau = 138\text{ms}$，可以使 $K = 1\times10^5$。

测量基时选择器有四位数码转轮，可使基时τ值在 0.0001 ~ 0.9999s 范围内选择，每 1ms 一档。在标定转矩传感器时，在转矩传感器上施加一个已知的旋转的标准转矩值，此时应调整测量基时的数值，使得计数器的显示数码 N_d 与转矩值τ完全一致，仪器即直接显示转矩数值。记录测量基时的数值，作为转矩传感器的常数。这种转矩传感器使用转速为 0 ~ 6000n/mm，额定转矩有 0.2N · m、0.5N · m、1.0N · m、2.0N · m、5.0N · m、10N · m、50N · m、100N · m、200N · m、500N · m 和更大。

4. 应变转矩测量仪

应变转矩测量仪属于应变类。转轴受到转矩 T 作用时，在与轴线成 ±45°的夹角方向上产生最大的拉应力 $+\sigma$ 和压应力 $-\sigma$，相应地在这两个方向上有最大的拉应变 $+\varepsilon$ 和压应变 $-\varepsilon$，如图 2-35 所示。在正常工作范围内，应变 ε 与所承受的转矩成正比。因此，如在最大应变方向粘贴电阻应变片，应变片的电阻值随着应变的大小而变化：

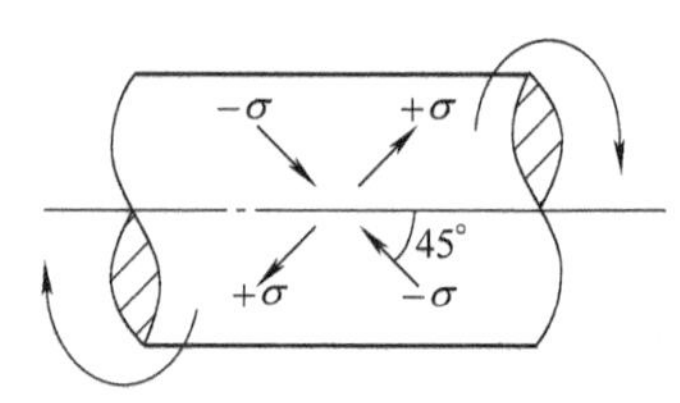

图 2-35　应变示意图

$$\frac{\Delta R}{R}=K_0\varepsilon \tag{2-37}$$

式中 K_0——金属材料的灵敏系数。

K_0 越大，表示单位应变所产生的电阻变化越大，即对应变越敏感。由此可见，应变片的电阻变化率与应变间呈现线性关系。通过测量应变片电阻值的变化就能测得应变的变化，从而就能测量转矩的大小。

测量电机的转矩时，应变片在轴上的布置通常如图 2-36 所示。此 4 片应变片组成桥式电路，如图 2-37 所示。电源电压加在 AB 两端上，信号电压由 CD 两端输出。这样 4 个桥臂都由应变片组成的电桥称为全桥。

在图 2-36 中，R_1 和 R_4 在轴的上方；R_2 和 R_3 在轴的下方。若在贴片 R_4 处取一小的正方形 $ABCH$ 进行分析，可得转矩与应变之间的关系。当转矩 $T=0$ 时，应变片没有变化，其

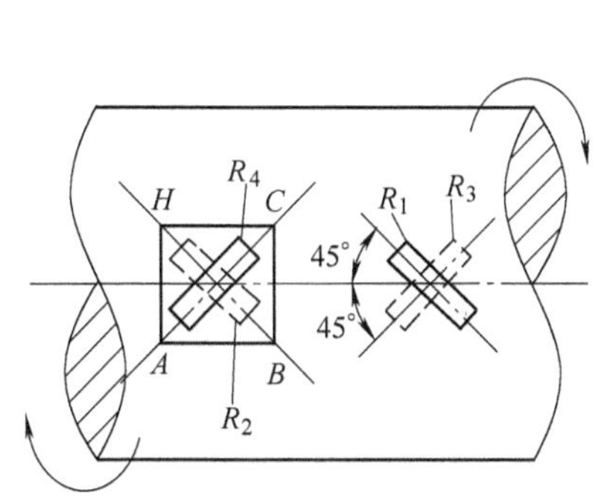

图 2-36 应变片在轴上布置

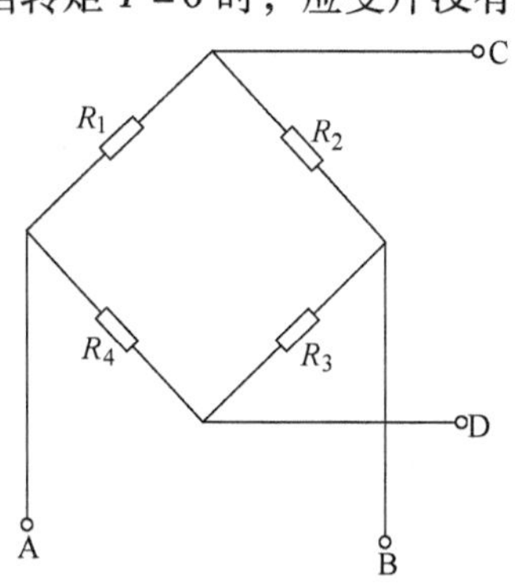

图 2-37 应变片桥

长度相当于 AC，如图 2-38 所示。

轴受转矩后产生扭转变形，则正方形 $ABCH$ 相应变为 $AB'C'H$，这时由胡克定律可知

$$\tau=G\gamma=\frac{T}{0.2D^3} \tag{2-38}$$

式中 τ——轴表面处的剪切应力；

γ——轴的剪应变角（见图 2-38）；

G——轴材料的剪切弹性模量；

D——贴片处轴的直径。

由上式可知，在 G 和 D 已知的条件下，只要知道 γ 即可求得 T 值，因此需求 γ 与应变片的应变 ε 之间的关系。

由图 2-38 可知，轴受转矩 T 后对角线的伸长量为

$$\overline{AC'}-\overline{AC}\approx\overline{C'C''}\approx\overline{CC'}\cos\left(\frac{90^\circ-\gamma}{2}\right)\approx\overline{CC'}\cos45^\circ$$

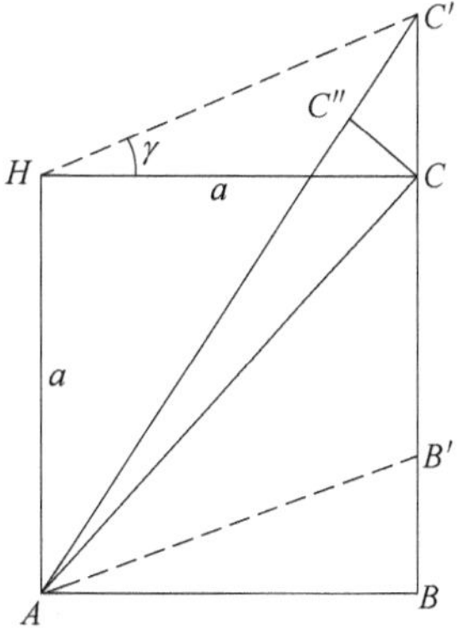

图 2-38 轴受扭后的表面变化

同时 $\overline{CC'}=a\tan\gamma\approx a\gamma$。

而

$$\varepsilon=\frac{\overline{C'C''}}{\overline{AC}}\approx\frac{a\gamma\cos45^\circ}{\sqrt{2}a}=\frac{\gamma}{2} \tag{2-39}$$

即 $\gamma = 2\varepsilon$。

代入胡克定律公式，可得

$$T = 0.4GD^3\varepsilon \tag{2-40}$$

可见转矩 T 值可根据应变片的应变 ε 求得。

应变片的应变 ε 所引起的电阻变化在数量上是很微小的，若要把微小的电阻变化值准确的测量出来，一般都是用电桥电路。上面所述的全桥电路，其 4 个桥臂都参加工作，且相邻桥臂上应变片应变的符号相反，这可使输出电压增大，提高测量电桥的灵敏度。说明如下：

设电桥电路输入端电压为 U_{AB}（见图 2-37），则输出电压 U_{CD} 为

$$U_{CD} = U_{AB}\frac{R_2R_4 - R_1R_3}{(R_1 + R_2)\ (R_3 + R_4)} \tag{2-41}$$

当无应变时，$R_1 = R_2 = R_3 = R_4 = R$，电桥处于平衡状态，由上式可知 $U_{CD} = 0$。

当电阻应变片有应变时，在全桥的情况下分别用 $(R_1 - \Delta R_1)$、$(R_2 + \Delta R_2)$、$(R_3 - \Delta R_3)$、$(R_4 + \Delta R_4)$ 代替式中的 R_1、R_2、R_3、R_4，若 $R_1 = R_2 = R_3 = R_4$，并且各电阻变化的绝对值相等，则

$$U_{CD} \approx U_{AB}K_0\varepsilon \tag{2-42}$$

电阻应变法测量转矩是一种比较简单、方便的方法。由于电阻应变片是粘贴在旋转轴上，向电桥供电和从桥路输出信号，都必须通过导电集电环，电刷和导电集电环之间接触电阻的变化会给测量带来较大的误差。为此，应尽量减小导电集电环与电刷间的接触电阻，如采用银的导电集电环和银粉电刷等。并由于使用了导电集电环，因此不适于高速旋转和转轴振动较大的场合。

同时，采用全桥电路的测量方法，可以消除温度变化的影响以及轴向拉压时的影响，因为在这些情况下 4 个应变片产生相同的变化，它们在电桥输出端之间能自动补偿，所以其变化不影响输出信号。

四、平衡类转矩测量装置

平衡类转矩测量装置，是根据驱动机械（即原动机）或制动机械（即制动器）机体上作用的平衡力矩的大小来测量转矩的装置。图 2-39 为这种转矩测量装置的原理简图。图中 1 是原动机或制动器的机体。机体安装在平衡支承 2 上，并且可以绕自身的中心线 O 自由摆动。机体上装有力臂杆 3，力臂杆上作用着平衡力 F。4 是测量平衡力 F 的机构。按测得的平衡力 F 值，乘以力臂长度 l，就可以确定平衡力矩 Fl。

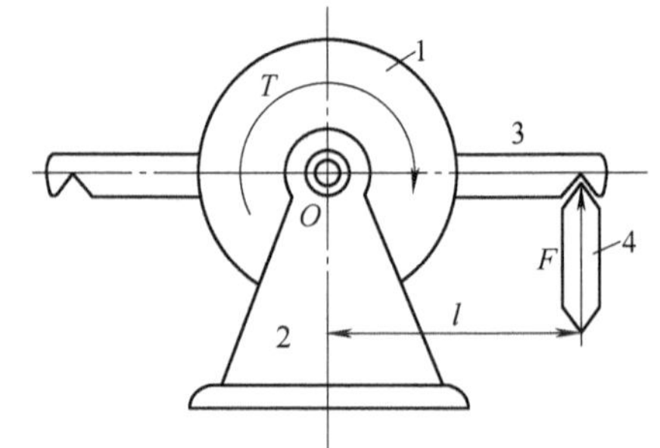

图 2-39　平衡类转矩测量装置原理简图

平衡类转矩测量装置，由主机、平衡支承及平衡力测量机构三部分组成。

主机实际上就是一台原动机或制动器，可以采用的制动器有机械摩擦、水力、电力、空气、涡电流及磁粉等制动器；可以作为原动机的有电动机、内燃机、液压马达等。直流电机既可作为原动机，又可作为制动器，并且可以无级调速，是平衡类转矩测量装置上比较常用的主机。

平衡支承的功用就是保证机体能够灵活地绕主轴中心线摆动。常用的平衡支承有：滚动

支承、双重滚动支承、扇形支承、液压支承及气压支承等形式。

平衡力测量机构用于测量平衡力 F。常用的测量机构有：砝码、游码、摆锤、液压、电阻应变（电子秤）、差动电感及气动等形式。

1. 机械测功机

机械测功机亦即摩擦制动器，它是将动力机械传递来的机械能通过摩擦副之间的相对运动，转化为热能的机构。这种机构十分简单。

在图2-40所示的一种简单夹板摩擦制动器中，夹板用木块制造，制动鼓用铸铁制造。木块与制动鼓形成摩擦副，其间的压力可以靠手动螺钉调节。

平衡力 F 的大小，可以用砝码或台秤计量，也可用弹簧秤测量。这种摩擦制动器只适用于低转速小功率短时间使用的情况。

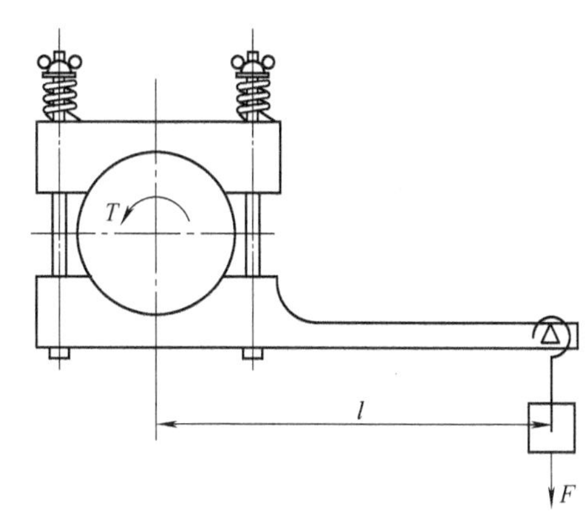

图2-40　夹板摩擦制动器

$$T = Fl \tag{2-43}$$

式中　F——砝码重（N）；

l——力臂（m）。

图2-41为绳索制动器。在制动鼓上缠绕着浸泡润滑油脂的绳索。绳索的一端系着重铊，绳索的另一端挂在弹簧拉力计上。增减重铊的重量可以调节制动转矩的大小。制动鼓的旋转方向是使重铊向上提升的方向。

制动转矩 T(N·m) 的数值可以按下式计算：

$$T = R(F - G) \tag{2-44}$$

式中　R——制动鼓动半径（m）；

F——弹簧秤的指示重量（N）；

G——重铊的重量（N）。

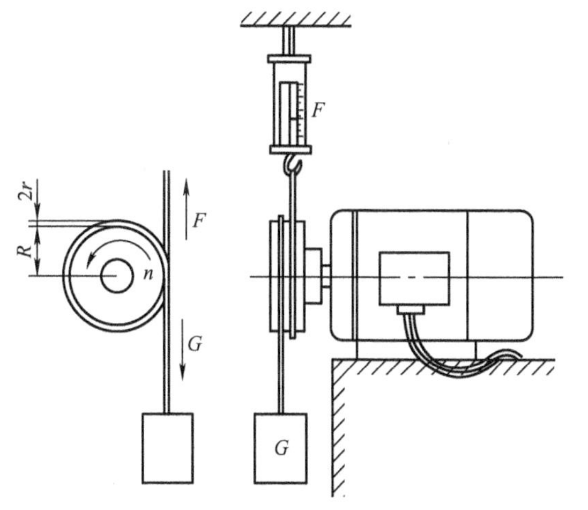

图2-41　绳索制动器

2. 涡流测功机

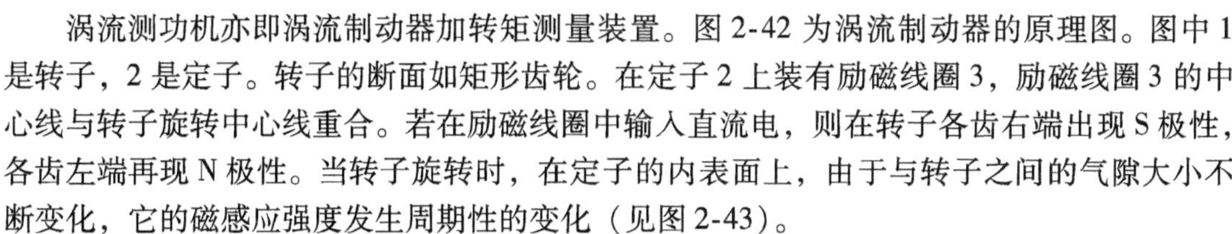

涡流测功机亦即涡流制动器加转矩测量装置。图2-42为涡流制动器的原理图。图中1是转子，2是定子。转子的断面如矩形齿轮。在定子2上装有励磁线圈3，励磁线圈3的中心线与转子旋转中心线重合。若在励磁线圈中输入直流电，则在转子各齿右端出现S极性，各齿左端再现N极性。当转子旋转时，在定子的内表面上，由于与转子之间的气隙大小不断变化，它的磁感应强度发生周期性的变化（见图2-43）。

因此在定子2的内表面产生涡流，磁感应强度 B 的大小发生变化，但是它的方向不变。为了增大涡流值，增大磁感应强度 B 的变化量，应该尽可能加大齿轮与定子表面及齿谷与定子表面之间磁通的差值 $\Phi_{max}-\Phi_{min}$。

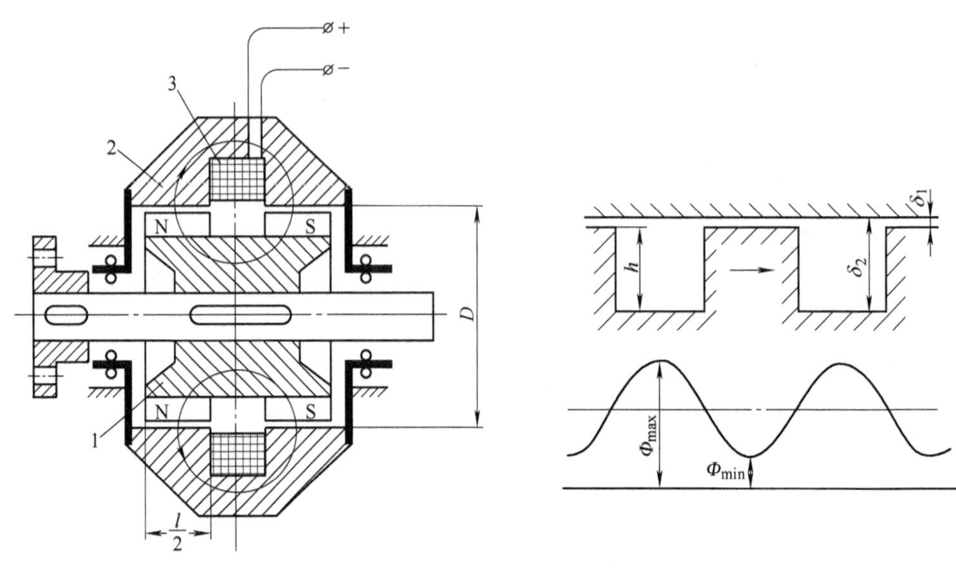

图 2-42　涡流制动器原理图　　　　图 2-43　气隙变化与磁通变化

在定子中产生的涡流，使转子受到运动阻力，将输入的机械能量转换为热能。

在稳定工作情况下，转子中的磁通为常数，因此要求用磁导率高的低碳钢材（工业纯铁）制造。

定子要求采用高导磁率和电阻系数小的材料制造。一般采用含碳量较低的钢材（10 号钢）制造。不希望采用含硅钢材，因为这种材料的电阻系数大，将减小涡流值。

涡流制动器的制动转矩与转速关系特性曲线如图 2-44 所示。调节励磁电流时，涡流制动器的制动转矩变化曲线如图 2-45 所示。

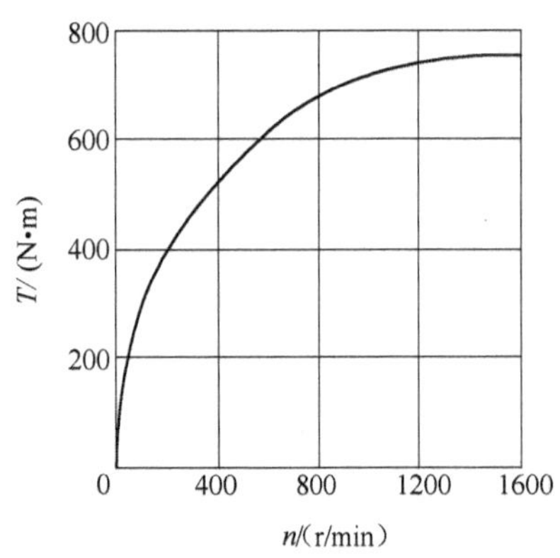

图 2-44　涡流制动器的制动转矩与转速关系特性曲线

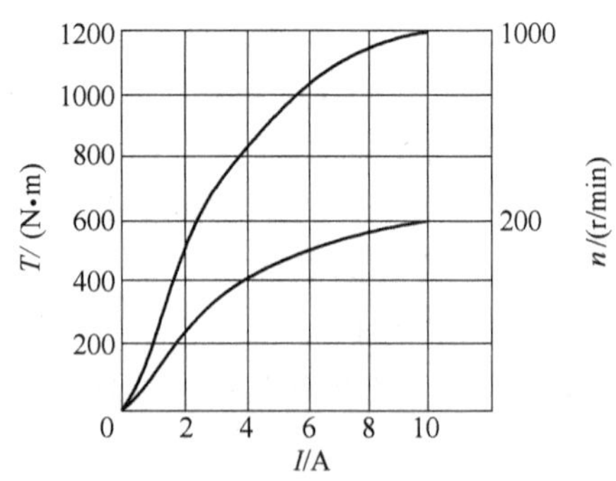

图 2-45　涡流制动器的制动转矩与励磁电流之间的关系

涡流测功机必须进行冷却将涡流产生的热量带走。它的冷却有空气冷却和水冷却两种。涡流测功机的结构简单、使用方便、调节平滑，是很受欢迎的一种大功率测功机。测量部分已由平衡锤和刻度盘发展为利用转矩传感器和转速传感器实现数字测量和自动记录。

国产 CW 系列涡流测功机的规格型号如表 2-1 所示。

电涡流测功机的型号含义：

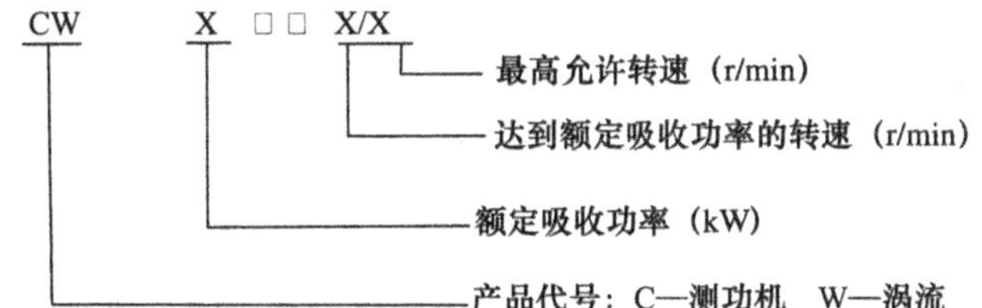

表 2-1　涡流测功机基本参数

型　　号	额定功率/kW	最大扭矩/(N·m)	扭矩表量程/(N·m)	转速表量程/(r/min)	转动惯量/(kg·m²)	平均耗水量/(L/日)	满功率耗电流/A	重量/kg
CW20—5000/15000	20	37	40	15000	0.00921	540	3	180
CW50—2700/10000	50	176	200	10000	0.0432	1350	4	280
CW100—3000/10000	100	318	400	10000	0.164	2700	4	460
CW150—1500/6500	150	955	1000	6500	1.19	4050	14	700
CW160—3000/10000	180	522	600	10000	0.231	4320	5	600
CW250—1800/7500	260	1395	1500	7500	1.39	7020	13.5	1000
CW440—1500/6500	440	2764	3000	6500	3.69	11880	21	1300
CW5—5000/15000	5	9.55	10	15000	0.00204	135	3	70

3. *磁滞测功机*

磁滞测功机亦即磁滞制动器加转矩测量装置，它是由空心杯磁滞转子、内定子、外定子、轴承座和测力机构等组成。

磁滞空心杯转子用具有磁滞特性的合金制成，经过热处理后使其具有单畴或接近单畴组织。内、外定子铣有对数相同的齿槽，磁滞测功机线圈经直流励磁后，使内、外定子具有相反极性，气隙中的磁感应强度 B 在空间沿圆周方向呈脉动分布（接近正弦变化），在时间上是不变的，如图 2-46a、b 所示。

磁滞转子的磁分子在气隙中旋转时，随不同位置外磁场方向的取向而变化，如图 2-46c 所示。设某一磁分子在区域 A 为 S—N（顺旋转方向看），转到区域 B 变为 N—S，而转到区域 C 又恢复为与区域 A 相同，以此类推，其极性反复交变，交变频率与定转子齿数 Z 及转子的转速 n 的乘积成正比。由于选用的空心杯转子材料矫顽力很高，磁分子之间的摩擦力很大，当空心杯转子反复被磁化时，磁分子不能按外磁场方向及时作相应排列。

在时间上滞后较大，滞后的角度 θ 叫磁滞角，即外磁场轴线与磁分子轴线之间产生一偏移角，因而外磁场对磁分子产生一切向力，呈现为磁滞转矩。随着偏移角的加大，转矩也随之加大，这种现象一直维持到当转子旋转至使外磁场作用于磁分子的磁滞转矩略大于磁分子之间的摩擦力矩，此后磁分子的轴线重新转到外磁场方向，磁滞角为零。若转子继

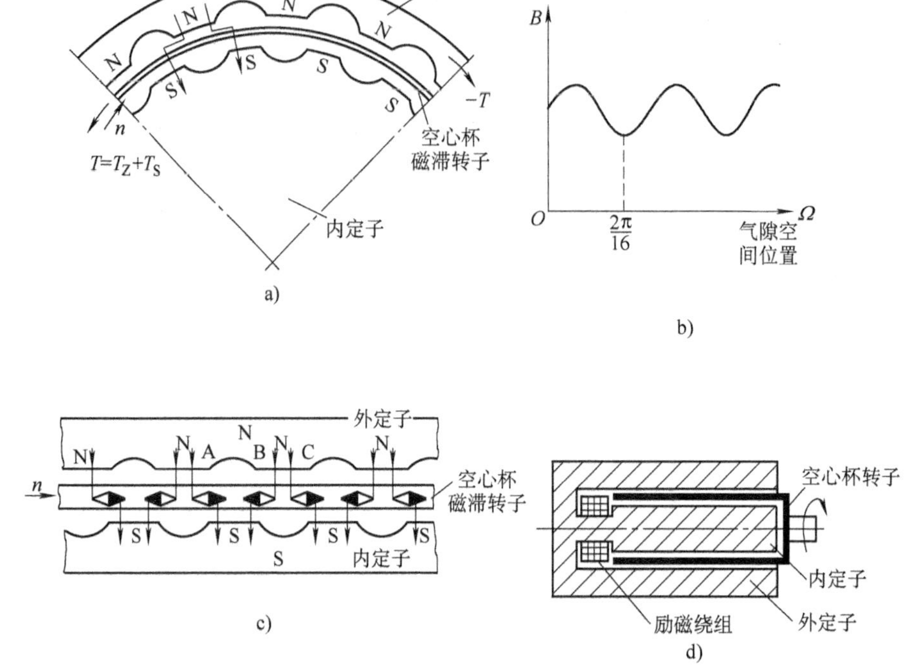

图 2-46　磁滞测功机工作原理

a）磁滞测功机原理示意图　b）气隙的空间磁场分布

c）磁滞转子转动时磁分子在气隙磁场内反复被交变磁化示意图　d）磁滞测功机原理结构示意图

续旋转，磁滞角又开始增大，则转矩又逐渐增加，重复上述过程。其余磁分子在空间依次排列，当转子偏转某一角度时，各个磁分子同时对外磁场发生偏移，同时产生转矩，所有磁分子产生磁滞转矩的总和即为空心杯转子产生的转矩。磁滞测功机原理结构示意图如图 2-46d 所示。

由于磁滞测功机的内外定子安装在同一外轴承座上，在同时受到一个和磁滞转矩大小相等但方向相反的转矩时，便产生与空心杯转子方向相同的偏转。磁滞制动转矩和励磁电流 I_f 有关（即与材料中的磁通密度有关），和转子的转速无关，在图 2-47 中的曲线 $T_Z=f(I_f)$ 为一水平直线。另外磁滞转子在气隙磁场作用下还产生涡流制动转矩 T_S，涡流产生的制动转矩随被试电机的转速的上升而增加，如图 2-47 中曲线 2 所示。磁滞制动转矩 T_Z 和涡流制动转矩 T_S 叠加在一起产生磁滞测功机总的制动转矩 T，因此磁滞测功机的机械特性如图 2-47 中曲线 3 所示。励磁电流越大，涡流制动转矩斜率越陡，磁滞测功机的机械特性也越陡。故能在低速时产生较大的制动磁矩，在堵转时，内、外定子对转子产生一定的静态磁拉力，从而产生相应的堵转转矩，这些都是磁滞测功机的可贵特性。

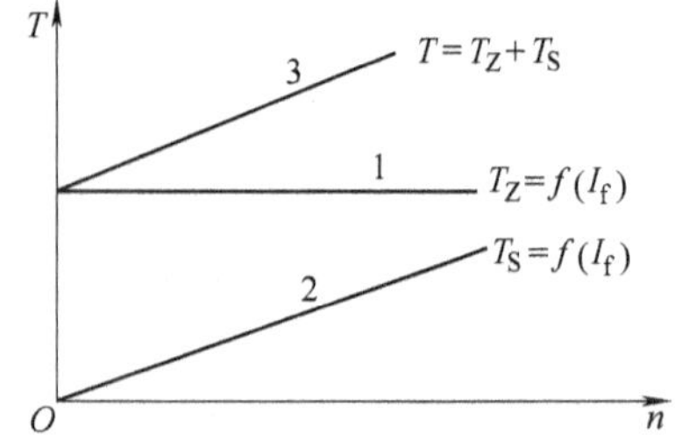

图 2-47　磁滞测功机机械特性曲线

国产 ZC 系列磁滞测功机的技术参数如表 2-2 和表 2-3 所示。

表 2-2　磁滞测功机技术参数

型　　号	测　试　范　围		连续运行功率/W
	转矩/(N·m)	转速/(r/min)	
ZC200KB	0.8~20	0~4000	1500
ZC150KB	0.6~15	0~6000	1000
ZC100KB	0.4~10	0~6000	1000
ZC75KB	0.3~7.5	0~8000	600
ZC50KB	0.2~5	0~8000	600
ZC20KB	0.06~2	0~15000	300
ZC10KB	0.04~1	0~15000	200
ZC5KB	0.02~0.5	0~20000	100
ZC2KB	0.01~0.2	0~20000	40
ZC1KB	0.005~0.1	0~25000	20
ZC02KB	0.002~0.02	0~30000	10

注：磁滞测功机及显示器转矩：±0.5% ±1 字；转速：±0.2% ±2 字。

表 2-3　强冷磁滞测功机技术参数

型　　号	测　试　范　围		连续运行功率/W
	转矩/(N·m)	转速/(r/min)	
ZC200KC	0.8~20	0~4000	3000
ZC150KC	0.6~15	0~6000	2000
ZC100KC	0.4~10	0~6000	2000
ZC75KC	0.3~7.5	0~8000	1200
ZC50KC	0.2~5	0~8000	1200
ZC20KC	0.06~2	0~15000	600

4. *磁粉测功机*

磁粉测功机亦即磁粉制动器加转矩测量装置。图 2-48 为磁粉制动器的外形和结构原理图。1 是传动轴，上面装有转子 2。在壳体 3 中有励磁线圈 4。在空腔 5 中有磁粉。当线圈 4 不通电时，不产生磁通，所以磁粉呈自由状态。此时，如果传动轴 1 旋转，由于离心力的作用，磁粉甩在空腔 5 的外圈，传动轴上基本上不受制动转矩作用。当线圈通电时，就产生磁通。在静止件和旋转件之间的磁粉，在磁通作用下，连接成链状。这时由于磁粉之间的连接力和摩擦力，产生了对转子的制动转矩。

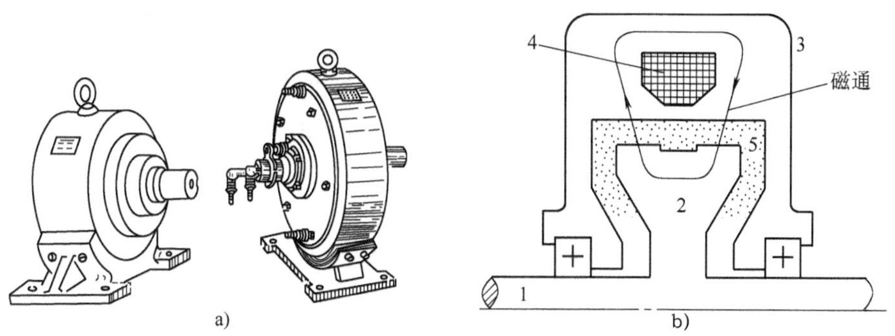

图 2-48　磁粉制动器的外形和结构原理图
a) 外形示例　b) 结构原理

磁粉要求磁导率高、剩磁低、耐热、耐磨，通常采用铬钢磁粉、铁铝铬合金磁粉等，颗粒大小为 20～70μm。

如果改变励磁线圈中的电流 I，则可以改变磁粉连接力，使制动转矩 T 发生变化。制动转矩大体上与励磁电流成正比例，但是当出现磁饱和现象时，制动转矩也达到饱和值。制动转矩的大小还与空腔 5 中的磁粉充填率有关。

作为传递转矩的介质——磁粉，它具有动摩擦系数与静摩擦系数基本相同的特性（见图 2-49）。因此，当励磁电流保持不变时，制动转矩也保持常数，即具有常量转矩特性。但是，当转速低于 20r/min 时，由于磁粉分布不均匀；当转速高于 2000r/min 时，又由于有过大的离心力，制动转矩均不够稳定。

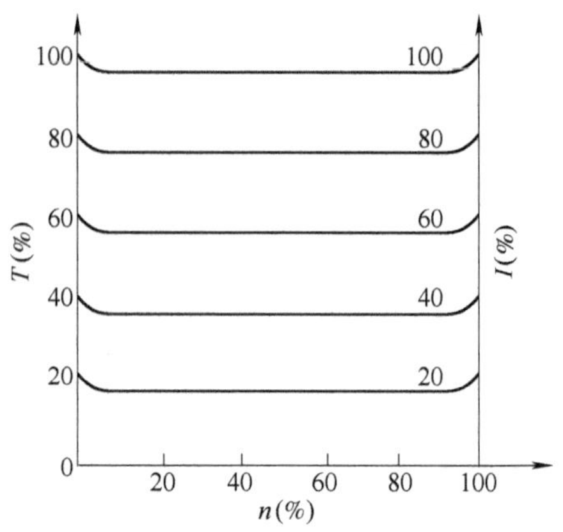

图 2-49　磁粉制动器的制动转矩与转速的关系

磁粉制动器能够方便地调节制动转矩的大小，而且在较低转速工作情况下有较大的制动转矩。

10N · m 以上的磁粉测功机常采用强制水冷却系统来增加它的热容量。国产 ZF 系列磁粉测功机的技术参数如表 2-4 所示。

表 2-4　磁粉测功机技术参数

型号（水冷）	测　试　范　围		连续运行功率/W
	转矩/(N · m)	转速/(r/min)	
ZF50	2～50	0～5000	4000
ZF100	4～100	0～5000	8000
ZF200	8～200	0～5000	10000

5. 电机测功机

电机测功机是一种平衡类转矩测量装置，平衡电机多为直流电机，或为同步电机和异步电机等交流电机。由于直流电机的调节和校准均较交流电机方便，所以最常用的是他励直流电机。其结构如图 2-50 所示，可见它是一台机座可在支架内回转一定角度的直流电机，电机测功机的转轴直接与被测电机连接。若被测电机为电动机，则电机测功机作为发电机运行，励磁绕组由独立的直流电源供电；若被测电机为发电机，则电机测功机作为电动机运行。电机测功机的工作原理完全与一般直流电机相同，但电机测功机的定子受到转矩作用后会产生偏转。应用简单的杠杆装置对定子施加平衡力矩，当平衡力矩和电机测功机的转矩相等时，可由测力计（或磅秤）指示出电机测功机的转矩大小，测得被测电机的转矩量。

由于电机测功机本身具有空载损耗，因此在测量被试电机的转矩时，必须对电机测功机的空载转矩造成的误差加以修正。其方法如下：首先测出电机测功机的空载损耗阻转矩。为此起动电机测功机，使其电动机运行于空载状态。此时定子所受的转矩即为空载

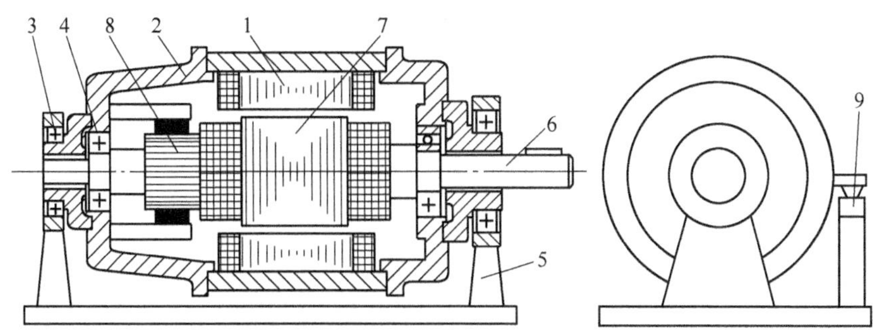

图 2-50　直流电机测功机结构示意图

1—定子励磁绕组　2—外壳　3—定子轴承　4—转子轴承　5—支架　6—转子轴
7—转子电枢　8—换向器及电刷　9—压力传感器

损耗阻转矩 T_0，T_0(N·m）可用在杠杆的一端加上适当重量的砝码来测出，砝码所受重力为 F_0，则

$$T_0 = F_0L \tag{2-45}$$

式中　L——F_0 的作用力臂长度。

由于空载损耗与主磁通及转速大小有关，因此 T_0 的数值也应预先在各个不同转速及磁通数值下求得。如果电机测功机能正反两个方向旋转，则 T_0 的数值亦应分别在两个方向下求得，以供测量被试电机转矩时选用。

当测量发电机的转矩时，电机测功机运行于电动机状态，则被试电机的输入转矩 T_F(N·m)为

$$T_F = FL - T_0$$

式中　F——此时加于杠杆上的平衡力。

如果被试电机是电动机，则电机测功机运行于发电机状态，则被试电机的输出转矩 T_D(N·m）为

$$T_D = FL + T_0$$

电机测功机可直读出被试电机的转矩值，而且操作方便，准确度也较高（一般为1%）。

常用的直流电机测功机都是 10kW 以上大功率的，小功率的同步和异步电机测功机有 WTC 系列和 ZY 系列，其技术参数如表 2-5 和表 2-6 所示。

表 2-5　无刷同步电机测功机技术参数

型　号	测试范围		连续运行功率/W
	转矩/(N·m)	转速/(r/min)	
WTC5K	0.5	30000	1.0
WTC10K	1.0	20000	1.0
WTC20K	2.0	15000	1.5
WTC50K	5	10000	1.5
WTC120K	12	8000	2.0
WTC200K	20	8000	3.0

表 2-6　异步电机测功机技术参数

型　号	测　试　范　围		连续运行功率/W
	转矩/(N·m)	转速/(r/min)	
ZY0550	1	20000	550
ZY0750	2	18000	750
ZY1100	5	15000	1100
ZY2200	10	12000	2200
ZY3000	15	8000	3000
ZY4000	20	6000	4000

五、能量转换类转矩测量法——校准直流电机法

首先对一台直流发电机进行校准，即测出直流发电机在不同转速值时的 $T=f(I_a)$ 曲线，称为校准曲线。然后将已校准过的直流发电机作为被试电动机的负载，保持发电机的 I_f 为常数，改变其负载，记录直流发电机的电枢电流 I_a 和机组转速 n，则被试电动机的输出转矩可以从 $T=f(I_a)$ 曲线查出。$T=f(I_a)$ 曲线如图 2-51 所示，该曲线可以用测功机和转矩转速仪标定，也可以用损耗分析法算出：

$$P_1 = P_2 + P_0 + P_{Cua} + P_S \tag{2-46}$$

式中　P_1——输入功率（W）；

P_2——输出功率（W）；

P_0——空载损耗（W），由 $P_0=f(n)$ 查得；

P_{Cua}——电枢铜耗，$P_{Cua}=I_a^2R_{a75℃}$；

P_S——附加损耗，小电机取 1% P_2，大电机取 0.5% P_2。

电机的工作转矩 T（N·m），对电动机：

$$T = 9.55\frac{P_D}{n}\eta \tag{2-47}$$

对发电机：

$$T = 9.55\frac{P_D}{n}\frac{1}{\eta} \tag{2-48}$$

式中　P_D——电机的输入或输出电功率（W）；

n——电机转速（r/min）；

η——电机效率。

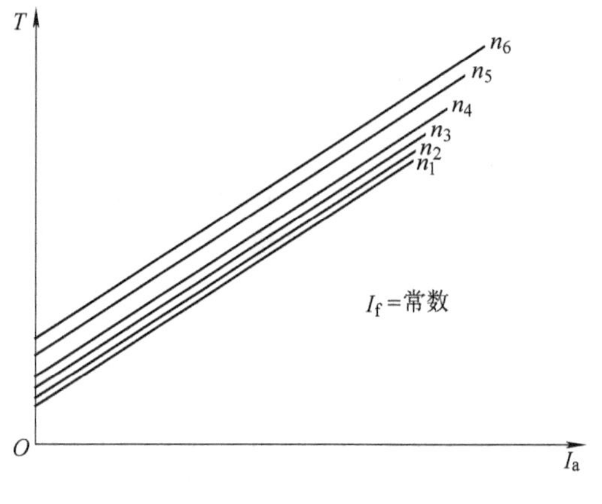

图 2-51　直流发电机的转矩与电枢电流的关系

如果实际测定时的电压 U 与标定时的电压 U_0 有区别，则在 U 与 U_0 相差不大于 10% 时，可按下式换算转矩值：

$$T = T_{U0}\left(\frac{U}{U_0}\right)^2 \tag{2-49}$$

式中　U_0——额定电压；

U——实际电压；

T_{U0}——根据 I_a 测得的转矩；

T——实际转矩。

第三节　温度、温升的测量

一、温升

电机各部分的温度是电机设计和运行中重要的性能指标之一。为了检查电机的性能是否合格，保证电机正常运行，必须准确地测定电机额定运行时各部分的温度。按国家标准规定，不同绝缘等级的电机绕组有不同的允许温升，若超过了规定值，就会影响电机的使用寿命，严重时会烧坏电机。所以，首先，需要准确测定电机绕组的温度；其次，对电机铁心、冷却介质、润滑油、轴承、换向器或集电环等部分的温度也需要进行监测，使其不超过国家标准规定之值。在电机设计中，既要努力提高电机的各项技术特性指标，又要尽可能节约原材料、降低成本、提高工艺性。电机的温升是否合格有时会成为重要矛盾之一。因此准确地测定电机各部分的温度，不仅是保证电机安全运行所必需，而且对提高电机的产品质量、节约原材料和能源以及实现检测过程的自动化都是很重要的。

国家标准对电机的绕组、铁心、冷却介质、轴承、润滑油等部分的温升都规定了不同的限值。表2-7给出了适用于中小型空气间接冷却电机绕组在海拔不超过1000m、环境温度不超过40℃条件下温升的限值（摘自GB 755—2008）。

表2-7　绝缘等级的温升限值（电阻法）

绝缘等级	绝缘结构许用温度/℃	环境温度/℃	热点温差/℃	温升限值（电阻法）/K
A	105	40	5	60
E	120	40	5	75
B	130	40	10	80
F	155	40	10	105
H	180	40	15	125

由表中之值可见，绕组的温升限值除了与各种绝缘等级的最高允许工作温度有关外，还与环境温度、热点温差有关。所谓热点温差是指当电机为额定负载时，绕组热点的稳定温度与绕组平均温度之差。表中各温度值与温升限值之间存在如下关系：

$$温升限值 = 许用温度 - 环境温度 - 热点温差$$

二、基本测温方法

基本测温方法有温度计法、电阻法和检温计法三种。

1. 温度计法

这是一种直接测量温度的方法。所测点的温度一般为表面温度。电机试验中常用的温度计有：膨胀式温度计、半导体温度计和非埋置的热电偶或电阻温度计等。

（1）玻璃温度计

常用的液体温度计有水银、酒精等温度计。用这种温度计测量温度时，应将感温泡紧贴被测点；并应用绝热材料覆盖好感温泡，以免受环境气流影响。在电机中存在交变磁场的位置处，不应采用水银温度计。因为交变磁场在水银感温泡内会产生涡流，从而影响测量结果的准确性。

（2）半导体温度计

它由感温元件和二次测量仪表组成。感温元件是由装在笔形保护套内的微型珠状热敏电阻构成的测试笔。这种热敏电阻体积小、热惯性小；对温度的变化非常敏感，可以测出温度的微小变化。与玻璃温度计相比，具有较高的敏感度。温度计的二次测量线路是利用非平衡电桥的工作原理设计的，显示仪表采用微安表。其线路如图 2-52所示。

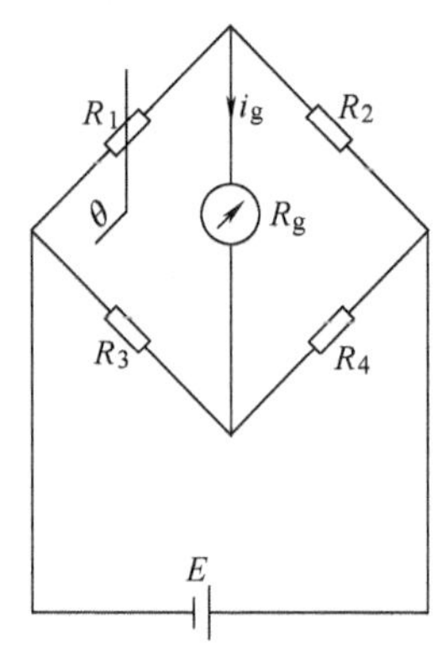

图 2-52　半导体点温计测量电路

图中，R_1 为热敏电阻，其电阻温度系数为 α_t。如取 $R_3=R_4$，若在某一温度下 $R_1=R_2$，则微安表电流$i_g=0$。

如果被测点的温度变化为 Δt，则热敏电阻的阻值 $R_1 = R_2(1+\alpha_t\Delta t)$。

根据等效电源法可导出

$$i_g = \frac{E(R_1R_4 - R_2R_3)}{(R_1+R_2)(R_3+R_4)R_g} + R_1R_2(R_3+R_4) + R_3R_4(R_1+R_2) \tag{2-50}$$

当 $R_3=R_4$ 代入时，则

$$\begin{aligned} i_g &= \frac{E(R_1-R_2)}{2(R_1+R_2)R_g + 2R_1R_2 + R_3R_4(R_1+R_2)} \\ &= \frac{E\alpha_t\Delta t}{(2+\alpha_t\Delta t)(2R_g+R_3) + 2(1+\alpha_t\Delta t)R_2} \end{aligned} \tag{2-51}$$

这样微安表电流 I_g 与热敏电阻的 $\alpha_t\Delta t$ 成一定的函数关系。只要在微安表的表面刻上温度值，就可以直接显示温度。

半导体温度计有指针式和数字式两种，指针式测量范围为 -10 ~ 300℃；最小分度值为 0.5 ~ 1℃；最小误差为 ±0.5 ~ 1℃。目前数字显示已经普及。

2. 电阻法

金属导线（如铜线、铝线等）的电阻值随着温度的升高也相应地增加，在一定的温度范围内，其电阻值与温度之间存在一定的函数关系，应用这一原理，可以通过测量绕组的电阻值来测定其温度，称为电阻法测温。此法所测量的结果是整个绕组的平均温度。

对于用电解铜导线做的电机绕组，当温度在 -50 ~ 150℃ 的范围内时，电阻值与温度之间的关系为

$$\frac{R_2}{R_1} = \frac{235+t_2}{235+t_1} \tag{2-52}$$

式中　R_1、R_2——当温度分别为 t_1、t_2 时绕组的直流电阻值。

在电机未接电源之前，测量绕组的冷态直流电阻 R_1，并记录当时的室温 t_1；当电机运行一段时间后，再测量绕组的热态直流电阻 R_2，可求得

$$\frac{R_2-R_1}{R_1} = \frac{t_2-t_1}{235+t_1}$$

$$t_2 = (235+t_1)\frac{R_2-R_1}{R_1} + t_1 \tag{2-53}$$

要求绕组的温升 $\Delta\theta$ 值，则将 t_2 减去试验结束时冷却介质的温度 t_0 即可。

$$\Delta\theta = t_2 - t_0 = (235 + t_1)\frac{R_2 - R_1}{R_1} + t_1 - t_0 \tag{2-54}$$

式中，对于铝材绕组，需将常数 235 改为 225。

电阻法测温是电机试验中测量绕组温度的一种基本方法，应用很广泛。测量绕组电阻，过去应用较普遍的方法是电桥法。对电阻值在 1Ω 以下的绕组应该用双臂电桥，以消除接触电阻和引线电阻对测量结果的影响。电桥法的缺点是不能快速测量，近年来国内外相继生产出能快速、准确、数字显示的各种毫欧计或微欧计等直流电阻测量仪器。其基本工作原理是用高准确度、高稳定度的恒流电源所产生的直流电流通到被测电阻 R_X 上，则 R_X 两端的电压降 U_X 与 R_X 成正比。将 U_X 经放大、A-D 转换及适当计算后，便可直接显示出被测电阻值。由于恒流源产生的电流值 I 准确度很高，只要放大器的放大倍数及线性度足够高，仪器即可达到很高的准确度。国产 SW—1 型数字微欧计由 4 位数字显示，量程为 2mΩ ~ 2kΩ；最小量程分辨率为 1μΩ。

要准确地测定电机的稳定温升，测量绕组热态电阻的方法有两种，一种是断电停机测量；另一种是带电测量。后者能测得绕组的实际温度。

断电停机测量电阻必须保证从切断电源到测量出电阻之间的时间间隔不超过国家标准的规定，否则就需要用外推法来求出规定时刻的绕组热电阻。

3. 检温计法

埋置检温计法是将感温元件预先埋置在电机制造完成后所不能达到的部位，如定子绕组内部，经连接导线引到电机机壳外，由二次仪表测量温度信号，从而测定温度值。埋置部位和个数根据具体要求决定。每个元件应与被测点表面紧密相贴，并加以可靠的保护以防损伤元件和受冷却气流的影响。

此法所测量的是热点的局部温度，凡是一般温度计不能达到的部位均可使用。电机温度测量中常用的测温元件有热电阻和热电偶两种，分别介绍如下。

(1) 热电阻元件

热电阻是利用金属导体或半导体的电阻随温度而变化的特性来测量温度的。一般由热电阻材料制成的感温元件埋置在测量点，经过连接导线由二次仪表测出其电阻值；也可以将电阻值通过电子测量回路的转换，在显示仪表上直接显示温度的数值。

制成热电阻的金属材料，目前有铂、铜和镍三种，其中铂热电阻与铜热电阻已在我国大量使用，并有统一设计的定型产品。此外，还有半导体材料制成的热敏电阻。

对于一般金属导电材料的电阻值与温度的关系，可用下式表示：

$$R_t = R_0[1 + \alpha_t(t - t_0)] \tag{2-55}$$

式中　R_t——温度为 t 时的电阻值；

R_0——温度为 t_0 时的电阻值；

α_t——电阻的温度系数。

铂热电阻与铜热电阻的测温范围如表 2-8 所示。

铜热电阻的特点是结构简单，价格低廉，一般用于极限温度为 105℃的 A 级绝缘。铂热电阻的特点是体积小，时间常数小，一般用于极限温度高于 105℃的绝缘等级。

半导体材料做成的热敏电阻是近年来应用广泛且发展很快的测温元件，它具有以下特点：

表 2-8　热电阻的测温范围

名　　称	代　　号	分 度 号	测温范围/℃	0℃时电阻值/Ω	$\frac{R_{100}}{R_0}$
铂热电阻	WZP	BA1	-200 ~ +500	46	≥1.391
铂热电阻	WZP	BA2（Pt100）	-200 ~ +500	100	≥1.391
铜热电阻	WZC	Cu50	-50 ~ +150	50	≥1.3852
铜热电阻	WZC	Cu100	-50 ~ +150	100	≥0.714

1）其电阻温度系数为金属的 5 ~ 10 倍，高达 100 倍以上，所以测温的分辨率高；

2）体积小，热惯性小，热时间常数可达 0.5s 以下，能实现迅速测量；

3）结构简单，可做成不同的几何尺寸及形状，便于埋置，价格低廉；

4）电阻值的范围广，约为 1Ω ~ 10MΩ，可按不同测量电路的要求进行选择；

5）电阻与温度之间的特性的稳定性较差，非线性大，互换性差，但近年来其性能已有显著改善，有的有互换性。

热敏半导体可分为负温度系数热敏电阻（NTC）、正温度系数热敏电阻（PTC）和临界温度电阻（CTR）三种。图 2-53 给出了它们的典型特性。在电机试验中应用较多的是 NTC，在某一特定的温度附近，PTC 和 CTR 的电阻值会发生剧烈变化，故不能用于宽范围的温度测量，而能用于特定范围温度的测量则是十分优良的元件。

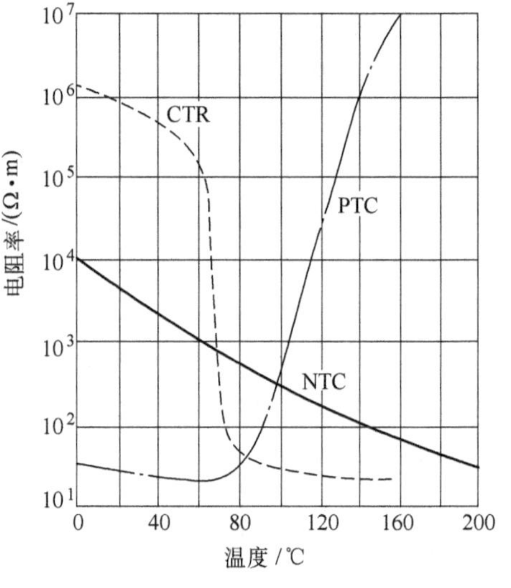

图 2-53　几种热敏电阻的典型特性

负温度系数的热敏电阻的电阻温度特性可用下式表示，即

$$R_T = Ae^{\frac{B}{T}} \tag{2-56}$$

式中　A、B——与温度无关而取决于半导体材料及元件结构的常数；

R_T——环境温度为 T 时的电阻值。

热敏电阻的电阻温度系数定义为温度变化 1℃时电阻值的变化率，即

$$\alpha_t = \frac{1}{R_T}\frac{dR_T}{dT} \tag{2-57}$$

由上式经简化，即得

$$\alpha_t = -\frac{B}{T^2} \tag{2-58}$$

由上式可见，普通负温度系数的电阻与温度的二次方成反比。

（2）热电偶元件

两种不同成分的金属导体 A 和 B 一端连接在一起做成的测温元件叫热电偶；A、B 的

另一端接测量仪表构成测温装置，如图2-54所示。当连接点D与仪表端C分别具有不同温度t及t_0时，由于金属导体内存在的自由电子数量随温度不同而变化，且不同材料中自由电子的数量也不同，自由电子数量多的金属导体中有一部分自由电子经连接点向自由电子少的导体渗透，因此产生所谓的热电动势。温度差（$t-t_0$）越大，渗透的自由电子数量越多，热电势也越大，这种现象称为热电效应。热电偶就是应用热电效应进行测温的一种元件。

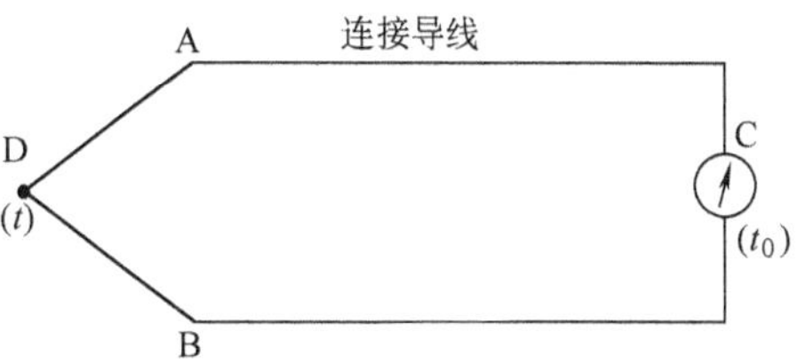

图2-54　热电偶元件

两种导体焊接在一起的一端，称为工作端或测量端，也称“热端”，使用时埋置在电机中的某一测温点；另一端称为自由端或“冷端”，置于恒定温度t_0中，例如$t_0=0$℃，也可置于常温中。

测温回路中的总热电动势实际上是作为温度函数的两个不同热电动势之差值。如下式所示，即

$$E_{AB}(t,t_0) = e_{AB}(t) - e_{AB}(t_0) \tag{2-59}$$

式中　$e_{AB}(t)$、$e_{AB}(t_0)$ ——温度为t和t_0时的函数。

当自由端的温度恒定时，$t_0=C$为一常数，则热电势与温度的关系是单值函数关系。

$$E_{AB}(t,t_0) = e_{AB}(t) - C = f(t) \tag{2-60}$$

若热电偶所用的材料均匀，则热电动势的大小与所用材料的长度和直径无关，只与热电偶所用材料的成分以及两端温差有关。常用的热电偶材料如表2-9所示。

表2-9　热电偶的测温范围

热电偶材料（主要成分%）		工作温度/℃		主要用途和特点
正　极	负　极	短期工作最高温度	推荐工作温度	
铂铑 Pt Rh 87 13	铂 Pt 100	1600	1000～1300	各种金属熔炼，高温热处理炉，加热炉及其他高温测量
镍铬 Ni Cr 90.5 9.5	考铜 Cu Ni Mn 56.6 43 0.5	800	0～600	石油、化工等生产中测温
铜 Cu 100	康铜 Cu Ni 65 45	300	-200～+300	石油、化工等生产中，以及电机、电器等产品中的测温

在电机的测量中，一般都用铜与康铜作为热电偶材料。当测量范围为0～300℃时，纯铜为正极，康铜为负极；当测温范围为-200℃～0℃时，则极性相反。铜-康铜热电偶（称为T型热电偶）的灵敏度为4/100mV/℃左右。

如果测量时冷端是在室温中，如图2-55所示，则这时所测得的热电动势是热端与空气介质的温差电动势。由于热电动势与温度之间并非线性关系，而是如图2-56中曲线所示，故应先根据当时的空气温度t_0查校正曲线找出相应的热电动势$E(t_0,0)$，得

$$E(t,0) = E(t_0,0) + E(t,t_0) \tag{2-61}$$

然后按计算得的 $E(t, 0)$ 值再从校正曲线上找到测点的温度值 t。

各种热电偶材料的热电动势与温度之间关系的校正曲线由制造厂提供。

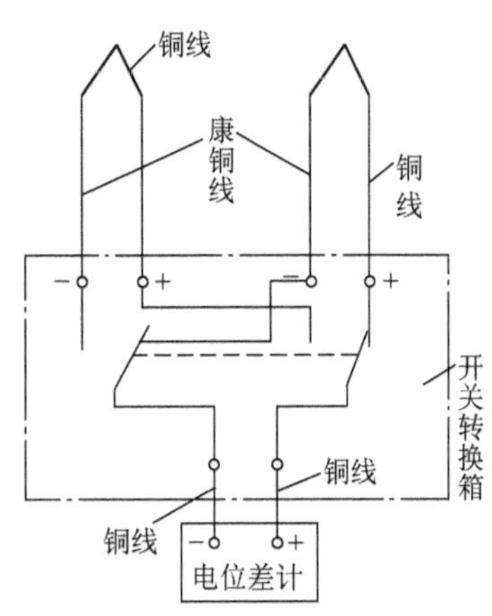

图 2-55 热电偶测温线路

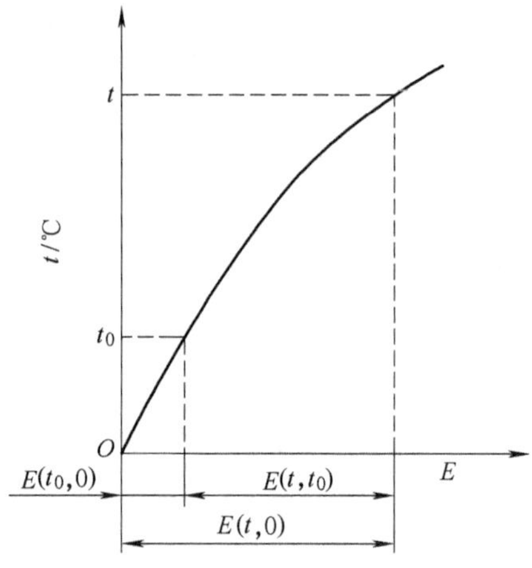

图 2-56 热电动势与温度关系曲线

目前已可将热电动势通过电子测量回路的转换，直接进行温度显示。

三、红外测温

可见光按其波长不同分为红、橙、黄、绿、青、兰、紫七色。比紫色波长更短的光叫紫外线，比红光更长的光叫红外线。红外线是一种不可见光线，但具有很高的热敏效应。红外线也是一种电磁波，其波长范围为 0.76 ~ 1000μm；频率范围为 $4\times10^{14}\sim3\times10^{11}$Hz。它和所有的电磁波一样，具有反射、折射、散射、干涉和吸收等性质。

一切热源都能向空间发出红外辐射，物体的温度越高，红外辐射的能量越多。红外测温就是利用这种特性对物体进行温度的测量，其特点是无须与被测物体接触，而且测量范围很宽。按所测温度的范围划分，可分为高温（700℃以上）、中温（100 ~ 700℃）、低温（100℃以下）三种。

根据红外线测温原理可分为以下四种。

1）全辐射测温。利用热电传感元件测量物体热辐射全部波长的总能量来测定被测物体的表面温度。其优点是热电传感元件所接收的热辐射能量大；缺点是易受其他光源（如日光、灯光、物体的反射光等）的干扰，比较适用于被测温度远高于环境温度的情况。

2）部分辐射测温。通过测量物体热辐射中某一波段内所发出的辐射能量来测定物体的表面温度。图 2-57 所示的是单位黑体（理想发射体）发射的光谱辐射功率 $W_{\lambda T}$ 与波长 λ 及温度 T 的关系曲线。可见在任一温度下，黑体的光谱辐射曲线有一最大值，此值所对应的波长称为峰值辐射波长，用 λ_m 表示。由实验得知 λ_m(μm) 与所给定的绝对温度 T 成反比，即

$$\lambda_m = \frac{b}{T} \tag{2-62}$$

式中　常数 $b=2897.8\mu m \cdot K$。

当黑体温度升高时，其峰值波长 λ_m 向短波方向移动。还可见在峰值波长 λ_m 附近热辐射的能量最大，故可根据所设计的温度计的测温范围确定所需要测量的波段，选用一定的滤光片将该波段以外的辐射线全部滤掉。这样，可以大大削弱其他光源对测量结果的影响，此法可用于较低温度（如300℃以下）的测量，例如电机和电器设备的非接触测温。

3）亮度测量。测量物体在某一波段内的热辐射能量与一个温度为已知（其值可调节）的标准黑体在相同波段内热辐射能量之比，来确定被测物体的表面温度。其优点是对传感元件的稳定性要求可降低些，受环境的干扰也较小，故可提高测量的准确度。

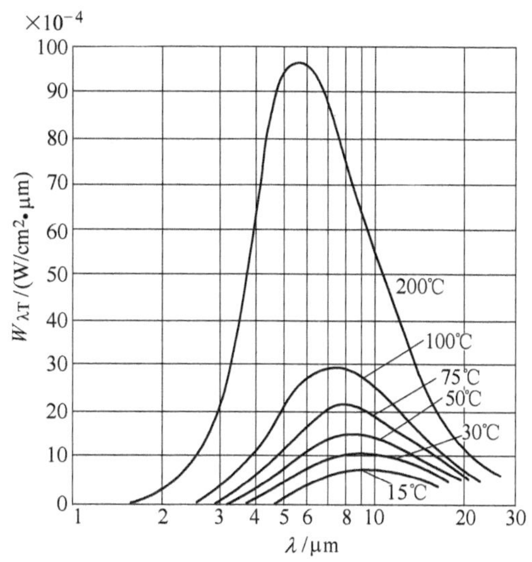

图2-57　光谱辐射功率与波长及温度的关系

4）比色测温。测量物体热辐射中两个不同波段热辐射能量之比值来确定物体的表面温度。此法可大大减小被测物体比辐射率的不同对测温结果的影响。

红外测温仪的种类较多，由于其基本原理相似，故在结构上主要包括以下几部分，即光学系统、测温传感器、调制器、电子线路和显示器等，分别简要介绍如下。

（1）光学系统

其作用是将被测物体的红外辐射能量有效地聚焦到热电传感元件上，有的还可滤去不需要波段的热辐射能。一般分为透射式和反射式两种。它的主要部件是用不同光学材料制成的各种镜片。如对高温测温仪，其有用波段主要在 $\lambda=0.76\sim3.0\mu m$ 之间，可用一般光学玻璃和石英材料做成的镜片；对中温测温仪，其有用波段在 $\lambda=3\sim5\mu m$ 之间，多采用氟化镁、氧化镁等热压光学材料；而对低温测温仪，其有用波段在 $\lambda=5\sim15\mu m$ 之间，可采用硅、锗、热压硫化锌等材料。镜片表面还蒸镀红外增透层以增大有用波段的透过率。

（2）测温传感器（红外探测器）

其作用是接收来自被测物体的红外辐射能并转换为与被测温度有关的电信号。分两种类型：

1）热电类。利用热敏电阻受到热辐射引起电阻值的变化，从而使红外辐射能转变为电信号，它能吸收任何波长的辐射能量，但响应时间较长，约为毫秒级。

2）光电类。利用光电元件受到红外辐射时产生的光电效应，将红外辐射能量转变为电信号，其响应速度比前者快得多，约为毫微秒级，但其所能接受的波长有限制。

（3）调制器

由于传感器将红外辐射能变为电信号后，还要经过电子线路进行处理，故需要装调制器，对于交流信号电子线路较易处理，且能得到较高的信噪比。一般有光调制器和电调制器两种，光调制器是通过一定的机械方法交替切割红外辐射的聚焦光束，使测温传感器所接收到的红外辐射成为交变的信号，则转变为电信号时也是交变的信号。

(4) 电子线路及显示器

电子线路是将微弱的电信号进行放大、整形、运算或整流等，然后送到显示器，一般有指针式电表和数字显示两种。

图2-58为一种部分辐射温度计原理图，图2-59是部分产品的外形示例。红外测温具有速度快、测温范围宽、不接触物体（可以在几十米以内远距离测量）等优点；对于室内外高压电器设备、变压器以及输电线路的导电接头等，均可进行带电测温。目前有些红外测温仪准确度已达到±1℃左右，分辨率≤1℃。随着红外探测技术的发展，红外测温将会进一步应用到电机测温领域。例如红外测取电机转子表面的温度。国产ST系列和MX系列红外测温仪技术参数如表2-10所示。

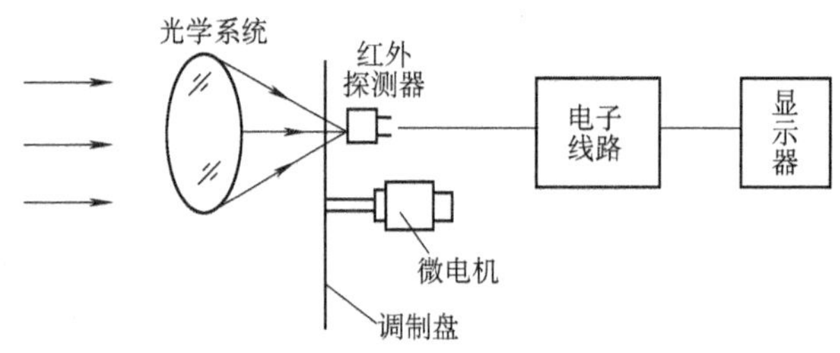

图2-58　红外测温原理框图

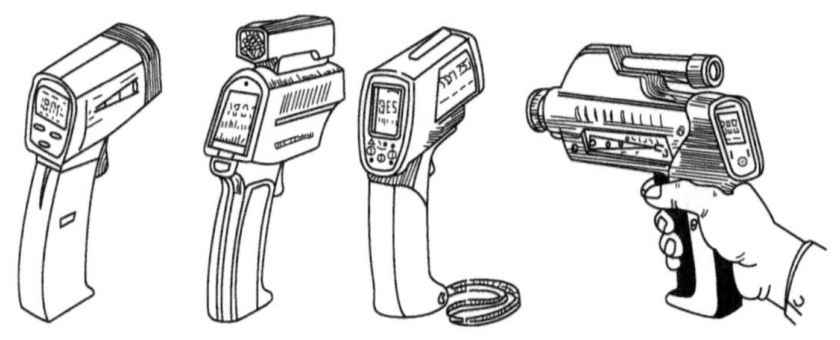

图2-59　远红外测温仪

四、光纤测温

随着光纤技术的发展，光纤测温是19世纪70年代发展起来的高灵敏度测温技术。它有很多特点，如光纤的体积细小、柔软可弯曲、不受电磁波干涉、能实现无接触测温、可远距传输信号等，因此在工程测量中得到广泛的应用，特别适用于高电压、大电流的电力设备测温以及电机和变压器体内测温。

表2-10　红外测温仪技术参数

系　列	型　号	测量范围/℃	功　能　说　明
ST系列	ST20	-30~400	D:S=12:1，带0.2显示，发射率固定为0.95，显示保持为7s，带单激光瞄准
	ST30	-3~545	带环形激光瞄准，其他同ST20
	ST60	-32~600	环形激光瞄准，0.1℃显示，发射率可调，高/低温报警，数据重调，最大值、最小值，差值、平均值显示，D:S=30:1，存储12个测量点数据
	ST80	-30~760	D:S=50:1，其他同ST60

（续）

系　列	型　号	测量范围/℃	功　能　说　明
MX 系列	MX2	-30～900	发射率可调，D:S=60:1（焦点处），0.1℃显示，图形曲线，最大值、最小值显示，高温视听报警
	MX4	-30～900	差值、平均值显示，时间、日期可调，存储100个数据点，显示J/K型热偶测量值，数字、模拟输出，其他同MX2

光纤测温有：利用辐射测温原理，光纤只作为传送辐射的“连接件”；光纤作为温度传感器。

1. 辐射型光纤测温

当物体受到光或放射线照射时，其原子便处于受激状态，回复至初始状态的原子随即发射出荧光。荧光的强度和物体所受到的辐射光线的能量成比例，应用这一原理可以检测物体的热辐射能量，从而测量物体的温度。

图2-60为荧光辐射温度计的原理框图。其感温端是在光纤端部装有能发生荧光的物质，当受到热辐射时，该物质即发生荧光。用光纤电缆将此荧光传输到接收部分，经过光学系统及光电转换元件将光信号变换为电信号，再由A-D转换器转换为数字量送给微计算机。最后由显示器读出温度值。光纤的直径为0.1mm，长度为2～100m。该温度计测温范围为-50～+250℃，响应时间为0.25～4s，温度分辨力为0.1℃。这种温度计的特点是探测部分和敏感端连成一体，没有导电物质，适用于高电压设备、石油化工及广播设备等方面的温度测量。

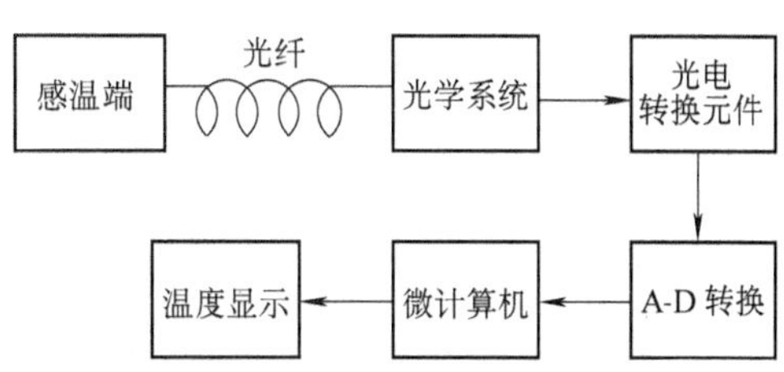

图2-60　荧光辐射温度计的原理框图

2. 干涉型光纤测量

同一激光源的光束经过半透镜分为两路，由两根单模光纤传导，其中一根光纤经过测温部分；另一根光纤经过恒温部分（参考温度源）。由于温度的作用，光纤中所传导的光波产生相位差，此相位差的大小与温度的高低存在一定关系。两路光波在检测端合到一起，由于光的干涉现象出现明暗交替的干涉条纹，根据这些干涉条纹的变化，可检测得两路光束的相位差，从而确定被测温度，其结构原理图如图2-61所示。这种光纤温度计的测量准确度为±1℃，测温范围上限可达300℃。

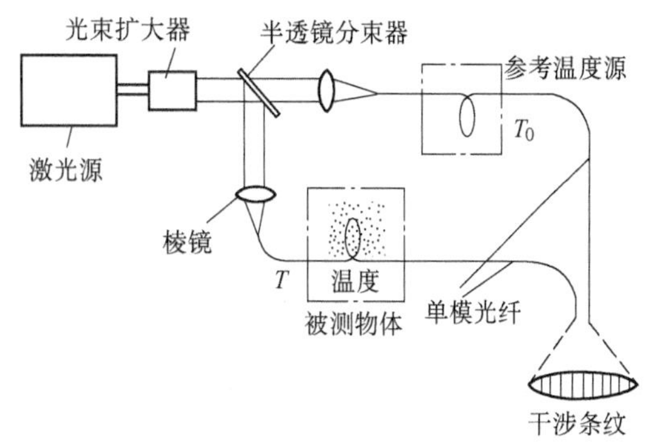

图2-61　干涉型光纤温度原理图

五、交流定子绕组带电测温

电机运行时，绕组是带电的，通常只能切断电源后立即测量绕组电阻，但这样求出的温度往往与运行时的真实温度存在一定的误差。另外对于一些特殊运行状态的电机需要随时测量运行过程中绕组的温度。为此需要采用不停电测量电阻（温度）的方法。为了实现自动化测温，现在采用不平衡电桥原理进行带电测温，它适用于微机控制、定时采样测量，操作方便，自动化程度较高。

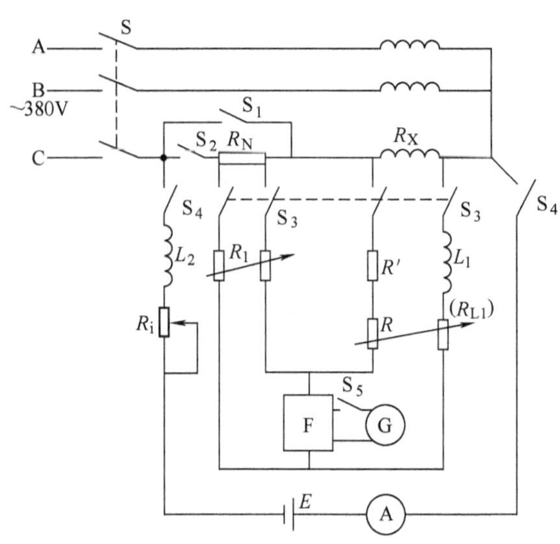

图 2-62　低压电机（Y联结）带电测温线路

G—检流计　F—滤波器　R_i—可变电阻器

R_N—大功率标准电阻　R_X—被试电机一相绕组电阻

L_1—电压扼流圈，其电阻为 R_{L1}　L_2—电流扼流圈

R'—补偿电阻　A—直流电流表　S_1、S_2—转换开关

S_3—四刀开关　S_4—直流回路开关

1. 低压电机带电测温

电机绕组带电测温法是将一个较小的直流测试电流，叠加于绕组的交流负载电流上，可以不中断运行而测量绕组电阻，所以这种带电测温法又称为叠加法。其测量线路如图 2-62 和图 2-63 所示。

测量绕组的电阻是应用双电桥原理。用一较小的直流电流通入被测电机的一相绕组 R_X 和标准电阻 R_N 相串联的回路。在桥臂回路和直流电源回路中分别接入扼流圈 L_1 和 L_2，其作用是将这两个回路中的交流成分削弱到允许的数值，保护直流电源及电桥能正常工作，以便于在交流电源及供电的条件下测量绕组电阻 R_X 值。由电感和电容组成的 Π 型滤波器 F（见图 2-64）用来滤去检流计回路中残余的交流成分，以免检流计指针有颤动现象，保证指示清晰及测量准确。桥臂电阻 R' 是 L_1 的补偿电阻，其阻值与 L_1 的直流电阻值相同，约为 1000Ω，从而使这两个桥臂能同步调节。采用以上各项措施后，即可以实现交流与直流电流在部分电路中同时并存，在不影响电机正常运行的条件下，随时测量一相绕组的电阻 R_X 值。

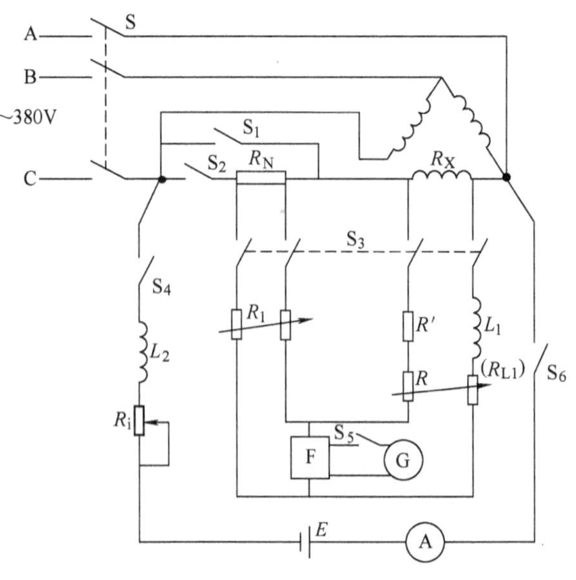

图 2-63　低压电机（△联结）带电测温线路

对图 2-62 和图 2-63 线路中的主要元器件技术要求如下：

1）四个桥臂电阻应由 0.2 级的十进位精密电阻箱组成，电阻可以在 0 ~ 9999Ω 之间调节。大功率标准电阻 R_N

为准确度不低于0.5级的四端电阻，能允许于短时间内通过被试电机的额定相电流，其阻值为被测电阻R_X的1～1/50倍。

2）扼流圈L_1及L_2的绝缘必须能承受电机的额定电压，其电感值分别为$L_1 \approx 30 \sim 40\text{H}$，$L_2 = 1 \sim 2\text{H}$，其中扼流圈$L_1$应用低温度系数的金属导线（如锰铜丝）绕制而成。为了便于测量，其电阻值做成1000Ω，其准确度不低于0.2级。

3）检流计为电流常数不大于$2 \times 10^{-8}\text{A/mm}$的直流光点反射式检流计。

4）滤波器F，其中的电感值为20～30H，电容值为8～10μF。

5）直流电源E，要求电压稳定，能供给测量所需的直流电流，其值应不大于被试电机额定电流的5%，可采用蓄电池或直流稳定电源。

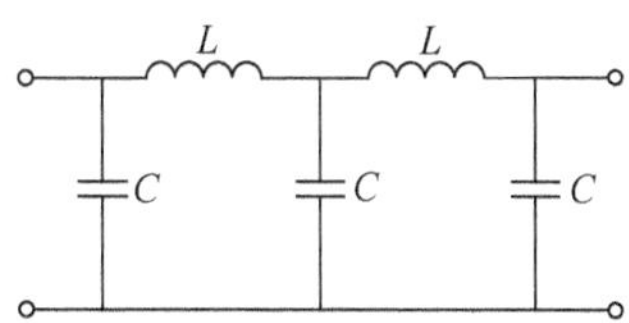

图2-64　滤波器线路

带电测温操作步骤如下：

1）在电机未接通电源前，测量定子绕组的冷态直流电阻值。先估计被测电阻R_X的大小，调节R及R_1，使接近于电桥平衡时的值，闭合开关S_2，打开S_1，将R_N接入电路；闭合S_3及S_4，调节R_1使电桥工作电流达到测量所需要的数值；最后闭合S_5，接检流计，逐步细调R，同时观察检流计指示是否为零，使电桥达到平衡，则被测绕组的冷态电阻值为

$$R_{XE} = R_N \frac{R + 1000}{R_1} \quad (2\text{-}63)$$

并记录当时的室温，测量完毕后，首先断开S_5，然后断开S_3、S_4，闭合S_1，打开S_2，电机便可接通交流电源运行。

2）在电机进行温升试验时，用同样的步骤测量绕组的热态电阻，以此可计算被试电机绕组的平均温度和温升值。

2. 低压电机带电自动测温

为了提高带电测量方法的自动化水平，便于应用微机控制采样实现自动测温，可将前述带电测量双电桥改为不平衡双电桥。其原理线路图如图2-65所示。由图可见，原来接检流计的两端点引出桥对角线电压为U_{AB}，在直流电流回路中接入一标准电阻R，从R两端引出与电桥工作电流I成正比的电压信号U_1，作为测试信号。由于在一般的测温范围内U_{AB}值太小，并残存微弱的交流分量，故需经过放大、滤波，U_1也需滤波；

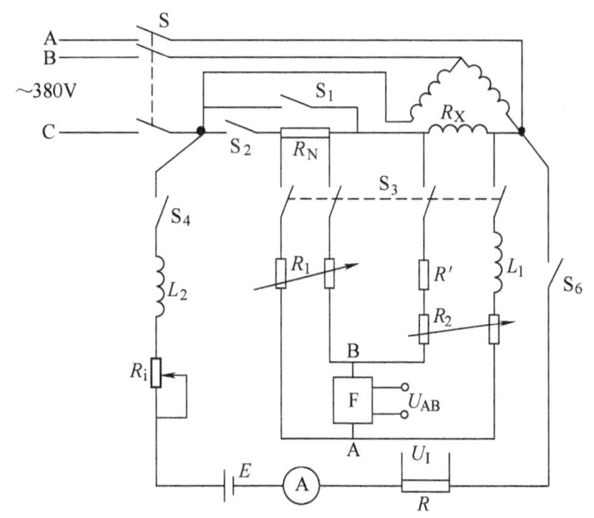

图2-65　低压电机带电自动测温线路

R_N—大功率标准电阻　E—直流电源　R_i—直流电流调节电阻
F—滤波器　R_1、R_2—桥臂电阻　L_1—电压扼流圈
R_X—被试电机一相绕组电阻　L_2—电流扼流圈
R'—补偿电阻　R—标准电阻器　A—直流电流表
S_1、S_2—转换开关（或交流接触器）　S_3—四刀开关
S_4—直流回路开关

为了保护计算机及其他弱电电路的安全运行，信号 U_{AB} 及 U_1 还需经过隔离器件后，再送到采样保持、多路开关及 A-D 转换器等器件，进行数据采集与 A-D 转换。

可以证明 U_{AB}/U_1 之比值与被测电阻的变化量 ΔR_X 成正比，将图 2-65 简化为图 2-66 所示的等效电路，即常见的双电桥电路，其中的 R_X 即被试电机绕组的电阻。当绕组温度升高时，R_X 变为 $R_X+\Delta R_X$，假设当四个桥臂电阻调节到某一适当值使电桥达到平衡，即 $U_{AB}=0$，则有

$$U_{AB} = I_1R_1 + I_2R_N - I_3R_1 = 0 \tag{2-64}$$

令

$$R = (R_1 + R_2) \mathbin{//} r$$

$$\sum R = R_1 + R_2 + R_N + R_X + R$$

则

$$I_1 = \frac{R_X + R_N + R}{\sum R}I \tag{2-65}$$

$$I_2 = \frac{R_1 + R_2}{\sum R}I \tag{2-66}$$

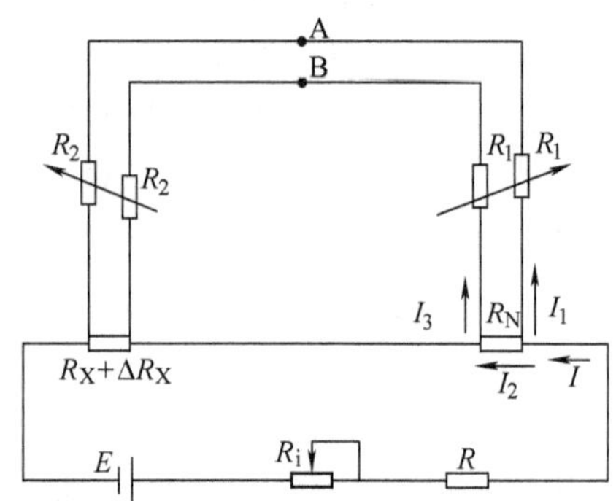

图 2-66　图 2-65 的等效电路

$$I_3 = \frac{r(R_1 + R_2)}{(R_1 + R_2 + r)\sum R}I \tag{2-67}$$

将以上四式整理，并简化得下式：

$$(R_1 + R_2 + r)(R_1R_X + RR_1 - R_2R_N) - r(R_1 + R_2)R_1 = 0$$

当 R_X 增为 $R_X+\Delta R_X$ 时，若各个桥臂电阻值仍不变，并保持总电流 I 不变，则三个支路中的电流分别为 I_1'、I_2' 及 I_3'，即

$$I'_1 = \frac{R_X + \Delta R_X + R_N + R}{\sum R + \Delta R_X}I \tag{2-68}$$

$$I'_2 = \frac{R_1 + R_2}{\sum R + \Delta R_X}I \tag{2-69}$$

$$I'_3 = \frac{r(R_1 + R_2)}{(R_1 + R_2 + r)(\sum R + \Delta R_X)}I \tag{2-70}$$

此时 U_{AB} 值为

$$U_{AB} = (I'_1 - I'_3)R_1 - I'_2R_N \tag{2-71}$$

将以上四式整理，并简化得下式：

$$U_{AB} = \frac{(R_1R_X + R_1\Delta R_X + RR_1 - R_2R_N)(R_1 + R_2 + r) - r(R_1 + R_2)R_1}{(R_1 + R_2 + r)(\sum R + \Delta R_X)}I \tag{2-72}$$

简化上式可得

$$U_{AB} = \frac{R_1\Delta R_X}{\sum R + \Delta R_X}I \tag{2-73}$$

因为

$$\Delta R_X \ll \sum R$$

故
$$U_{AB} = \frac{R_1 \Delta R_X}{\sum R} I$$

因已知
$$U_I = K_1 I$$

则
$$\frac{U_{AB}}{I} = K_1 \frac{U_{AB}}{U_I} = \frac{R_1}{R_X + R_N + R + R_1 + R_2} \Delta R_X$$

因为对于某一次测量来说，绕组冷态电阻 R_X 为一固定值，电桥的其他诸电阻 R_1、R_2、R_3 及 r 也均为恒定值，故

$$\frac{U_{AB}}{U_I} = K \Delta R_X \tag{2-74}$$

式中，K 为一常数，$K = R_1 / [K_1 \ (R_X + R_N + R + R_1 + R_2)]$。

只要不断对 U_{AB} 及 U_t 两个信号进行采样，便可求得 ΔR_X 值，通过一定的方法定标后，即可得绕组的温度（或温升）值。这样，将很容易实现定时采样、数字显示，并便于应用微机控制，实现带电自动测量定子绕组温度。

国产带电绕组温升测试仪型号较多，有双绕组和多路之分，但都是“四端法”测量原理，可同时测量冷（热）态电阻、温升和试验时间。例如国产 RC2010 带电绕组温升测试仪的主要特点和技术指标如下：

（1）主要特点

1）采用 14 位 LED 数字显示，可同时显示绕组冷态电阻（热态电阻）、温升及温升试验的时间，室温可切换显示。

2）冷态电阻量程自动切换、线性范围宽、读数重复性好、性能稳定。

3）绕组带电运行过程中，操作者可随时查询冷态电阻值和室温值，冷态电阻值可断电保存。

4）自带微型打印机，能方便地打印并保存测量数据。

5）配有串行 RS-232 接口，与计算机连接，读取并保存测量数据，以便于追溯原始数据及质量统计分析。

6）可设定定时打印时间、打印温升过程中的数据。

（2）主要技术指标

带电绕组温升测试仪的主要技术指标如表 2-11 所示。

表 2-11 带电绕组温升测试仪技术参数

冷（热）态电阻测量范围	1.000 ~ 2000Ω		
冷（热）态电阻测量精度	1.000 ~ 9.999Ω	10.00 ~ 99.99Ω	100.0 ~ 2000Ω
	0.2% ±5 个字	0.2% ±2 个字	0.2% ±1 个字
供电电源	AC 220V ±10%，50Hz ±2%		
使用环境	工作温度：0 ~ 40℃，湿度：30% ~ 90%		
外形尺寸	380mm（宽）×340mm（深）×120mm（高）		
重　量	约 4kg		

六、交流电动机的热试验方法

按着国家标准规定电机新产品都要进行热试验，热试验方法有直接负载法和等效负载法

两类，优先采用直接负载法。等效负载法包括降低电压负载法和定子叠频法，限于 S1 工作制电动机采用。如限于设备，对 100kW 以上的电机，允许采用降低电压负载法；对于立式或 300kW 以上的电机，允许采用定子叠频法。

1. 直接负载法

（1）连续定额（S1 工作制）电动机

直接负载法的温升试验应保持在额定频率、额定电压、额定功率或铭牌电流下进行。试验时，被试电动机应保持额定负载，直到电机各部分温升达到热稳定状态为止。

对于连续定额的电动机，如保持铭牌额定电流进行温升试验，应按下列公式换算到对应于额定功率时的绕组温升值 $\Delta\theta_N$。

当 $\dfrac{I_t - I_N}{I_N}$ 在 ±5% 以内时，有

$$\Delta\theta_N = \Delta\theta_t\left(\frac{I_N}{I_t}\right)^2 \tag{2-75}$$

当 $5\% < |(I_t - I_N)/I_N| \leqslant 10\%$ 时，有

$$\Delta\theta_N = \Delta\theta_t\left(\frac{I_N}{I_t}\right)^2\left[1 + \frac{\Delta\theta_t\left(\frac{I_N}{I_t}\right)^2 - \Delta\theta_t}{K_a + \Delta\theta_t + \theta_F}\right] \tag{2-76}$$

式中　I_N——额定功率时的电流，从工作特性曲线上求得（A）；

I_t——温升试验时保持的铭牌额定电流，取整个试验过程的最后 1/4 时间，按相等时间间隔测得的几个电流求平均值（A）；

$\Delta\theta_t$——对应于试验电流为 I_t 时的绕组温升（K）；

K_a——常数，对于铜线绕组为 235，对于铝线绕组，除另有规定外，应采用 225；

θ_F——试验结束时冷却介质温度（℃）。

（2）短时定额（S2 工作制）电动机

试验应从实际冷状态下开始。试验的持续时间按定额规定。试验时，按照工作周期长短，每周隔 5 ~ 15min 记录一次试验数据。

对应于额定功率时的绕组温升 $\Delta\theta_N$ 按下述方法换算：

当 $(I_t - I_N)/I_N$ 在 ±5% 范围内时，有

$$\Delta\theta_N = \Delta\theta_t\left(\frac{I_N}{I_t}\right)^2 \tag{2-77}$$

当 $(I_t - I_N)/I_N$ 不在 ±5% 范围内时，应重做温升试验。

（3）断续周期工作测定额（S3 工作制）电动机

如无其他规定，试验时每一个工作周期应为 10min，直到电机各部分温升达到热稳定状态为止。温度的测定应在最后一个工作周期中负载时间的一半终了时进行。为了缩短试验时间，在试验开始时，负载可适当地持续一段时间。

对绕线转子电动机，每次起动时，应在转子绕组中串入附加电阻或电抗，将起动电流的平均值限制在 2 倍额定电流（基准负载持续率时的额定电流值）范围内。每一工作周期的运行结束时，电动机应在 3s 内停止转动。

2. 等效负载法

（1）降低电压法

当试验站能找到适当的陪试电机时，可采用降低电压法进行温升试验以扩大试验站的试验能力。此时应进行下列试验：

1）额定电压 U_N 下的空载温升试验，测取异步电动机的空载稳定温升 θ_{0N}。

2）降低电压，额定电流下的温升试验。被试电动机在降低的电压下进行温升试验。调节负载使被试电动机的定子电流保持额定值 I_N，测取其稳定温升 θ_u。由于降低了端电压，被试电动机流过额定电流时，其输入功率及输出功率都随之减小，因而试验站的电源容量可以减小。

3）降低电压时的空载温升试验。试验时，加于被试电动机的端电压应与上述2）中的数值相同，测取其稳定温升 θ_{0u}。

从上述三个试验，推算其额定温升

$$\theta_N = \theta_u + \theta_{0N} - \theta_{0u} \tag{2-78}$$

试验时的步骤，使用的仪器设备及注意事项与试验标准对异步电机温升试验的说明相同。至于降低的电压值 U 的选择，通常使被试电动机的转差率 s 保持在额定转差率 s_N 与发生最大转矩时的转差率 s_m 之间。这样，可使负载容量降低到被试电动机容量的50%左右。

降低电压法试验时，有的不要求进行降低电压时的空载温升试验。在此情况下，应测取被试电动机在空载额定电压下的输入功率 P_0，以及降低电压 U 时的空载输入功率 P_0'。然后用下式推算额定温升

$$\theta_N = \alpha\theta_{0N} + \theta_u \tag{2-79}$$

式中　$\alpha = (P_0 - P')/P_0$。

根据有的工厂试验验证，用降低电压法测得的温升与直接负载法试验的结果是相当接近的。

（2）叠频法之一——机组和专用变压器法

1）试验方法和线路　用叠频法进行异步电动机温升试验时，被试电机不需与其他机械连接。因而该法特别适合于立式异步电动机以及单台生产的低速异步电机而又没有合适陪试电机时的试验。

试验时，将两种不同频率的电压相串联后加到被试电机定子绕组的接线端上，其原理线路如图2-67所示。主电源和副电源均为交流同步发电机，前者输出额定电压及额定频率 f_1（50Hz），后者的电压等级应与被试电机相同，其额定电流应不小于被试电机的额定电流，而所供给的电源频率 f' 则低于被试电机的额定频率约10Hz。副电源可以直接与主电源串联，如图2-67a所示；也可以经过三相变压器与主电源串联，供给被试电机，如图2-67b所示。

施于被试电机定子绕组的主、副电源的相序必须相同。可在正式接线前，分别用主、副电源起动被试电机，若转向一致，即为相序一致。

试验时，首先用主电源起动被试电机，使其在额定频率、额定电压下空载运行。在起动被试电机的过程中，副电源发电机的励磁绕组不可开路，以免在其中感应出高电压。然后，起动副电源发电机组，将其转速调节到对应频率为 f' 的转速值，对于额定频率为50Hz的电机，f' 应在38～42Hz范围内选择。接着再给副电源发电机加励磁，同时调节主、副电源发电机的磁场电流，使被试电机在额定电流、额定电压下运行，即可进行温升试验。此时副电

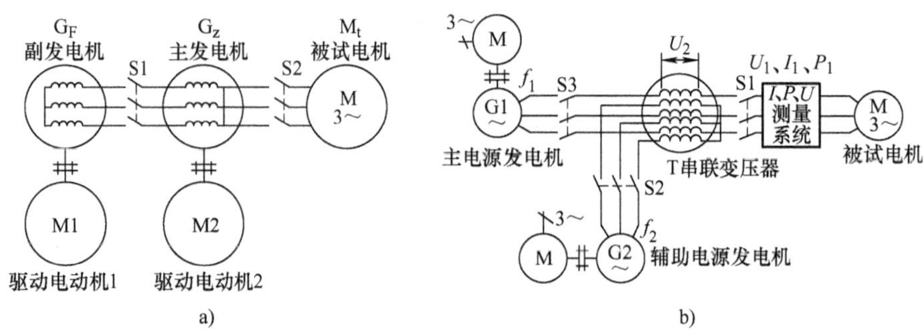

图 2-67　用专用机组和变压器做电源的定子叠频法试验线路

a）主辅发电机串联的电路　b）通过专用变压器的线路

源的电压 U'，为主电源电压的 15% ~25%。在调节被试电机的负载时，如发现仪表指针摆动较大或被试电机和试验电源设备的振动较大，则应先降低副电源电压，按另一个频率值 f'，调整副电源机组的转速，再行试验。

2）叠频法试验时被试电机中的气隙磁场、损耗　当采用定子叠频法试验时，主、副两个电源的频率不同，它们各自产生的旋转磁场 $\dot{\Phi}_1$ 和 $\dot{\Phi}_1'$，分别以角速度 ω_1 和 ω_1'在气隙中旋转。$\dot{\Phi}_1$ 和 $\dot{\Phi}_1'$相叠加，即为气隙中的合成磁场 $\dot{\Phi}$。$\dot{\Phi}$ 以角速度 ω 旋转，它们之间的关系如图 2-68 所示。合成磁场的幅值及角速度 ω 都随时间而变化，为椭圆形旋转磁场，其角速度在一定范围内以拍频频率周期性地变化，拍频频率为 $f=f_1-f_1'$。副电源电压 U'的大小会影响合成磁场角速度变化的幅度。当 $U'=0$ 时，合成磁场就是主电源的旋转磁场，即 $\omega=\omega_1$。当 U'增大时，ω 的变化幅度随之增大。ω 变化的频率决定于 f_1 与 f_1'的差值，而与主、副电源电压的幅值大小无关。

采用此法试验时，被试电机未与任何负载连接。由于转子有一定的转动惯量，它不可能紧跟着合成磁场角速度的变化来改变其角速度，而是围绕着一个平均角速度（非常接近于 ω_1）做周期性的加速和减速，如图 2-69 所示。因而在一个周期内，有一段时间转子转速低于合成磁场转速，作电动机运行，从电网吸收电能；另一段时间转子转速高于合成磁场转速，电机作发电机运行，将电能送给电网。当副电源电压 U'增大时，气隙合成磁场与转子之间的瞬时转速的差值增大，被试电机定子电流也增大。故改变 U'的大小，可以调节被试电机电流的大小。

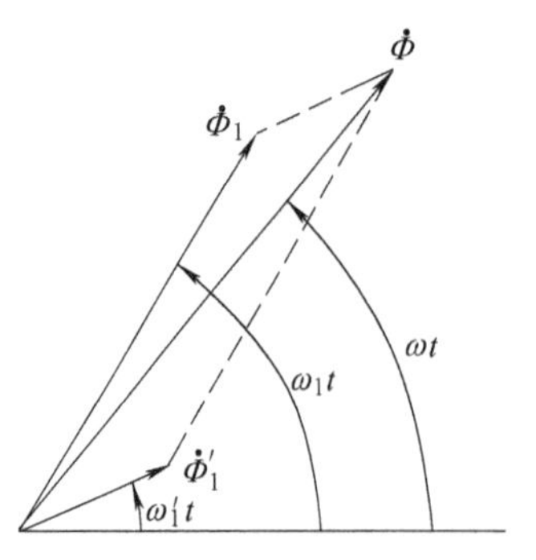

图 2-68　主、副电源磁场及合成磁场相量图

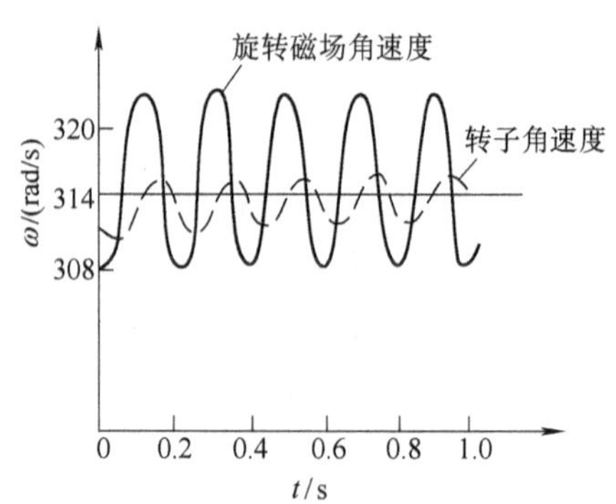

图 2-69　旋转磁场和转子角速度波形图

试验时，因被试电机的定子绕组端电压及电流都调节到额定值，故定子绕组铜耗及定子铁耗都基本上与直接负载法相同；同时，由于被试电机转速接近于同步速度，所以机械损耗与空载试验时的值基本相同。但转子电流的频率为拍频频率，其值高于直接负载法额定运行时的频率，转子导条中的集肤效应加大，而转子电流的有效值基本相同，故此时转子铜耗比直接负载法稍大一些，其温升也将略高一些。

在试验中，如果主、副电源频率之差太大，将会导致转子铜耗比直接负载法大得多，在选择副电源频率值时，应使f_1'与f相差不太大。试验结果表明：对于额定频率为50Hz的电动机，在50/45Hz频率下进行叠频法试验的结果，其温升与额定负载试验时相比都很接近，差值在1～2℃；对于额定频率为60Hz电动机，在60/50Hz频率下进行叠频法试验时，多数电机的温升与额定负载下试验时很接近，少数电机的温升偏高，最大的高8℃。

3）频率差值的选择　如上所述，由于叠频法试验时转子电流的频率高于额定负载时的转差频率，因而转子损耗也将略大于满载时的数值，这是造成叠频法试验温升偏高的原因。因此，叠频法试验时额定频率与辅助频率不能相差太多。另一方面，叠频法试验时仪表的读数都以拍频频率摆动，由于仪表的阻尼作用，当拍频频率较高时，仪表指针摆动的幅度较小，较易读数，因此两个频率的差值也不宜太小。对于额定频率为50Hz的电动机，推荐采用的辅助频率有40Hz或45Hz，有的认为以45Hz为最理想；对于额定频率为60Hz的电动机，一般采用50Hz的辅助频率。

4）试验设备　从图2-67示出了进行叠频法试验时所需的电源设备。图中所示的两种方案都采用了一套发电机作为额定频率电源。这样做的原因有两个：其一，若被试电动机直接接于电网，则会使同一线路供电的区域内出现灯光闪烁；其二，为便于调节电源电压，对于主电源发电机而言，其额定电压及电流至少应与被试电机的额定电压及额定电流相近。辅助频率电源的电压虽较低，但与主电路串联的绕组（直接串联于主电路的副电源发电机或变压器），其绝缘等级必须保证在被试电机的额定电压下能正常工作，并应允许通过被试电机的额定电流。

在学校实验室中进行叠频法测异步电机温升的教学实验时，由于异步电机的容量很小，不会对电网引起显著影响，再考虑到实验室中设备等条件，也可直接由电网经过调压器作为额定频率电源。

试验时，测量温度的方法以及注意事项与直接负载法测温升时相同。

（3）叠频法之二——用专用变频器的新方法

现代的先进技术是采用静止型变频电源，两种不同频率的电源电压串联是在控制回路由软件完成的。此时，给被试电机的两种电压和频率在控制回路可分别调节，也可实现由负载电流闭环控制，变频电源输出的频率即为拍频频率f。图2-70是一张进行该试验时实际拍摄的50Hz和45Hz叠频电压波形。

和传统的机组变压器方法相比，新方法具有投资少、占地面积小、噪声小、操作方便、试验准确度高等多项明显优势，并可与直接负载法的交流变频变压电源共用，或者说，用于为普通交流电机试验供电的变频电源，通过一定的设定程序后，就可轻松地完成单电机叠频温升试验。所以一经推出，就受到了广泛的关注并迅速推广。到目前为止，经过多家使用实践表明，完全可以替代传统的机组叠频试验方案。

在GB/T 1032—2012的6.6.3.3最后一句提到“能达到上述试验目标（注：指前面提

图 2-70　叠频法热试验的电压叠频波形

到的试验设备所给出的叠频电源）的静态变频电流，亦可用于定子叠频法试验，静态变频电源应符合试验电源的要求”，从一个方面说明了我国电机行业对此方法的认可。

该设备具有手动和自动两种叠频方式，其中手动操作叠频试验可以通过变频器键盘操作，首先提供主频频率和主频电压，然后提供辅频频率和辅频电压，同时观察电机电流，当电机电流和电压达到额定时即可；如果采用自动操作叠频试验就更为简单，只要提供给计算机操作界面所需参数，如主频频率、辅频频率、额定电压和额定电流等，系统会自动闭环运行在该状态下，即进行叠频热试验。

实践证明，叠频热试验时，辅频频率与试验结果密切相关，对额定频率为 50Hz 的电动机，辅频在 38 ~45 Hz 范围内，试验结果相对准确。通过对多台电机同时进行直接负载法和变频电源叠频法两种热试验，叠频法所得温升值大部分要比直接负载法高，但大多在 5K 以内，其中接近 20% 在 3K 以内。

第四节　电机振动的测定

一、使用标准

电机振动的测量、评定及限值的现行国家标准为等同采用国际标准 IEC60033-14：2007 的 GB10068—2008《轴中心高为 56mm 及以上电机的机械振动　振动的测量、评定及限值》。

该标准适用于额定输出功率为 50MW 以下、额定转速为（120 ~ 15000）r/min 的直流电机和三相交流电机；不适用于在运行地点安装的电机、三相换向器电动机、单相电机、单相供电的三相电机、立式水轮发电机、容量大于 20 MW 的汽轮发电机和磁浮轴承电机或串励电机。

二、测量仪器

测量电机振动数值的仪器简称为“测振仪”，就其所用的传感元件与被测部位的接触方式来分，有靠操作人员的手力接触和磁力吸盘吸引两种；另外有分体式传感器和组合式传感器两种；一般同时具有测量振动振幅（单振幅或双振幅，单位 mm 或 μm）、振动速度（有效值，单位 mm/s）和振动加速度（有效值，单位 m/s^2）三种单位振动量值的功能。图 2-71给出了几种外形示例。

GB 10068—2008 中要求，测量所用的传感器装置的总耦合质量不应大于被试电机质量的 1/50，以免干扰被试电机运行时的振动状态。测量设备应能够测量振动的宽带方均根值，其平坦响应频率至少在 10Hz ~ 1kHz。然而，对转速接近或低于 600r/min 的电机，平坦响应频率范围的下限应不大于 2Hz。

测振系统由传感器、测振仪和记录器等组成，如图 2-72 所示。传感器是将被测振动体

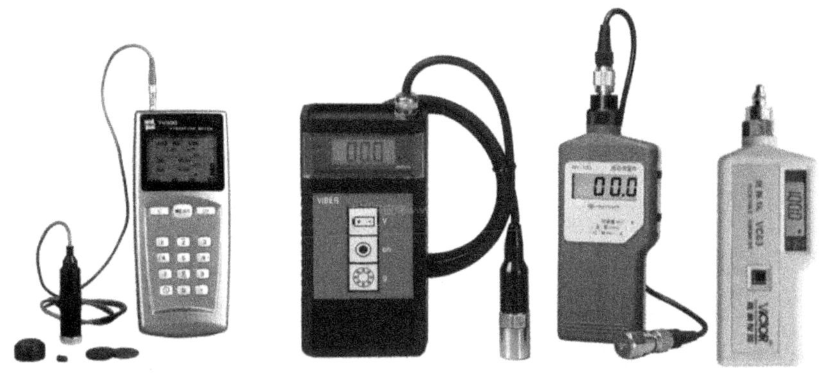

图 2-71　测振仪

的振动参量（如位移、速度、加速度）转换成适当的电量或参数以便测量，也称为拾振器。目前广泛采用的拾振器是加速度型传感器。测振仪是将传感器送来的被测信号经过一定的放大、积分或微分等处理，由指示部分直接显示出振动的位移、速度和加速度值；也可以通过输出电路送给记录仪进行记录和分析。

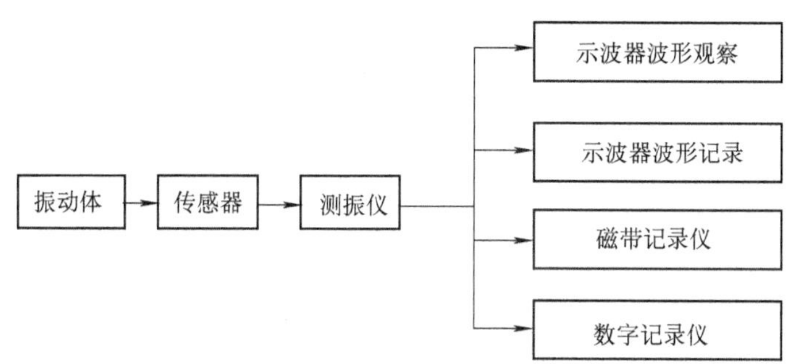

图 2-72　测振系统框图

1. 测振传感器

目前采用的测振传感器的工作原理有如下几种：

（1）磁电式传感器

根据电磁感应原理制造，其结构原理图如图 2-73 所示。振动使这类传感器内的线圈与磁场发生相对运动，从而产生与振动速度成正比的感应电动势。

（2）压电式传感器

利用压电材料（如石英晶体、钛酸钡等）受到外力作用时产生电荷的压电效应工作。

（3）电阻式传感器

这类传感器是电阻应变仪的一种实际应用。

（4）电容式传感器

当这类传感器振动时，电容器两个电极间的距离随之发生变化，因此电容器所接的谐振电路的谐振频率发生相应的变化，从而将振动参量转换成电信号。

在以上几种测振传感器中，压电式传感器是应用较为广泛的一种。其结构原理图如

图 2-74所示，在压电材料上的一个质量块(质量为 m) 由弹簧压紧。当它受到振动时，由质量块所产生的惯性力 F 为

$$F = ma \tag{2-80}$$

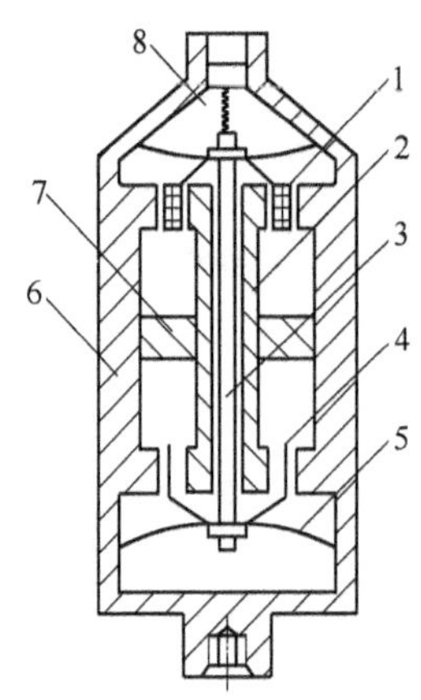

图 2-73　磁电式传感器原理图

1—线圈　2—磁钢　3—心轴　4—阻尼环
5—弹簧片　6—外壳　7—铝架　8—引线

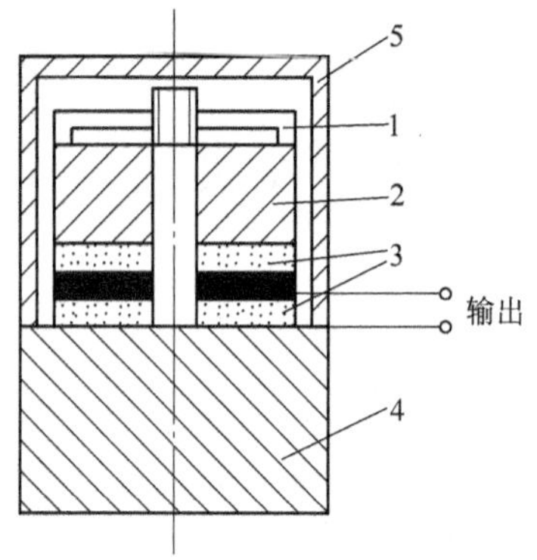

图 2-74　压电式传感器原理图

1—弹簧　2—质量块　3—压电片
4—基座　5—壳体

惯性力 F 作用在压电材料上，压电材料便产生压电效应，其表面所产生的电荷为

$$Q = kF \tag{2-81}$$

式中　k——压电材料的压电常数。

由上式可得

$$Q = kma \tag{2-82}$$

当压电式传感器的结构固定时，压电常数 k 和质量 m 都是定值，电荷量 Q 便与振动加速度 a 成正比，所以压电式传感器又称加速度计。若需求振动速度和振幅的数值，可从加速度得出，即加速度通过一次积分网络可得速度；加速度通过二次积分网络可得振幅。

测量振动时，必须正确使用传感器，否则会给测量造成误差，选用的传感器应尽可能轻些，以免影响试件的振动；另一方面压电式传感器的灵敏度直接与作用在压电材料上的质量 m 有关，所以又应有一定的质量。根据标准规定，传感器及其安装附件的总质（重）量应小于被试电机质（重）量的1/50，这在测量微小电机的振动时应加以注意。

测振传感器在出厂时，一般均给出它的频率响应特性曲线。选用时应估计测量的频率范围，使所测的振动频率处于传感器频率响应特性的平坦范围内。

2. 测振仪原理

测振仪是将来自测振传感器的电信号按不同的具体情况经过放大、积分、微分及整流等电路供指示器读出振动值，或供给示波器及记录仪。

当测振仪与压电式加速度传感器配合使用时，其原理框图如图 2-75 所示。由于加速度传感器的内阻较大，所以来自加速度传感器的信号需先经过阻抗变换器，然后再送至积分放

大器或放大器。积分放大器的输出可直接接放大器，或经过积分网络后再接放大器，这样可将来自加速度传感器的信号分别处理成为加速度、速度及位移信号，以便进行测量或记录。

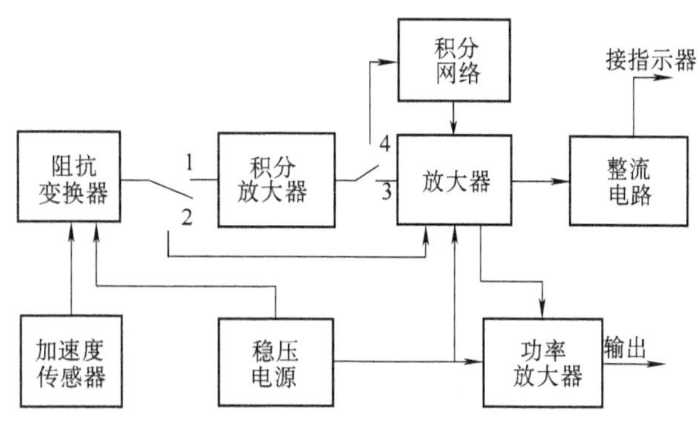

图 2-75　测振仪（配压电式加速度传感器）原理框图

三、测量辅助装置及安装要求

测量电机的振动时，还需要一些辅助装置，其中包括：与轴伸键槽配合的半键；弹性基础用的弹性垫和过渡板或者弹簧等；刚性安装用的平台等。下面介绍对这些装置的要求及使用规定，其中有些内容是现行国家标准 GB 10068—2008 中提出的，有的是在以前的标准（例如 GB 10068—1988）中提出的。

1. 半键

(1) 对半键尺寸和形状的规定

对轴伸带键槽的电机，如无专门规定，测量振动时应在轴伸键槽中填充一个半键。半键可理解成高度为标准键一半的键或长度等于标准键一半的键。前者简记为“全长半高键”，后者简记为“全高半长键”，如图 2-76a 所示。

应当注意的是：配用这两种半键所测得的振动值是有差别的。因为前者与调电机转子动平衡时所用的半键相同，所以，在没有说明的情况下，一般应采用前一种，后一种只在某些特殊情况下使用，例如在用户现场需要测量振动，但没有加工第一种半键的能力时。

(2) 安装半键的方法和注意事项

将合适的半键全部嵌入键槽内。当使用全高半长键时，应将半键置于键槽轴向中间位置。然后，用特制的尼龙或铜质套管将半键套紧在轴上。没有这些专用工具时，可用胶布等材料将半键绑紧在轴上，分别如图 2-76b 和图 2-76c 所示。固定时一定要绝对可靠，以免高速旋转时甩出，造成安全事故。

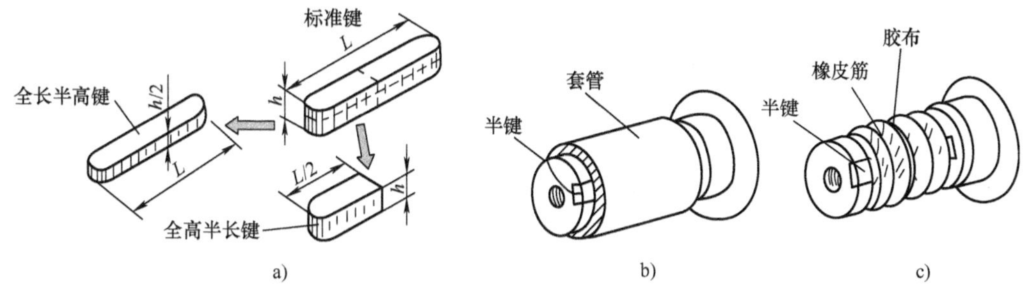

图 2-76　半键的形状及安装要求

a) 半键　b) 用特制的尼龙或铜质套管　c) 用胶布等材料

2. 弹性安装装置

弹性安装是指用弹性悬挂或支撑装置将电机与地面隔离，标准 GB 10068—2008 中称其为“自由悬置”。

（1）材料种类

弹性悬挂采用弹簧或强度足够的橡胶带等。弹性支撑可采用乳胶海绵、胶皮或弹簧等。为了电机安装稳定和压力均匀，弹性材料上可加放一块有一定刚度的平板。但应注意，该平板和弹性材料的总质量不应大于被试电机的1/10。

（2）尺寸

标准 GB 10068—2008 中没有规定弹性支撑海绵、胶皮垫和刚性过渡板的尺寸要求，但在使用中，建议按电机噪声测试方法原标准 GB 10068—1988 中的相关要求，即按被试电机投影面积的 1.2 倍裁制，或简单地按被试电机长 b（不含轴伸长）和宽 a（不含设在侧面的接线盒等）各增加10%，作为它们的长与宽进行裁制，如图 2-77 所示。

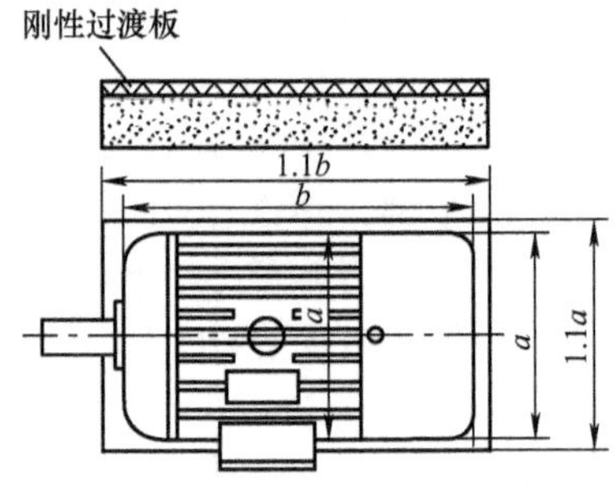

图 2-77　测振动用弹性支撑器件

3. 弹性安装装置的伸长量或压缩量

对于在弹性安装状态下测量电机的振动值，与弹性安装装置的伸长量或压缩量有直接的关系，但标准中没有直接给出规定值。而是规定："电机在规定的条件下运转时，电机及其自由悬置系统沿 6 个可能自由度的固有振动频率应小于被试电机相应转速频率的 1/3"。

这种描述，对于一般操作人员是很难理解的。

为了使读者理解上述规定，下面将通过理论推导，得出当电机安装之后，弹性支撑装置压缩量的最小值 δ（mm）与其额定转速 n_N（r/min）的关系（对异步电动机，以同步转速代替额定转速）。

1）"电机及其自由悬置系统沿 6 个可能自由度的固有振动频率"用 f_0（Hz）表示，应用下述理论公式求出：

$$f_0 = \frac{1}{2\pi}\sqrt{\frac{K}{m}} \tag{2-83}$$

式中　K——弹性材料的弹性常数；

m——振动系统的质量（kg）。

2）由于弹性材料的弹性常数 $K = \frac{mg}{\delta}$，g 为重力加速度，取 $g = 9800\text{mm/s}^2$；δ 为电机安装之后弹性材料的压缩量（mm）。将这些关系和数据代入式（2-83）中，则得出如下计算式：

$$f_0 = \frac{1}{2\pi}\sqrt{\frac{K}{m}} = \frac{1}{2\pi}\sqrt{\frac{\frac{mg}{\delta}}{m}} = \frac{1}{2\pi}\sqrt{\frac{g}{\delta}} = \frac{1}{2\pi}\sqrt{\frac{9800}{\delta}} = 15.76\sqrt{\frac{1}{\delta}} \tag{2-84}$$

3）被试电机相应转速频率 f_N（Hz）用下式求取：

$$f_N = \frac{n}{60} \tag{2-85}$$

式中　n——电机的转速（r/min）。

4）根据标准中"电机及其自由悬置系统沿 6 个可能自由度的固有振动频率应小于被试电机相应转速频率的 1/3"的要求，有

$$f_0 \leqslant \frac{1}{3} f_{\mathrm{N}} \text{ 或 } f_{\mathrm{N}} \geqslant 3 f_0 \tag{2-86}$$

5）通过式（2-85）和式（2-86），得出压缩量δ（mm）与被试电机相应转速n（r/min）的关系为

$$\delta \geqslant 8.047 \times 10^6 \frac{1}{n^2} \tag{2-87}$$

这就是当电机安装之后，弹性悬挂或支撑装置的伸长量或压缩量的δ（mm）与电动机转速n（r/min）的关系。

在标准 GB 10068—2008 中规定：根据被试电机的质量，悬置系统应具有的弹性位移与转速（600～3600 r/min）的关系如图 2-78a 所示。实际上，图 2-78a 是根据式（2-87）绘出的。表 2-12 给出了几对常用值，使用中的其他转速可用式（2-87）计算求得。

标准 GB 10068—2008 中没有规定最大伸长量或最大压缩量，但按以前的标准 GB10068—1998 中的规定，若使用乳胶海绵作弹性垫，则其最大压缩量为原厚度的 40%。

另外，标准 GB10068—2008 中说：转速低于 600 r/min 的电机，使用自由悬置的测量方法是不实际的。对于转速较高的电机，静态位移应不小于转速为 3600 r/min 时的值。

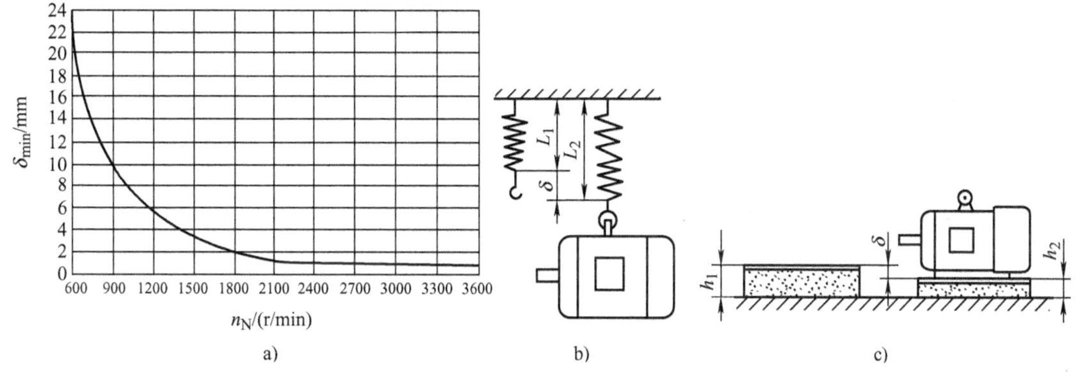

图 2-78　弹性悬挂或支撑装置的伸长量或压缩量的最小值δ与电机额定转速n_{N}的关系

a）δ-n_{N}关系曲线　b）弹性悬挂示意图　c）弹性支撑示意图

表 2-12　测量振动时弹性安装装置的最小伸长或压缩量

电机额定转速 n_{N}/（r/min）	600	720	750	900	1000
最小伸长或压缩量 δ/mm	22.4	15.5	14.5	10	8
电机额定转速 n_{N}/（r/min）	1200	1500	1800	3000	3600
最小伸长或压缩量 δ/mm	5.5	3.5	2.5	0.9	0.6

4. 刚性安装装置

（1）对安装基础的一般要求

刚性安装装置应具有一定的质量，一般应大于被试电机质量的 2 倍，并应平稳、坚实。

在电机底脚上，或在座式轴承或定子底脚附近的底座上，在水平与垂直两方向测得的最大振动速度，应不超过在邻近轴承上沿水平或垂直方向所测得的最大振动速度的 25%。这一规定是为了避免试验安装的整体在水平方向和垂直方向的固有频率出现在下述范围内：

①电机转速频率的10%；②2倍旋转频率的5%；③1倍和2倍电网频率的5%。

（2）卧式安装的电机

试验时电机应满足以下条件：直接安装在坚硬的底板上或通过安装平板安装在坚硬的底板上或安装在满足上述第（1）条要求的刚性板上。

（3）立式安装的电机

立式电机应安装在一个坚固的长方形或圆形钢板上，该钢板对应于电机轴伸中心孔，带有精加工的平面与被试电机法兰相配合并攻丝以联接法兰螺栓。钢板的厚度应至少为法兰厚度的3倍，5倍更合适。钢板相对直径方向的边长应至少与顶部轴承距钢板的高度 L 相等，如图2-79所示。

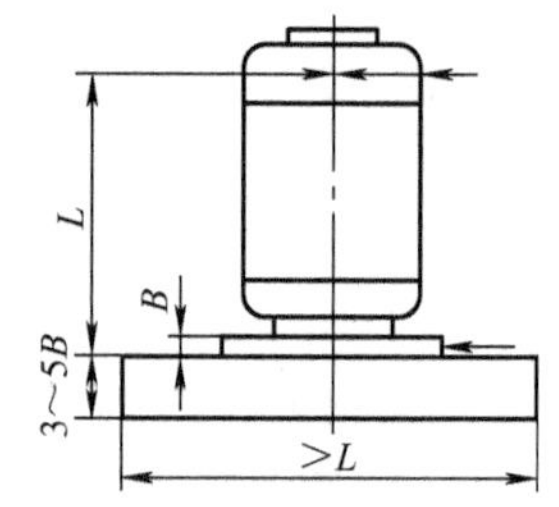

图2-79 立式（V1型）电机的安装

安装基础应夹紧且牢固地安装在坚硬的基础上，以满足相应的要求。法兰联接应使用合适的数量和直径的紧固件。

四、振动测定方法

1. 电机运行状态

如无特殊规定，电机应在无输出的空载状态下运行。试验时所限定的条件见表2-13的规定。

表2-13 电机振动测定试验时的运行条件

电机类型	振动测定试验时的运行条件
交流电动机	加额定频率的额定电压
直流电动机	加额定电枢电压和适当的励磁电流，使电机达到额定转速。推荐使用纹波系数小的整流电源或纯直流电源
多速电动机	分别在每一个转速下运行和测量。检查试验时，允许在一个产生最大振动的转速下进行
变频调速电动机	在整个调速范围内进行测量或通过试测找到最大振动值的转速下进行测量 由变频器供电的电机进行本项试验时，通常仅能确定由机械产生的振动。机械产生的振动与电产生的振动可能会是不同的。为了在生产厂完成试验，需要用现场与电动机一起安装的变频器供电进行试验
发电机	可以电动机方式在额定转速下空载运行；若不能以电动机方式运行，则应在其他动力的拖动下，使转速达到额定值空载运行
双向旋转的电机	振动限值适用于任何一个旋转方向，但只需要对一个旋转方向进行测量

2. 测量点的位置

1）对带端盖式轴承的电机，测量点的位置如图2-80a所示。

对于第⑥点，若因电机该端有风扇和风罩而无法测量，而该电机又允许反转时，可将第⑥点用反转后在第①点位置所测数值代替。

2）对具有座式轴承的电机，测量点的位置如图2-80b所示。

五、测量结果的确定

1）一般情况下，以所测所有数据中的最大的那个数值作为该电机的振动值。

2）感应电动机（交流异步电动机），特别是2极感应电动机，常常会出现2倍转差频

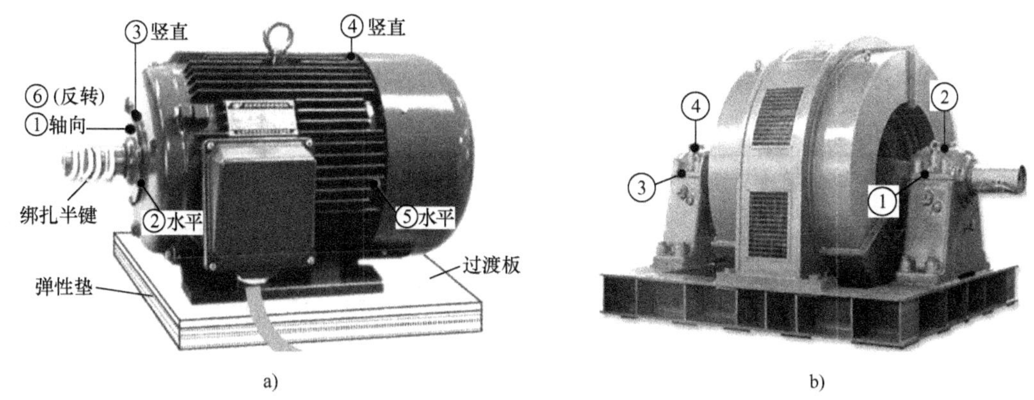

a)　　b)

图 2-80　振动测量点的布置示意图

a）带端盖式轴承的电机测量点　b）具有座式轴承的电机测量点

率振动速度拍振，在这种情况下，振动烈度（速度有效值）$v_{r.m.s}$ 可由下式确定：

$$v_{r.m.s} = \sqrt{\frac{1}{2}(V_{max}^2 + V_{min}^2)} \tag{2-88}$$

式中　V_{max}——最大振动速度有效值；

V_{min}——最小振动速度有效值。

六、振动限值

1. 振动烈度限值

振动烈度限值适用于在符合规定频率范围内所测得的振动速度、位移和加速度的宽带方均根值。用这三个测量值的最大值来评价振动的强度。

如按规定的两种安装条件进行试验，GB 10068—2008 中规定的轴中心高≥56mm 的直流和交流电机的振动烈度限值如表 2-14 所示（振动等级划为两种，如未指明振动等级时，应符合等级 A 的要求），GB/T 5171. 1—2014 规定的小功率振动烈度限值如表 2-15 和表 2-16 所示。

表 2-14　电机振动烈度限值（GB 10068—2008）

振动等级	轴中心高 H/mm	$56 \leqslant H \leqslant 132$			$132 < H \leqslant 280$			>280		
	安装方式	位移/μm	速度/(mm/s)	加速度/(m/s²)	位移/μm	速度/(mm/s)	加速度/(m/s²)	位移/μm	速度/(mm/s)	加速度/(m/s²)
A	自由悬挂	25	1.6	2.5	35	2.2	3.5	45	2.8	4.4
	刚性安装	21	1.3	2.0	29	1.8	2.8	37	2.3	3.6
B	自由悬挂	11	0.7	1.1	18	1.1	1.7	29	1.8	2.8
	刚性安装	—	—	—	14	0.9	1.4	24	1.5	2.4

注：1. 等级 A 适用于对振动无特殊要求的电机。

2. 等级 B 适用于对振动有特殊要求的电机。轴中心高小于 132mm 的电机，不考虑刚性安装。

3. 位移与速度、加速度的接口频率分别为 10Hz 和 250Hz。

4. 制造厂和用户应考虑到检测仪器可能有 ±10% 的测量容差。

5. 以相同机座带底脚卧式电机的轴中心高作为机座无底脚电机、底脚朝上安装式电机的轴中心高。

6. 一台电机，自身平衡较好且振动强度等级符合本表的要求，但安装在现场中因受各种因素，如地基不平、负载机械的反作用以及电源中的纹波电流影响等等，也会显示较大的振动。另外，由于所驱动的诸单元的固有频率与电机旋转体微小残余不平衡极为接近也会引起振动，在这些情况下，不仅只是对电机，而且对装置中的每一单元都要检验，见 ISO 10816 - 3：2009。

表 2-15　普通小功率交流电动机振动烈度限值（GB/T 5171.1—2014）

电机类型	三相异步和同步电动机	单相异步和同步电动机
振动速度有效值/（mm/s）	1.8	2.8

注：对于三相和单相异步电动机，应为铁壳和铝壳结构。

表 2-16　小功率交流换向器电动机额定转速空载运行振动烈度限值（GB/T 5171.1—2014）

额定转速/（r/min）	定子铁心外径/mm	
	≤90	>90
	振动速度有效值/（mm/s）	
≤4000	1.8	2.8
>4000 ~ 8000	2.8	4.5
>8000 ~ 12000	4.5	7.1
>12000 ~ 18000	11.2	11.2
>18000	在相应标准中规定	

2. 交流电机 2 倍电网频率振动速度的限值

2 极交流电机在 2 倍电网频率时，可能会产生电磁振动。为了正确评定这部分振动分量，要求电机遵循前面所讲内容的规定，进行刚性安装。

对轴中心高 $H>280$mm 的 2 极电机，当型式试验证明 2 倍电网频率占主要成分时，表 2-14中的烈度限值（对等级 A）将从 2.3mm/s 增加到 2.8mm/s。更大的振动烈度限值应依据预先签订的协议。当型式试验证明振动烈度限值大于 2.3mm/s 时，2 倍电网频率被认为占主导成分。

七、轴振动振幅与速度有效值的关系

由于振动的振幅只与振动质点摆动的幅度大小有关，而振动速度不仅与振动质点摆动的幅度大小有关，还与振动质点摆动的频率有关，所以，两者之间很难用一个固定的关系式来相互转换。但当轴心以圆周轨迹振动时，据理论推算，两者之间有如下关系：

$$v_t = \frac{\sqrt{2}}{4}S\omega = \frac{\sqrt{2}}{4}S\frac{\pi n}{30} = \frac{\sqrt{2}}{120}\pi Sn \approx 0.037Sn \tag{2-89}$$

$$S = \frac{4v_t}{\sqrt{2}\omega} \approx 27.03\frac{v_t}{n} \tag{2-90}$$

式中　S——振动振幅（mm）；

n——转速（r/min）；

v_t——振动速度有效值（mm/s）；

ω——角频率（rad），$\omega=2\pi n/60$。

例　已知振动速度有效值 v_t 为 1.6mm/s，转速 n 为 1450r/min，则振动的振幅 S 为

$$S = \frac{4v_t}{\sqrt{2}\omega} \approx 27.03\frac{v_t}{n} = (27.03\times1.6\div1450)\ \text{mm} = 0.0298\text{mm}$$

双振幅则为 $2S=2\times0.0298\text{mm}=0.0596\text{mm}$。

第五节　电机噪声的测定

物体振动会产生声音，其每秒振动的次数叫频率，单位为Hz。正常人耳能听到的声音频率范围约为$20\sim2\times10^4$Hz。噪声是许多不协调或无规律的杂乱声音的组合。它使人听起来烦躁、难受，影响人们的工作与休息，严重时还会损害人体健康，如耳聋及引起多种疾病，所以噪声已成为当今污染环境的三大公害之一。

为了保证适当的工作和生活环境及进一步提高动力设备的质量，随着经济和科学技术的发展对电机的噪声及振动的技术要求不断提高，我国在这方面做了不少试验研究工作，并制定了关于电机噪声和振动的测定方法和限值的国家标准。为了用测试方法鉴别电机的噪声与振动大小及分析研究其产生原因，以便采取措施降低电机的噪声和振动值，就必须学习掌握有关噪声的基本知识、电机噪声和振动的测量方法与限值以及测试设备的工作原理等。

电机噪声的测定项目有：

1）电机噪声的A计权声功率级或声压级；

2）电机噪声的1/1倍频程或1/3频程频谱分析；

3）电机噪声的方向性指数。

一、电机噪声的物理度量

1. 声压和声压级

物体产生机械振动时，振动在介质中（包括气体、液体、固体）以一种波动的形式进行传播，称为声波。如在空气中，由于声波的存在使大气产生一个压力波动，气压波动的大小称为声压。声压大，传播的声音强；声压小，传播的声音也弱。因此可以用声压的大小来衡量声音的强弱。通常声压的单位用N/m^2（称Pa）或μbar（$1\mu bar=0.1N/m^2$）来表示。

正常人耳的闻阈限声压约为2×10^{-5}Pa，痛阈限声压约为20Pa。更高的声压会使人耳鼓膜损伤，耳朵出血。人耳从闻阈限到痛阈限的声压数值范围很大，相差百万倍左右。为了便于计算，在实用上都以其相对值的对数量表示，称为声压级L_p。一个声音的声压级等于这个声音的声压和基准声压的比值的常用对数乘以20，即

$$L_p = 20\lg\frac{P}{P_0} \tag{2-91}$$

式中　L_p——声压级（dB）；

P——声压（Pa）；

P_0——基准声压，$P_0=2\times10^{-5}$Pa。

由公式可见，声压级每变化20dB，就相当于声压变化10倍；声压级每变化120dB，就相当于声压变化百万倍。因此，引用声压级的概念后，人耳从闻阈限到痛阈限的分贝数值范围变小，有利于进行计算和量度。

2. 声强和声强级

声波在介质中传播时是有一定能量的，在单位时间内通过垂直于声波传播方向单位面积上的声能叫声强，用I表示，单位为W/m^2。为了便于计算通常也用声强级L_I(dB）来表示，其定义为

$$L_I = 10\lg\frac{I}{I_0}$$

式中　I——声强（W/m^2）；

I_0——基准声强。$I_0=10^{-12}W/m^2$。

声强与有效声压的关系为

$$I = P^2/\rho c$$

式中，ρc 为声阻抗特性，ρ 为传播介质的密度，c 为在介质中传播的声速。在温度为20℃、气压为 1 个大气压的空气中，$\rho_0 c=408\text{pa}\cdot\text{s/m}\approx400\text{pa}\cdot\text{s/m}$。

3. *声功率和声功率级*

声源在单位时间内辐射出来的总声能叫声功率，单位为 W。同样也常用声功率级 L_W（dB）表示，即

$$L_W = 10\lg\frac{W}{W_0} \tag{2-92}$$

式中　W——声功率（W）；

W_0——基准声功率，$W_0=10^{-12}W$。

4. *频谱*

声音具有不同的频率，频率低时声音低沉；频率高时声音尖锐。人耳可闻声音的频率一般为 20～20000Hz，具有 1000 倍的变化范围，为了方便起见，把这一宽广的声频范围划为若干个频段，称为频程或频带。

在噪声测量中，最常用的是倍频程和 1/3 倍频程。倍频程指上、下限两个频率之比为2∶1的频带，为了更详尽地描述频谱，可把一个倍频程再分为三个小段频带，称为 1/3 倍频程。目前通用的倍频程的中心频率为 31.5Hz、63Hz、125Hz、250Hz、500Hz、1000Hz、2000Hz、4000Hz、8000Hz、16000Hz，即用十个倍频程把人耳可闻声音的频率范围全部包括进来。例如倍频程频率为 44～88Hz 时，倍频程中心频率为 63Hz，1/3 倍频程中心频率则为50Hz、60Hz、80Hz，如表 2-17 所示。

表 2-17　倍频程和 1/3 倍频程　　（单位：Hz）

频率					
倍频程			1/3 倍频程		
下限频率	中心频率	上限频率	下限频率	中心频率	上限频率
11	16	22	14.1 17.8	16 25	17.8 22.4
22	31.5	44	22.4 28.2 35.5	25 31.5 40	28.2 35.5 44.7
44	63	88	44.7 56.2 70.5	50 60 80	56.2 70.8 89.1
88	125	177	89.1 112 141	100 125 160	112 141 178

（续）

频率					
倍频程			1/3 倍频程		
下限频率	中心频率	上限频率	下限频率	中心频率	上限频率
177	250	355	178 224 282	200 250 315	224 282 355
355	500	710	355 447 562	400 500 630	447 562 708
710	1000	1420	708 891 1122	800 1000 1250	891 1122 1413
1420	2000	2840	1413 1778 2239	1600 2000 2500	1778 2239 2818
2840	4000	5680	2818 3548 4467	3150 4000 5000	3548 4467 5623
5680	8000	11360	5623 7079 8913	6300 8000 10000	7079 8913 11220
11360	16000	22720	11220 14130 17780	12600 16000 20000	14130 17780 22390

若以频率为横坐标，以声压级、声强级或声功率级为纵坐标，绘制噪声测量图形，可清楚地所映出噪声的成分和性质，这就叫做频谱分析。图 2-81 所示为一台异步电动机的频谱图。

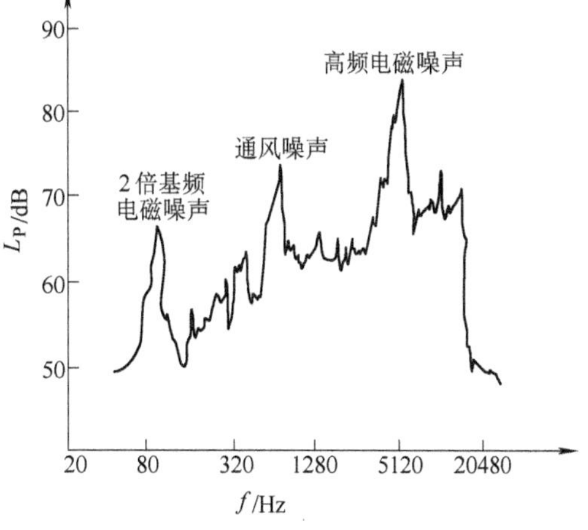

图 2-81　频谱分析图

5. 响度和响度级

人耳对声音的感受不仅和声压有关，而且也和频率有关，人耳对声压级相同而频率不同的声音听起来是不一样响的，频率高的听起来响些，因此就需要引出对声音作主观上评价的量度，这种量度用响度和响度级表示。根据人耳的这个特性，用响应级把声压和频率统一起来表示声音的响度。

响度级的单位是方（英文字符为 phon），其确定方法是：取 1000Hz 的纯音作为基准声音，若某一噪音听起来与基准纯音一样响时，该噪声的响度级（方）就等于基准纯音的声压级（分贝）。利用与基准纯音比较的方法，通过大量试验得出的等响曲线如图 2-82 所示。由图中曲线可以看出，图中最下面的一条曲线是闻阈限等响度曲线，最上面一条曲线是痛阈限等响度曲线，在这两条曲线之间是正常人耳可以听到的全部声响。

从整个等响度曲线可以看出，人耳对高频声，特别是 2000～5000Hz 的声音较为敏感，而对低频声音较不敏感。例如响度级为 60 方时，对于频率为 1000Hz 的声音，其声压级为 60dB；频率为 3000～4000Hz 时，其声压级为 52dB；而频率为 100Hz 时，其声压级为 67dB；频率为 30Hz 时，其声压级为 90dB。所以在响度级同样为 60 方时，低频时声压级较高，约为 4000Hz 时声压级最低，即这时人耳最敏感。当频率低且响度级小时，声音的声压级和响度级的差别就较大，这时人耳不敏感。

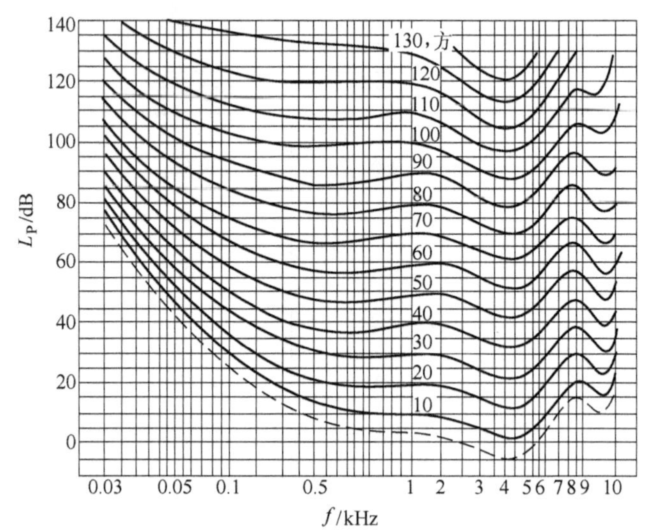

图 2-82　等响曲线

响度级 L_N 是一个相对的对数量，若要用绝对值表示时，也引用响度 N，其单位为宋（英文字符为 sone）。频率为 1000Hz，声压级为 40dB 的一个纯音所产生的响度定为 1 宋。所以 40 方响度的声音，其响度为 1 宋，以后每增加 10 方，响度级增大一倍。两者的关系可用下式换算：

$$\lg N = 0.03L_N - 1.2 \tag{2-93}$$

式中　N——响度（宋）；

　　L_N——响度级（方）。

响度级和响度都是主观评价声音强度的量度，它们之间既有密切联系又有重要差别。响度级则是把声压级和频率统一起来评价声音强度的量度。

二、噪声测量仪器的基本原理

噪声测量中常用的仪器有声级计、频谱分析仪、电平记录仪、电脑振动噪声测量仪等。

1. 声级计

声级计分普通级和精密级两种，图 2-83 是部分产品外形示例。声级计是由传声器、放大器、衰减器、频率计权网络和有效值检波及指示表头等部分组成，如图 2-84 所示。

声压信号通过传声器转换成电压信号，经过放大器放大后，再通过频率计权网络，并在表头上显示出分贝值。衰减器所以分为三组并嵌入各级放大器之间，是为了各级放大器在最大信号输入时，得到近似相同的动态范围。

若对噪声进行频谱分析，可将任何输入阻抗大于 600Ω 的滤波器通过“外接滤波器”端接入。将频谱仪和电平记录仪接至声级计的输出端可对测量结果作自动记录。

（1）传声器

传声器又叫话筒或微音器，它是将声压信号转换成电信号的声电转换器，在噪声测量的测试设备中起着极为重要的作用，是声级计的输入装置。在噪声测量系统中，所用传声器一

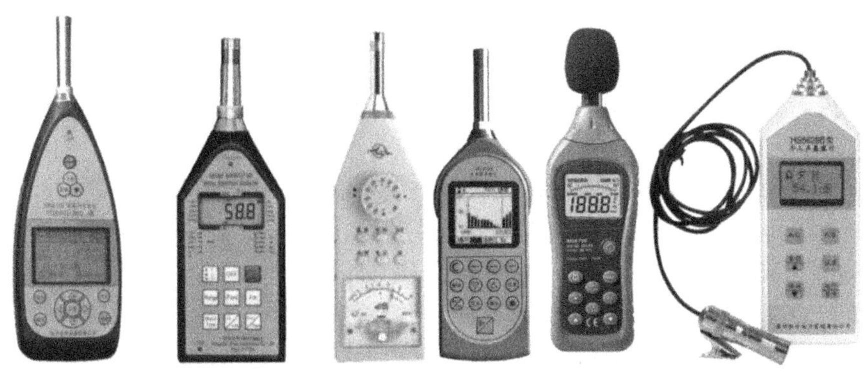

图 2-83　声级计

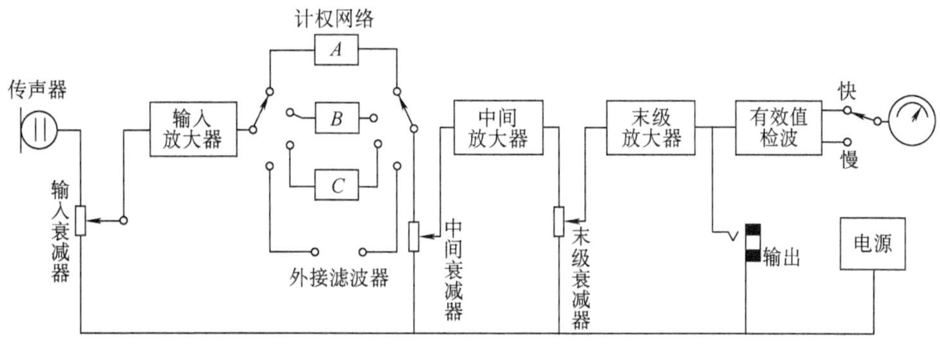

图 2-84　普通级声级计原理框图

般可分为动圈式、电容式和压电式。

SJ—1 型普通声级计所用传声器是 CD3—6 型动圈式传声器，它是将一线圈与隔膜连接，声压使线圈在磁场中运动而产生电信号。这种传声器有比较低的阻抗，可以用电缆与读出设备连接，但不宜在有磁场的设备附近使用。

压电式传声器是利用具有压电性质的晶体受压时产生电动势来实现电声转换的，压电式传声器结实可靠，但高频响应和工作温度范围有一定限制。此外，钛酸钡瓷质和压电晶体有类似的特性。用钛酸钡瓷质代替压电晶体时称陶瓷式传声器。它的工作温度可高些，但灵敏度比压电晶体稍差。

电容式传声器是应用最广泛的一种传声器，其结构原理图如图 2-85 所示。膜片和电极构成平板电容器的两个极板。当膜片随声压波动而改变平衡位置时，使两个极板间的距离发生变化，于是改变了电容量，将声压转换成电信号输出。

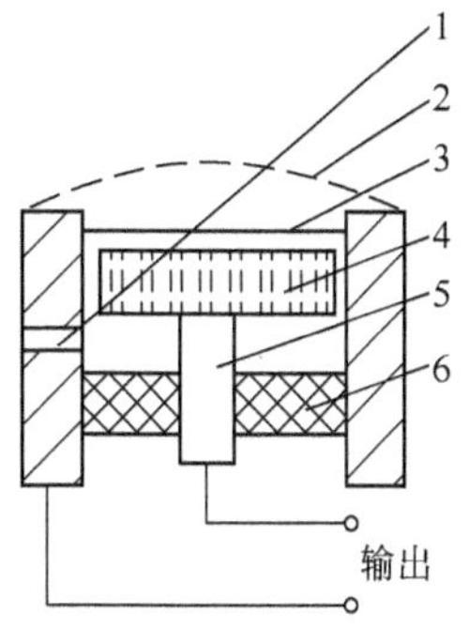

图 2-85　电容式传声器结构示意图

1—空气平衡孔　2—护罩　3—膜片
4—电极　5—导体　6—绝缘体

电容式传声器的结构对使用影响很大，金属

元件大多用镍制品，绝缘体采用经过抛光处理的石英。由于镍制品与石英的膨胀系数较接近，所以温度的变化不至于改变相互间的位置。

电容式传声器的输出阻抗很高，因此需要通过前置放大器进行阻抗变换，然后再与测量放大器连接。

电容式传感器具有体积小、动态范围较宽、频率响应平直、灵敏度高等优点，在目前是一种比较理想的传声器，但它较其他类型的传声器贵，故一般用于精密型声级计上。

（2）频率计权网络

在声级计中装有国际标准频率计权网络。计权网络是参照等响度曲线设置的，为了使声级计的读数接近人耳对不同频率的响应特性，模拟人耳的听感特性，对所测量的噪声进行听感修正的滤波网络。对传声器测得的声压按频率计权自动进行换算，分别称为 A、B、C 三种频率计权网络。测得的总声级分别用 dB(A)、dB(B)、dB(C) 来表示。

这三种计权网络的放大倍数与频率的关系取自等响度曲线。A、B、C 计权网络的特性曲线分别与 40 方、70 方和 100 方等响度曲线的倒立形状相似，如图 2-86 所示。

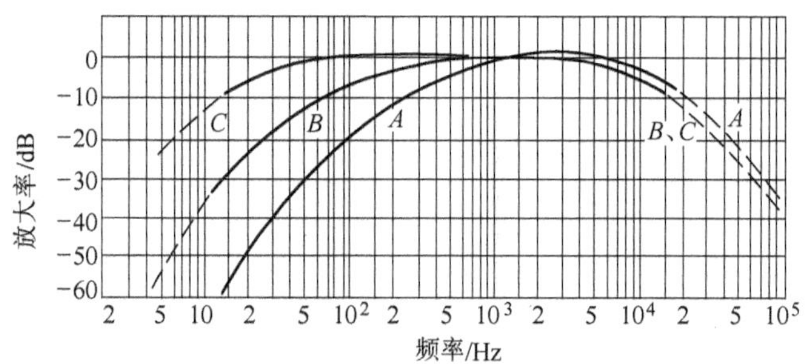

图 2-86 A、B、C 三种频率计权网络特性

A 计权网络是模拟人耳对 40 方纯音的响应，当声音通过时，500Hz 以下的低频率段有较大的衰减，即对高频敏感，对低频不敏感。经过研究发现，A 计权网络的特性比较接近于人耳的听觉特性，目前在噪声测量中应用最广泛。而 B 计权和 C 计权目前已较少应用。

2. 频谱分析仪

电机的噪声主要来源于以下三种因素：

1）电磁力波引起的电磁噪声；

2）空气动力引起的通风噪声；

3）机械运动引起的机械噪声。

各种不同性质的噪声都有着不同的响度和频率。研究噪声时，不仅需要了解噪声级的大小，还需要了解组成噪声的主要成分分布在哪些频段上，例如电磁噪声频率大多分布在 100～4000Hz 之间，以便采取相应的措施予以削弱。

频谱分析仪是用来测量噪声频谱的仪器。它是由放大器和滤波器组成，被测噪声的信号通过一组滤波器将不同频率的分量逐一分离出来，再经过放大器进行测量，其结果由表头直接读出，或通过外接的记录器获得频谱图。

频谱分析仪所使用的滤波器称为带通滤波器，带通滤波器的频率响应特性曲线如图 2-87所示。f_c 为带通滤波器的中心频率，f_1 和 f_2 分别为频率的下限和上限。对 1/1 倍频程滤波器，$f_2/f_1=2$；对 1/3 倍频程滤波器，$f_2/f_1=\sqrt[3]{2}$。f_1 以下和 f_2 以上的频带为衰减带；Δf 为通频带，$\Delta f=f_2-f_1$，即带通滤波器是有选择地通过一窄频范围的信号。通频带 Δf 越窄，则被测信号的频率成分分得越细，即分辨率越强，所以 1/3 倍频程带通滤波器的分辨率比1/1倍频程带通滤波器强。带通滤波器的频带转换可以用手切换或自动切换，采用自动切换时与电平记录仪配合使用，便可自动完成测量分析和记录，获得噪声频谱图。

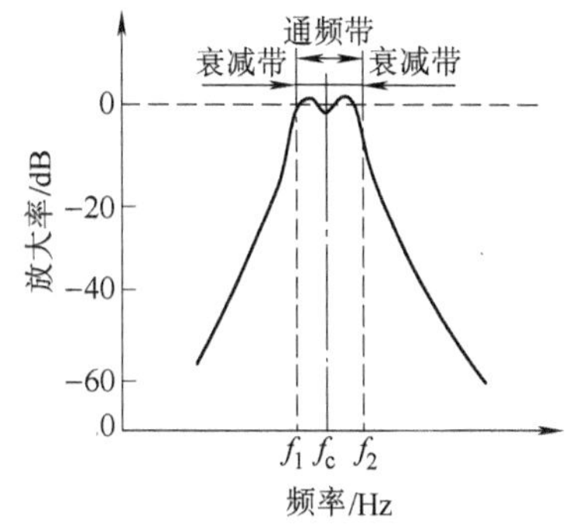

图2-87　带通滤波器的频率响应特性

3. 电平记录仪

电平记录仪是一种自动记录仪，能准确地记录频率在2～200kHz内交流信号的有效值、平均值和峰值以及直流信号。

在噪声频谱分析中应用最普遍的记录仪是电平记录仪。NJ—1型电平记录仪的原理框图如图2-88所示。输入信号经电位计的滑动触点送至交流放大器，整流后与机内的直流参考电压相减，其差值信号送至直流放大器放大，馈送给磁系统的驱动线圈。驱动线圈处于均匀磁场中，结构上通过连接杆与记录笔、电位计的滑动触点连接在一起。当送到差值电路的被测信号电压等于比较电压时，驱动线圈中的电流为零，记录笔和滑动触点停留在某一确定位置上。若被测信号在此基础上有所变化，则差值信号不再为零，驱动线圈中便有电流，这时记录笔和滑动触点也跟着运动，运动的方向要使差值信号趋于零而达到新的平衡位置。原来位置与新位置间的差别和输入信号的变化成正比，记录笔绘制了输入信号的变化。

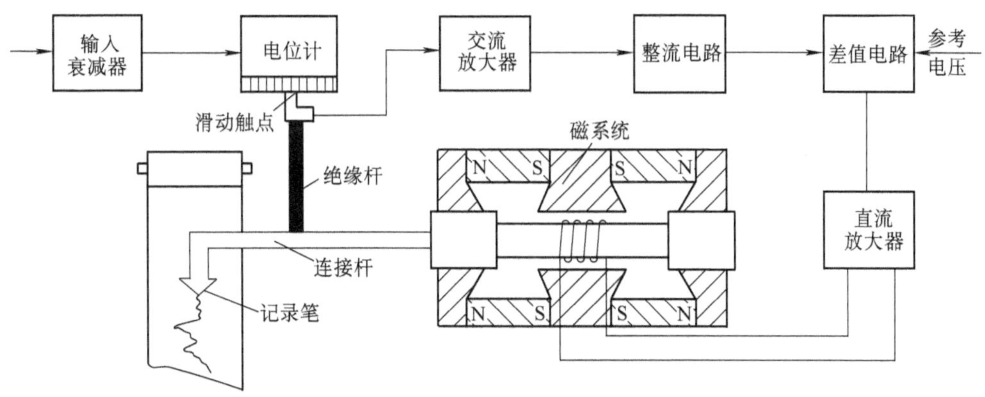

图2-88　电平记录仪的原理框图

4. 电脑振动噪声测量仪

VIB系列电脑振动噪声测量仪，是采用ISO/TR7849推荐的振动法，按照GB/T16539—1996《声学　振速法测定噪声源功率级　用于封闭机器的测量》国家标准对测量仪的要求，应用先进的计算机技术，研制的集振动和噪声测量于一体的新型测量仪器。

该仪器的特点是测量时可不受周围背景噪声的影响，也不必花巨资建造消音室。对于各种电机产品，在外界噪声很大、反射很强、环境不稳定或被测体声音很小等声级计无法使用的恶劣环境下，均可使用VIB系列电脑振动噪声测量仪，而且非常适合用于电机产品的振动噪声在线检测。

根据GB/T16539—1996国家标准对仪器的要求，从试验中得到的电机的振动辐射效率指数曲线以计权网络的形式设置于测振仪之中。使用时，可直接测定电机电器的声功率级。

VIB—4 型电脑振动噪声测量仪的主要技术参数如下：

1）主机频响：10Hz ~ 1kHz；10Hz ~ 10kHz。

2）测量范围：

振动速度：0.03 ~ 1000mm/s（有效值）。

振动加速度：0.03 ~ 1000m/s^2（峰值）。

振动位移：0.01 ~ 30mm（峰-峰值）。

噪声级：电机，30 ~ 110dB；电器，10 ~ 90dB。

3）声源尺寸：电机，0.032 ~ 1m；电器，0.05 ~ 0.35m。

4）测量精度：

指针表头：±5%；噪声级：±1dB。

数字显示：分辨率为 0.001；误差为 ±1 个字。

5）供电电源：~220V ±10%（50Hz）。

VIB—4 型电脑振动噪声测量仪的工作原理如下：

从声学理论得知，声音是振动的结果。当物体出现声频范围的机械振动时，会使周围介质发生相应的振动，并以声波的形式向外辐射声音。从大量的试验结果反映出电机产品的振动声辐射特性有很强的规律性。根据这些规律，我们确定了电机产品的实际辐射效率指数曲线（以 δ 表示），然后将这些曲线以计权网络的形式加入原振动测量仪之中，从而实现了用"振动法"测定电机的噪声。其工作过程如下：

由压电传感器输出的电荷信号，经电荷放大器转换成电压信号再经积分后得到振动速度，然后分两路，一路经线性滤波器、表头放大器等直接由表头显示出振动速度值；另一路经线性滤波器、A 计权网络、δ 滤波器、表头放大器等直接由表头显示出噪声级分贝值。另外，由单片机控制，信号通过 A-D 转换器转换成数字信号给数码管显示。其原理框图如图 2-89所示。

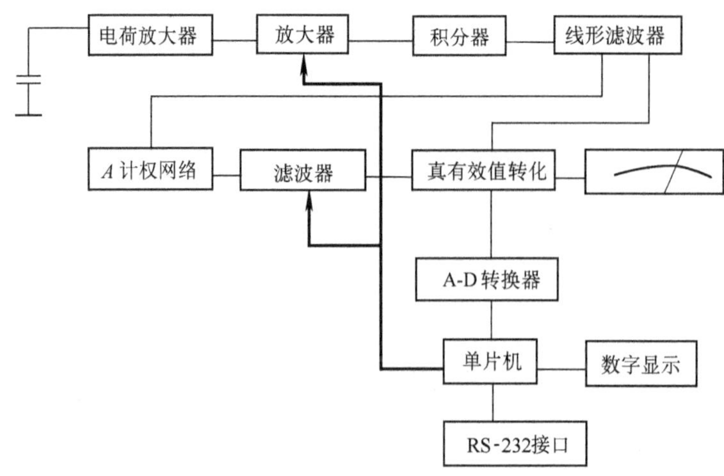

图 2-89　振动噪声测量仪工作原理框图

三、电机噪声的测量方法

电机噪声测量的相关规定在国家标准 GB/T10069.1—2006《旋转电机噪声测定方法及限值　第1部分：旋转电机噪声测定方法》（简称为“噪声测定方法”）和 GB/T 10069.3—2008《旋转电机噪声测定方法及限值　第3部分：噪声限值》（简称为“噪声限值”）中规定。

（一）安装设备

电机进行噪声测试时，若为空载运行，则应根据被试电机的大小和相关要求决定采用弹性安装方式或刚性安装方式。

1. 弹性安装

对于弹性安装，弹性悬挂或支撑装置的最大（或最小）伸长量或弹性支撑最大（或最小）压缩量要求，在 GB/T10069.1—2006《噪声测定方法》中的规定，与电机振动测量安装设备的有关要求完全相同，但在同一套标准的第3部分 GB/T 10069.3—2008《噪声限值》中却将 GB/T 10069.1—2006 中规定的“……小于被试电机相应转速频率的1/3”改为了“……小于被试电机相应转速频率的 1/4”，即$f_0 \leqslant \frac{1}{3}f_N$改为$f_0 \leqslant \frac{1}{4}f_N$。此时，当电机安装之后，弹性支撑装置压缩量的最小值δ（mm）与其额定转速n_N（r/min）的关系式为（计算式导出过程参见本章第四节第三小节中的“弹性安装装置的伸长量或压缩量”部分内容）

$$\delta \geqslant 14.31 \times 10^6 \frac{1}{n^2} \tag{2-94}$$

表2-18给出了按式（2-94）计算得到的几种常用转速与弹性安装后最小伸长或压缩量之间的对应关系。

表2-18　测量噪声时弹性安装装置的最小伸长或压缩量

电机额定转速 n_N/（r/min）	600	720	750	900	1000
最小伸长或压缩量 δ/mm	39.8	27.6	25.4	17.6	14.3
电机额定转速 n_N/（r/min）	1200	1500	1800	3000	3600
最小伸长或压缩量 δ/mm	9.9	6.4	4.4	1.6	1.1

2. 刚性安装

刚性安装的要求同本章第四节电机振动测量的相关内容。

（二）测试场地

进行电机噪声测试时，应有一个符合要求的测试场地，声学中称为“声场”。按严格要求，应为“半自由声场”。

“半自由声场”是除地面为一个坚实的声音反射面外，在其他方向，声波均可无反射地向无限远处传播的场地。实际上这种理想的场地是没有的。但空旷的广场或有足够大的空房间可认为基本符合要求，专门建造的消声室（可由四壁和屋顶的特殊材料——包装着一种纤维的尖劈——将室内物体发出的绝大部分声能吸收而不反射的空间是公认最符合要求的）。

对于一般电机生产和修理单位，建造标准的消声室是较困难的。除非要求特别严格，一般较空旷的场地或室内即可使用。有的资料中将这类场地称为“类半自由声场”。

如对测试结果的准确度要求较高，在“类半自由声场”或条件更差的场地进行测试时，还可通过有关反射影响的修正使测试结果达到要求。

（三）电机噪声声压级的测量方法

1. 电机的安装

前面已经介绍，电机测试噪声时，其安装方式有弹性和刚性两种。但标准 GB/T 10069. 1—2006 和 GB/T 10069. 3—2008 中都没有明确具体选择规定，只是提出：“较小电机可采用弹性安装方式；较大电机通常只能在刚性安装条件下试验”。

安装时，应注意尽量减少由包括基础在内的所有安装部件产生结构噪声的辐射和传递。其他要求与振动测量基本相同。

2. 电机测试时的运行状态

如无特殊规定，进行噪声测试时，电机应处于空载运行状态，并在可产生最大噪声的情况下运行。所供电源的质量应符合要求。相关要求如表 2-19 所示。

表 2-19　电机噪声测定试验时的运行条件

电机类型	测定试验时的运行条件
交流电动机	加额定频率的额定电压
多速电动机	分别在每一个转速下运行和测量。检查试验时，允许在一个产生最大噪声的转速下进行
变频调速电动机	应采用变频电源供电，并在规定的调频范围内进行试验。取最大值作为试验结果。建议先从最小频率到最大频率缓慢调频运行，找到最大噪声点后，设定在该频率空载运行
同步电动机	必须在同一功率因数时求得的励磁下运行
发电机	一般应使其在电动机状态下运行，或在额定开路电压的励磁下以额定转速被驱动运行
直流电动机	推荐使用纹波系数小的整流电源或纯直流电源 应在额定电枢电压、额定转速或允许最大转速下运行。对不能在空载状况下运行的直流电动机（如串励电机），其所需的负载量应由相关标准规定
双向旋转的电机	应双向都可运行，除非两个方向的噪声不同才应按设计的一个方向进行试验

3. 电机噪声测量点的布置规定

电机噪声测量点的布置规定有“半球面法”和“平行六面体法”两种。

在 GB/T 10069. 3——2008 的 4. 1 项的“注”中提到：“推荐轴中心高≤180mm 的电机采用半球面法；轴中心高 >355mm 的电机采用平行六面体法；介于两者之间的电机可任选一种”。

（1）半球面测量点布置法

1）将电机安放在测量场地的中心位置。以电机在地面上的垂直投影中心为球心，想象出一个向下扣着的半球，测量点即在这个半球的表面上。

2）半球的半径 $r = 1\text{m}$，此时等效包络面（半个球面）的面积 $S = 2\pi r^2 = 2 \times 3.14 \times 1^2\text{m}^2 \approx 6.28\text{m}^2$。

3）测试时，声级计的测头应距地面 250mm，并使其轴线对准球的球心。

4）测量点个数一般为 5 个，其具体位置如图 2-90 所示。有必要时，应在测试报告中给出该布置图。

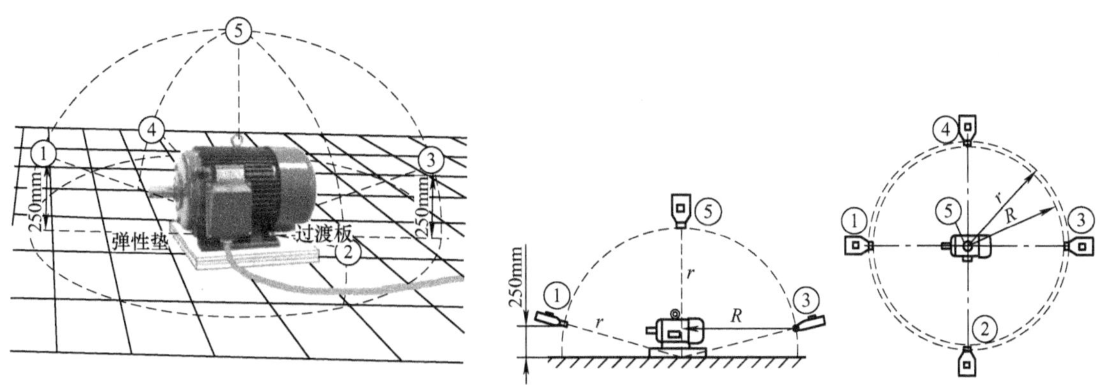

图 2-90 半球面测量点布置法的测量点位置

(2) 平行六面体测试面测量点布置法

平行六面体测试面测量点布置法常称为等效矩形或方箱形面测量点布置法。它可以被想象为被试电机放在一个方形的包装箱内，该包装箱的底就是安放被试电机的地面（或其他安装面），四壁和顶盖作为一个整体的“罩子”，所有测量点将布置在这个方形的罩子上。

各测量点距被试电机表面的距离均为 1m。

对于较小尺寸的电机，可在电机的前、后、左、右及正上方各设置一个测量点，仪表的测头距地面的高度 H'为电机的轴中心高加弹性支撑的高度，但最低为 250mm，如图 2-91a 所示；对较大尺寸的电机，当按上述方法布点中，相邻两个测量点之间的距离超过 1m 时，应在左、右两侧增加测量点，如图 2-91b 所示。

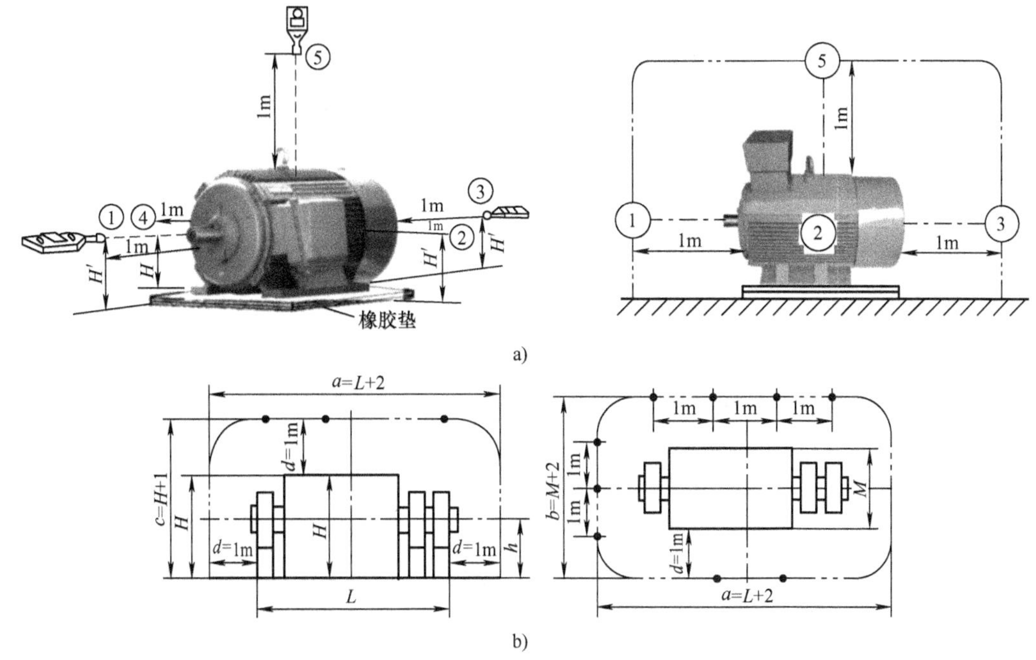

图 2-91 平行六面体测试面测量点布置法的测量点位置

a) 较小电机 5 点布置图 b) 较大电机多点布置图

(3) 电机外形和平行六面体（想象中的）尺寸及测量包络面面积的确定方法

如图 2-91 和图 2-92 所示，设被试电机的长（不含轴伸）、宽（不含侧面的接线盒）、高（不含顶面的接线盒）分别为 L、M、H；并设 $a = L + 2$，$b = M + 2$，$c = H + 1$。则平行六面体测量试面测量点布置法包络面的面积 S (m^2) 为（应注意，因为简化了计算公式，以及便于记忆，本书设置的参数字母代号的含义与国家标准 GB/T 10069.1—2006 和GB/T 10069.3—2008 中给出的有所不同，致使计算公式有较大差异）

$$S = 2c(a + b) + ab \qquad (2\text{-}95)$$

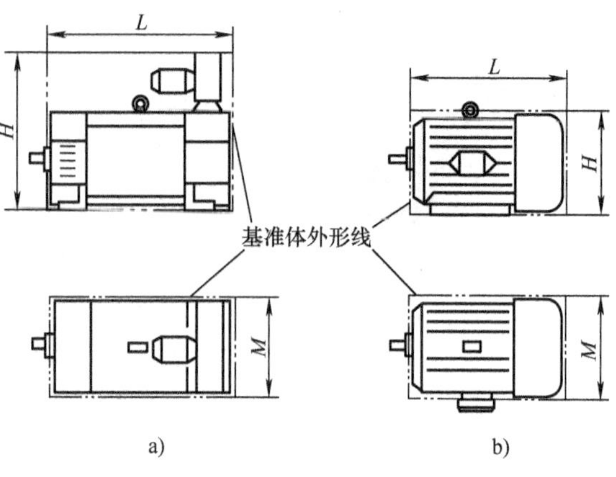

图 2-92　电机尺寸的确定实例

a）突出部分应考虑的　b）突出部分不需考虑的

(4) 增加测量点的原则

当按上述测量点布置进行测量，出现两相邻测量点的测量值相差超过 5dB 的情况时，应在这两点之间另加一点。对于半球面测量点布置法，所加点的位置应处于图 2-93a 所示的位置；对于平行六面体测试面测量点布置法，应加在原两点的中间位置或长方形地面的顶点位置，如图 2-93b 所示。加点的多少以达到两相邻点的测量值之差小于 5dB 为准。

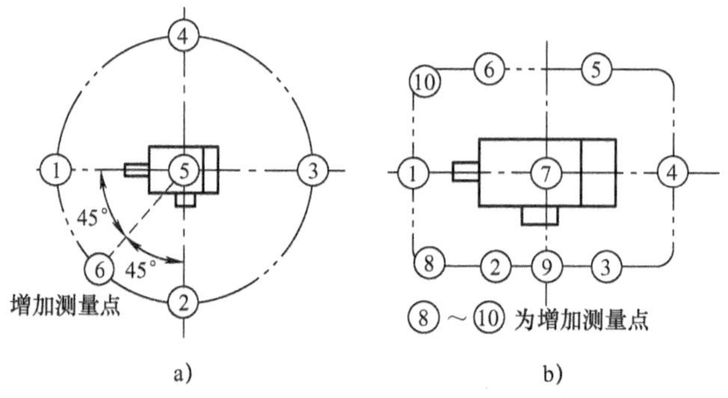

图 2-93　增加测量点的位置

a）半球面测量点布置法　b）平行六面体测试面测量点布置法

四、试验结果的确定方法

（一）对试验环境影响因素的修正

试验环境影响因素包括环境噪声、反射面、大气压和空气相对湿度等，但对于相对简易的测量，一般只考虑试验环境的背景噪声（或称环境噪声）相对较大时对测量值所产生的影响，并对测量值进行适当的修正。在 GB/T 10069.1—2006 中给出了相关修正内容。但由于不直观，致使使用很不方便，而在 GB/T 10069—1988 中，曾给出过较简单明确的规定，在此介绍，供大家参考使用，具体规定如下：

设试验环境的背景噪声为 L_H，试验测量值为 L_T，$L_T - L_H = \Delta L$ (dB)。

1) 当 $\Delta L > 10$dB 时，不必修正。

2）当 $\Delta L<4\text{dB}$ 时，测量无效，应设法降低背景噪声后重新试验。

3）当 $4\text{dB}\leqslant\Delta L\leqslant 10\text{ dB}$ 时，应从试验测量值 L_T 中减去一个修正值 K_1。修正值 K_1 如表 2-20所示。当为非整数时，可通过插值法求取，或用表2-20 提供的几个点绘制一条曲线，然后从曲线上查取。

表 2-20 试验环境的背景噪声影响的修正值 K_1

ΔL/dB	4	4.5	5	5.5	6	6.5	7	7.5	8	8.5	9	9.5	10
修正值 K_1/dB	2.2	1.9	1.7	1.4	1.3	1.1	1.0	0.9	0.8	0.7	0.6	0.5	0.4

例 试验环境的背景噪声为 $L_H=65\text{dB}$，试验测量值为 $L_T=71\text{dB}$，即 $\Delta L=L_T-L_H=71\text{dB}-65\text{dB}=6\text{dB}$。由表 2-20 可得修正值 K_1 为 1.3dB。则该点的实际噪声值 $L=L_T-K_1=71\text{dB}-1.3\text{dB}=69.7\text{dB}$。

实际上，表 2-20 中的数据是根据如下两个不同声级的声波叠加计算公式（2-96）计算求得的。

$$K_1=10\lg\left(1-\frac{1}{10^{0.1\Delta L}}\right) \tag{2-96}$$

式中 ΔL——环境噪声（较低的一个声级）低于测量值（合成的声级）的数值（dB）；

K_1——修正值，即从测量值中减去的数值（dB）。

例 设测量值为85.5 dB，环境噪声为78 dB，则 $\Delta L=85.5\text{dB}-78\text{dB}=7.5\text{dB}$，修正值 K_1 应为

$$K_1=10\lg\left(1-\frac{1}{10^{0.1\Delta L}}\right)=\left[10\lg\left(1-\frac{1}{10^{0.1\times7.5}}\right)\right]\text{dB}=(10\lg0.8222)\text{dB}=-0.85\text{dB}\approx-0.9\text{dB}$$

（二）简易计算法

一般情况下，可用取所有测量值的平均值，再减去试验环境影响修正值的简单方法，即

$$L=\frac{1}{n}\sum_{i=1}^{n}L_{ti}-K_1 \tag{2-97}$$

式中 n——测量点总数；

i——测量点序号；

L_{ti}——第 i 点的实测噪声值（dB）；

K_1——环境噪声修正值（dB），见表2-20 和式（2-96）。

例 5 个测量值分别为 72dB、75dB、74dB、73dB 和 71dB，环境噪声为65dB，则计算步骤如下：

1）5 个测量值的平均值为（72dB+75dB+74dB+73dB+71dB）/5=73dB；

2）和环境噪声的差值为 73dB-65dB=8dB；

3）由表 2-20 查得环境噪声修正值为 0.8dB；

4）被测电机的实际噪声为 73dB-0.8dB=72.2dB，按电机试验数据修约要求，修约到 0.5 dB，应为 72.0dB。

（三）精密计算法

当有争议或需要精确结果时，应利用下式进行计算求得最终结果 L。

$$L = 10\lg\left[\frac{1}{n}\sum_{i=1}^{n}10^{0.1(L_{ti}-K_{1i})}\right] - K_2 - K_3 \tag{2-98}$$

式中　n——测量点总数；

i——测量点序号；

L_{ti}——第 i 点的实测噪声值（dB）；

K_{1i}——第 i 点的实测环境噪声修正值（dB）；

K_2——对试验环境温度和大气压影响的修正值（dB）；

K_3——对试验环境反射影响的修正值（dB）。

以上面的实测数据为例，并假设试验环境温度和大气压影响的修正值及试验环境反射影响的修正值都为 0，用式（2-98）计算可得

$$L = 10\lg\left[\frac{1}{5}\sum_{i=1}^{5}10^{0.1(L_{ti}-K_{1i})}\right] - 0 - 0$$

$$= 10\ \lg\left(\frac{10^{7.1}+10^{7.46}+10^{7.34}+10^{7.22}+10^{6.97}}{5}\right)$$

$$= (10\lg 17847119.4)\ \text{dB} = 72.52\text{dB}$$

按电机试验数据修约要求，应为 72.5dB。

此例精密计算比简易计算多了 72.52dB－72.2dB＝0.32dB，即相差 0.44％。

（四）声功率级和声压级之间的转换

在现行的电机噪声考核标准中，大部分采用声功率级，少部分采用声压级。这是因为，声功率级只与声源的功率有关；而声压级则与声压和测量点到声源的距离两个因素有关，即在给出声压级数值的同时，还应给出测量距离，所以表述不如声功率级方便。

到目前为止，还很少有能直接测量声功率级的仪器，而一般只能测量声压级。但可以根据测量时的一些具体参数，将声压级换算成声功率级。严格地讲，它们之间的换算关系是比较复杂的，与测量时的环境因素，如温度、气压、湿度等有关。但在一般测量中，可采用如下的简单关系式。

$$L_W = L_P + 10\lg\frac{S}{S_0} \tag{2-99}$$

式中　S——测量声压时，所用包络面的面积（具体计算见本节第三部分相关内容）（m^2）；

S_0——基准面面积（m^2），$S_0 = 1m^2$。

下面以实测噪声为声压级为例，举例介绍它们之间的转换关系。

1. 半球面测量点布置法转换关系

球面的半径为 1m，半个球面的面积为 $2\pi r^2 = 2\times3.14\times(1m)^2 = 6.28m^2$，即式（2-99）中的 $S = 6.28m^2$，则有 10 lg6.28dB≈8dB。所以，这种情况下声功率级和声压级之间数值关系为：$L_W = L_P + 8\text{dB}$。

2. 平行六面体测试面测量点布置法转换关系

采用平行六面体测试面测量点布置法时，测量包络面的面积 S 用式（2-95）求取。

五、旋转电机噪声限值

表 2-21～表 2-24 给出了 GB 10069.3—2008 和 GB/T 5171.1—2014 等标准中规定的旋转电机噪声限值。

表 2-21　旋转电机（表 2-22 规定的除外）空载 A 计权声功率级限值（GB 10069.3—2008）

额定转速 n /（r/min）	$n \leqslant 960$		$960 < n \leqslant 1320$		$1320 < n \leqslant 1900$		$1900 < n \leqslant 2360$		$2360 < n \leqslant 3150$		$3150 < n \leqslant 3750$	
冷却方式类型	A①	B②	A	B	A	B	A	B	A	B	A	B
防护型式类型	C③	D④	C	D	C	D	C	D	C	D	C	D
输出功率 P_N/kW	A 计权声功率级限值/dB											
$1 \leqslant P_N \leqslant 1.1$	73	73	76	76	77	78	79	81	81	84	82	88
$1.1 < P_N \leqslant 2.2$	74	74	78	78	81	82	83	85	85	88	86	91
$2.2 < P_N \leqslant 5.5$	77	78	81	82	85	86	86	90	89	93	93	95
$5.5 < P_N \leqslant 11$	81	82	85	85	88	90	90	93	93	97	97	98
$11 < P_N \leqslant 22$	84	86	88	88	91	94	93	97	96	100	97	100
$22 < P_N \leqslant 37$	87	90	91	91	94	98	96	100	99	102	101	102
$37 < P_N \leqslant 55$	90	93	94	94	97	100	98	102	101	104	103	104
$55 < P_N \leqslant 110$	93	96	97	98	100	103	101	104	103	106	105	106
$110 < P_N \leqslant 220$	97	99	100	102	103	106	103	107	105	109	107	110
$220 < P_N \leqslant 550$	99	102	103	105	106	108	106	109	107	111	110	113

①“A”代表 IC01、IC11、IC21 三种冷却方式。
②“B”代表 IC411、IC511、IC611 三种冷却方式。
③“C”代表 IP22 和 IP23 两种防护型式。
④“D”代表 IP44 和 IP55 两种防护型式。

表 2-22　冷却方式为 IC411、IC511、IC611 三种方式的单速三相笼型异步电动机空载 A 计权声功率级限值（GB 10069.3—2008）

中心高 H /mm	A 计权声功率级限值 L_W/dB			
	2 极	4 极	6 极	8 极
90	78	66	63	63
100	82	70	64	64
112	83	72	70	70
132	85	75	73	71
160	87	77	73	72
180	88	80	77	76
200	90	83	80	79
225	92	84	80	79
250	92	85	82	80
280	94	88	85	82
315	98	94	89	88
355	100	95	94	92
400	100	96	95	94
450	100	98	98	96
500	103	99	98	97
560	105	100	99	98

注：1. 冷却方式为 IC01、IC11、IC21 的电机声功率级将提高如下：2 极和 4 极电机，+7dB（A）；6 极和 8 极电机，+4dB（A）。
2. 中心高 315mm 以上的 2 极和 4 极电机声功率级值指风扇结构为单向旋转的，其他值为双向旋转的风扇结构。
3. 60Hz 电机声功率级值增加如下：2 极电机，+5dB（A）；4 极、6 极和 8 极电机，+3dB（A）。

表 2-23　小功率交流换向器电动机 A 计权声功率级限值（GB/T 5171.1—2014）

电机功率/W	≤90	>90～180	>180～370	>370
空载转速/（r/min）	A 计权声功率级限值/dB			
≤4000	69	71	73	76
>4000～6000	71	73	75	78
>6000～8000	73	75	77	80
>8000～12000	75	77	79	82
>12000～18000	77	79	81	84
>18000	79	81	83	86

表 2-24　小功率电动机 A 计权声功率级限值（N 级）（GB/T 5171.1—2014）

轴承类型	同步转速/（r/min）	电机功率/W					
		≤10	>10～40	>40～180	>180～750	>750～1500	>1500～2200
		A 计权声功率级限值/dB					
滚动轴承	≤750	—	—	55	60	—	—
	>750～1000	—	—	58	65	68	—
	>1000～1500	50	57	62	67	73	78
	>1500～3000	55	62	67	72	78	83
	>3000～5000	60	65	—	—	—	—
	>5000～8000	65	70	—	—	—	—
滑动轴承	≤1500	45	—	—	—	—	—
	>1500～3000	50	55	60	—	—	—
	>3000～5000	55	60	65	—	—	—
	>5000～8000	60	65	70	—	—	—
	>8000～12000	65	—	—	—	—	—

注：1. 在 GB/T5171.1—2014 中规定分 N、R、S、E 共 4 个等级，本表给出的是 N 级（普通级）数值。其余等级按顺序逐渐减少，每级相差 5dB（极个别的除外）。

2. 从表中的数据可看出一个记忆规律：无论是按功率档次，还是按转速档次排列，从小到大，从低到高，两档之间大部分相差的数值，滚动轴承的电动机大部分为 5dB，滑动轴承的电动机全为 5dB。

六、电机噪声方向性指数的确定

当噪声源发出的声音在各个方向上都是均匀辐射时，则这种声源是无方向的。但有的电机噪声在各个方向上并不完全是均匀辐射，在有的方向上较强，有的方向上较弱，故需要确定其方向性指数。

按国家标准的规定，在半自由场中，当电机噪声的测量面上某方向的声压级为 L_p，该测量面上的平均声压级为$\overline{L_p}$，则电机噪声的方向性指数 G(dB) 为

$$G = L_p - \overline{L_p} + 3 \quad (2\text{-}100)$$

在全自由场中，电机噪声的方向性指数 G(dB) 为

$$G = L_p - \overline{L_p} \quad (2\text{-}101)$$

我国国家标准规定了上面所介绍的旋转电机噪声工程测定法，若不能满足工程测定法的规定时，国家标准还另制定了旋转电机噪声简易测定方法，主要适用于大型汽轮发电机和立式水轮发电机噪声的测量，需要时请参阅有关的国家标准。

七、电机噪声的分析与判别

1. 噪声的分析

电机噪声和振动的测试根据其目的一般可分为二类：一类是研究性测试。测试的目的：一是为了验证电机噪声和振动性能是否达到设计要求；二是为了分析产生噪声和振动的原因；三是为了验证抑制电机振动和噪声所采取的方法及措施的效果。另一类称为鉴定性测试。测试的目的是检查电机噪声和振动水平是否到了标准的要求，也可以说是电机质量的鉴定。

评价一台电机噪声的大小，测出噪声级就够了，但为了有效地控制电机噪声，必须首先准确地找出它发声的主要部位和发声的声源，并确定起决定作用的声源，以便采取措施，通常采用按测点位置大致区分各类噪声声源的方法，如图 2-94 所示。图中各类噪声表现最强处都在相应测点下括号中标示。

一般情况下，噪声鉴别都要记录电机的噪声频谱。图 2-95 为电机典型噪声频谱图。它包含有电磁、通风、轴承及机械噪声。

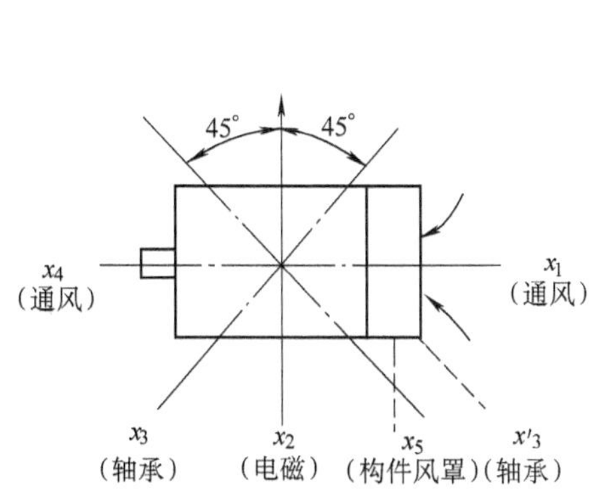

图 2-94 按测点位置大致区分噪声源的示意图

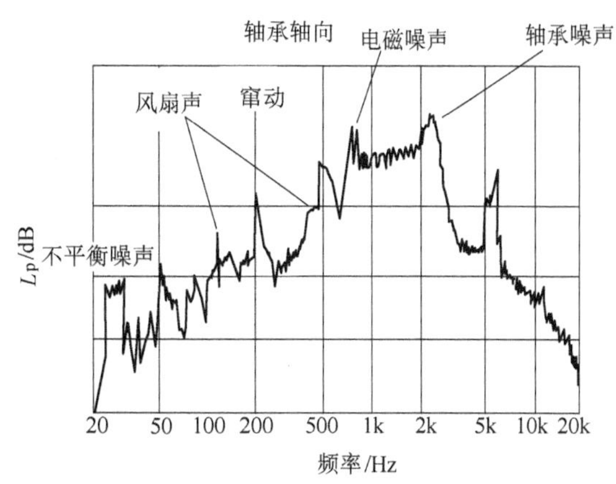

图 2-95 电机典型噪声频谱图

在用仪器测绘电机噪声频谱曲线时，常用 1/1 倍频程或 1/3 倍频程。而电机噪声分析一般用 1% 窄带频谱，这样便于找出电机的主要噪声源。用频谱分析判别电机噪声的声源如表 2-25所示。

表 2-25　电机噪声及振动分析方法汇总表

电机噪声类别			分析鉴别方法		原因分析要点
大类	分类	名称	主要频谱	补助鉴别方法	
空气动力噪声	电机通风噪声	共鸣声（笛声）	在主频率 $f = mz\frac{n}{60}$Hz 处有明显的突出噪声 n—电机转速； m—叶片数或风道通道数或散热筋数； z—谐波次数，一般为1、2	风扇端或进风端噪声最大 改变转速变化较大 耳听，有明显叫声	叶片数不当，或通风沟、孔与叶片共鸣 风叶与导风构件间隙太小，形成笛声
		涡流声（气体紊流声）	频带宽，一般为 100～3kHz	风扇端或进出风口处测点噪声最大 声音较稳定，几台电机差异也不大 耳听，近于白噪声	风扇结构、通风系统不当，有较多涡流区
固体振动噪声	电磁噪声	单边磁拉力声振	$f = f_0$，f_0—电网频率	对交流电机 机壳处两端噪声较大 停电法	转子偏心或气隙不均
	电磁噪声	磁极径向磁拉力脉动噪声及振动	$f = 2f_0$	$f = 2f_0$，可单独出现而 $f = f_0$ 一般与 $2f_0$ 同时出现 声音比较稳定	磁路不平衡 定子结构刚度不够
		转差声及振动（二次转差声）	电网频率或倍电网频率按转差频率的调制声 $f = 2\delta f_0$	对交流电机，时高、时低、变化与转差有关 停电法 耳听,一般称“老牛哼声”	一般是转子三相不对称，如跳槽、空槽、断条、缩孔、偏心等转子缺陷，轴承装配不当
		齿谐波噪声及振动	$f = zQ\frac{n}{60} + 2f_0$(或0) z—谐波次数（1，2）； Q—定、转子齿槽数（主要是转子，很少定子）	机壳处、出线盒处噪声较大 变电压，噪声变化 停电法 机壳一点振动较大 变转速或变频法	定、转子槽配合不当 转子斜槽度不当 定子或端盖与齿谐波频率共振 整流器品质不理想 机壳、端盖加工不当，或轴承装配不当，造成转子偏斜 转子偏心，气隙不均匀
	轴承噪声	轴承自身噪声及振动	$f = 2000～5000$Hz，常常在 2kHz、5kHz 有峰	轴伸端噪声较大 振动频率 2～5kHz 高频成分多 耳听，有明显轴承声	轴承品质差 装配不当 轴承室、轴颈、游隙等公差配合或加工不当
		轴承轴向声及振动	$f = 1000～1600$Hz 有明显峰		
		轴向窜动声（轴向窜动）	$f = 50～400$Hz 有明显峰，$f = \frac{n}{10}$ 或 $\frac{n}{30}$ 或 $\frac{n}{60}\cdot\frac{r_e}{r_c}$① 或 E②$\cdot\frac{n}{30}$	轴伸端噪声较大 嗡嗡声不稳定 时有时无 频率不稳定	轴承品质差 缺波形弹簧片或弹簧片不起作用 动平衡不佳

（续）

电机噪声类别			分析鉴别方法		原因分析要点
大类	分类	名称	主要频谱	补助鉴别方法	
固体振动噪声	其他部件振动声	端盖共振声	小电机 $f=1\sim1.5\text{kHz}$ 有明显峰	轴伸端噪声较大 用敲打法测固有频率（或用激振法）	主要与轴承振动谐振，这与加工精度有关（向上） 也与电磁振动谐振，除与槽配合有关外，也与工艺有关
		机壳共振声	小电机 $f=500\text{Hz}\sim1\text{kHz}$ 有明显峰	机壳振动较大 用激振法或敲打法测固有频率	主要与电磁振动的谐波谐振
		换向器或正流子声 正流子摩擦声	$f=m\cdot\frac{n}{60}$ m—换向片数； $f=4\sim10\text{kHz}$	靠近换向器测点的噪声较大	正流子加工精度问题 电机不平衡 电刷性质不良 电刷太硬 集电环加工精度差
		不平衡声及不平衡振动	$f=\frac{n}{60}$		转子不平衡 对电机振动不合格影响较大

① r_e—轴承半径；r_c—轴承平均半径。

② E—滚动元件数。

2. 降低电机噪声的措施

（1）降低电磁噪声的措施

1）适当降低气隙磁通密度。当气隙磁通密度由 $B_{\delta1}$ 降低到 $B_{\delta2}$ 时，相应的倍频噪声级的变化近似为

$$L_1-L_2=10\lg\left(\frac{B_{\delta1}}{B_{\delta2}}\right)^4 \tag{2-102}$$

2）适当增大气隙长度。定、转子间气隙长度 δ 增大，气隙磁导降低，可降低气隙谐波磁通密度，任意两个谐波磁场相互作用产生的径向力约与气隙长度二次方成反比。因此，气隙长度增大，噪声级可降低。当气隙长度由 δ_1 增大到 δ_2 时，相应的电磁噪声级变化为

$$L_1-L_2=10\lg\left(\frac{\delta_2}{\delta_1}\right)^4 \tag{2-103}$$

3）合理选择异步电机定、转子槽配合。幅值较大的定、转子齿谐波磁场由定、转子槽数决定，因而槽配合直接影响由定、转子谐波磁场相互作用所产生的径向力的大小、阶次和频率，对电磁噪声的大小和频率影响很大。

① 为避免定、转子一阶齿谐波作用产生低阶次力波及噪声，应注意避免

$$|Q_s-Q_r|=1,2,3,4$$

$$|Q_s-Q_r|=2p\pm1,2p\pm2,2p\pm3,2p\pm4$$

② 为避免定子相带谐波与转子一阶齿谐波作用产生低阶次力波及噪声，应注意避免

$$Q_r=|6kp\pm1|,|6kp\pm2|,|6kp\pm3|,|6kp\pm4|$$

$$Q_r=|6kp\pm2p\pm1|,|6kp\pm2p\pm2|,|6kp\pm2p\pm3|,|6kp\pm2p\pm4|$$

式中 $k = \pm 1,\ \pm 2,\ \cdots\cdots$

③ 为避免定、转子二阶齿谐波作用产生低阶次力波及噪声，应注意避免

$$|Q_s - Q_r| = p \pm 1,\ p \pm 2,\ p \pm 3,\ p \pm 4$$

4）合理选择转子斜槽。当异步电机转子斜槽距为 b_{sk}时，它对应的圆心角 $\alpha_{sk} = 2b_{sk}/D_r$（$D_r$ 为转子外径）。由转子 μ 次谐波磁场与另一定子谐波磁场相互作用在某一频率下产生的电磁噪声级，设直槽转子时为 L_1，斜槽转子时为 L_2，由于斜槽使该噪声级降低。

$$L_1 - L_2 = 20\lg\left[\frac{\sin\left(\frac{\mu\alpha_{sk}}{2}\right)}{\frac{\mu\alpha_{sk}}{2}}\right] \tag{2-104}$$

转子斜槽后，由于径向力沿轴向长度上各处相位不同，可产生扭转力矩，导致铁心扭转振动而产生噪声，这在大型电机及铁心很长的电机中应特别注意。

5）增加电机定子刚度及避免机械共振。增加定子铁心轭的厚度以增加刚度，可降低电机振动及噪声。因此，多极数电机中轭厚不能单纯从磁路计算观点考虑。

应避免机械共振，即避免主要的力波频率与定子机座、端盖等结构件的固有频率接近或吻合。

此外，增大定子铁心或机座结构阻尼，定子铁心与机座采用弹性连接等，均可降低电磁噪声。

（2）降低机械噪声的措施

为降低电机机械噪声，应选用振动噪声较低的轴承，装机前对单个轴承的振动加速度级作测量筛选，适当提高转子轴承档和端盖轴承室的精度，以保证较佳的轴承工作游隙。采用波形弹簧片对轴承外圆施加一轴向预压力，降低转子轴向窜动及由此产生的噪声，严格按操作规程清洗、加注润滑脂与装配轴承。

（3）降低通风噪声的措施

通风噪声是风叶周速、风量、风压等的函数，在电机温升允许情况下，可采用减小叶直径方法来减小风量和风压，以降低通风噪声。风扇的合理造型和设计，例如后倾式风扇、轴流风扇比通常采用的径向离心式风扇噪声低，但只允许单方向运转。合理设计风路系统以减小涡流声，并避免风扇与邻近的构件间的间隙过小而产生“笛声”。

此外，采用消声器或隔声罩是降低电机通风噪声的重要措施。

第三章　电机中磁量的测量

第一节　测 量 分 类

电机中磁量的测量分为两类：

1）磁场参数的测量，如磁场强度、磁通密度（磁感应强度）、磁通量等；

2）磁性材料磁性能的测量，如磁导率、矫顽力、磁滞回线、铁损等。

一、磁场参数的测量

电机是根据电磁感应原理完成机电能量转换的电磁机械，在电机中总是电和磁同时存在。要研究电机就必须对电机各部分磁场参数进行分析和计算，不论是用路还是场的方法进行分析和计算，总要作适当的简化和必要的假设，这样就会与实际存在误差，为了验证理论的正确性和计算的准确性，就需要用实验测量结果加以验证。测量磁场可以用磁通计测出被测磁场的磁通量 Φ，它的单位为韦伯（Wb）；也可以用高斯计测量磁通密度 B，它的单位为特斯拉（Wb/m^2），测出 B 或 Φ 之后，可以按 $\Phi = BS$ 和 $B = \mu H$ 的关系求出其他磁的物理量。

二、磁性材料磁性能的测量

为了合理选用磁性材料或检验磁性材料的磁性能，就需要对材料进行磁性能的测量。磁性材料的磁性能参数都是被动参数，要测量就要将材料制成试样，然后外加磁场进行磁化，材料的磁性能只有在被磁化后才能测出。

对于硬磁材料，主要的磁性能参数是剩磁 B_r，矫顽力 H_c 以及最大磁能积 $(BH)_{max}$ 等。我们知道，磁性材料在交变磁化时，可得到一条磁滞回线，由于最大磁感应强度的不同，对应有许多条大小不同的磁滞回线，将这些磁滞回线的顶点连接起来，就称为基本磁化曲线。如图 3-1 所示，图中的 B_r 就称为剩磁；H_c 称为矫顽力；退磁曲线上各点 B 与相应 H 的乘积的最大值，就称为最大磁能积 $(BH)_{max}$。

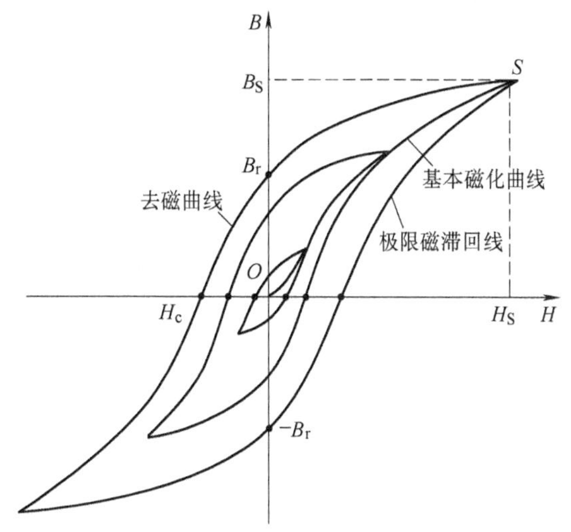

图 3-1　磁滞回线和基本磁化曲线

对于软磁材料，主要的磁性能参数是磁导率 μ 和损耗 P。软磁材料主要用作电机、电器变压器等的铁心，因此要求它有较高的磁导率，尽可能低的矫顽力和损耗。在交流条件下工作的材料，由于涡流的影响，使磁滞回线的形状发生畸变，所以在交流条件下工作的材料应测出其动态磁化曲线、动态磁滞回线，并从中求出相应的磁特性参数。

根据磁性材料的测量要求，测量材料磁性能的仪器也有硬磁和软磁或动态和静态之分，但是磁性材料的品种很多，需测量的磁特性又各有侧重，故最方便的方法是制成各种专用的测量仪器。

法拉第电磁感应定律是应用电磁感应原理测量磁场的理论基础。从原理出发，电机中磁量的测量方法分类如下：

1）力矩法，一种古典的测磁法；

2）电磁感应法，应用最普遍的测量方法；

3）利用物质特性方法，一种发展很快的方法。例如利用霍尔效应的方法。

第二节　霍尔效应法

一、基本原理

如图 3-2 所示，将一块半导体薄片放入垂直于半导体平面的磁场（磁通密度为 $\boldsymbol{B}$）中，并在半导体的两端（1、2）通以电流 I_c，此时移动着的载流子在磁场作用下将受到洛伦磁力$[\boldsymbol{f}=q(\boldsymbol{V}\times\boldsymbol{B})]$的作用。由于洛伦磁力的作用，半导体中的载流子（假设为电子）将向一侧偏转（见图 3-2 中的虚线方向），并使该侧端面形成电子的积聚，这时半导体两端（3、4）便形成电场。因此在半导体薄片中移动的电子除受洛伦磁力 f_B 的作用外，还受到与此方向相反的电场力 f_E 的作用。当 $f_B=f_E$ 时，电子的积聚达到了动态平衡，电子的运动方向就不偏移了。这时在两横端面（3、4）之间建立的电场称为霍尔电场，相应的电动势称为霍尔电动势 U_H，其大小与磁通密度 B 和电流 I_c 成正比，即

$$U_H=R_H\frac{I_cB}{\delta}=K_HI_cB \tag{3-1}$$

式中　R_H——霍尔系数，它与元件的材料有关，其大小反映出霍尔效应的强弱；

δ——元件的厚度；

K_H——元件的灵敏度，它表示在单位磁通密度和单位控制电流的条件下，元件输出霍尔电动势的大小，$K_H=R_H/\delta$。

当霍尔元件的几何尺寸和材料确定以后，在一定的条件下，R_H 及 K_H 为常数。

当磁通密度 B 和元件平面的法线方向 n 成一角度 θ 时，如图 3-3 所示，则霍尔电动势为

$$U_H = K_HI_cB\cos\theta \tag{3-2}$$

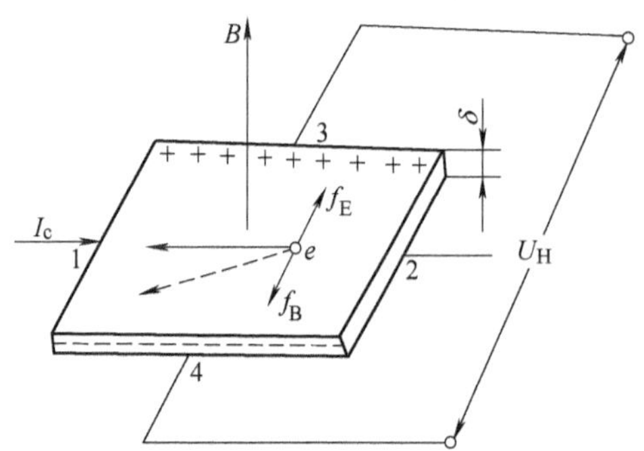

图 3-2　霍尔效应原理图

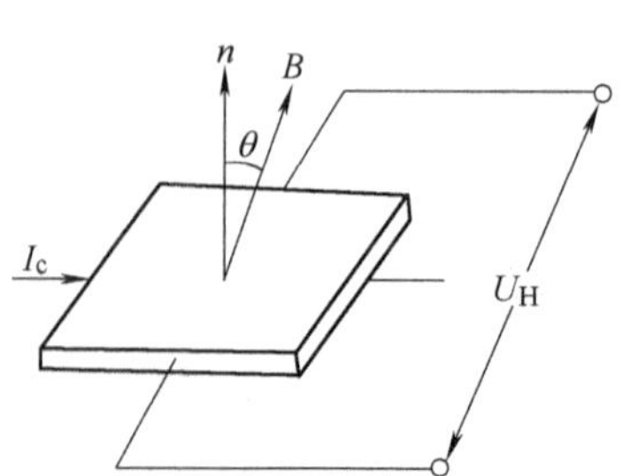

图 3-3　磁场方向与霍尔电动势

从上式可以知道，当控制电流 I_c 反向时，输出电动势的方向随之变化；当磁场方向变化时，输出电动势也同时变换方向。

为了提高测量磁场的灵敏度，需要选择霍尔系数 R_H 较大、厚度 δ 较小的元件，常用的霍尔元件的材料是锗（Ge）、硅（Si）、锑化铟（InSb）及砷化铟（InAs）等。国产霍尔元件的命名法为

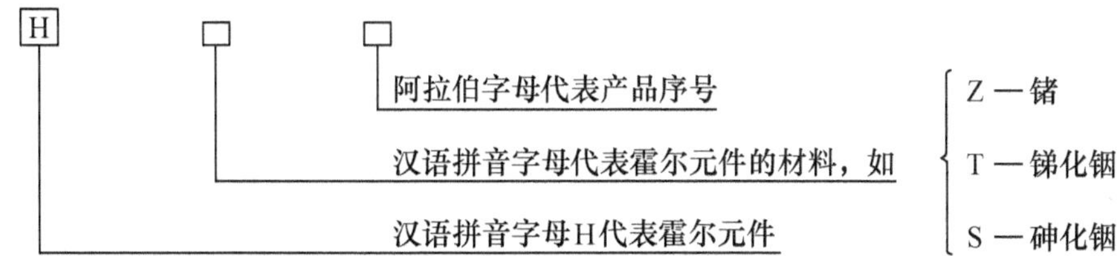

如 HZ-1 元件，说明它是用锗材料制成的霍尔元件；HT-1 元件，则是用锑化铟材料制成的霍尔元件。

利用霍尔元件测磁的原理非常简单。把霍尔元件放在被测的磁场中，输入控制电流 I_c，并保持电流为常值，这时通过测量霍尔电动势的大小就可以确定磁通密度 B 的大小，利用霍尔效应还可以测量直流磁场或交流磁场。测量直流磁场时，若控制电流 I_c 为直流，则霍尔电动势 U_H 也是直流的；若 I_c 为交流，则 U_H 也为同频率的交流电动势。由于交流电压易于放大，因此测量直流磁场时往往采用交流供电。测量交变磁场时，如用直流的控制电流，则霍尔电动势是与交变磁场同样规律变化的交流电动势。

二、特斯拉计（高斯计）

由于应用霍尔效应测量磁场方法简单、测量范围广、频带宽、灵敏度高、稳定性好、有较好的线性度和较高的准确度、造价低廉、探头可微型化、能测量狭缝中的磁场和非均匀磁场、能连续测量和直接显示，所以应用很普遍。国内外对这种测磁仪器的研制和生产都很注意，我国已生产出多种型号的特斯拉计，包括数字显示的特斯拉计，如表 3-1 所示。

表 3-1　常用测量仪表、设备的主要技术数据

型　号	名　称	准确度	量程及功能
CT—3	交、直流特斯拉计（便携式）	±0.02mT	0.02 ~ 2500mT
CT—7	直流特斯拉计（便携式）	±2.5%	0 ~ 50 ~ 100 ~ 250 ~ 500mT ~ 1T
CT—7A	直流特斯拉计（便携式）	±2.5% ~ ±5%	0 ~ 5 ~ 50 ~ 500mT
CTS—24	霍尔效应数字式特斯拉计（便携式）	±（0.5%读数 +0.5%满度）	0.1 ~ 1 ~ 10T
CTS—27	数字式特斯拉计（袖珍式）	±（1%读数 +1%满度）	0.2 ~ 1T
CST—7	数字式磁通计	±1%满度值	10^{-3} ~ 10^{-2} ~ 10^{-1} ~ 1Wb
CT—1	磁通表	±2.5%满度值	0 ~ 10mWb
CL—16	直流磁特性测试装置	±0.5%满度值	磁通量　0.001/0.01/0.1/1Wb 磁化电源　0.05/0.2/0.5/2.5/15A
CL—2	交流磁特性测量仪	45 ~ 200Hz≤3% 200Hz ~ 1.5kHz≤20% 1.5 ~ 5kHz≤3% 5 ~ 10kHz≤5%	自动记录软磁性材料的磁化曲线、磁滞回线

国产 CT3 型特斯拉计是应用霍尔元件测量磁场的仪器，能测量交、直流磁场。它的组成部分包括：霍尔变送器、补偿网络、量程选择、交流放大器、桥式整流器、功率放大器、振荡器、相敏检波、直流稳压电源及指示器等。图 3-4 为其原理框图。其各部分的作用简述如下。

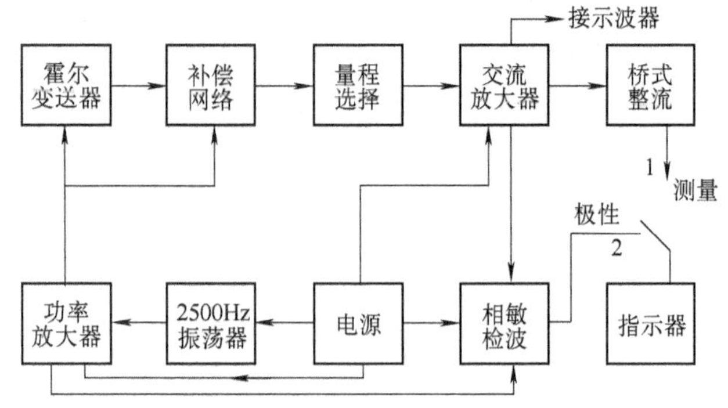

图 3-4　CT3 型特斯拉计的原理框图

霍尔变送器的作用是将磁场的强弱变换为相应的电压信号。仪器采用 N 型锗霍尔元件，紧贴在绝缘材料的衬底上，外加保护套，尺寸为 4mm × 2mm × 0.2mm。补偿网络是采用图 3-5 所示的 RC 桥式移相电路，它产生相位及幅值都可均匀调节的补偿电压，以抵消霍尔元件的不等位电动势。

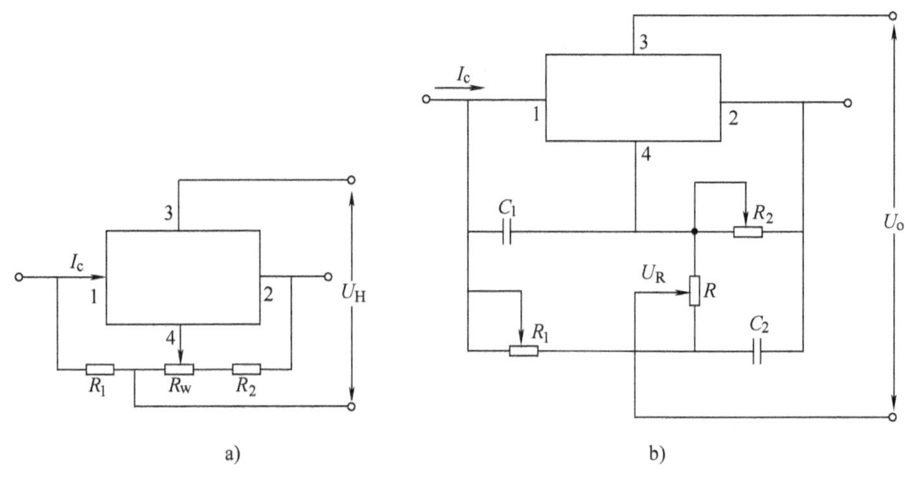

图 3-5　补偿不等位电动势的线路

a）用于直流 I_c 的补偿电路　b）用于 I_c 为交流时的桥式补偿电路

仪器采用频率为 2500Hz 的交流电源供给霍尔元件的工作电流，该电源是由晶体管组成的振荡器及功率放大器构成，并经变压器输出。交流放大器将霍尔变送器输出的微小信号加以放大，以提高仪器的灵敏度。该放大器应具有稳定性好及噪声低等特性。量程选择是用以扩大仪器的测量范围。它分为两部分：其一是在交流放大器输入端，为固定量程；另一部分在整流器的输出端，是以电阻组成的分压器，为可变量程。

随着被测磁场极性的不同，霍尔电动势的相位将相差 180°，根据这一点，将霍尔电动势和交流电源的输出都送入相敏检波器，以辨别霍尔电动势的相位，从而确定被测磁场的极性。

交流放大器的输出电压经桥式整流器整流后，接到直流微安表（指示器），读出被测量的磁场值。

图 3-6 是几种国产高斯计的外形示例。

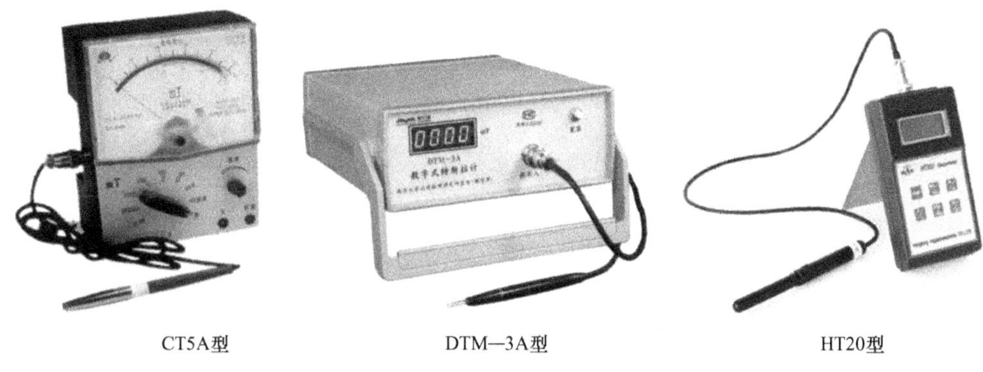

CT5A型　　DTM—3A型　　HT20型

图 3-6　高斯计外形示例

第三节　感　应　法

感应法即探测线圈法，探测线圈是磁量测量中最常用的磁传感器。虽然测磁方法很多，但目前大多是利用磁通变化时，与该磁通相交链的线圈产生感应电动势这一原理来进行测量，将测量线圈放入被测磁场中，当磁场发生变化或线圈位置发生变化时，在测量线圈中会感生电动势。如果匝数为 N 的线圈置于被测磁场中，线圈平面与被测磁通 Φ 的方向垂直，线圈的平均面积为 S，则感应电动势为

$$e = -\frac{\mathrm{d}\Psi}{\mathrm{d}t} = -NS\frac{\mathrm{d}B}{\mathrm{d}t} \tag{3-3}$$

式中　Ψ——探测线圈所匝链的磁链；

S——线圈平均截面积（m^2）；

B——磁通密度（T）。

将上式对时间积分，则

$$\Delta\Psi = \int_{t_1}^{t_2} e\mathrm{d}t \tag{3-4}$$

$$\Delta B = \frac{1}{NS}\int_{t_1}^{t_2} e\mathrm{d}t \tag{3-5}$$

因此只要测出被测磁场随时间变化所感应电动势的积分，便可以测出磁通 Φ 或磁通密度 B。

当磁通密度 B 按正弦变化时，$B = B_m\sin\omega t$，则 e 及 Φ 的波形图如图 3-7 所示，探测线圈感应电动势的有效值为

$$E = 4.44f_1NSB_m \tag{3-6}$$

式中　f_1——额定频率 $f_1 = \omega_1/2\pi$；

E——线圈感应电动势（V）。

于是磁通密度幅值为

$$B_m = \frac{E}{4.44f_1NS} = KE \tag{3-7}$$

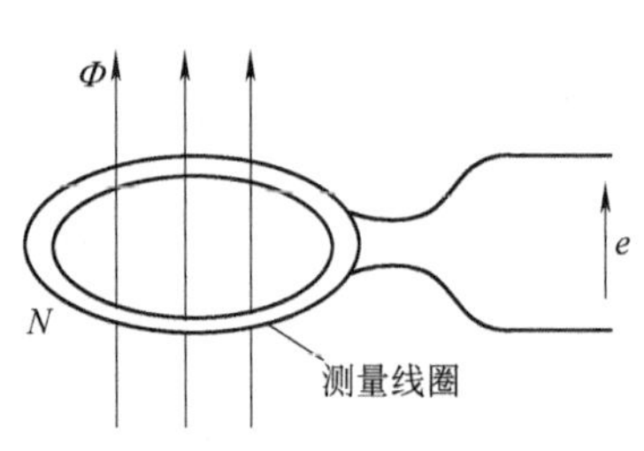

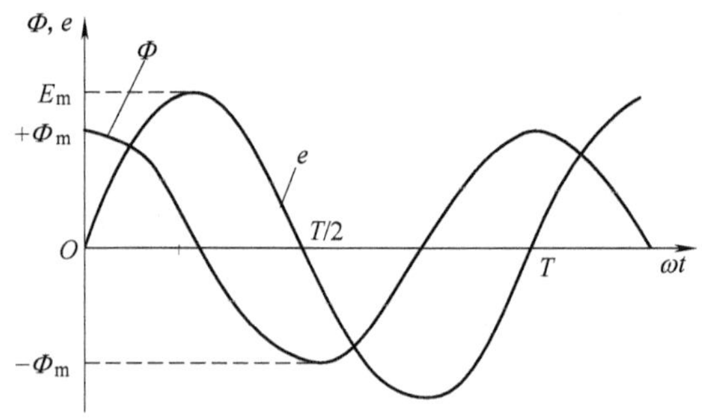

图 3-7　感应法的原理及波形图

式中　$K=1/(4.44f_1NS)$。

可见，对于一个绕制好的线圈来说，线圈中的感应电动势与线圈所处位置的磁通密度成正比。通常采用专门的装置或精度高的仪表来确定比例常数 K 或 NS。如不具备这些条件，也可用分析法确定比例常数，这时应找出测试线圈的平均截面积 S。设线圈的内圆半径为 r_1，外圆半径为 r_2（见图 3-8）。半径为 r 处线圈所包围的磁通

$$\Phi = \pi r^2 B \tag{3-8}$$

在厚度为 dr、高为 h 的圆柱层中的匝数为

$$\mathrm{d}N = N\frac{\mathrm{d}r}{r_2 - r_1} \tag{3-9}$$

式中　N——探测线圈的总匝数。

圆柱层中线圈的磁链

$$\mathrm{d}\Psi = \Phi\mathrm{d}N = \frac{\pi NB}{r_2 - r_1}r^2\mathrm{d}r \tag{3-10}$$

图 3-8　探测线圈几何尺寸图

线圈的总磁链

$$\begin{aligned}\Psi &= \int_{r_1}^{r_2}\mathrm{d}\Psi = \int_{r_1}^{r_2}\frac{\pi NB}{r_2 - r_1}r^2\mathrm{d}r \\ &= \frac{\pi NB}{r_2 - r_1}\frac{1}{3}(r_2^3 - r_1^3) \\ &= NB\frac{\pi}{3}(r_2^2 + r_1r_2 + r_1^2)\end{aligned} \tag{3-11}$$

由此可得探测线圈的平均截面积

$$S = \frac{\pi}{3}(r_2^2 + r_1r_2 + r_1^2) \tag{3-12}$$

在知道探测线圈的匝数 N 及平均截面积 S 后，即可根据测得的探测线圈的电压值确定磁通密度值。

用探测线圈测得的磁通密度，实际上是线圈范围内的平均值。当利用探测线圈测定空间的磁场分布时，如被测磁场的均匀范围有限，则线圈的尺寸应在这均匀范围之内。因此测量电机端部磁场用探测线圈，它的尺寸一般都做得很小。线圈用很细的导线绕制，线圈的内径一般为 5 ~ 6mm，外径为 10 ~ 15mm，高度为 2 ~ 3mm。根据试验要求把探测线圈固定在欲测

定的磁场处，如安置在电机端压板、绕组端部的各个部位。布置线圈时必须特别注意，应使探测线圈的轴线与所测磁场的轴线一致，否则会引起误差。例如在二维的交变磁场中，欲测定 y 轴线上的磁通密度 B_y 时，探测线圈的轴线应与 y 轴线的方向一致，而与 x 轴线相垂直。但实际安装时，线圈的轴线往往与 y 轴线间存在安装误差角 α，如图 3-9 所示。在此情况下，探测线圈的感应电动势中包含了由 B_x 所引起的分量，从而产生了误差。假若磁通密度 B_y 及 B_x 都按正弦规律变化，且在时间上同相，即 $B_y = B_{ym}\sin\omega t$，$B_x = B_{xm}\sin\omega t$。则 B_y 及 B_x 在线圈中的感应电动势分别为

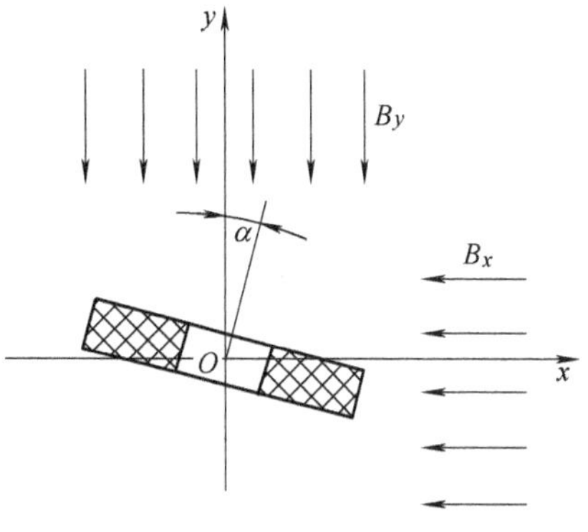

$$E_y = 4.44 f_1 NSB_{ym}\cos\alpha \tag{3-13}$$

$$E_x = 4.44 f_1 NSB_{xm}\sin\alpha \tag{3-14}$$

图 3-9　探测线圈任何位置图

线圈中的总电动势

$$E = E_y \pm E_x = E_y\left(1 \pm \frac{E_x}{E_y}\right) = E_y\left(1 \pm \frac{B_{xm}}{B_{ym}}\tan\alpha\right) \tag{3-15}$$

式中，采用正号或负号取决于安装误差角 α 的方向。由于安装时存在误差角 α，感应电动势中出现幅值误差 $E_x/E_y = (B_{xm}\tan\alpha)/B_{ym}$。若要求该误差小于 5%，在 $B_{xm} = B_{ym}$ 的情况下，α 应小于 3°。假若 $B_x/B_y = 10$ 或 100 时，要求精确测定 B_y，则 α 应分别小于 18′或 1.8′，这在实际上是难以实现的。

在安置探测线圈时，应注意与电机的机壳有可靠的绝缘。每个探测线圈的引线应相互绝缘，并将两根引线绞合在一起，以免外磁场在引线里感应额外的电动势。测量探测线圈的电动势时，应采用灵敏度高、内阻抗大的仪表。假若磁通密度的变化波形严重畸变，则波形系数不再是 1.11，致使原来标定的系数失去意义。这时探测线圈的电动势波形也不是按正弦规律变化。可用示波器观察其波形，或用谐波分析仪分析其谐波。

探测线圈感应电动势 e 对时间的积分值 $\int e\mathrm{d}t$ 正比于磁通密度。因而当要测定磁通密度的变化波形时，只要在探测线圈端点上接一积分器，测取其输出信号 $\int e\mathrm{d}t$ 就可以了。图 3-10 示出了一个由 RC 组成的最简单的积分电路。

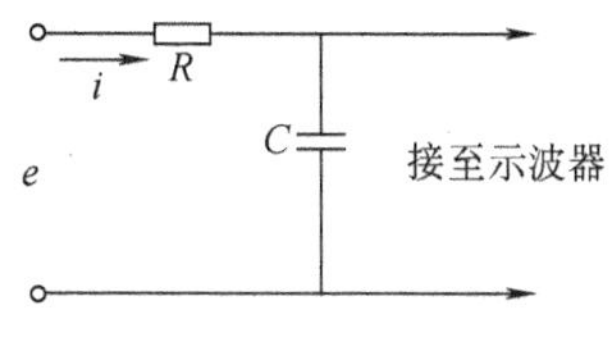

图 3-10　RC 积分电路

$$e = u_R + u_c = iR + \frac{1}{c}\int i\mathrm{d}t \tag{3-16}$$

如果 $U_R \geqslant U_c$，则 $e \approx u_R = iR$ 及 $i \approx e/R$，于是输出电压

$$u_c = \frac{1}{RC}\int e\mathrm{d}t \tag{3-17}$$

把积分电路电容器两端的电压接至示波器或谐波分析仪，就可以观察磁通密度的变化波形或进行谐波分析。当测量的磁通密度值很小时，线圈的感应电动势 e 也很小，为了获得必

要的信号值还应进行放大，最好采用由运算放大器组成的积分电路。

第四节 冲 击 法

冲击法又称脉冲感应法，是测量直流磁场的古典方法，至今仍被采用。其基本工作原理是将匝数为 N 的测量线圈放在被测量的直流磁场中，线圈平面垂直于磁场方向，如人为地使线圈的磁链（设无漏磁，$\Psi = N\Phi$）在 Δt 时刻内突然变化 $\Delta\Psi = N\Delta\Phi$，则测量线圈中将产生一脉冲电动势，其大小正比于磁链的变化率，即

$$e = -\frac{\mathrm{d}\Psi}{\mathrm{d}t} = -N\frac{\mathrm{d}\Phi}{\mathrm{d}t}$$

若将测量线圈与测量仪表相连接，上述电动势将在测量回路中产生脉冲电流 $i(t)$，可写出回路的电势平衡方程

$$e = Ri + L\frac{\mathrm{d}i}{\mathrm{d}t} = -N\frac{\mathrm{d}\Phi}{\mathrm{d}t} \tag{3-18}$$

式中 R——测量回路的总电阻；

L——测量回路的总自感。

将上式等号两边在磁通变化的时间间隔（$0 < t < t_0$）内进行积分，得

$$-N\int_0^{t_0}\left(\frac{\mathrm{d}\Phi}{\mathrm{d}t}\right)\mathrm{d}t = \int_0^{t_0} e\mathrm{d}t = R\int_0^{t_0} i\mathrm{d}t + L\int_0^{t_0}\left(\frac{\mathrm{d}i}{\mathrm{d}t}\right)\mathrm{d}t$$

即
$$N(\Phi_{t=0} - \Phi_{t=t_0}) = N\Delta\Phi = \int_0^{t_0} e\mathrm{d}t = RQ + L[i(t_0) - i(0)]$$

式中 $\Phi_{t=0}$、$\Phi_{t=t_0}$——变化前后的磁通值；

$\Delta\Phi$——磁通的变化量；

Q——磁通变化期间流过电路中的总电量 $Q = \int_0^{t_0} i\mathrm{d}t$。因在磁通变化开始及变化结束时电路中电流均为0，即 $i(t_0) = 0$，$i(0) = 0$ 故得出如下关系式：

$$N\Delta\Phi = \int_0^{t_0} e\mathrm{d}t = RQ \tag{3-19}$$

由上式可见，若能测量出脉冲电流的总电量值 Q 或线圈感应电动势冲量 $\int_0^{t_0} e\mathrm{d}t$，即可求得磁通的变化量 $\Delta\Phi$，而被测磁通 Φ 与 $\Delta\Phi$ 的关系将根据产生 $\Delta\Phi$ 的不同方式而定，例如：将测量线圈从被测磁场中移开，或者从被测磁场外移入，或者将被测磁场的磁化电流突然接通或断开，磁通变化量的绝对值均为 Φ；若将直流磁化电流反向时，则磁通的变化量为 2Φ。

冲击电流计是测量脉冲电量 Q 的直读仪表，而直接测量磁通的直读仪表是磁通计。

一、冲击检流计法

冲击检流计是一种灵敏度比较高，且活动部分具有较大惯性的磁电系检流计，可以用来测量脉冲的电量。

这种检流计，当脉冲电流 i 通过时，它将受到力矩的作用，引起活动部分偏转。当它到达某一最大偏转角 α_m 以后，经过一段运动过程，最后恢复到原来零点位置。其运动状态如图 3-11 所示。

当引入的脉冲电流 i 非常短暂时，它的第一次最大偏转角 α_m 与脉冲电量 Q 成正比，即

$$\alpha_m \propto Q \tag{3-20}$$

又可表示为

$$Q = C_q \alpha_m$$

式中　C_q——冲击系数。

当测量线圈所交链的磁通发生变化时，线圈里所产生的感应电动势为

$$e = -N\frac{d\Phi}{dt}$$

式中　N——测量线圈的匝数。

该电动势与测量电路里的电阻压降和电感电动势相平衡，即

$$-N\frac{d\Phi}{dt} = Ri + L\frac{di}{dt} \tag{3-21}$$

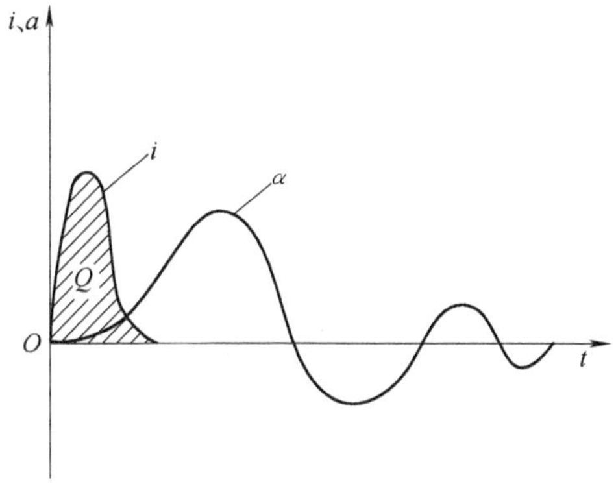

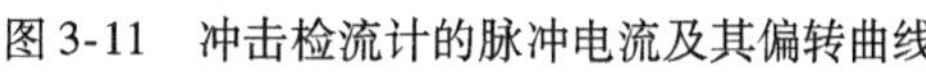

图 3-11　冲击检流计的脉冲电流及其偏转曲线

在磁通变化的期间，对上式积分

$$-N\int_0^{t_0}\left(\frac{d\Phi}{dt}\right)dt = \int_0^{t_0} Ri dt + \int_0^{t_0} L\frac{di}{dt}dt \tag{3-22}$$

因为电流 i 在 0 和 t_0 两个瞬间都等于零，上式最后一项积分等于零，于是可得

$$-N\Delta\Phi = QR$$

只考虑数量关系，上式可写成

$$N\Delta\Phi = QR \tag{3-23}$$

将上式写成下式：

$$-N\Delta\Phi = RC_q\alpha_m$$

或

$$N\Delta\Phi = \frac{C_B\alpha_m}{N} \tag{3-24}$$

若常数 $C_B = RC_q$ 为已知，则磁通改变量可按下式计算：

$$\Delta\Phi = \frac{C_B\alpha_m}{N} \tag{3-25}$$

检流计的冲击常数 C_B 可以用标准互感器来决定。其线路如图 3-12所示。

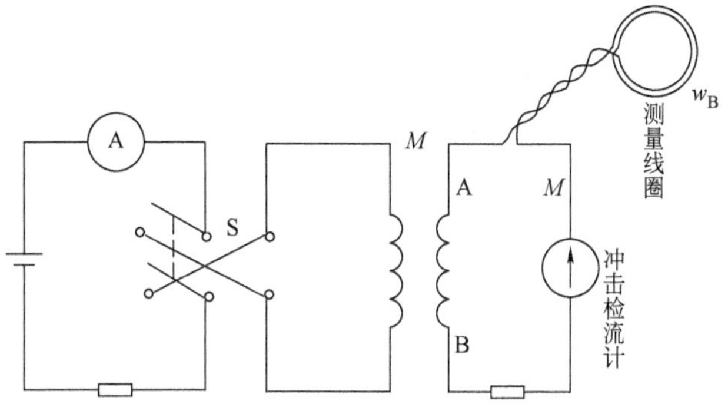

当一次电流发生变化时，在互感器一次绕组中就产生感应电动势，于是引起冲击检流计发生偏转。这时磁通的改变量为

$$N\Delta\Phi = M\Delta I \tag{3-26}$$

式中　M——标准互感器的互感系数。

图 3-12　用冲击检流计测量磁通

ΔI 可由电流表测得，于是

$$M\Delta I = C_B\alpha_m$$

则冲击常数为

$$C_B = \frac{M\Delta I}{\alpha_m} \qquad (3\text{-}27)$$

二、磁通计法

磁通计是由测量线圈和一个无反作用力矩的磁电系测量机构组成，它有永久磁钢及两个圆弧形的极靴：N 极及 S 极，中间为软铁铁心，可动线圈的两个边在气隙中；与一般磁电式电表不同之点是用两个黄金丝做成的无力矩螺旋导流片将电流引入可动线圈，可动线圈是靠无力矩的悬丝或轴尖、轴承来支撑。其结构原理图如图 3-13 所示，可动线圈在气隙中旋转时，其恢复力矩可认为接近于 0，因此它的可动线圈可以任意位置静止。

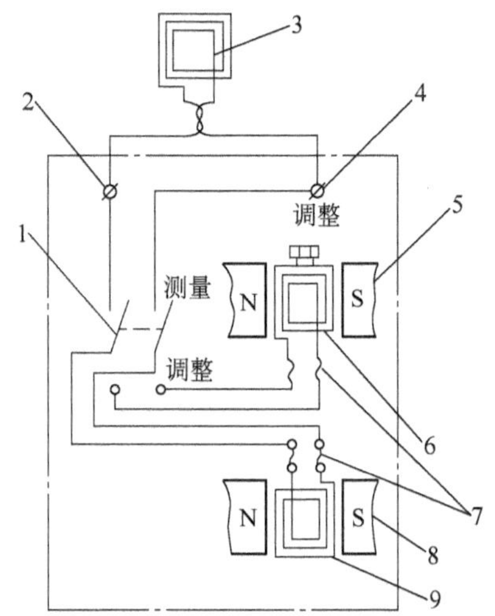

图 3-13　磁通表的结构原理图

1—转换开关　2、4—接线柱　3—测量线圈　5、8—永久磁铁　6、9—活动线圈　7—引线

测量时，磁通计与探测线圈相连接（见图3-14）。当探测线圈中的磁通发生变化。便在其中感应电动势 $e = -N\mathrm{d}\Phi/\mathrm{d}t$，并在回路中引起电流。电流流过磁通计的可动线圈时，将使该线圈产生偏转，可动线圈在永久磁钢的磁场中偏转时也将感应电动势 e_F，并引起电流，该电流与磁场作用而产生阻止线圈偏转的力。通过磁通计的电流 i 可由磁通计回路的电压平衡方程式

$$-N\frac{\mathrm{d}\Phi}{\mathrm{d}t} + e_F = L\frac{\mathrm{d}i}{\mathrm{d}t} + iR \qquad (3\text{-}28)$$

求解，于是电流

$$i = \frac{-N\dfrac{\mathrm{d}\Phi}{\mathrm{d}t} - L\dfrac{\mathrm{d}i}{\mathrm{d}t} + e_F}{R} \qquad (3\text{-}29)$$

式中　$-N\mathrm{d}\Phi/\mathrm{d}t$——探测线圈中磁通变化所感应的电动势；

$-L\mathrm{d}i/\mathrm{d}t$——回路中的电感电动势；

e_F——磁通计可动线圈偏转移动时感应的电动势，$e_F = 2N_F B_F l_F (b_F/2)\mathrm{d}\alpha/\mathrm{d}t$，其中 N_F 为可动线圈的匝数，l_F 为可动线圈的每边有效长度，b_F 可动线圈的宽度，B_F 为磁通计工作气隙中的磁通密度，v_F 为可动线圈偏转的线速度 $v_F = (b_F/2)\mathrm{d}\alpha/\mathrm{d}t$，$\alpha$ 为偏转的角位移；

R——回路中的总电阻。

由于悬丝对可动线圈偏转时的恢复转矩以及空气的阻尼都可忽略不计，因此，当 i 在可动线圈中流过时，它与 B_F 作用产生的转矩 T 将使可动线圈产生角加速度。

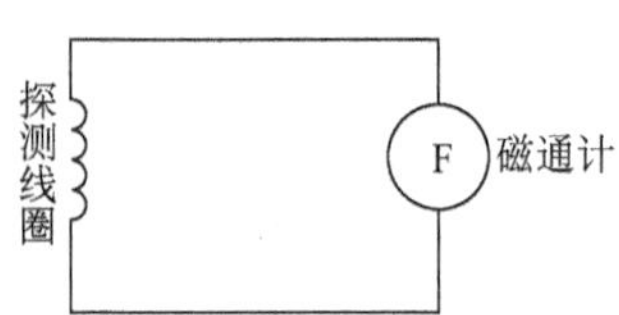

图 3-14　探测线圈与磁通计连接图

$$T = 2N_F B_F l_F i\frac{b_F}{2} = J\frac{\mathrm{d}^2\alpha}{\mathrm{d}t^2} \qquad (3\text{-}30)$$

将电流代入上式，则得

$$J\frac{\mathrm{d}^2\alpha}{\mathrm{d}t^2}=\frac{N_{\mathrm{F}}B_{\mathrm{F}}l_{\mathrm{F}}b_{\mathrm{F}}}{R}\left[-N\frac{\mathrm{d}\Phi}{\mathrm{d}t}-L\frac{\mathrm{d}i}{\mathrm{d}t}+N_{\mathrm{F}}B_{\mathrm{F}}l_{\mathrm{F}}b_{\mathrm{F}}\frac{\mathrm{d}\alpha}{\mathrm{d}t}\right] \tag{3-31}$$

将上式对时间积分，则得

$$J\frac{\mathrm{d}\alpha}{\mathrm{d}t}\bigg|_0^{\tau}=\frac{N_{\mathrm{F}}B_{\mathrm{F}}l_{\mathrm{F}}b_{\mathrm{F}}}{R}\left[-N\int_{\Phi_0}^{\Phi}\mathrm{d}\Phi-L\int_0^0\mathrm{d}i+N_{\mathrm{F}}B_{\mathrm{F}}l_{\mathrm{F}}b_{\mathrm{F}}\int_{\alpha_0}^{\alpha}\mathrm{d}\alpha\right] \tag{3-32}$$

上式的左边等于零，因为在磁通计冲动开始前及过程结束后，角速度 $\mathrm{d}\alpha/\mathrm{d}t=0$。同理，右边括号中的第二项积分 $\int\mathrm{d}i=0$，因为磁通计回路中的电流在开始和结束时都等于零。因此得到下面的关系式

$$N\Delta\Phi=\Delta\Psi=N_{\mathrm{F}}B_{\mathrm{F}}l_{\mathrm{F}}b_{\mathrm{F}}\Delta\alpha \tag{3-33}$$

或

$$\Delta\Phi=\frac{N_{\mathrm{F}}B_{\mathrm{F}}l_{\mathrm{F}}b_{\mathrm{F}}}{N}\Delta\alpha$$

式中　$\Delta\alpha$——磁通计可动线圈偏转的角位移。

由上式可知，被测的磁通变化量与偏转角变化量 $\Delta\alpha$ 成正比，其比值仅与磁通计的结构有关，而与测量回路的参数无关。

磁通表是一种没有反作用力矩的仪表，不工作时指针停在任一位置，使用前先将转换开关置于“调整”位置，转动调整钮，调节永久磁铁使可动部分停止于所定位置，测量时再将开关置于“测量”位置，可直接读数。

三、数字式磁通计

磁电式磁通计是将感应电动势的冲量 $\int e\mathrm{d}t$ 变换为仪表的偏转角 $\Delta\alpha$ 以测量 $\Delta\Phi$ 值；而数字式磁通计是将测量线圈的感应电动势转换为一组脉冲，其脉冲数与 $\int e\mathrm{d}t$ 成正比，通过计数器对每组的脉冲数累积计数，再经过适当的定标，由数码管显示被测量的磁通值。

设测量线圈所匝链的磁通变化时，线圈的感应电动势为

$$e=-N\frac{\mathrm{d}\Phi}{\mathrm{d}t}=-NS\frac{\mathrm{d}B}{\mathrm{d}t} \tag{3-34}$$

若与线圈相连接的电路输入阻抗很大，线圈本身的阻抗压降可以忽略不计，则线圈的端电压 $u\approx e$。若只考虑绝对值，则端电压为

$$u\approx e=N\frac{\mathrm{d}\Phi}{\mathrm{d}t}=NS\frac{\mathrm{d}B}{\mathrm{d}t} \tag{3-35}$$

将 u 送给电压-频率（u-f）变换电路，则得一系列的脉冲输出，其频率正比于输入电压 u，即

$$f=Ku \tag{3-36}$$

式中　K——电压-频率变换常数。

这些脉冲经计数器累加计数后，得到一组脉冲的读数 N_1 为

$$N_1=\int f\mathrm{d}t=K\int u\mathrm{d}t=KN\int\mathrm{d}\Phi=KN\Delta\Phi \tag{3-37}$$

由上式可见，计数器的读数 N_1 与被测磁通 $\Delta\Phi$ 成正比，经过校准定标，可由显示器直接显示出被测磁通值。

$\Delta\Phi$ 既可以是两个稳定状态磁通的差值，也可是磁通连续变化过程中任意相邻两点间磁

通的差值，即这种数字式磁通计的测量过程可以是间断的或连续的。

这种应用电压-频率变换电路的数字式测磁装置具有测量速度快、准确度高、读数直观等优点。它较好地解决了漂移问题，电压-频率变换电路的漂移是很小的，计数器只有 ±1 个字的误差，而无其他漂移问题。

图 3-15 给出了 3 个型号磁通计的外形示例。

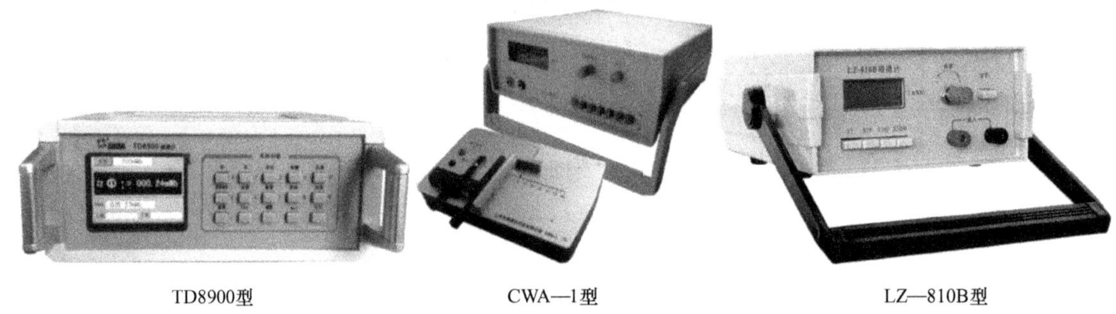

图 3-15　磁通计外形示例

第五节　磁性材料的测量

磁性材料的性能表现在它的磁化曲线和磁滞回线上。所以测量磁性能，主要通过测量磁化曲线和磁滞回线取得。

测量磁滞回线时要注意两个问题：第一，材料的磁性能与工作条件有关。例如分别在直流和交流条件下工作，其特性就不完全相同。同样在交流条件下工作，各种频率的交流电作用下，其动态特性也有差异，所以测量磁性能要使材料工作在实际条件下，然后进行测定。例如硬磁材料一般可以只测直流静态特性，而软磁材料则需要测动态特性等等。第二，磁性材料需要取出样品进行测量。而测量时要求样品全部工作在同一工作条件下，也就是说要求测试样品内部有一个均匀的磁场，否则样品各点的 B 与 H 值不相同，测出的只是一种平均状态。为此，样品最好做成环形闭合试样，如图 3-16a 所示；如果做不到这一点，可以做成条形或棒形试样，放在磁轭空隙中通过磁轭构成闭合磁路，如图3-16b所示；如为片状样品，如硅钢片等，可以做成条片，然后搭接成方形环，如图 3-16c 所示。

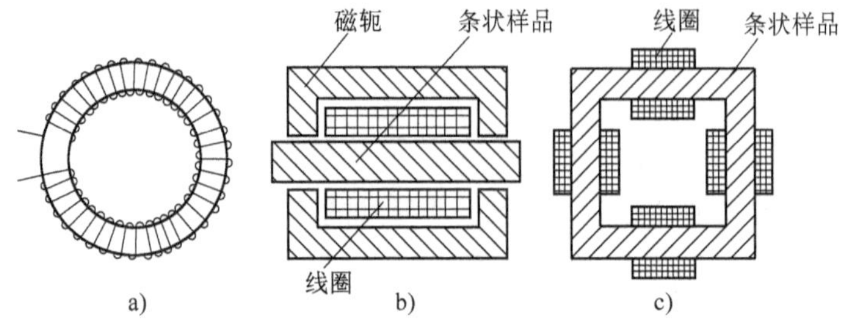

图 3-16　磁性材料试样

一、直流磁特性的测量

直流磁特性常用冲击检流计进行测量，先将被测材料取出样品，然后在它上面绕上线圈，按图3-17连接。

图中，M为被测样品；G_c为冲击检流计；S_4为检流计短路开关，调整时先将S_4闭合，待调整结束需要正式测量时再将S_4打开；S_2用来改变样品的磁化方向；S_3、R_1、R_2用于调节磁化电流的大小。

测量步骤如下：

1）开关S_1置右边，用互感线圈测定冲击检流计的磁通，冲击常数$C_\Phi = C_q R$，其原理同本章的第三节。

2）将开关S_1倒向左边，先进行退磁，退磁时调节电阻R_1、R_2，使磁化绕组N_1的电流与匝数的乘积大于被测材料的矫顽力10倍左右，然后扳动S_2反复改变电流方向；与此同时，逐渐加大R_1、R_2使电流逐渐减小，最后减到零，即退磁完毕。退磁之后，再静放几分钟，再继续进行以下步骤。

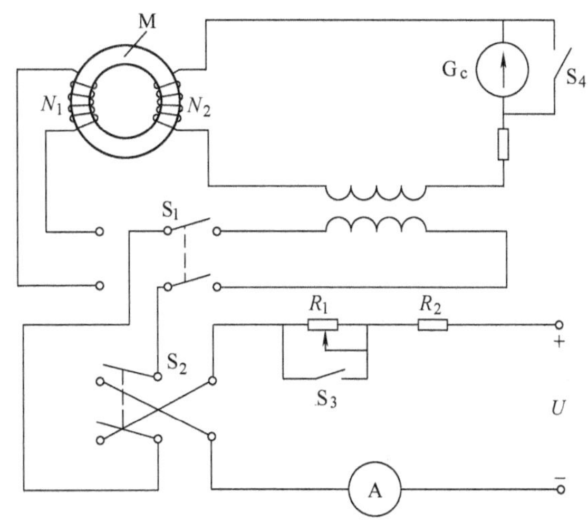

图3-17　用冲击检流计测定磁性材料的磁性能

3）测量基本磁化曲线：先从最大磁通密度较小值开始，或称为最小磁滞回线开始，即调节R_1、R_2使电流为最小，利用开关S_2将磁化电流方向改变若干次，目的是对被测材料进行老炼，老炼8~9次之后，即可测出B、H值，即

$$H = \frac{N_1 I_1}{\pi D} \tag{3-38}$$

$$\Delta B = \frac{C_q R}{N_2 S}\Delta\alpha \tag{3-39}$$

式中　S——被测样品的横截面；

D——被测环形样品的平均直径；

N_1——被测环形样品磁化绕组的一次绕组匝数；

N_2——冲击环形样品磁化绕组的二次绕组匝数；

C_q——冲击检流计电量冲击常数；

$C_q R$——冲击检流计磁通冲击常数。

当开关S_2从$+I_1$倒向$-I_1$时，$\Delta B = 2B$，所以样品中实际磁通密度B，可由下式求得：

$$B = \frac{C_q R}{2N_2 S}\Delta\alpha \tag{3-40}$$

逐渐增加磁化电流，重复上述步骤，每一次记下一个B和一个H的值，一直到饱和为止，即可从得出的各次B、H值，画出基本磁化曲线。

4）测定磁滞回线：由于磁滞回线是对称的，只要测出半边，另半边可按对称原则画出，测定磁滞回线其样品的磁化电流可从 $+I_m \to +I_1 \to 0 \to -I_1 \to -I_m$ 的次序分别测出 B、H 值。

用冲击检流计测量磁性能，主要是费时太多、步骤太繁，为了提高测量速度，现在生产的直流磁性测量仪都采用自动测量、自动记录的方法，测量结果在 X—Y 记录仪上直接显示出磁化曲线或磁滞回线。

二、交流磁特性的测量

交流磁特性测量的对象主要是各种软磁材料，测量内容主要是在各工作磁通密度及给定工作频率下的磁导率和损耗。

磁导率可以从磁滞回线中求得，但软磁材料在交变磁场中反复磁化时，由于同时存在磁滞效应和涡流效应，交流磁滞回线的形状介乎磁滞回线和椭圆之间。磁化场幅度愈小、频率愈高，回线愈接近椭圆，而且与样品形状、尺寸、磁化电流波形都有关系。为了使测量结果有统一的依据，要求被测材料必须按标准要求的尺寸做出测试样品。测量时，磁通密度 B 必须按正弦规律变化（相应的磁化电流一定为非正弦），并在规定的频率条件下测出交流的磁化曲线和磁滞回线。

测量损耗也一样，由于损耗与频率、波形、磁通密度的大小都有关系，故测量时要尽量创造和材料实际工作时相同的条件。例如现在测量硅钢片损耗，分别在 50Hz 和 400Hz 两种频率下进行，测量时磁通密度应按正弦规律变化，其峰值分别为 1T（$1\text{T}=10^4\text{Gs}$）、1.5T、1.7T，即测出 $P_{10/50}$、$P_{15/50}$、$P_{17/50}$ 和 $P_{10/400}$、$P_{15/400}$、$P_{17/400}$，表示该损耗是在什么样的频率和磁通密度条件下测出的。

最简单测量交流磁特性的方法是用指示仪表。

1. 用指示仪表测量交流磁化曲线

所谓交流磁化曲线是指在不同的交变磁场 H_m（峰值）作用下，测出相应的 B_m，B_m-H_m 的关系曲线称为交流磁化曲线，从交流磁化曲线上求得的磁导率称为振幅磁导率。

$$\mu_m = B_m/H_m$$

将被测材料做成环形或框形的试样后，绕上两组 N_1-N_2，并按图 3-18 连接。

调节自耦变压器改变磁化电流的大小，一般调节 H_m 为 10A/m、25A/m、50A/m、100A/m、300A/m 各值，分别测得 B_m 值。

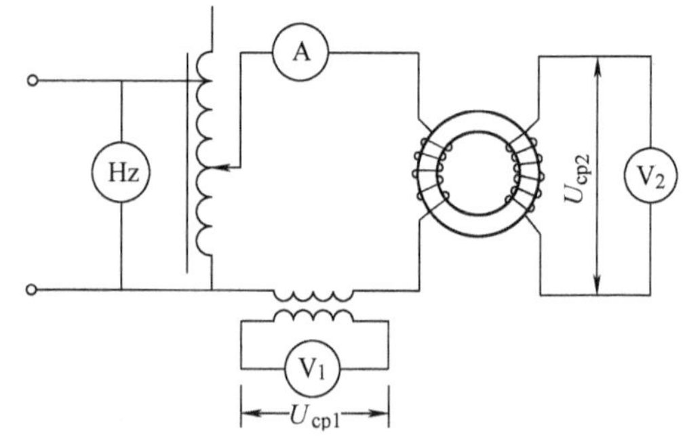

图 3-18　指示仪表测量交流磁化曲线

为了满足 B 按正弦规律变化的规定，磁化电流必定是非正弦的，所以磁化电流的峰值是利用电路中的互感 M 测出，用平均值电压表测量其二次绕组的电压平均值 U_{cp}，因为电压平均值与磁化电流峰值的关系为

$$U_{cp1} = 4fMI_m \tag{3-41}$$

然后代入求 H 公式可求得 H_m 值

$$H_m = \frac{I_m N_1}{l} = \frac{U_{cp1} N_1}{4fMl} \tag{3-42}$$

式中　l——试样的平均磁路长度（m）；

N_1——磁化线圈总匝数；

f——磁化电流频率（Hz）；

I_m——磁化电流峰值（A）。

如果没有测量平均值的电压表，而用整流系的有效值刻度的电压表时，应将读数除以正弦波形因数1.11，即得出任意波形被测电压平均值。

试样中的磁通密度，可从 N_2 感应的电动势求得

$$B_m = \frac{U_{cp2}}{4fN_2S} \tag{3-43}$$

式中　S——试样的截面（m^2）。

测出每一个 H_m 值所对的 B_m 值，即可做出交流磁化曲线。

2. 用指示仪器的测量损耗

用功率表测量磁性材料在交变磁场中所消耗的功率，是测量损耗的重要方法。以硅钢片为例，可将硅钢片剪成片状，叠成方圈结构，剪时半数样品沿轧制方向，半数垂直于轧制方向，分别放入方圈相对螺旋管内，四角采用对接方式。方圈四个边放四个螺旋管，每个螺旋管都绕有一次、二次绕组，然后分别串联。然后按图3-19接成测量电路。

通电后，功率表测得的总损耗 P 包括试样铁损耗、电压表和功率表损耗以及方圈绕组的铜损耗，即

$$P_z = P + \frac{U^2}{r} + I^2R \tag{3-44}$$

式中　r——电压表和功率表电压线路的等效内阻；

R——方圈绕组电阻。

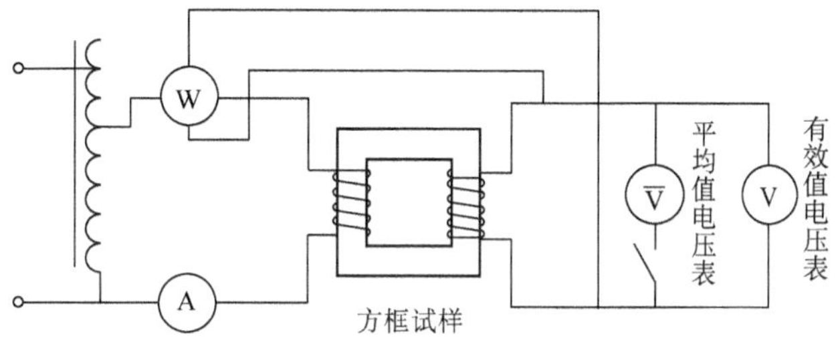

图3-19　指示仪表测量损耗

图3-19中，功率表的电压线圈接在二次绕组上，设一次绕组匝数 N_1 等于二次绕组匝数 N_2，那么功率表测得的功率已经不包括方圈绕组的铜损耗，即

$$P_z = P + \frac{U^2}{r} \tag{3-45}$$

所以试样损耗只要将功率表读数扣除表损耗功率即可。

图中，电压表有两个：一个测有效值，用来计算表损耗功率；另一个测平均值，用来监视 B 的波形，因为测量中要求 B 的波形为正弦，即有效值除以平均值应为1.11。

和测量直流磁特性一样，近代都采用自动记录和自动测量的仪器，例如国产CL2型交流磁性自动测量仪。另外，为了避免在制造样品时把材料剪切，例如硅钢片整张的检验装置，可以在硅钢片生产中连续进行，无须制作试样。

3. 数字式硅钢片铁损测量

目前，硅钢片铁损测量已广泛使用数字式微机型测量系统。和传统的“方圈法”相比，具有工作效率高（测量样片只用一片或几片一定尺寸的硅钢片即可，单片放置在测量平台上。省去了裁片、码片固定等费时费力的操作程序）、数据准确度高、可和微机连接进行多

条特性曲线绘制和性能分析等优点。

图 3-20 给出了一种型号为 ATS—200M 的测试仪。

该仪器采用单片机控制技术和 A-D、D-A 转换相结合，内置正弦波励磁电源，直接显示铁损 P_s（W/kg），磁场强度 H_m（A/cm）或磁通密度 B_m（T）。通过选配测量软件，组成硅钢片自动测量仪，可自动测量硅钢片的 $P_s=f(B)$ 损耗曲线、$P_s=f(H)$ 损耗曲线和 $B=f(H)$ 磁化曲线。该仪器适用于测量各种厚度的冷轧取向、无取向和热轧的硅钢片。可选择定 B 或定 H 测量，定 B 测量 P_s 时保持磁通正弦，有效消除谐波影响。测试结果不含铜损，确保铁损测量更真实。可通过 RS232 接口与计算机连接，选配自动测量软件，可扩展更多的功能。

图 3-20　ATS—200M 型硅钢片铁损测量仪

第四章　谐波的测量

随着电力电子技术和数字控制技术的发展，各种电机及其电子控制装置或励磁装置也是与日俱增。例如开关磁阻电动机及其控制电源；无刷直流电动机及其换相电源；永磁同步电动机及其变频电源；线绕转子异步电动机及其串级调速控制装置；同步电动机及其可控电子整流励磁装置，这些电源和装置输出含有各种不同谐波的非正弦的电压和电流。即使供电电源为正弦波，但由于电机磁路的非线性以及磁极形状、绕组分布、齿槽存在等原因，也会出现谐波电压和电流。这些谐波电压和电流对电机和电网都带来不良的影响，因此如何测量这些电压和电流是当前电机测试中急需解决的问题。

第一节　谐波分析

一、谐波产生的原因

在理想的电力系统中，电流和电压都是标准的正弦波。在只含线性元件（电阻、电感及电容）的简单电路里，如果所加电压是正弦波，则流过的电流就是正弦波；当电流流过与所加的正弦电压不呈线性关系的负载时，就形成非正弦电流。随着电力电子技术的迅猛发展，大量非线性负载、晶闸管整流设备、变频器等半导体变流装置等加入电网，使供电网络中的波形发生了畸变，不再是单一的频率（例如50Hz）正弦波形，还包括一系列频率为基波整数倍的正弦波分量，这些分量称为谐波。

图4-1所示为带电阻负载的单相半波可控整流电路工作情况。图中，变压器T起变换电压和隔离的作用；电阻负载的特点：电压与电流成正比，两者波形相同。结合图4-1进行工作原理及波形分析，u_d为脉动直流电压，波形只在u_2正半周内出现，故称“半波”整流。

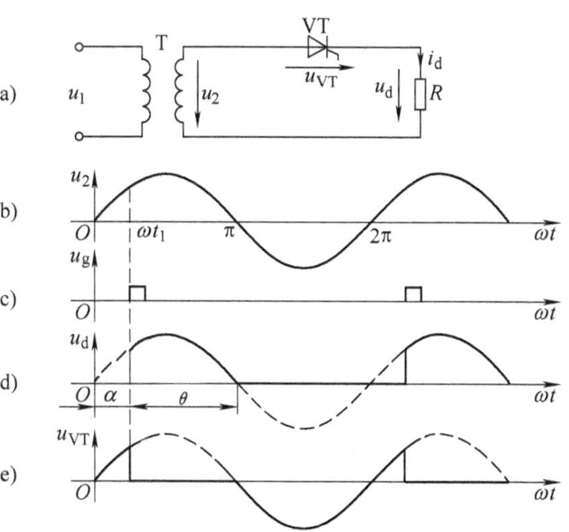

图4-1　单相半波可控整流电路

采用了可控器件晶闸管，且交流输入为单相，故该电路为单相半波可控整流电路；u_d波形在一个电源周期中只脉动1次，故该电路也称为单脉波整流电路。从晶闸管开始承受正向阳极电压起到施加触发脉冲止的电角度为触发延迟角，用α表示。晶闸管在一个电源周期中处于通态的电角度称为导通角，用θ表示。直流输出电压平均值为

$$U_d = \frac{1}{2\pi}\int_0^{\alpha}\sqrt{2}U_2\sin\omega t\mathrm{d}(\omega t) = \frac{\sqrt{2}U_2}{2\pi}(1+\cos\alpha) = 0.45U_2\frac{1+\cos\alpha}{2} \tag{4-1}$$

u_d 为脉动直流电压，即含有直流分量，同时也含有频率与工频相同的基波，以及为基波整数倍的谐波。

二、谐波的危害

1）对旋转的发电机、电动机而言，由于谐波电流或谐波电压在定子绕组、转子回路及铁心中产生附加损耗，从而降低发电、输电及用电设备的效率。更为严重的是，谐波振荡容易使汽轮发电机产生振荡力矩，可能引起机械共振，造成汽轮机叶片扭曲及产生疲劳破坏。

2）谐波电压在许多情况下能使正弦波变得更尖，不仅导致电机、变压器、电容器等电气设备的磁滞及涡流损耗增加，而且使绝缘材料承受的电应力增大。谐波电流能使变压器的铜耗增加，所以电机、变压器在严重的谐波负载下将产生局部过热、振动和噪声增大、温升增加，从而加速绝缘老化、缩短变压器等电气设备的使用寿命、浪费日趋宝贵的能源、降低供电可靠性。

3）由于电机、变压器、电力电容器、电缆等负载处于经常的变动之中，极易与电网中含有的大量谐波源构成串联或并联的谐振条件，形成谐波振荡，产生过电压或过电流，危及电机、变压器等负载及电力系统的安全运行，引发输配电事故的发生。

4）电网谐波将使测量仪表、计量装置产生误差，达不到正确指示及计量。断路器开断谐波含量较高的电流时，断路器的开断能力将大大降低，造成电弧重燃，发生短路，甚至断路器爆炸。

5）另外，由于谐波的存在，易使电网的各类保护及自动装置产生误动或拒动以及在通信系统内产生声频干扰，严重时将威胁通信设备及人身安全等。

三、谐波的傅里叶级数

谐波分析就是将非正弦周期波函数$f(t)$ 展开为傅里叶级数，即

$$\begin{aligned} f(t) &= A_0 + \sum_{k=1}^{\infty}\left[A_k\cos(k\omega_0 t) + B_k\sin(k\omega_0 t)\right] \\ &= A_0 + \sum_{k=1}^{\infty} C_k\sin(k\omega_0 t + \varphi_k) \end{aligned} \tag{4-2}$$

式中 $f(t)$ ——频率为 f_0 的周期函数，其角频率为 $\omega_0 = 2\pi f_0$，周期为 $T = 1/f_0 = 2\pi/\omega_0$；

$C_1\sin(\omega_0 t + \varphi_1)$ ——基波分量；

$C_k\sin(k\omega_0 t + \varphi_k)$ ——k 次谐波，幅值为 C_k，频率为 kf_0，相位为 φ_k，其中 $C_k = \sqrt{A_k^2 + B_k^2}$，$\varphi_k = \arctan\ (A_k/B_k)$。

如图 4-2 所示，对幅值为 1、周期为 2 的方波进行傅里叶变换，得

$$f(t) = \frac{4}{\pi}\left[\sin\omega t + \frac{1}{3}\sin3\omega t + \frac{1}{5}\sin5\omega t + \frac{1}{7}\sin7\omega t + \cdots + \frac{1}{2k-1}\sin(2k-1)\omega t\right] \tag{4-3}$$

由图 4-2a 可见，实线基波$f_1(t) = 4\sin\omega t/\pi$，与方波相差很远；图 4-2b 实线为基波与 3 次谐波$f_3(t) = 4\sin3\omega t/(3\pi)$ 的合成值；图 4-2c 实线为基波、3 次谐波与 5 次谐波$f_5(t) = 4\sin5\omega t/(5\pi)$ 的合成值；图 4-2d 实线为基波、3 次谐波、5 次谐波与 7 次谐波$f_7(t) = 4\sin7\omega t/(7\pi)$ 的合成值,合成波形越来越接近方波；当由无限项相加时，便合成为方波$f(x)$。

在工程实际中的非正弦周期波具有一些特殊性质。

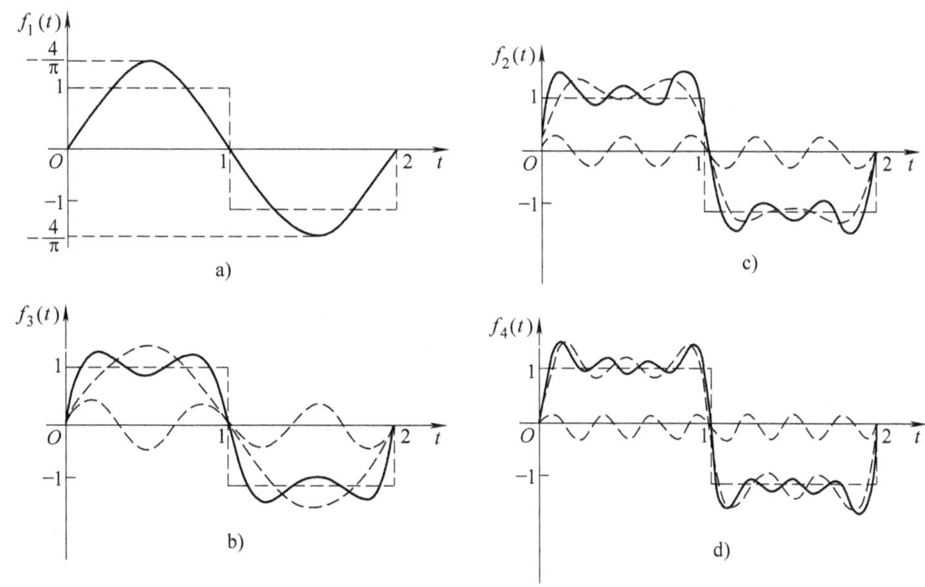

图 4-2　非正弦周期波展开傅里叶级数

1. 奇对称即奇函数

特点是：$f(-t)=-f(t)$，周期函数的波形相对于原点对称，如图 4-3 所示；展开的傅里叶级数没有余弦项，即 $A_k=0$。

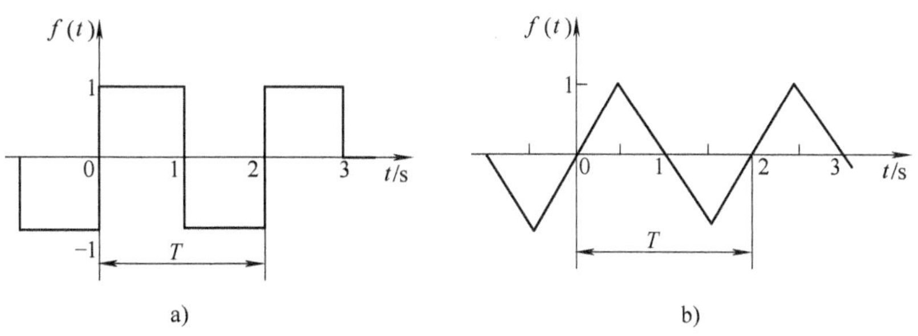

图 4-3　奇函数

2. 偶对称即偶函数

特点是：$f(-t)=f(t)$，周期函数的波形相对于纵轴对称，如图 4-4 所示；展开的傅里叶级数没有正弦项，即 $B_k=0$。

3. 半波对称也称镜对称函数

特点是：$f(t)=-f(t+T/2)$，周期函数的波形沿横轴平移半个周期后，与原来的波形对称于横轴，如图 4-5 所示；展开的傅里叶级数没有偶数项和直流分量，即 $A_0=0$，$C_{2m}=0$，$m=1, 2, 3, \cdots$

电力系统可由双向对称元件组成的，这些元件产生的电压电流具有半波对称性，因此，可以没有偶次谐波。

在电力系统中，有些对称周期性物理量，根据坐标轴选择不同既可表示为奇函数也可表示为偶函数，如图 4-3a、b 坐标轴左移 $T/4$，则由奇函数变为如图 4-4a、b 的偶函数；同样，图 4-4a、b 坐标轴右移 $T/4$，则由偶函数变为如图 4-3a、b 的奇函数；但图 4-4c 的偶函数则不能通过移动坐标轴变为奇函数。同时，图 4-3a、b 和图 4-4a、b 也是半波对称函数。

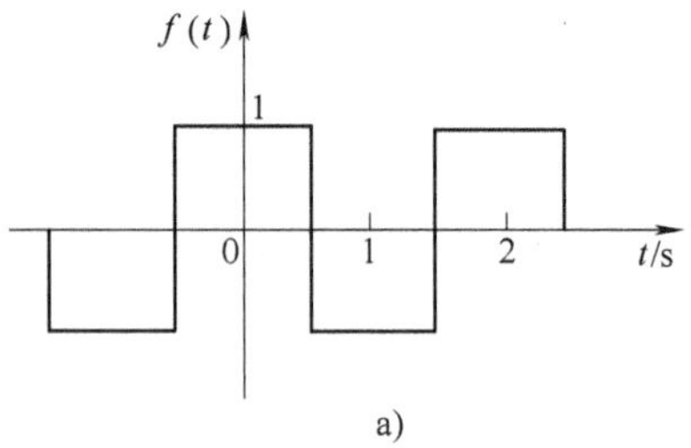

a)

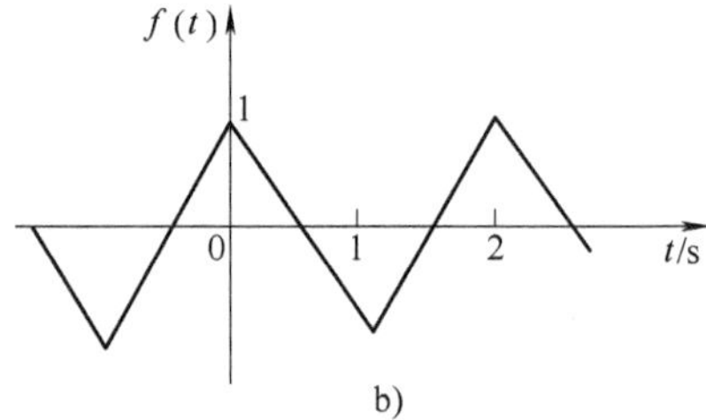

b)

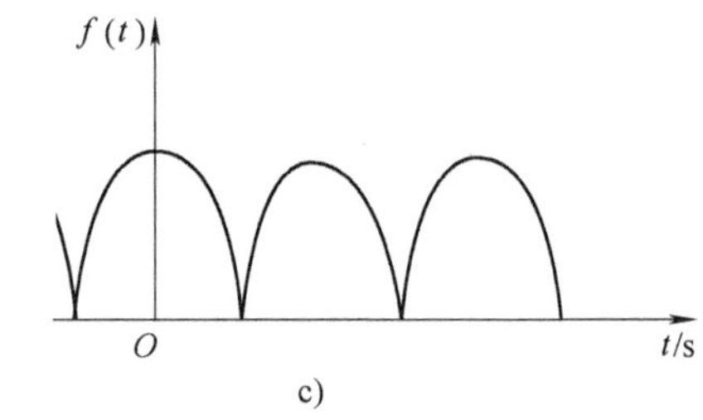

c)

图 4-4　偶函数

在电机中，当星形联结时，线电压中无 3 次及 3 的整数倍次谐波；当中性点不接地时，相电流也无 3 次及 3 的整数倍次谐波。当三角形联结时，线电流及线电压中无 3 次及 3 的整数倍次谐波。又因为在电机中具有半波对称性，故以上几种情况仅含有基波和 5、7、11、15 等次，即 $6k+1$ 次谐波分量，其中 $k=1$、2、3、…

严格地说，把一个非正弦周期函数表示为傅里叶级数需要无限多项才能逼近原来的波形。而连续函数谐波的幅值随谐波次数 k 的增加至少要和 k^2 成反比地减少。因此工程上总是用有限项数来代替无限项数。可以确认，在电机中电压和电流是连续函数，其谐波的振幅至少和 k^2 成反比地减少，国标 GB755—2000《旋转电机　定额和性能》中规定谐波次数最大取 13 次。

四、谐波畸变的度量方法

将一个畸变的周期电流或电压波形展开成傅里叶级数，可以用下式来表达：

$$i(t) = \sum_{k=1}^{\infty} \sqrt{2} I_k \cos(k\omega_0 t + \beta_k) \tag{4-4}$$

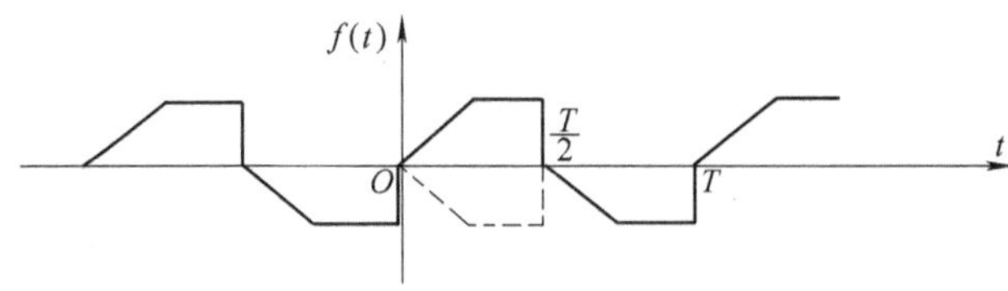

图 4-5　半波对称函数

$$u(t) = \sum_{k=1}^{\infty} \sqrt{2} U_k \cos(k\omega_0 t + \theta_k) \tag{4-5}$$

式中　I_k——k 次谐波电流的有效值；

U_k——k 次谐波电压的有效值；

β_k——k 次谐波电流的相位；

θ_k——k 次谐波电压的相位；

ω_0——基波角频率，$\omega_0=2\pi f_0$；

f_0——基波频率，例如50Hz。

1. 电压、电流有效值

$$U=\sqrt{\frac{1}{T}\int_0^T u^2(t)\mathrm{d}t}=\sqrt{\sum_{k=1}^{\infty}U_k^2} \tag{4-6}$$

$$I=\sqrt{\frac{1}{T}\int_0^T i^2(t)\mathrm{d}t}=\sqrt{\sum_{k=1}^{\infty}I_k^2} \tag{4-7}$$

2. 电压、电流的畸变因数

国家技术监督局1993年颁布了国标GB/T14549—1993《电能质量　公用电网谐波》，其中规定的有关谐波的参数有：

（1）k次谐波电压含有率HRU_k

$$HRU_k=\frac{U_k}{U_1}\times 100\% \tag{4-8}$$

式中　U_k——k次谐波电压（方均根值）；

U_1——基波电压（方均根值）。

（2）k次谐波电流含有率HRI_k

$$HRI_k=\frac{I_k}{I_1}\times 100\% \tag{4-9}$$

式中　I_k——k次谐波电流（方均根值）；

I_1——基波电流（方均根值）。

（3）谐波电压含量U_k

$$U_k=\sqrt{\sum_{k=2}^{\infty}(U_k)^2} \tag{4-10}$$

（4）谐波电流含量I_k

$$I_k=\sqrt{\sum_{k=2}^{\infty}(I_k)^2} \tag{4-11}$$

（5）电压总谐波畸变率THD_{u}

$$THD_{\mathrm{u}}=\frac{U_k}{U_1}=\frac{\sqrt{\sum_{k=2}^{\infty}(U_k)^2}}{U_1}=\frac{\sqrt{U_1^2+\sum_{k=2}^{\infty}(U_k)^2-U_1^2}}{U_1}=\sqrt{(\frac{U}{U_1})^2-1} \tag{4-12}$$

（6）电流总谐波畸变率THD_{i}

$$THD_{\mathrm{i}}=\frac{I_k}{I_1}=\frac{\sqrt{\sum_{k=2}^{\infty}(I_k)^2}}{I_1}=\frac{\sqrt{I_1^2+\sum_{k=2}^{\infty}(I_k)^2-I_1^2}}{I_1}=\sqrt{(\frac{I}{I_1})^2-1} \tag{4-13}$$

许多国家都发布了限制电网谐波的国家标准，或由权威机构制定限制谐波的规定。为了保护供用电双方的利益，必须将公用电网谐波限制在标准规定的范围内，国标 GB/T 14549—1993 作为对电力系统供电质量的要求，规定了公用电网谐波电压（相电压）限值，如表 4-1 所示。作为限制用电户谐波污染的排放，规定了注入公共连接点的谐波电流允许值，对于用电户，一则要求注入电网谐波电流不能大于 GB/T 14549—1993 中规定的注入公共连接点的谐波电流允许值，以减小注入电网谐波电流污染，见表 4-2；二则要求每相输入电流≤16A 用电设备产生的谐波电流符合国标 GB 17625. 1—2012《电磁兼容　限值　谐波电流发射限值（设备每相输入电流≤16A）》和额定电流大于 16A 的设备产生的谐波电流符合国标 GB/Z 17625. 6—2003《电磁兼容　限值　对额定电流大于 16A 的设备在低压供电系统中产生的谐波电流限制》。

表 4-1　公用电网谐波电压

电网标称电压/kV	电压总谐波畸变率（%）	各次谐波电压含有率（%）	
		奇　次	偶　次
0. 38	5. 0	4. 0	2. 0
6	4. 0	3. 2	1. 6
10			
35	3. 0	2. 4	1. 2
66			
110	2. 0	1. 6	0. 8

表 4-2　注入公共连接点的谐波电流允许值

标准电压/kV	基准短路容量/MVA	谐波次数及谐波电流允许值/A																							
		2	3	4	5	6	7	8	9	10	11	12	13	14	15	16	17	18	19	20	21	22	23	24	25
0. 38	10	78	62	39	62	26	44	19	21	16	28	13	24	11	12	9. 7	18	8. 6	16	7. 8	8. 9	7. 1	14	6. 5	12
6	100	43	34	21	34	14	24	11	11	8. 5	16	7. 1	13	6. 1	6. 8	5. 3	10	4. 7	9. 0	4. 3	4. 9	3. 9	7. 4	3. 6	6. 8
10	100	26	20	13	20	8. 5	15	6. 4	6. 8	5. 1	9. 3	4. 3	7. 9	3. 7	4. 1	3. 2	6. 0	2. 8	5. 4	2. 6	2. 9	2. 3	4. 5	2. 1	4. 1
35	250	15	12	7. 7	12	5. 1	8. 8	3. 8	4. 1	3. 1	5. 6	2. 6	4. 7	2. 2	2. 5	1. 0	3. 6	1. 7	3. 2	1. 5	1. 8	1. 4	2. 7	1. 3	2. 5
66	500	16	13	8. 1	13	5. 4	9. 3	4. 1	4. 3	3. 3	5. 9	2. 7	5. 0	2. 3	2. 6	2. 0	3. 8	1. 8	3. 4	1. 6	1. 9	1. 5	2. 8	1. 4	2. 6
110	750	12	9. 6	6. 0	9. 6	4. 0	6. 8	3. 0	3. 2	2. 4	4. 3	2. 0	3. 7	1. 7	1. 9	1. 5	2. 8	1. 3	2. 5	1. 2	1. 4	1. 1	2. 1	1. 0	1. 9

当电网公共连接点的最小短路容量与表 4-2 所列的基准短路容量不同时，可按下式换算：

$$I_k = \frac{S_1}{S_2} I_{kp} \tag{4-14}$$

式中　S_1——公共连接点的最小短路容量（MVA）；

S_2——基准短路容量（MVA）；

I_{kp}——表 4-2 中 k 次谐波电流允许值（A）；

I_k——短路容量为 S_1 时的 k 次谐波电流允许值（A）。

3. 有功功率、无功功率、视在功率和畸变功率

(1) 有功功率

$$p(t) = mu(t)i(t) \tag{4-15}$$

式中　m——电机的相数。

其平均值为

$$P = m\frac{1}{T}\int_0^T p(t)\mathrm{d}t = m\sum_{k=1}^{\infty} U_k I_k \cos(\theta_k - \beta_k) = m\sum_{k=1}^{\infty} U_k I_k \cos\varphi_k \tag{4-16}$$

式中　φ_k——k 次谐波电压与电流的相位差。

(2) 无功功率

$$Q = m\sum_{k=1}^{\infty} U_k I_k \sin(\theta_k - \beta_k) = m\sum_{k=1}^{\infty} U_k I_k \sin\varphi_k \tag{4-17}$$

(3) 视在功率

$$\begin{aligned} S = UI &= \sqrt{\sum_{k=1}^{\infty} U_k^2 \sum_{k=1}^{\infty} I_k^2} = U_1 I_1 \sqrt{1 + THD_{\mathrm{u}}^2}\sqrt{1 + THD_{\mathrm{i}}^2} \\ &= S_1 \sqrt{1 + THD_{\mathrm{u}}^2}\sqrt{1 + THD_{\mathrm{i}}^2} \end{aligned} \tag{4-18}$$

式中　S_1——基频视在功率。

(4) 畸变功率

当有谐波存在时，通常视在功率 $S^2 > P^2 + Q^2$，畸变功率 D 定义为

$$D = \sqrt{S^2 - (P^2 + Q^2)} \tag{4-19}$$

(5) 功率因数

功率因数是有功功率对视在功率的比值，即

$$\lambda = \frac{P}{S} = \frac{P}{S_1 \sqrt{1 + THD_{\mathrm{u}}^2}\sqrt{1 + THD_{\mathrm{i}}^2}} = \lambda_{\mathrm{disp}}\lambda_{\mathrm{dist}} \tag{4-20}$$

$$\lambda_{\mathrm{disp}} = \frac{P}{S_1} \tag{4-21}$$

$$\lambda_{\mathrm{dist}} = \frac{1}{\sqrt{1 + THD_{\mathrm{u}}^2}\sqrt{1 + THD_{\mathrm{i}}^2}} = \frac{U_1}{U}\cdot\frac{I_1}{I} = \frac{S_1}{S} \tag{4-22}$$

式中　λ_{disp}——位移功率因数；

λ_{dist}——畸变功率因数。

此时可令　$$\cos\varphi = \frac{P}{S_1 \sqrt{1 + THD_{\mathrm{u}}^2}\sqrt{1 + THD_{\mathrm{i}}^2}}$$

功率因数

$$\lambda = \cos\varphi = \frac{P}{S}$$

但功率因数角 φ 已不是非正弦电压和电流过零点的相位差。

而且

$$\sin\varphi \neq \frac{Q}{S}$$

第二节　谐波的测量方法

一、谐波的时域测量

谐波测量是谐波问题的一个重要分支，它是谐波问题研究的主要依据，也是研究分析问题的出发点。国标 GB/T 14549—1993、国标 GB 17625. 1—2012 和国标 GB/Z 17625. 6—2003 对谐波测量时供电电源的谐波电压进行了限制性规定，对测试仪的精度也提出了要求，以避免对谐波电流测量结果造成影响。图 4-6 和图 4-7 分别为单相设备测试电路和三相设备测试电路。

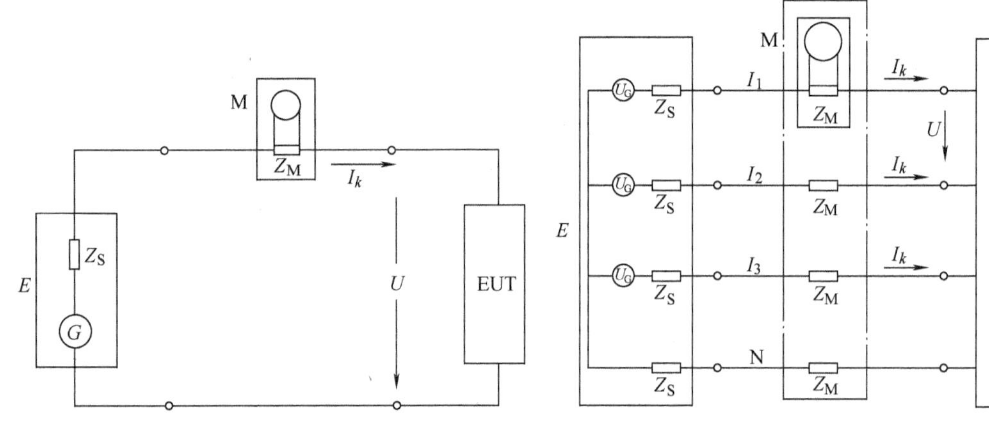

图 4-6　单相设备测试电路

图 4-7　三相设备测试电路

E—供电电源　EUT—受试设备　Z_M—测量设备的输入阻抗

I_k—线电流的 k 次谐波分量　M—测量设备　U—试验电压

Z_S—试验电源的内阻抗　U_G—供电电源的开路电压

方法 1：基于快速傅里叶变换（FFT）的谐波测量

随着计算机和微电子技术的发展，基于快速傅里叶变换的谐波测量是当今应用最多也是最广的一种方法。其工作原理图如图 4-8 所示。被测的电流、电压信号经信号变换单元变换为适于 A-D 转换的电压等级信号，经抗混叠低通滤波器滤去高频分量，经采样保持电路后通过 A-D 转换环节变换成离散的数字量。窗口单元：通过一个特殊对称函数（“窗口形状”）与采样值相乘来对时间窗口的采样值进行加权，国标 GB/T 17626. 7—2013《电磁兼容　试验和测量技术　供电系统及所连设备谐波、谐间波的测量和测量仪器导则》建议采用“矩形窗”或“汉宁窗”并对窗口宽度进行了规定。经窗口单元处理后信号进行快速傅里叶变换，计算获得基波和各次谐波的幅值和相位，然后根据国标计算相应的谐波指标，并显示最终结果或存放在磁盘中供将来统计使用。基于快速傅里叶变换的谐波测量法适用于准稳态谐波、波动谐波、快速变化的谐波。

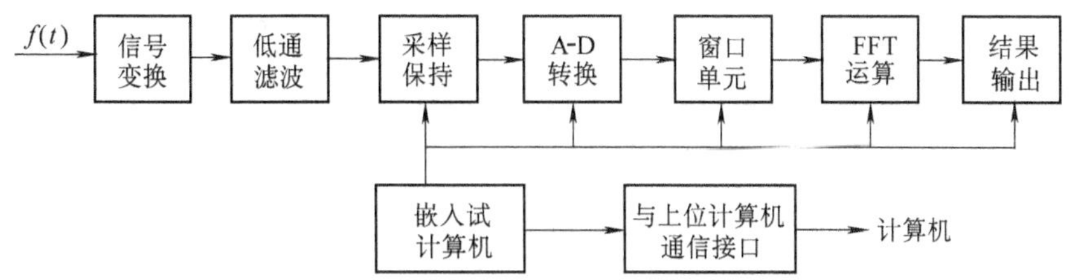

图 4-8 基于快速傅里叶变换（FFT）的谐波测量原理图

日本横河公司生产的 PZ4000 型多功能功率分析仪（见图 4-9a）便是此类仪器。该仪器通过高速采样（5MS/s）精确捕捉输入波形，它可以测量工频 500 次以内的各次谐波，同时可测有功功率、无功功率、视在功率等。测量精度达到 1% 以内。

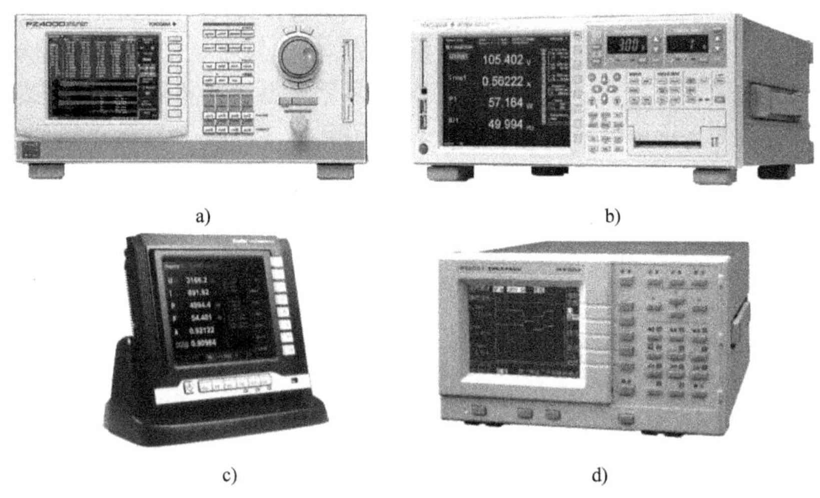

a)　　b)

c)　　d)

图 4-9 几种具有谐波测量和分析功能的多功能功率分析仪

a）日本横河 PZ4000 型　b）日本横河 TW1800 型　c）中国银河 Anyway 型　d）中国青智 8960C1 型

另外，日本横河生产的 TW1800 型、TW3000 型和中国长沙银河电器有限公司生产的 Anyway 型、青岛青智仪表公司生产的 8960C1 型多功能功率分析仪（分别见图 4-9b、c、d）均可通过专用插件实现谐波测量和分析。

这些功率分析仪有电源波形质量参数的插件，能很容易地获得上述各项电压波形质量参数，并且可在各项通电试验的过程中进行本项测试操作，得到所有时段、各种工况下（含电压、电流、输出或输入功率）的三相（线）数值。

图 4-10 是一个用 TW1800 型仪表测量电源波形质量的截屏图面，其

	Element 1	Element 2	Element 3	ΣA(3V3A)
Voltage / Current	600V / 5A	600V / 5A	600V / 5A	
Urms [V]	460.29	460.27	460.39	460.32
Irms [A]	3.6737	3.6500	3.6519	3.6586
P [W]	0.4261k	1.6200k	-1.2000k	2.0461k
S [VA]	1.6910k	1.6800k	1.6813k	2.9170k
Q [var]	1.6364k	0.4450k	1.1777k	2.0814k
λ [ ]	0.2520	0.9643	-0.7137	0.7014
φ [°]	G75.41	G15.36	G135.54	45.46
fU [Hz]	60.010	60.010	--------	
fI [Hz]	60.000	--------	--------	
Uthd [%]	0.602	0.673	0.563	
Ithd [%]	0.752	0.746	1.207	
Pthd [%]	0.000	0.002	0.000	
Uthf [%]	0.734	0.710	0.714	
Ithf [%]	0.180	0.189	0.196	
Utif [ ]	---0 F---	---0 F---	---0 F---	
Itif [ ]	7.779	8.217	8.269	
hvf [%]	0.230	0.287	0.166	
hcf [%]	0.450	0.444	0.745	

图 4-10 用多功能功率分析仪测取的全部电源质量参数

中有关电压的数值：总谐波失真 *THD*（图中的“Uthd”）分别为 0.602%、0.673% 和 0.553%；电话谐波因数 *THF*（图中的“Uthf”）分别为 0.734%、0.710% 和 0.714%；谐波电压因数 *HVF*（图中的“hvf”）分别为 0.230%、0.287% 和 0.166%。

方法 2：利用小波分析方法的谐波测量

小波分析作为调和分析的重大进展，克服了傅里叶变换的频域完全局部性，通过对含有谐波的电流信号进行正交小波分解，利用多分辨的概念，将低频段（高尺度）上的结果看作不含谐波的基波分量。基于这种算法，可以利用软件构成谐波检测环节，同时由于其计算速度快，故能快速跟踪谐波的变化。

小波变换在谐波测量方面的应用尚处于初始阶段。

二、谐波的频域测量

方法 1：多路并行分析法

它具有多个平行的窄带带通滤波器，这些滤波器的通频带从低到高覆盖整个测量范围，之后分别接幅度检波器，同时送到波形显示装置显示。由于各路同时进行滤波、检波、显示，因此响应速度快，适用于研究较快速的谐波分析。

方法 2：基波分量与谐波分量分离测量法

频域测量法的谐波测量是采用模拟滤波器实现的，即采用带阻滤波器将基波分量滤波，得到谐波分量；或采用带通滤波器得出基波分量，再与被检测量相减得到谐波分量。该检测方法的优点是电路结构简单、造价低、输出阻抗低、品质因素易于控制。但也有很多缺点，如精度不高、误差较大等。

方法 3：外差式谐波分析仪

其原理框图如图 4-11 所示。标准信号发生器产生频率连续可变的信号，设某时刻频率为 f_t。中频放大器具有带通滤波器，其固定的选频范围为 $f_0 \pm \Delta f$，输入信号中含有各次谐波频率分别为 f_k（$f_k = kf_1$，f_1 为基频，$k = 1, 2, 3, \cdots$），频率为 f_t 和 f_k 信号混频后输出频率为 $f_t - f_k$ 信号，只有和中频放大器带通滤波器相同的频率范围 $f_0 \pm \Delta f$ 的信号被放大，其他频率信号被滤除。

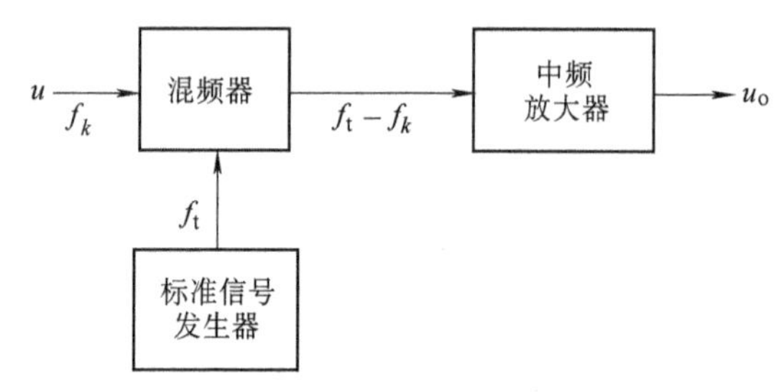

图 4-11　外差式谐波分析仪原理框图

即
$$f_t - f_k = f_0 \pm \Delta f \tag{4-23}$$

则
$$f_k = f_t - (f_0 \pm \Delta f) \tag{4-24}$$

由此可见，该时刻中频放大器测量的是频率为 $f_k = f_t - (f_0 \pm \Delta f)$ 的谐波信号。通过改变 f_t 便可以获得各次谐波信号的参数。

外差式谐波分析仪频域测量法具有较高的精度，适用于慢速信号，对快速变化的信号不适宜，此方法不能获得各次谐波与基波的相位差。

第三节 非正弦电量的测量

非正弦电量的有效值不能用峰值或平均值予以转换，其有效值表达式如式（4-6）和式（4-7)所示。

1. 多片集成电路组合测量

有效值检波器的原理图如图 4-12 所示。乘法器 M 的输出为

$$u_M = K(u_o + u_i)(u_o - u_i) = K(u_o^2 - u_i^2) \tag{4-25}$$

式中 K——乘法器的传输系数。

$$u_o = -\frac{1}{RC}\int_0^T u_M \mathrm{d}t = -\frac{1}{RC}\int_0^T K(u_o^2 - u_i^2)\mathrm{d}t \tag{4-26}$$

当 $u_o > u_i$，即 $u_o^2 - u_i^2 > 0$ 时，则积分后使得 u_o 减小；反之，当 $u_o < u_i$，即 $u_o^2 - u_i^2 < 0$ 时，积分后使得 u_o 增加。由于系统的负反馈作用，最终必然达到 $u_o^2 - u_i^2 = 0$，则 $u_o = u_i$，即输出 u_o 的值就是输入 u_i 的有效值。另外，即使 $u_o < 0$，$|u_o| > 0$，$u_o^2 - u_i^2$ 仍然大于零，这将会使得积分器的输出 u_o 朝着反方向继续增大，使系统变为负反馈，所以必须加二极管 VD 使得输出总是大于零。

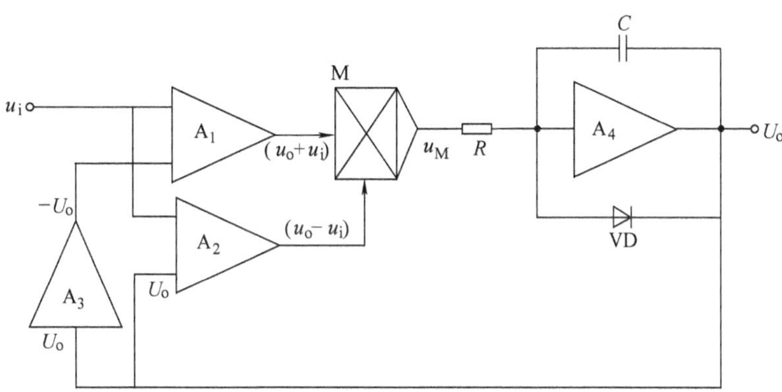

图 4-12 真有效值检波器的原理图

A_1、A_2—差分放大器 A_3—反相器 A_4—积分器 M—乘法器

2. 单片集成电路测量

AD736 是 AD 公司生产的一种低价、低功耗的真有效值（true RMS）测量芯片，它可以对输入信号进行真有效值、平均整流值和绝对值的测量。AD736 单片集成电路如图 4-13 所示。其实际应用电路如图 4-14 所示。

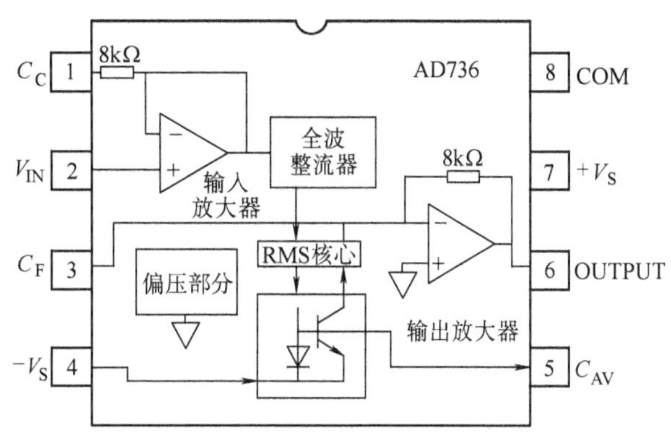

图 4-13 真有效值检波器的原理图

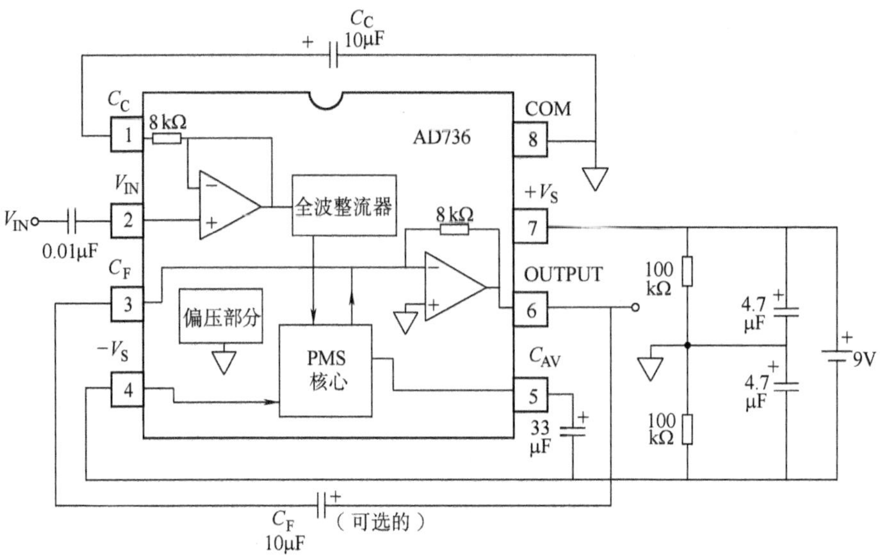

图 4-14　电池供电 AD736 典型应用外围电路原理图

第二篇　电机的参数测定

第五章　转动惯量和时间常数测量

第一节　转动惯量的测量

在分析电动机的起动、调速及制动等动态特性，实施自动控制，以及改变运行状态时，都需要知道转子转动惯量 J 或飞轮力矩 GD^2。它们的物理意义是一样的，只是表现形式上相差一个换算系数。在现代工业控制中，它们已成为非常重要的物理量。

在几何尺寸和材料已知的情况下，转动惯量数值的大小，可以通过计算来求得。计算方法是根据转动惯量的基本定义进行，即物体每一质点的质量与这一质点到转轴距离的二次方的乘积的总和，其数学表达式为

$$J = \frac{1}{2}mr^2 \tag{5-1}$$

式中　r——旋转体有效半径（m）；

m——旋转体质量（kg）。

如果几何尺寸和材料均不知，则可通过实验方法获得。

一、悬挂转子摆动法

1. 单钢丝扭转摆动法

用密度均匀的金属材料制成简单圆柱体的假转子，按下式计算其转动惯量 J_1（$kg \cdot m^2$）为

$$J_1 = \frac{1}{8}mD^2 \tag{5-2}$$

式中　m——假转子的质量（kg）；

D——假转子圆柱体直径（m）。

按图 5-1 悬挂转子，扭转 30°，测取往返摆动次数 N 及其所需要的时间 t_1（s），计算其摆动周期平均值

$$T_1 = \frac{t_1}{N} \tag{5-3}$$

以被试电机的转子代替假转子，重复上述试验，测取被试转子的摆动周期平均值 T_2。

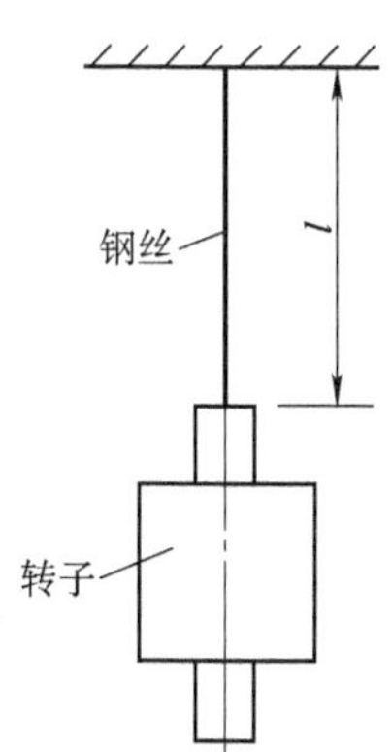

图 5-1　单钢丝法测转子的转动惯量

根据物理学中摆动周期 T 的二次方与物体转动惯量成正比的原理，可得

$$\frac{J_1 + J_0}{J_2 + J_0} = \frac{T_1^2}{T_2^2}$$

故被试电机转子的转动惯量 J_2（$kg \cdot m^2$）为

$$J_2 = (J_1 + J_0)\frac{T_2^2}{T_1^2} - J_0 \tag{5-4}$$

式中 J_0——悬挂用夹具的转运惯量，当 $J_0 \ll J_2$ 时，可以忽略不计。

2. 双钢丝扭转摆动法

按图 5-2 用双钢丝悬挂被试电机转子，扭转转子使其以轴线为中心摆动，扭转角应不大于 10°，测取若干次摆动所需的时间，求其摆动周期的平均值 T，并测出转子的质量，细金属丝的长度 l 及其间的距离 S，则转子转动惯量按下式计算：

$$J = \frac{T^2 ab}{l} \cdot \frac{mg}{(4\pi)^2} \tag{5-5}$$

式中 T——摆动周期的平均值（s）；

a——两根钢丝之间的上端距离（m）；

b——两根钢丝之间的下端距离（m）；

l——钢丝的长度（m）；

m——被试电机转子的质量（kg）；

g——重力加速度（$9.81 m/s^2$）。

二、辅助摆锤法（钟摆法）

用质量尽可能小的臂杆将一个质量已知的辅助摆锤固定于被试电机轴端面的中心上，臂杆应与转轴中心线相垂直，如图 5-3 所示。当转轴上装有单个联轴器或带轮时，摆锤也可固定在其上面。对于具有换向器或集电环的电机，试验之前必须提起全部电刷。

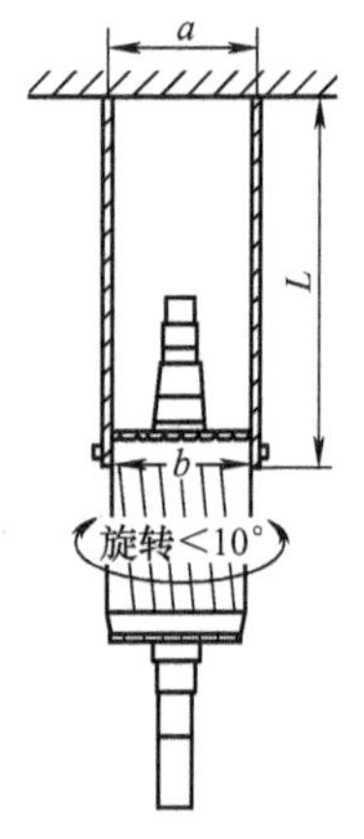

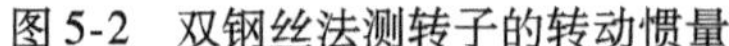

图 5-2 双钢丝法测转子的转动惯量

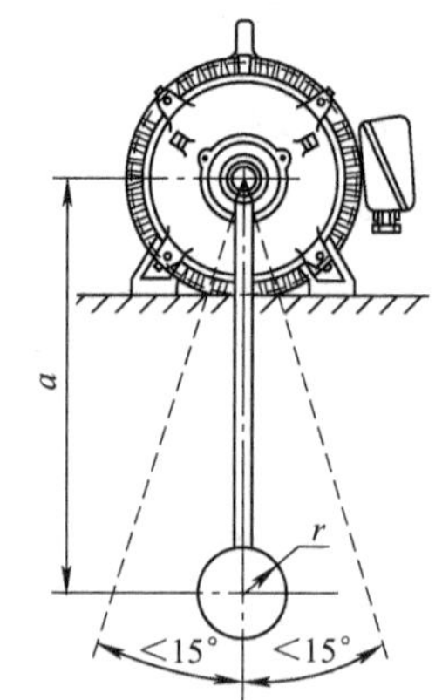

图 5-3 辅助摆锤法示意图

试验时，使摆锤自其静止位置偏转一个不大于 150°的角度，放手任其摆动，以摆锤经过原静止位置的瞬间作为测量的起始点，测 2 或 3 次摆次周期的总时间，计算平均值，则被试电机的转动惯量按下式计算：

$$J = mr\left(\frac{T^2 g}{4\pi^2} - a\right) \tag{5-6}$$

式中　m——辅助摆锤的质量（kg）；

a——辅助摆锤重心到电机转轴中心线的距离（m）；

g——重力加速度（9.81m/s^2）；

T——辅助摆锤摆动周期的平均值（s）。

此法适用于测定具有滚动轴承的电机转动惯量。对于额定功率为 10～1000kW 的电机，选用辅助摆锤时，应使摆动周期为 3～8s。为了提高测量的准确度，可选质量不同的几个摆锤重复进行测量，以便互相校核。

三、空载减速法

试验时，使被试电机的转速提高并超过其同步转速（例如用变频电源调节被试电机的转速），然后切断电源或脱开其驱动机械。应使用机械式转速表观测记录转速，如图 5-4 所示。此时，由于机械损耗的空载阻转矩 T_0 使被试电机的转速逐步下降，图 5-5 所示为转速下降曲线。由于

$$T_0 = \frac{P_{\text{fw}}}{\dfrac{2\pi n}{60}} = -J\frac{\text{d}\omega}{\text{d}t} = -J\frac{2\pi}{60}\cdot\frac{\text{d}n}{\text{d}t}$$

故可按下式计算转动惯量 J（$\text{kg}\cdot\text{m}^2$）：

$$J = -\frac{3600P_{\text{fw}}}{4\pi^2 n\dfrac{\text{d}n}{\text{d}t}} = \frac{3600P_{\text{fw}}}{4\pi^2 n\dfrac{\Delta n}{\Delta t}} \tag{5-7}$$

式中　P_{fw}——当转速为 n 时，被试电机的机械损耗（W），可由空载试验求得；

n——被试电机的转速（r/min），可以为被试电机的同步转速或空载转速；

$\text{d}n/\text{d}t$——在转速为 n 时，$n=f(t)$ 曲线上的转速变化率（$\text{r}\cdot\text{min}^{-1}/\text{s}$），也可用该点附近的 $\Delta n/\Delta t$ 代替。

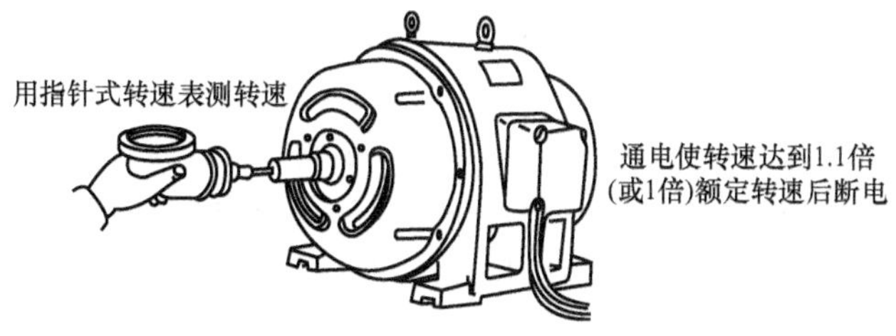

图 5-4　空载减速法测试转动惯量

无论取 n 为被试电机的同步转速 n_1 或空载转速 n_0，P_{fw}、$\text{d}n/\text{d}t$ 和 n 三者的值都必须是相对应的。由示波器录取的 $n=f(t)$ 曲线图上找到与已测得的 P_{fw} 值对应的 n 及 $\text{d}n/\text{d}t$ 的值，按式（5-7）可计算得到被试电机的转动惯量的值。若应用微型计算机及其控制的数据采集系统测取若干个 n 及其对应的 $\text{d}n/\text{d}t$ 的值，可提高测量的准确度。

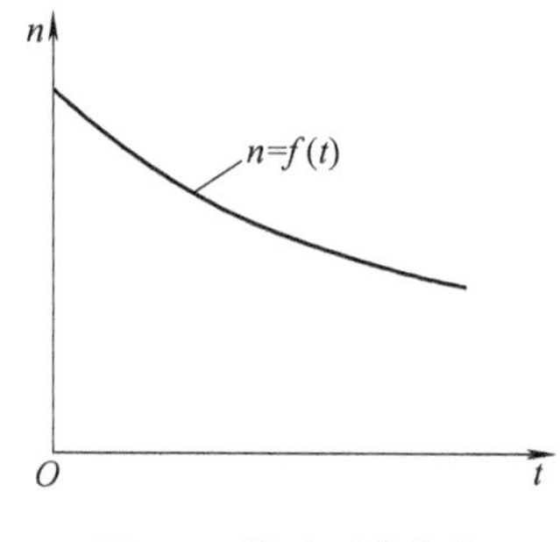

图 5-5　转速下降曲线

此法适用于额定功率为100kW以上容量较大的电机。

四、重物自由降落法

在被试电机的轴伸端或固定在轴上的联轴器（带轮）上绕若干圈绳索，绳索的一端固定在轴或轮上，另一端系一重物 m，如图5-6所示。当重物自由落下时，带动电机的转子转动，准确记录重物下落的高度 h 及其相应的时间间隔 t_h，则可按下式计算被试电机的转动惯量之值：

$$J = \frac{1}{4} m D_b^2 \left(\frac{g t_h^2}{2h} - 1 \right) \tag{5-8}$$

式中　m——重物的质量（kg）；

D_b——轴或联轴器的外径（m）；

g——重力加速度（9.81m/s²）；

h——重物下落的高度（m）；

t_h——重物下落的时间间隔（s）。

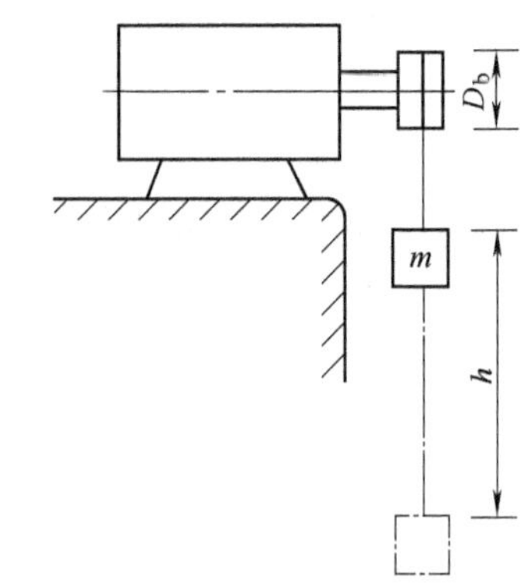

图5-6　重物自由降落法

测量时，应尽可能使下落高度 h 的值大一些。对于直流电机及绕线转子异步电机，应将全部电刷提起，同时要将电机轴承室内的润滑脂洗净，改用润滑油以减少摩擦，力求提高测量的准确度。

第二节　时间常数的测量

机电时间常数或起动时间是衡量电动机通电后能快速动作的重要技术指标之一。在自动控制系统中，为了尽快地完成规定动作，对其主要执行元件——电动机有快速响应的要求。因此，对许多微特电机，特别是伺服电动机都有时间常数或起动时间的要求。电动机在空载和额定励磁条件下，加以阶跃的额定电压，其转速从零升到空载转速的0.632倍所需的时间，称为电动机的机械时间常数。在一定的条件下，电动机从静止到空载转速所需要的时间，称为起动时间。

电动机被施以额定电压而逐步升速的过程中，实际上包含电磁和机械的两个过渡过程。由于电机的绕组有电阻、电感和分布电容，在加以额定电压后，电流要经过一个过渡过程才能达到其稳定值，这是电磁的过渡过程。机械的过渡过程是指当电流、磁场和电磁转矩都建立后，电动机的转速为零上升到空载转速 n_0 的过程。对应电磁过渡过程的为电气时间常数；而对应机械过渡过程的为机械时间常数。一般情况下，电气时间常数远小于机械时间常数，故常忽略不计。在这些假定前提下，才可以把电动机的起动过程视为一阶惯性系统。因此，这里的时间常数通常是指电动机的机械时间常数，其值可以由计算求得，但因影响其数值的因素较多，一般来说计算值误差较大。因此，还需要用测量的方法来求实际的时间常数值。

分析伺服电动机的过渡过程时，常用传递函数，即

$$F(p) = \frac{\Omega(p)}{U_a(p)} = \frac{1/k_e'}{(\tau_m p + 1)(\tau_e p + 1)} \tag{5-9}$$

由上式可见伺服电动机为二阶惯性系统。当 $\tau_e \ll \tau_m$ 时：

$$F(p) = \frac{1/k'_e}{(\tau_m p + 1)} \tag{5-10}$$

由上式可见，这时伺服电动机为一阶惯性系统。

式中　k'_e ——常数，$k'_e = 60k_e/(2\pi)$，k_e 为电动势常数，即单位转速时所产生的电动势($V/r \cdot min^{-1}$)；

τ_e ——电气时间常数（s），$\tau_e = L_a/r_a$；（5-11）

τ_m ——机械时间常数（s），$\tau_m = J\Omega/T_k$；（5-12）

J ——转动惯量（$kg \cdot m^2$）；

T_k ——堵转转矩（$N \cdot m$）；

Ω ——角速度（rad/s），$\Omega = 2\pi n_0/60$。

或

$$\tau_m = 0.1047 \frac{Jn_0}{T_k} \tag{5-13}$$

式中　n_0 ——电动机转速（r/min）；

J ——转动惯量（$kg \cdot m^2$）；

T_k ——堵转转矩（$kg \cdot m$）。

可以用式（5-11）、式（5-12）和式（5-13）来计算时间常数。

除伺服电动机外，起重及冶金用异步电动机等也需要测定时间常数，并在技术条件中对其也有一定限值的规定。

一、电动机发电机对拖法

将两台型号相同的被试电机，在机械上同轴连接，其中一台作为电动机运行；另一台作为发电机运行。两台电机均先加以额定励磁电压，其线路如图5-7所示。电动机的控制绕组与示波器的开关相串联，用光线示波器摄取电动机控制绕组的电流、发电机输出绕组的电压及时间振子的波形。当电动机控制绕组接通电源后，机组转速由零上升到空载转速，在这个过程中，用示波器记录下电流、电压及时间的波形，如图5-8所示。由这三个波形用作图法可以获得转速变化规律的曲线 $n = f(t)$，如图5-9所示。在图中用 $0.632n_0$ 截取的线段 OC，即为机组总的时间常数 τ'_m。因两台电机为同一型号，故一台电机时间常数为 $\tau_m = \tau'_m/2$。

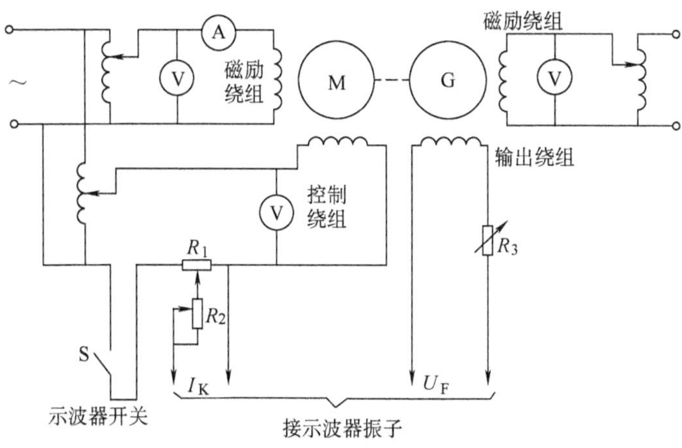

图5-7　对拖法实验线路

由于两台电机的空载摩擦转矩为一台电机的2倍，所以机组的空载转速要比单台电机稍低一些。若对测量的准确度要求较高，则应进行修正。设一台电机的空载转速为 n_0，两台电机对拖时的空载转速为 n_0'，则根据时间常数的定义及假定电机 $T=f(n)$ 为直线关系，可得如下关系式：

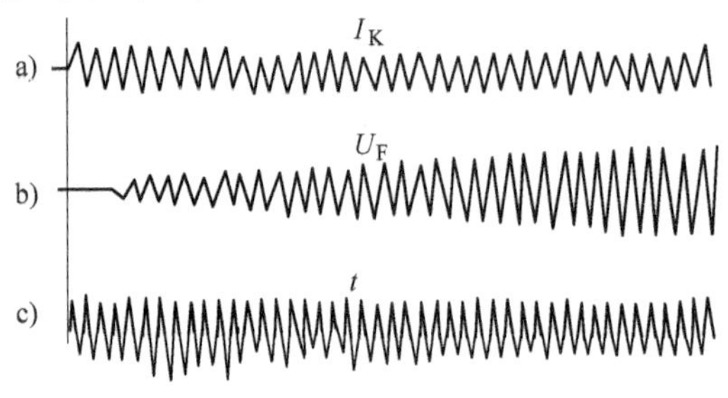

图5-8　电流、电压及时间波形
a）电流波形　b）电压波形　c）时间波形

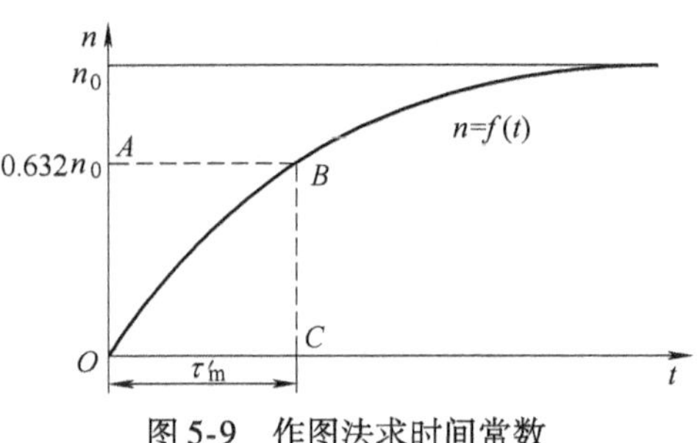

图5-9　作图法求时间常数

$$\tau_m = J\frac{\Omega}{T_k} \tag{5-14}$$

式中　τ_m——电动机的机械时间常数；

J——电动机的转动惯量；

Ω——电动机的角速度，$\Omega=2\pi n_0/60$；

T_k——电动机的堵转转矩。

对于单台电机有

$$\tau_m = J\frac{2\pi n_0}{60T_k} \tag{5-15}$$

对于对拖的两台电机有

$$\tau_m' = 2J\frac{2\pi n_0'}{60T_k} \tag{5-16}$$

将上式相除得修正后的时间常数为

$$\tau_m = \frac{n_0}{2n_0'}\tau_m' \tag{5-17}$$

图5-7所示的波形，可用SC16或SC10型光线示波器（配FF3型分流器及附加电阻箱）来记录。

二、光电测速法

不论采用什么测量方法，都必须测取 $n=f(t)$，然后从纵坐标取 $0.632n_0$，其截取的横坐标线段即为 τ_m。

这种方法是用光电转速传感器取得转速信号，即在被试电动机的轴端装一个圆盘，盘上做出有Z个间距相等的齿槽、小孔或黑白相间的标记，如第二章中所述，在电动机的起动过程中，可取一系列经过放大整形的转速脉冲。用上述相似的方法拍摄下被试电动机的电流、转速脉冲及时间波形，并用同样的作图法求得单台电动机的 τ_m 值；也可以用微型计算机控制的自动测试系统进行采样，用测频法或测周法求得很短的单位时间内的瞬时角速度，再从曲线 $n=f(t)$ 上找到 τ_m 值。

第六章　直流电机的参数测定

第一节　电刷中性线位置的测定

电刷中性线位置的调整有三种方法：正反转发电机法、正反转电动机法、感应法。

一、正反转发电机法

被试电机试验时，励磁应为他励（不是他励的电机用另一台直流电动机拖动运转）。试验中，保持被试电机转速、励磁电流和负载不变，使其正转和反转运行。在运行中，调整电刷位置，使电机在两个转向时，电枢的端电压基本相等。此时，电刷的位置即是中性线的位置。调整电刷时，顺电枢旋转方向移动，则电枢电压升高；反向移动，则电枢电压降低。

二、正反转电动机法

只有允许逆转的电动机方可使用此法。试验时，被试电机由直流电源供电。当被试电机拖动负载时，保持电压、励磁电流和负载不变，使其正转和反转运行。运行中，调整电刷的位置，使电机在两个转向时，转速基本相等。此时，电刷所在位置即是电刷中性线位置。调整电刷时，顺电枢旋转方向移动，则转速下降；反向移动，则转速上升。

三、感应法

感应法是一种比较常用的方法。此法简单，操作安全，测定也比较准确。首先应保持电枢静止，励磁绕组接入一可以通断的直流电源，电压约为 1/10 额定励磁电压。在任两个相邻的电刷上，并接一块双向的直流毫伏表。测试时，断续接通和断开励磁电源。如果电刷不在中性线位置上，毫伏表指针则左右摆动，此时调整电刷位置，使指针摆动停止或摆动极小。此时，电刷的位置即是中性线位置。感应法测定电刷中性线位置接线原理图如图 6-1 所示。

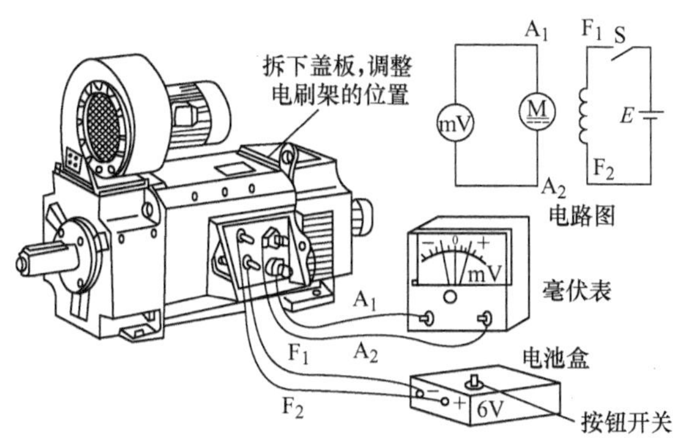

图 6-1　用感应法测定电刷中性线位置的实物接线图和电路原理图

根据感应法调整中性线位置的原理，将励磁电源改为 4 节 1.5V 电池串联，励磁开关改为间歇振荡器，这样就制成一台携带方便的中性线位置指示装置。其电路如图 6-2 所示。

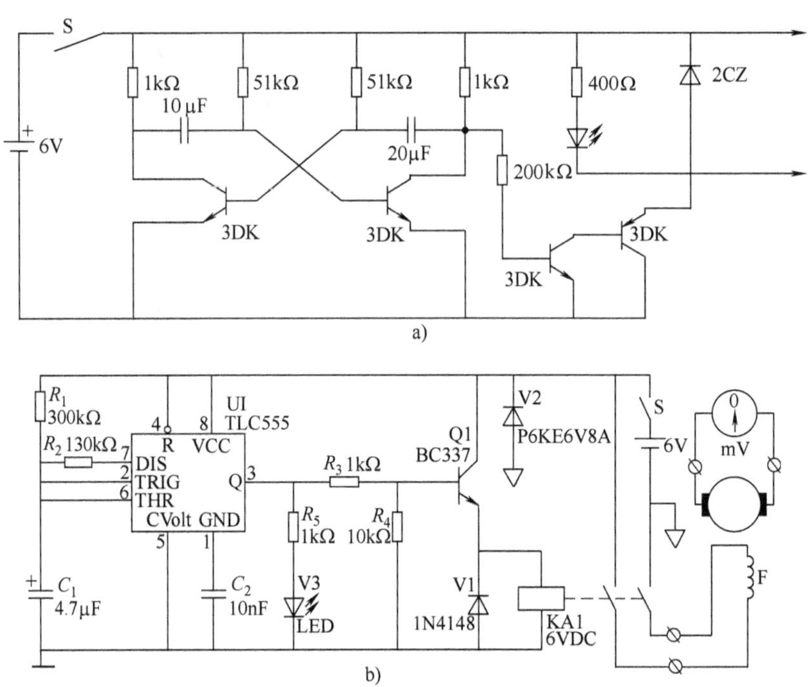

图 6-2　电刷中性线位置指示装置电路

a）分立元件电路　b）用集成电路的电路

第二节　无火花换向区域的测定

中小型直流电机一般都装有换向极，为检查换向性能、装配质量，必须进行无火花换向区域的测定试验；并针对换向区域的情况，进行气隙的调整。

一、换向电流馈电方式

试验时，应给换向极加正反可变、大小可调的换向电流。换向电流的馈电方式有两种，一种是将换向绕组与电枢回路分开，引出后由单独的直流电源供电，如图 6-3 所示；另一种是在换向极的两端并接上一个附加直流电源，如图 6-4 所示，此法因使用附加电源，故电源量小，使用调节也比较方便，是优先选用的方法。

被试电机采用回馈法或直接负载法加负载，电路原理及加载操作方法同“额定负载试验”。

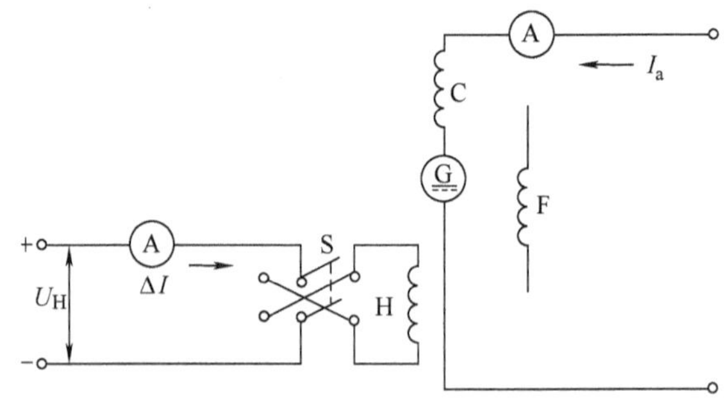

图 6-3　换向极由单独的直流电源供电的馈电电路

二、试验步骤

1）在测定无火花换向区域时，被试电机可以是发电机状态运行，也可以是电动机状态运行，但一般采用发电机状态运行。

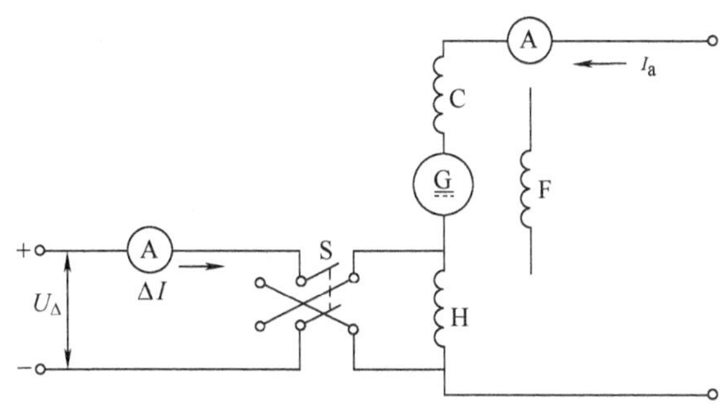

图 6-4　换向极由附加直流电源供电的馈电电路

测试前，要求被试电机电刷中心位置调整准确，电刷与换向器磨合较好，电机处于正常工作温度状态。

2）使被试电机以发电机状态运行，保持其转速和输出电压不变。负载电流从零开始，每升高 25% 额定电流测量一点，一直测到 125% 的额定电流。

每一测试点都应缓慢调整附加电流，电流从零开始，逐步增大，直到在电刷边缘出现微小火为止。然后将附加电流回零，改变其极性，再逐步增加反向附加电流使电刷边缘出现火花为止。记录两个方向出现火花时的电枢电流及附加电流值。在每一个点的试验过程中，都应始终保持电机转速、输出电压及电枢电流不变，一共测 5 ~7 个点。

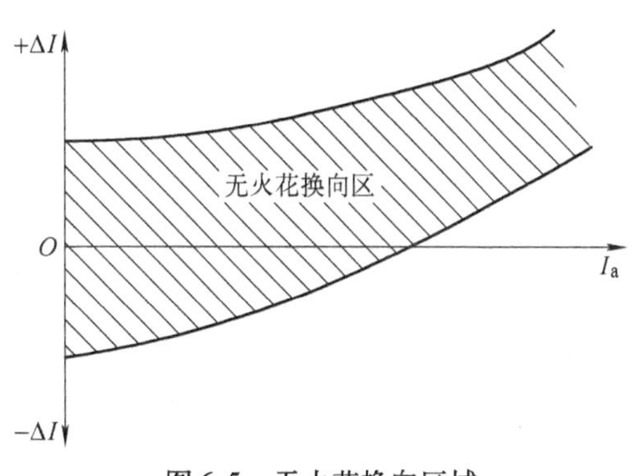

图 6-5　无火花换向区域

3）试验结束后，应取得在不同负载电流情况下的正负两个附加电流值。根据这些数据可绘制出附加电流对电枢电流的关系曲线。两条曲线所包络的区域称无火花换向区，如图 6-5 所示。

在试验中，应采用直流发电机组作为附加电流的电源。当使用整流电源供电时，应考虑电源中交流成分对换向的影响。

第三节　整流电源供电时电机的电压、电流纹波因数及电流波形因数的测定

纹波因数和波形因数的测定，必须对脉动电压、脉动电流的最大值、最小值用示波器进行记录。

一、电压、电流纹波因数的计算

1. 电压、电流波形不间断时纹波因数的计算

不间断电压、电流波形如图 6-6 所示。其纹波因数按下式计算：

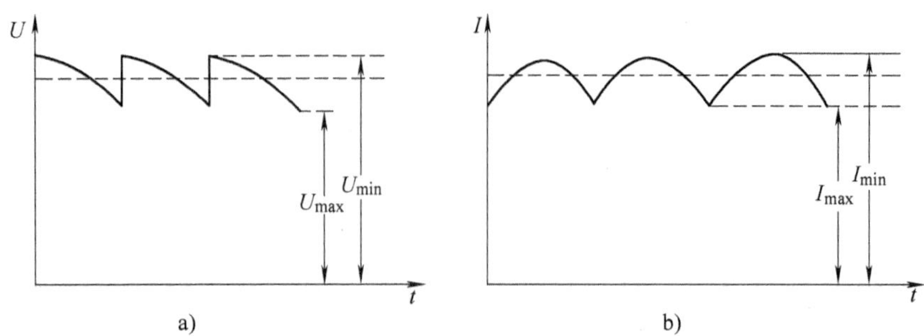

图 6-6　不间断电压、电流波形
a）电压波形　b）电流波形

$$K_{ocU} = \frac{U_{max} - U_{min}}{U_{max} + U_{min}} \tag{6-1}$$

式中　K_{ocU}——电压纹波因数；
U_{max}——脉动电压最大值（V）；
U_{min}——脉动电压最小值（V）。

$$K_{ocI} = \frac{I_{max} - I_{min}}{I_{max} + I_{min}} \tag{6-2}$$

式中　K_{ocI}——电流纹波因数；
I_{max}——脉动电流最大值（A）；
I_{min}——脉动电流最小值（A）。

2. 电压、电流波形间断时纹波因数的计算

间断电压、电流电形如图 6-7 所示。其纹波因数按下式计算：

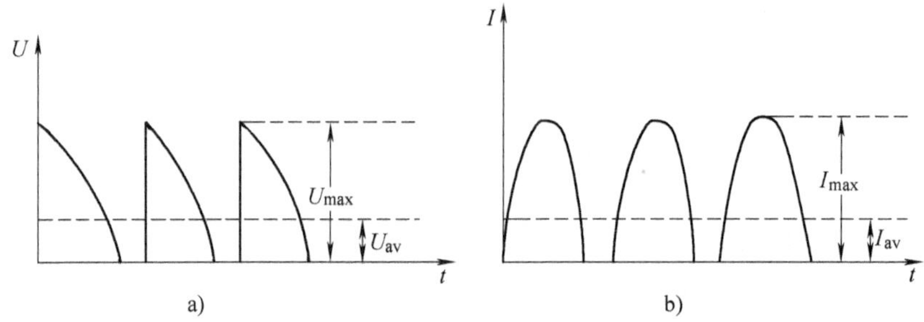

图 6-7　间断电压、电流波形
a）电压波形　b）电流波形

$$K_{ocU} = \frac{U_{max} - U_{av}}{U_{av}} \tag{6-3}$$

式中　K_{ocU}——电压纹波因数；
U_{max}——脉动电压最大值（V）；
U_{av}——直流电压平均值（V）。

$$K_{ocI} = \frac{I_{max} - I_{av}}{I_{av}} \tag{6-4}$$

式中　K_{ocI}——电流纹波因数；

I_{max}——脉动电流最大值（A）；

I_{av}——直流电流平均值（A）。

二、电流波形因数的计算

电流波形因数按下式计算：

$$K_I = \frac{I_{r.m.s}}{I_{av}} \tag{6-5}$$

式中　K_I——电流波形因数；

$I_{r.m.s}$——电流的有效值（A）；

I_{av}——电流的平均值（A）。

第四节　直流电机绕组电感的测量

一、工频交流法测定

1. 不饱和电感的测定

其测量线路如图6-8所示。通过调压器将工频低电压加到被测量的电机电枢绕组两端，设法将电枢卡住不动，用交流电压表监视并励绕组两端的开路电压，防止出现过电压将绕组击穿的现象，串励绕组不接入测量回路且保持开路。调压器输出电压由零逐渐升高，同时用电流表测量电流值，电流每隔一定值时，测量电压、电流、相角和功率一次，直至电流达到20%额定电枢电流值为止，在坐标纸上画 $U=f(I)$ 曲线。以靠近原点处曲线的斜率计算出绕组对于试验频率的电抗值。通常电枢绕组的电阻值相对于电抗很小，可以忽略不计。故电枢绕组的电感值可按下式计算，即

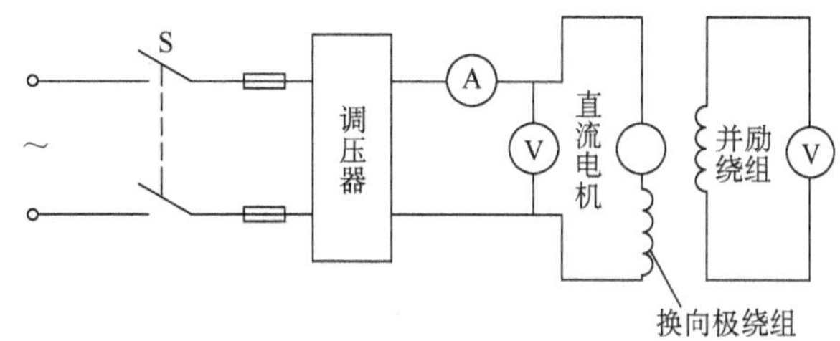

图6-8　测量直流电机电枢绕组电感的线路

$$L_a = \frac{U\sin\varphi}{2\pi f I} \tag{6-6}$$

式中　L_a——电枢绕组的电感值（H）；

U——电枢绕组两端的交流电压（V）；

I——通过电枢绕组的交流电流（A）；

f——试验用交流电源的频率（Hz）；

φ——交流电压和交流电流间的相位差角（rad）。

$$\sin\varphi = \sqrt{1-\cos\varphi^2} - \sqrt{1-(\frac{p}{IU})^2}$$

用上述方法求得的 L_a 为不饱和电感值，因为在励磁回路中未加励磁电流，所以磁路中无主磁通，且取 $U=f(I)$ 为直线部分的数据计算得的。

2. 饱和电感的测定

若要测量饱和电感，则试验时应对电动机的并励绕组通以适当的直流电流，再按上述方法进行试验，测量数据和计算。当并励绕组中所通的电流值相当于被试电机的额定励磁电流时，测得的饱和电感值即为电机额定运行时的饱和电感值。

试验结果表明：用此法测量电感时，试验用的电流频率对所测得的 L_a 值影响不大，而与试验时并励绕组中所通的直流电流的大小关系较大，即所通的励磁电流值越大，磁路越饱和，所测得的电感值就越小。

二、整流电源供电时电枢电感的测量

随着晶闸管技术的迅速发展，大量的直流电动机是用晶闸管整流电源供电的，为了测量这类电源供电时电枢绕组的电感，采用示波图分析法，如图 6-9 所示。

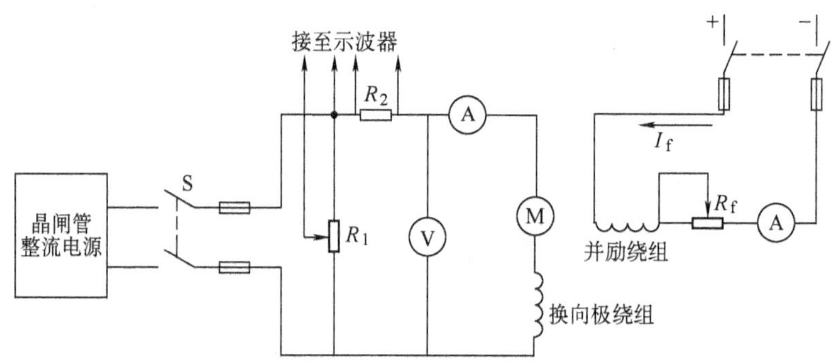

图 6-9　晶闸管电源供电时电枢电流的测量线路

被试电动机由晶闸管整流电源供电运转，当被试直流电动机的输出转矩 T_2 及转速 n 不变，且保持励磁电流 I_f 及电枢电压的平均值不变时，用光线示波器记录电枢电压及电流的波形，如图 6-10 所示。则可按电枢回路的电动势平衡方程式求电枢回路的总电感。

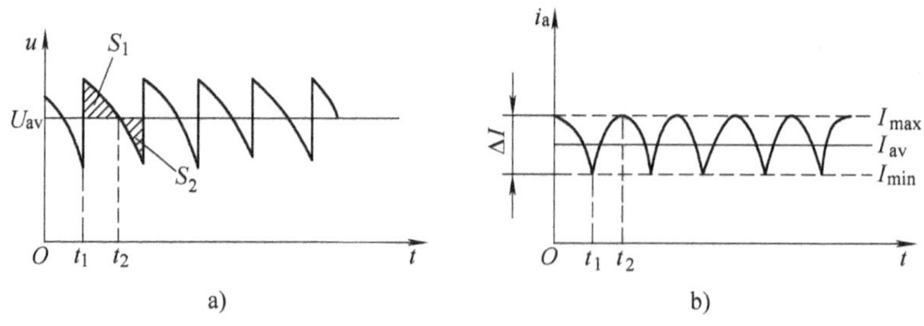

图 6-10　电枢电压及电流的波形

a）电压波形　b）电流波形

电枢回路电动势平衡方程式为

$$u = i_a R_a + E_a + L_a \frac{di_a}{dt} \tag{6-7}$$

式中　L_a ——电枢回路的总电感（H）；

u ——被试电机电枢电压的瞬时值（V）；

R_a——电枢回路总电阻（Ω）；

i_a——电枢电流的瞬时值（A）；

E_a——电枢绕组的反电动势（V）。

设电枢电流的平均值为 I_{av}，近似取 $i_aR_a = I_{av}R_a$，则式（6-7）可改写为

$$L_a \frac{di_a}{dt} = u - (I_{av}R_a + E_a) = u - U_{av} \tag{6-8}$$

式中　U_{av}——电枢电压的平均值，$U_{av} = I_{av}R_a + E_a$。

由于试验时保持 T_2、n、U_{av}及 I_f 不变，故 I_{av}及 E_a 不变，电枢电压的瞬时值 u 与其平均值的瞬时差值即 $L_a di/dt$，如图 6-10a 的阴影部分所示。因 U_{av}为 u 的平均值，故在一个变化周期内 U_{av}上下两部分阴影的面积 S_1 和 S_2 应相等。在图 6-10b 中，I_{max}及 I_{min}分别为电流的最大值及最小值，根据式（6-8）对于 $t=t_1$ 到 $t=t_2$ 求积分得

$$\int_{t_1}^{t_2}(u - U_{av})dt = L_a\int_{I_{min}}^{I_{max}}di_a = L_a\Delta I$$

故

$$L_a = \frac{\int_{t_1}^{t_2}(u - U_{av})dt}{\Delta I} \tag{6-9}$$

上式中的分子可由瞬时电压 u 的曲线与其平均值 U_{av}之间的面积 S_1 求得，分母 $\Delta I = I_{max} - I_{min}$ 可由图 6-10b 中量出，故可算得 L_a 值。

试验时，可以保持在不同的励磁电流和转速的条件下进行重复测量，求得各种条件下的 L_a 值，以便研究上述因素对电枢电感的影响。

三、主磁路时间常数的测定

将电机作发电机空载运行。在额定转速时，突然施加额定直流励磁电流，记录励磁电流和电枢电压的上升曲线，在曲线上分别找出 0.632 稳定励磁电流和电枢电压时的时间 T_{fl}和 T_{av}，则主极磁路时间常数为

$$T_{wf} = T_{av} - T_{fl} \tag{6-10}$$

四、励磁绕组电感的测定

1）并励绕组不饱和电感的测定。试验时，电机的励磁绕组用电压可调，且电压调整率在 2% 以下的直流电源供电。用辅助电机拖动被试电机在额定转速下运转，电枢两端开路。调节励磁电流，使电枢电压在额定值到零之间，反复变化三次。然后降低电枢电压为 5% 额定值时，记下励磁电压作为预定值。再将励磁电压调到零，断开励磁回路。调节励磁电压为 5% 预定值，再合上励磁回路。此时使用示波器摄像的方法，记录下励磁电压、励磁电流及电枢电压的变化过程。

2）并励绕组饱和电感的测定。其试验电路如图 6-11 所示。

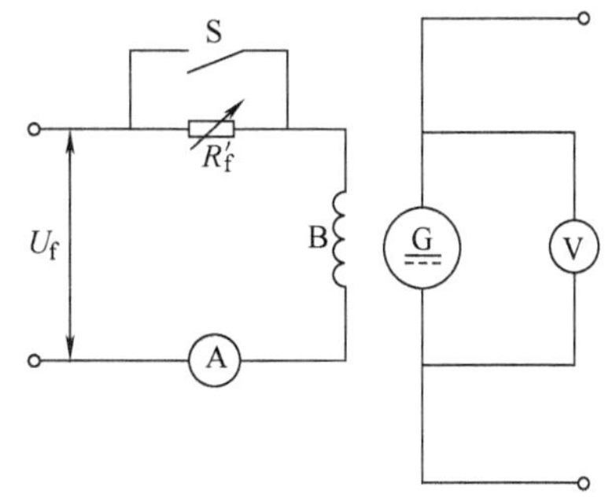

图 6-11　并励绕组饱和电感测定电路

试验时，用辅助电动机将被试电机驱动到额定转速，对于调速直流电机应为最低额定转速。电枢两端开路，闭合开关 S，调节励磁电压，使电枢端电压为 110% 额定值。然后断开

S，调节 R_f'，使电枢端电压在 90% ~110% 额定值之间变动两次，最后使之停在 90% 额定值处。闭合开关 S，观察并记录（摄录）励磁电压、励磁电流、电枢电压的变化过程。

3）励磁绕组电感值的计算。励磁绕组的饱和电感和不饱和电感按下式计算：

$$L_f = R_f T_{fi} \tag{6-11}$$

$$L_f' = R_f T_{av} \tag{6-12}$$

式中 L_f——励磁绕组的电感（H）；

L_f'——励磁绕组的有效电感（H）；

R_f——励磁绕组的直流电阻（Ω）；

T_{fi}——励磁电流变化达到最大值的 63.2% 时的时间（s）；

T_{av}——电枢电压变化达到最大值的 63.2% 时的时间（s）。

第五节 整流电源供电时电动机的轴电压测定

电动机在运行时，由于磁路不对称或补偿绕组、换向极绕组、串励绕组的接线不当等原因，将在电枢转轴的两端产生轴电压，此电压在轴承、轴承座（或端盖）对地之间形成回路，产生轴电流，导致轴承油膜破坏，轴瓦表面烧损。对于这种轴电压，可在轴承座和地之间垫以绝缘板隔断回路，以防止轴电流的危害。

电动机由整流电源供电时，除了可能存在上述的轴电压外，还由于电源的高频谐波电压作用在电枢绕组对铁心、轴径对轴瓦、电源装置对地等电容回路上，产生轴对地的高频感应轴电压。谐波电压越高，此轴电压也越高，甚至使轴承油膜发生电击穿等。

为防止高频感应轴电压对轴承油膜的电击穿，由于垫绝缘板的方法不能消除其影响，故一般采用接地电刷在轴与地之间短接，使轴电流不经过轴径、轴瓦（或滚动轴承）的方法。

轴电压的测定如图 6-12 所示。试验前，应分别检查轴承座与金属垫片、金属垫片与金属底座间的绝缘电阻。

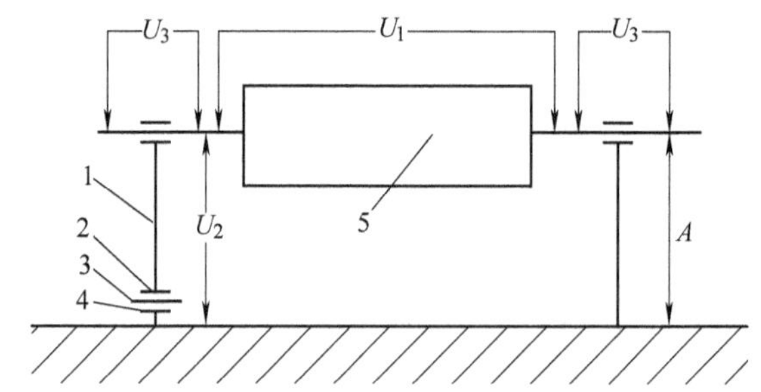

图 6-12 轴电压测定方法图
1—轴承座 2—绝缘垫片 3—金属垫片
4—绝缘垫片 5—转子

第一次测定时，被试电机应在额定电压、额定转速下空载运行，用高内阻毫伏表测量轴电压 U_1，然后用导线 A 将转轴一端与地短接，测量另一轴承座对轴电压 U_2，测量完毕将导线 A 拆除。试验时，测点表面与毫伏表引线的接触应良好。

第二次测定时，被试电机在额定电流、额定转速下短路或额定负载运行，测量轴承电压 U_3。对调速电机，可仅在最高额定转速下进行检查。

第七章　同步电机的参数测定

为了更好地理解同步电机参数的测定，下面首先介绍同步电机运行状态时的电磁关系。

第一节　同步电机的基本方程式

一、隐极同步电机的基本方程式

1. 不考虑磁饱和时

负载运行时，同步电机共有两个磁动势——励磁磁动势和电枢磁动势，其电磁关系如下：

电流　磁动势　磁通　电动势

转子　$I_f \longrightarrow F_f \longrightarrow \Phi_0 \longrightarrow E_0$

定子　$I \longrightarrow F_a \longrightarrow \Phi_a \longrightarrow E_a \ (\dot{E}_a = -j\dot{I}x_a)$

$\searrow \Phi_\sigma \longrightarrow E_\sigma \ (\dot{E}_\sigma = -j\dot{I}x_\sigma)$

根据上述电磁关系列出电动势方程式：

$$\sum \dot{E} = \dot{E}_0 + \dot{E}_a + \dot{E}_\sigma = \dot{U} + \dot{I}r_a \tag{7-1}$$

或

$$\dot{E}_0 = \dot{U} + \dot{I}r_a + j\dot{I}x_\sigma + j\dot{I}x_a \tag{7-2}$$

$$= \dot{U} + \dot{I}r_a + j\dot{I}x_s$$

式中　$x_s = x_\sigma + x_a$。　(7-3)

对应式（7-2）的相量图和等效电路如图 7-1 所示。

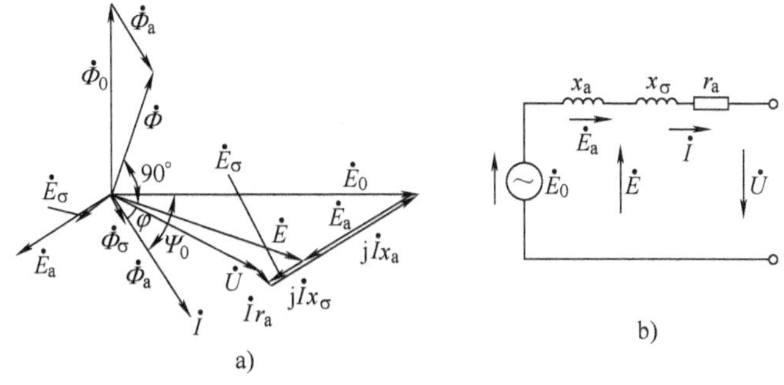

图 7-1　不考虑饱和时隐极同步电机的相量图和等效电路

a）相量图　b）等效电路

2. 考虑磁饱和时

考虑磁饱和时同步电机的电磁关系如下：

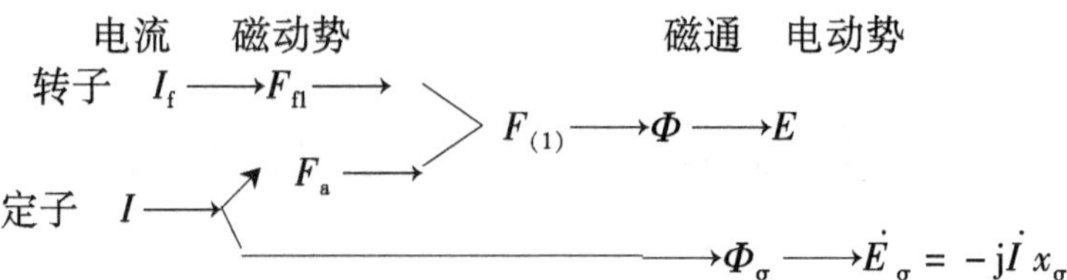

根据上述电磁关系列出电动势方程式：

$$\dot{E} = \dot{U} + \dot{I}r_a + j\dot{I}x_\sigma \tag{7-4}$$

对应式（7-4）的相量图如图 7-2 所示。

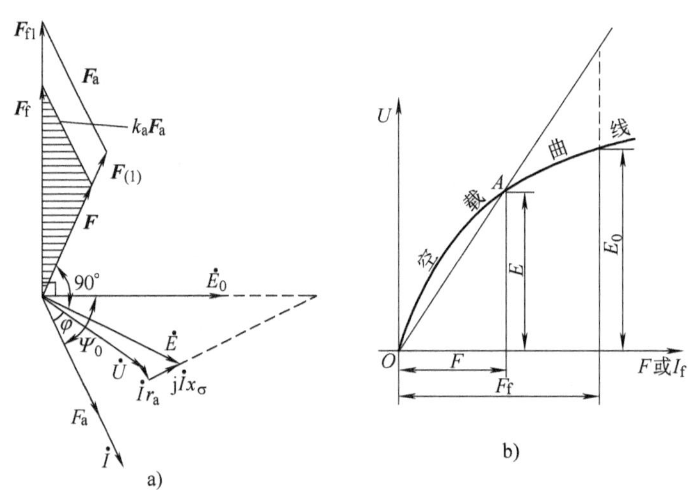

图 7-2　考虑磁饱和时隐极同步电机的相量图

a）时间相量-空间相量统一图　b）由磁动势从空载曲线查出对应的电动势

二、凸极同步电机的基本方程式

1. 不考虑磁饱和时

不考虑磁饱和时凸极同步电机的电磁关系如下：

电流　　　　磁动势　　磁通　　电动势

转子　$I_f \longrightarrow F_{f1} \longrightarrow \Phi_0 \longrightarrow E_0$

定子　$I \longrightarrow$

　　$I_d \longrightarrow F_{ad} \longrightarrow \Phi_{ad} \longrightarrow \dot{E}_{ad} = -j\dot{I}x_{ad}$

　　$I_q \longrightarrow F_{aq} \longrightarrow \Phi_{aq} \longrightarrow \dot{E}_{aq} = -j\dot{I}x_{aq}$

　　$\longrightarrow \Phi_\sigma \longrightarrow \dot{E}_\sigma = -j\dot{I}x_\sigma$

根据上述电磁关系列出电动势方程式：

$$\sum \dot{E} = \dot{E}_0 + \dot{E}_{ad} + \dot{E}_{aq} + \dot{E}_\sigma = \dot{U} + \dot{I}r_a \tag{7-5}$$

或

$$
\begin{aligned}
\dot{E} &= \dot{U} + \dot{I}r_a + j\dot{I}x_\sigma + j\dot{I}_d x_{ad} + j\dot{I}_q x_{aq} \\
&= \dot{U} + \dot{I}r_a + j(\dot{I}_a + \dot{I}_q)x_\sigma + j\dot{I}_d x_{ad} + j\dot{I}_q x_{aq} \\
&= \dot{U} + \dot{I}r_a + j\dot{I}_d(x_\sigma + x_{ad}) + j\dot{I}_q(x_\sigma + x_{aq}) \\
&= \dot{U} + \dot{I}r_a + j\dot{I}_d x_d + j\dot{I}_q x_q
\end{aligned} \tag{7-6}
$$

式中　x_d——直轴同步电抗；

x_q——交轴同步电抗。

$$
\left.\begin{aligned}
x_d &= x_\sigma + x_{ad} \\
x_q &= x_\sigma + x_{aq}
\end{aligned}\right\} \tag{7-7}
$$

对应式（7-6）的相量图如图 7-3 所示。

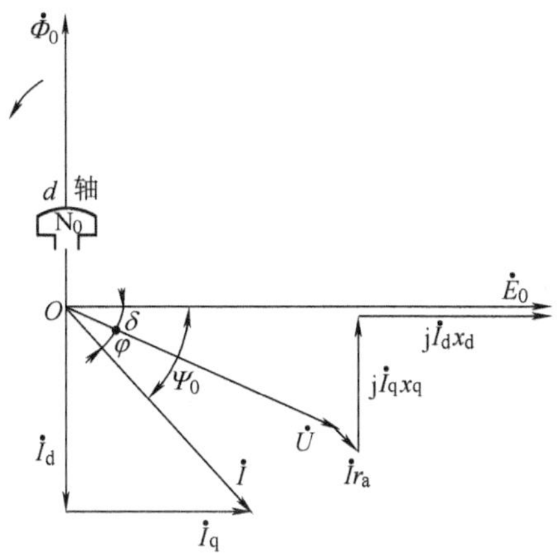

图 7-3　不考虑饱和时凸极同步电机的相量图

2. *考虑磁饱和时*

考虑磁饱和时凸极同步电机的电磁关系如下：

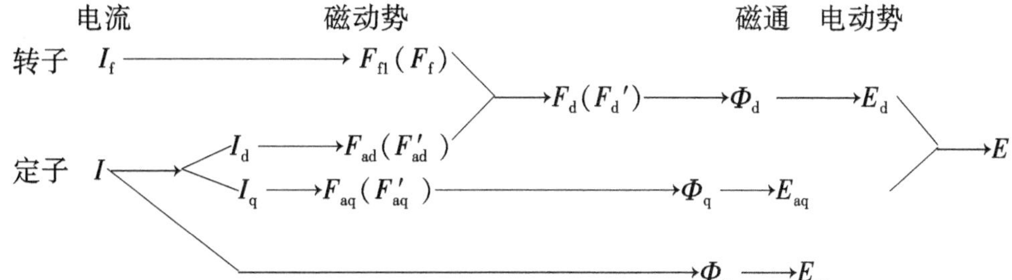

上面电磁关系中，F_{ad}'、F_{ag}'和F_d'分别为用折算值表示的F_{ad}、F_{aq}和F_d，F_f则是用每极安匝$N_f I_f$来代表F_{f1}。根据上述电磁关系列出电动势方程式：

$$\dot{E} + E_\sigma = \dot{E}_d + \dot{E}_{aq} + \dot{E}_\sigma = \dot{U} + \dot{I}r_a \tag{7-8}$$

或

$$\dot{E}_d = \dot{U} + \dot{I}r_a + j\dot{I}x_\sigma + j\dot{I}_q x_{aq} \tag{7-9}$$

对应式（7-9）的相量图如图 7-4 所示。

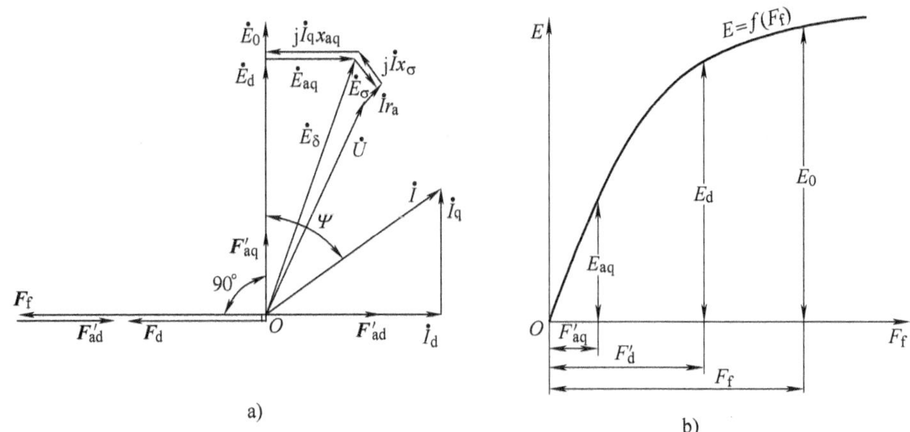

图 7-4　考虑饱和时凸极同步电机的相量图

第二节　同步电机的不对称运行

按照对称分量法，不对称运行时，同步电机的阻抗和等效电路有正序、负序和零序三种。

一、正序阻抗和等效电路

在正向同步旋转、励磁绕组接通、电枢施加一组对称的正序电压时，同步电机所表现的阻抗就称为正序阻抗，即正序阻抗 Z_+ 就是同步阻抗

$$Z_+ = r_+ + \mathrm{j}x_+ \tag{7-10}$$

式中

$$r_+ = r_a,\ x_+ = \begin{cases} x_s（对隐极机）\\ x_d、x_q（对凸极机）\end{cases}$$

其正序电动势方程式

$$\dot{E}_0 = \dot{U}_+ + \dot{I}Z_+ \tag{7-11}$$

与式（7-11）对应的等效电路如图 7-5 所示。

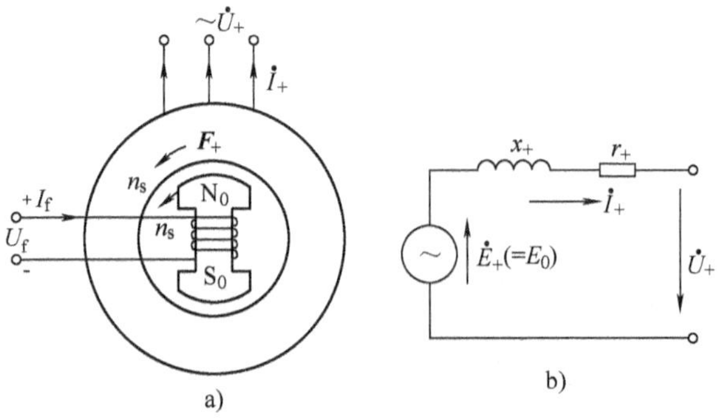

图 7-5　同步电机的正序等效电路
a）接线示意图　b）正序等效电路

二、负序阻抗和等效电路

在正向同步旋转、励磁绕组短接、电枢施加一组对称的负序电压时，同步电机所表现的阻抗就称为负序阻抗。

图 7-6 表示转子上仅有励磁绕组而无任何阻尼回路时，直轴和交轴负序阻抗 Z_{-d} 和 Z_{-q} 的等效电路。

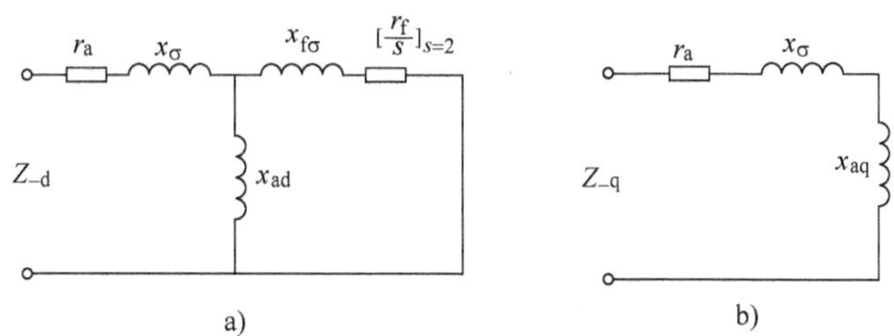

图 7-6　转子上仅有励磁绕组时同步电机负序阻抗的等效电路

a）直轴等效电路　b）交轴等效电路

由于负序旋转磁场与转子之间具有相对运动，负序磁场的轴线时而与转子直轴重合，时而与交轴重合，因此负序阻抗的平均值 Z_- 将介于直轴和交轴负序阻抗之间。近似地认为 Z_- 等于 Z_{-d} 和 Z_{-q} 的算术平均值，x_- 等于 x_{-d} 和 x_{-q} 的算术平均值，则负序电抗 x_- 为

$$x_- = \frac{x_{-d} + x_{-q}}{2} \approx \frac{x_d' + x_q}{2} \tag{7-12}$$

$$x_d' = x_\sigma + \frac{1}{\frac{1}{x_{ad}} + \frac{1}{x_{f\sigma}}}$$

式中　x_d'——同步电机的直轴瞬态电抗；

$x_{f\sigma}$——励磁绕组漏抗的归算值。

图 7-7 表示同步电机的负序等效电路，图中 U_- 表示定子端点的负序电压。由于定子绕组是对称的，励磁电动势 $\dot{E}_0$ 中没有负序分量，故 $\dot{E}=0$，与图 7-7 相应的负序电动势方程式为

$$0 = \dot{U}_- + \dot{I}_- Z_- \quad \text{或} \quad \dot{U}_- = -\dot{I}_- Z_- \tag{7-13}$$

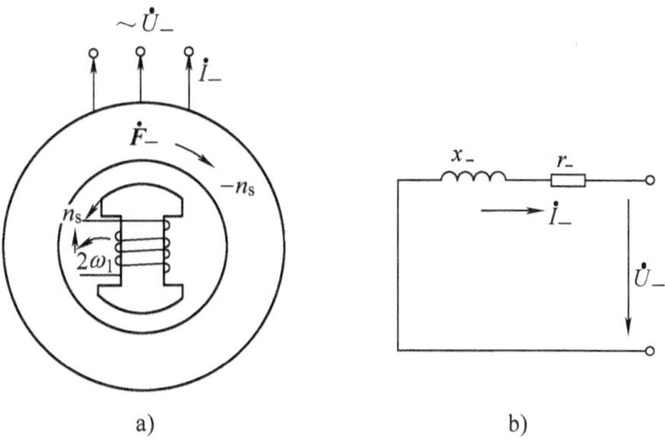

图 7-7　同步电机的负序等效电路

a）接线示意图　b）负序等效电路

三、零序阻抗和等效电路

在正向同步旋转、励磁绕组短接、电枢端点加上一组对称的零序电压和电流时，同步电机所表现的阻抗就称为零序阻抗。

首先研究零序电流所产生的气隙磁场。

由于各相的零序电流及其所产生的脉振磁动势幅值相同、时间上同相位，而三相绕组在空间互差120°电角度，所以三相零序基波合成磁动势将等于零。换言之，零序电流将不形成基波旋转磁场，零序磁场只是一些漏磁场。因此从性质上看，零序电抗属于漏抗的性质。

$$f_{01}(x,t) = f_{A0}(x,t) + f_{B0}(x,t) + f_{C0}(x,t)$$
$$= F_{01}\sin\omega t\left[\cos\frac{\pi}{\tau}x + \cos\left(\frac{\pi}{\tau}x - \frac{2\pi}{3}\right) + \cos\left(\frac{\pi}{\tau}x + \frac{2\pi}{3}\right)\right] = 0 \tag{7-14}$$

图7-8表示同步电机的零序等效电路，图中 $\dot{U}_0$ 表示电枢端点的零序电压。由于励磁电动势通常是对称的，故电动势中没有零序分量，与图7-8相应的零序电动势方程式为

$$0 = \dot{U}_0 + \dot{I}_0 Z_0 \quad 或 \quad \dot{U}_0 = -\dot{I}_0 Z_0 \tag{7-15}$$

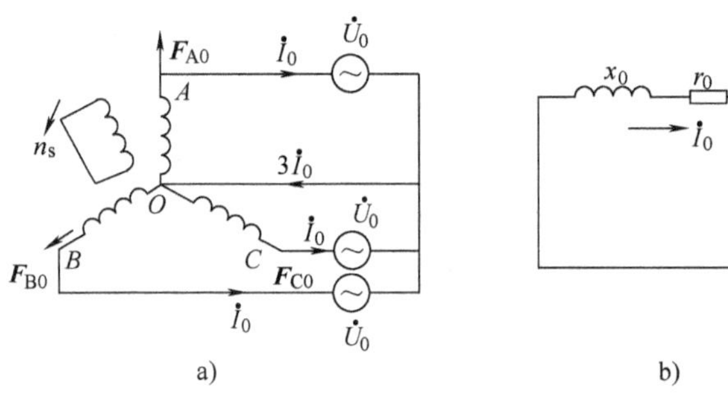

图7-8 同步发电机的零序等效电路
a）接线图 b）零序等效电路

第三节 同步电机的三相突然短路

一、无阻尼绕组同步电机三相突然短路时的物理过程

设电机原先在空载情况下运行，当转子主极轴线恰好转到与A相绕组轴线相垂直，即A相磁链为零的位置时，定子端点发生了三相突然短路，如图7-9所示。对应图7-9所示状态时的三相突然短路的电流波形如图7-10所示。

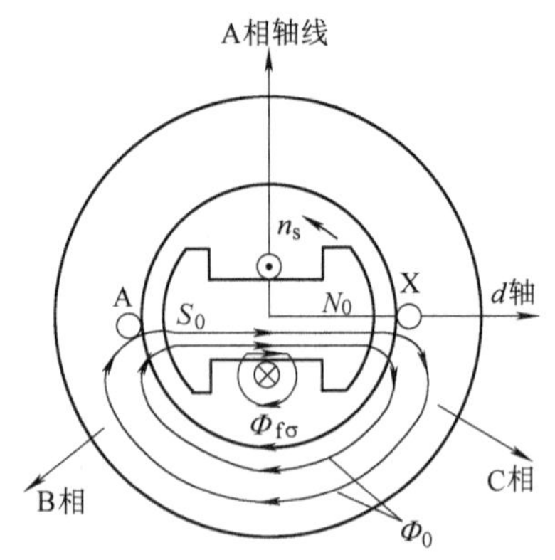

图7-9 A相磁链 $\Psi_A(0)=0$ 时发生三相突然短路

三相短路电流中的交流分量为

$$i_{\sim} = -[(I_m' - I_m)e^{-\frac{t}{T_d'}} + I_m]\sin(\omega t - \beta_\varphi) \tag{7-16}$$

瞬态分量 稳态分量

式中 T_d'——直轴瞬态时间常数；

β_φ——各相的相位角。对 A 相，$\beta_\varphi=0$；对 B 相，$\beta_\varphi=120°$；对 C 相，$\beta_\varphi=240°$。

三相突然短路时励磁电流的波形如图 7-11 所示。

励磁电流的直流分量应为

$$i_{f=}=\Delta i_{f=}+I_{f0}=\underbrace{\Delta I_{f=}e^{-\frac{t}{T_d'}}}_{\text{瞬态分量}}+\underbrace{I_{f0}}_{\text{稳态分量}} \tag{7-17}$$

在式（7-16）和式（7-17）中，短路电流的稳态分量与励磁电流的稳态分量相对应，短路电流的瞬态分量与励磁电流的瞬态分量相对应。总的来讲，短路电流中的交流分量与励磁电流中的直流分量相对应。

三相短路电流中的直流分量 $i_=$ 为

$$i_= = -I_m'\sin\beta_\varphi e^{-\frac{t}{T_a}} \tag{7-18}$$

总的短路电流等于交流分量与直流分量之和，即

$$\begin{aligned} i &= i_\sim + i_= \\ &= -\left[(I_m'-I_m)e^{-\frac{t}{T_d'}}+I_m\right]\sin(\omega t-\beta_\varphi)-I_m'\sin\beta_\varphi e^{-\frac{t}{T_a}} \\ &= -\sqrt{2}\left[\left(\frac{E_0}{x_d'}-\frac{E_0}{x_d}\right)e^{-\frac{t}{T_d'}}+\frac{E_0}{x_d}\right]\sin(\omega t-\beta_\varphi)-\sqrt{2}\frac{E_0}{x_d'}\sin\beta_\varphi e^{-\frac{t}{T_a}} \end{aligned} \tag{7-19}$$

总励磁电流亦等于直流分量与交流分量之和，其中电枢电路中的交流分量与励磁电流的直流分量相对应，电枢电流中的直流分量则与励磁电流的交流分量相对应。

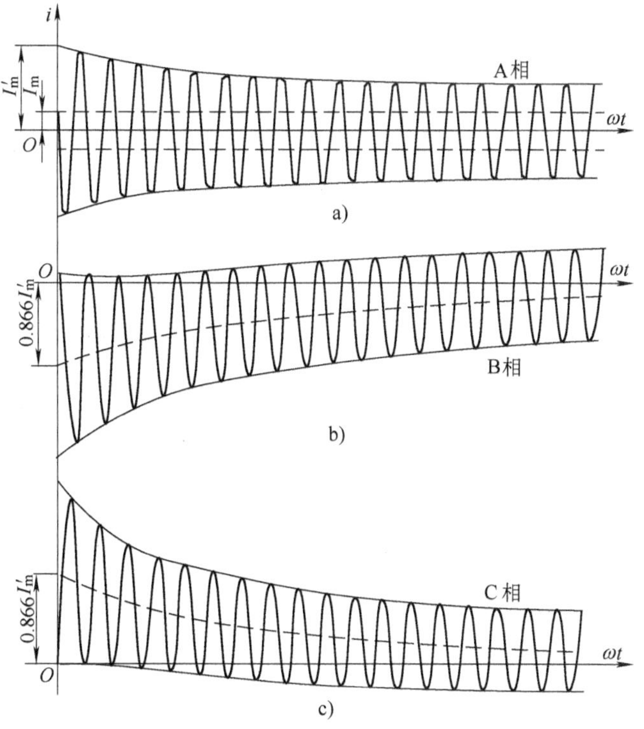

图 7-10　$\Psi_A(0)=0$ 时三相突然短路电流的波形

a) A 相电流　b) B 相电流　c) C 相电流

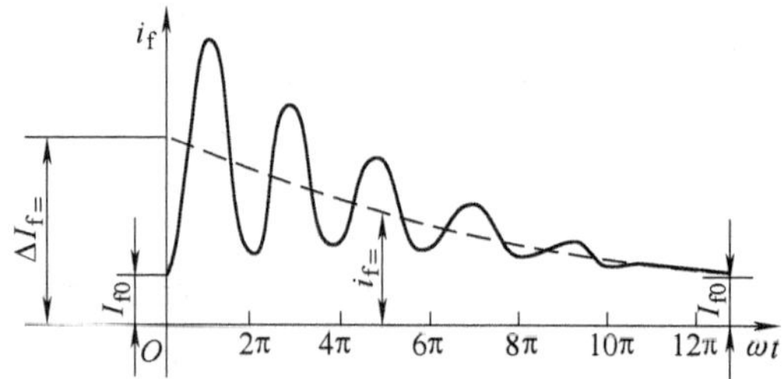

图 7-11　三相突然短路时整个励磁电流的波形

二、有阻尼绕组同步电机三相突然短路时的物理过程

有阻尼绕组同步电机三相突然短路时电流波形如图 7-12 所示。

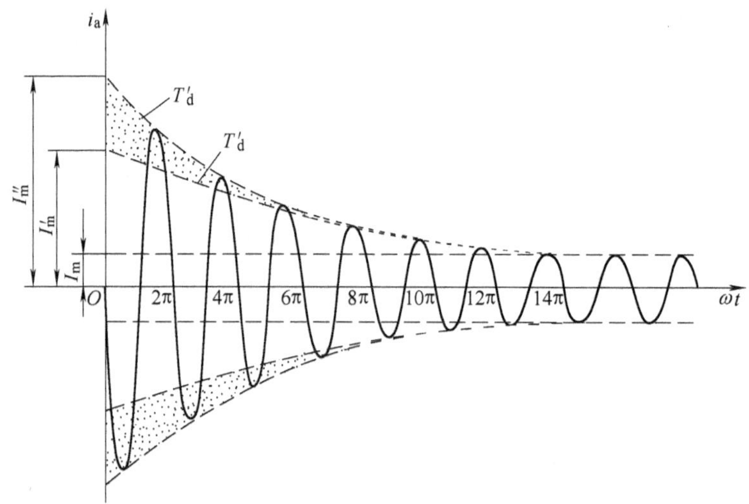

图 7-12　装有阻尼绕组的同步电机在 $\Psi_A(0)=0$ 时的三相突然短路（A 相电流波形）

励磁绕组的电流波形如图 7-13 所示，其中 1 表示不装阻尼绕组时；2 表示装有阻尼绕组时。

在 $\Psi_A(0)=0$ 的情况下，三相突然短路时短路电流的交流分量 $i_{\sim}$ 为

$$
\begin{aligned}
i_{\sim} &= -\left[(I''_m - I'_m)e^{-\frac{t}{T''_d}} + (I'_m - I_m)e^{-\frac{t}{T'_d}} + I_m\right]\sin(\omega t - \beta_\varphi) \\
&= -\sqrt{2}\left[\left(\frac{E_0}{x''_d} - \frac{E_0}{x'_d}\right)e^{-\frac{t}{T''_d}} + \left(\frac{E_0}{x'_d} - \frac{E_0}{x_d}\right)e^{-\frac{t}{T'_d}} + \frac{E_0}{x_d}\right]\sin(\omega t - \beta_\varphi)
\end{aligned}
\tag{7-20}
$$

直流分量仍可根据 $t=0$ 时电流不能跃变的原则来确定，其表达式与无阻尼绕组时相同，只要把幅值和时间常数中的瞬态参数换成超瞬态参数即可。

总的短路电流等于交流分量和直流分量之和，即

$$
\begin{aligned}
i &= i_{\sim} + i_{=} \\
&= -\sqrt{2}\left[\left(\frac{E_0}{x''_d} - \frac{E_0}{x'_d}\right)e^{-\frac{t}{T''_d}} + \left(\frac{E_0}{x_d'} - \frac{E_0}{x_d}\right)e^{-\frac{t}{T'_d}} + \frac{E_0}{x_d}\right]\sin(\omega t - \beta_\varphi) \\
&\quad - \sqrt{2}\,\frac{E_0}{x''_d}\sin\beta_\varphi\, e^{-\frac{t}{T_a}}
\end{aligned}
\tag{7-21}
$$

式中　I''——超瞬态短路电流，$I''=E_0/x_d''$；

I'——瞬态短路电流，$I'=E_0/x_d'$；

I——稳态短路电流，$I=E_0/x_d$。

为了更深入了解参数的物理意义，总结以下说明。突然短路时，由于转子感应电流的抵制，电枢反应磁通将通过主气隙和转子的漏磁磁路而闭合。由于这条磁路的磁导比稳态短路时电枢反应所经磁路的磁导要小得多，所以电抗 x_d'、x_d''就比 x_d 小很多，而突然短路电流则要比稳态短路电流大很多倍。

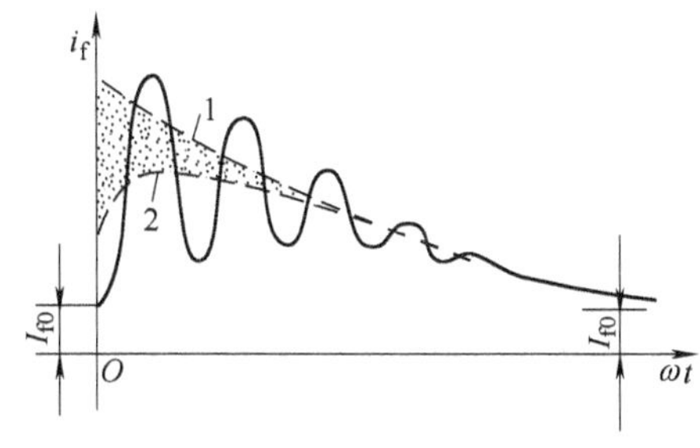

图 7-13　三相突然短路时励磁电流的波形

一般来讲，定子短路电流可以分成交流和直流分量两部分；转子（励磁和阻尼绕组）电流亦可以分成直流和交流分量两部分。其中，定子电流的交流分量与转子电流的直流分量相对应；定子电流的直流分量则转子电流的交流分量相对应。定子电流的交流分量又可分为稳态、瞬态和超瞬态电流等三部分。直流分量可根据磁链或电流不能跃变的原则来确定。

阻尼绕组对参数和瞬态过程的影响是：无阻尼绕组时，在突然短路时，电机所表现的电抗为瞬态电抗 x_d'，短路电流的交流分量中仅有稳态和瞬态两个分量；装有阻尼绕组时，电机的电抗将变为 x_d''，定、转子电流中将多出一个衰减很快的超瞬态分量，这一分量使定子的短路电流变得更大，励磁绕组的电流冲击则略为减小。

参数 x_d'是同步电机的主要数据之一，它一方面表征突然短路时定子冲击电流的大小；另一方面还表征了同步电机的动态稳定度。x_d''的重要性稍次。

三、同步电机中各电抗对应的等效电路

图 7-14 中
$$x_d = x_\sigma + x_{ad} \tag{7-22}$$

图 7-15 中
$$x_d' = x_\sigma + \frac{1}{\dfrac{1}{x_{ad}} + \dfrac{1}{x_{f\sigma}}} \tag{7-23}$$

$$x_d'' = x_\sigma + \frac{1}{\dfrac{1}{x_{ad}} + \dfrac{1}{x_{f\sigma}} + \dfrac{1}{x_{Dd\sigma}}} \tag{7-24}$$

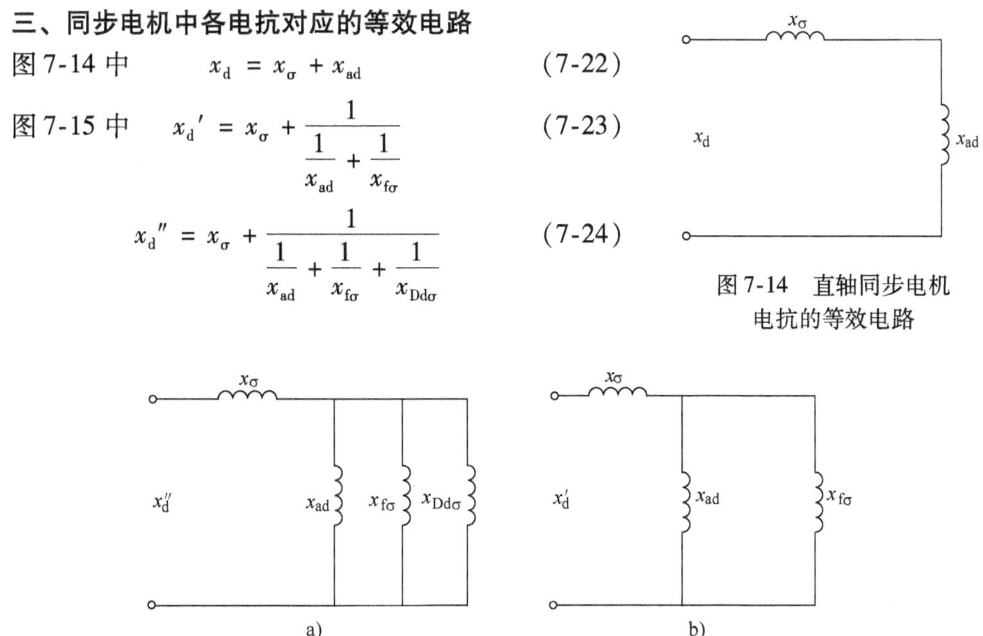

图 7-14　直轴同步电机电抗的等效电路

图 7-15　直轴超瞬态电抗和瞬态电抗的等效电路
a）超瞬态电抗　b）瞬态电抗

图 7-16 中

$$x_q'' = x_\sigma + \cfrac{1}{\cfrac{1}{x_{aq}} + \cfrac{1}{x_{Dq\sigma}}} \tag{7-25}$$

$$x_q' = x_\sigma + x_{aq} = x_q \tag{7-26}$$

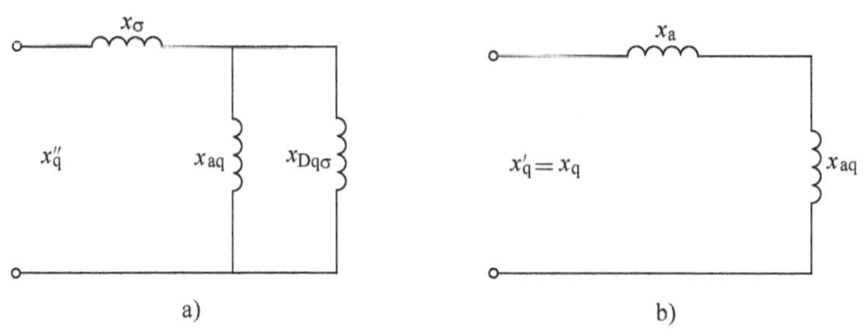

图 7-16　交轴超瞬态和瞬态电抗和等效电路
a) 超瞬态电抗　b) 瞬态电抗

图 7-17 中

$$x_f' = x_{f\sigma} + \cfrac{1}{\cfrac{1}{x_{ad}} + \cfrac{1}{x_\sigma}} \tag{7-27}$$

图 7-18 中

$$x_{Dd}'' = x_{Dd\sigma} + \cfrac{1}{\cfrac{1}{x_{ad}} + \cfrac{1}{x_{f\sigma}} + \cfrac{1}{x_\sigma}} \tag{7-28}$$

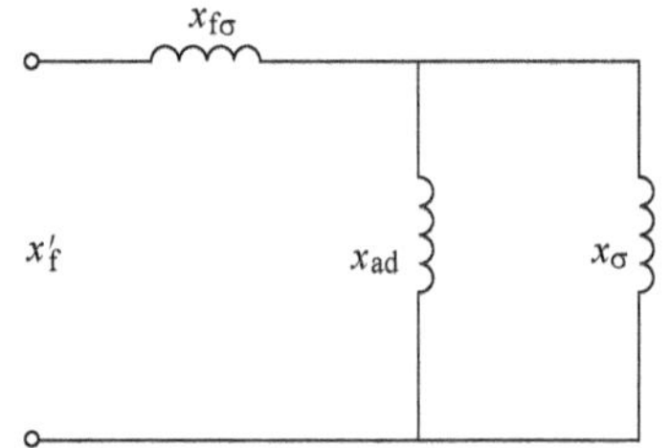

图 7-17　励磁绕组的等效电抗

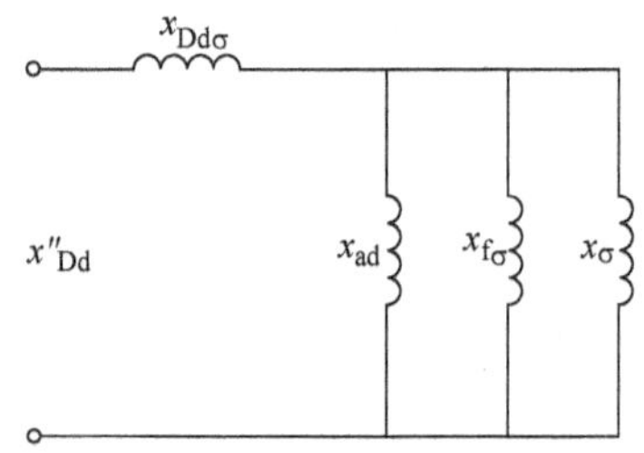

图 7-18　阻尼绕组的等效电抗

上述各式中　$x_{f\sigma}$——励磁绕组漏抗归算值；

$x_{Dd\sigma}$——直轴阻尼绕组漏抗的归算值；

$x_{Dq\sigma}$——交轴阻尼绕组漏抗的归算值。

四、突然短路电流及其衰减时间常数

1. 定子非周期性电流的衰减时间常数

亦即短路电流直流分量 $i_=$ 的衰减时间常数。任何电路的时间常数都是电感和电阻的比值。引起 $i_=$ 衰减的原因是电枢（定子）绕组的电阻，相应的电感是 x_d''/ω 或 x_q''/ω，一般取其算术平均值 $(x_d''+x_q'')/2\omega=(x_-/\omega)$，$x_-$ 为负序电抗，因此 $i_=$ 衰减的时间常数 T_a 为

$$T_a = \frac{L_a}{r_a} = \frac{x_-}{\omega r_a} = \frac{x_d'' + x_q''}{2\omega r_a} \tag{7-29}$$

2. *励磁绕组电流的衰减时间常数*

直轴瞬态时间常数 T_d' 是电枢短路时，励磁绕组中直流感应电流 $\Delta i_{f=}$ 衰减的时间常数。当电枢开路时，励磁绕组的时间常数为

$$T_{d0} = \frac{L_f}{r_f} = \frac{x_f}{2\pi f r_f} \tag{7-30}$$

式中　L_f ——励磁绕组的自感系数；

r_f ——励磁绕组的电阻；

x_f ——励磁绕组的自感电抗，$x_f = 2\pi f L_f$。

若电枢短路，则励磁绕组和直轴电枢绕组组成一个互感电路，于是

$$x_f' = x_{f\sigma} + \frac{x_{ad}x_\sigma}{x_{ad} + x_\sigma}$$

$$= (x_{f\sigma} + x_{ad}) \frac{x_\sigma + \dfrac{x_{ad}x_{f\sigma}}{x_{ad} + x_{f\sigma}}}{x_\sigma + x_{ad}} = x_f \frac{x_d'}{x_d} \tag{7-31}$$

因此，电枢短路时，励磁绕组的等效时间常数即直轴瞬态时间常数 T_d' 应为

$$T_d' = \frac{x_f'}{2\pi f r_f} = \frac{x_f}{2\pi f r_f} \cdot \frac{x_d'}{x_d} = T_{d0}\frac{x_d'}{x_d} \tag{7-32}$$

3. *阻尼绕组电流的衰减时间常数*

阻尼绕组中的周期性电流 $i_{D\sim}$ 是定子绕组中的非周期性电流所感应出来的，因此，它和定子非周期性电流一起按同一时间常数 T_a 衰减。

阻尼绕组中的非周期性电流 $i_{D=}$ 应按阻尼绕组的时间常数 T_d'' 衰减，其值为

$$T_d'' = \frac{L_{Dd}}{r_{Dd}} = \frac{x_{Dd}''}{\omega r_{Dd}} \tag{7-33}$$

式中　r_{Dd} ——直轴阻尼绕组的电阻；

x_{Dd}'' ——考虑阻尼绕组与定子绕组、励磁绕组之间的磁耦合作用后的等效电抗。

第四节　稳态参数的测定

一、同步电抗的测定

同步电抗就是当电机正向同步旋转、励磁绕组接通、电枢三相绕组通以对称的正序电流时，同步电机所表现的电抗，亦即电机在对称稳态运行时所表现的电抗。

1. *由空载-短路特性确定直轴同步电抗 x_d 和短路比 k_c*

利用空载和短路特性，即可确定同步电机的直轴同步电抗 x_d，如图 7-19 所示。

发电机三相稳态短路时，电枢电流为纯直轴电流，即 $\dot{I}_q = 0$，$\dot{I}_d = \dot{I}_k$，所以短路时电枢的电动势方程式可写成如下形式：

$$\dot{E}_0 = \dot{I}_k r_a + j\dot{I}_k x_d \tag{7-34}$$

对于具有一般参数及正常转速的电机，上述电动势方程中的 $I_k r_a$ 项可以忽略不计，于是可得

$$x_d = \frac{E_0}{I_k} \tag{7-35}$$

由式（7-35）可见，直轴同步电抗就等于某一励磁下的励磁电动势 E_0 除以对应的短路电流 I_k，考虑到短路时整个电机的磁路处于不饱和状态，所以 E_0 应该从空载特性的气隙线上查出（为避免混淆，从气隙线上查出的励磁电动势用 $E_{0(\delta)}$ 表示）。相应地，由此确定的 x_d 值是不饱和值，其大小为

$$x_d = \frac{E_{0(\delta)}}{I_k} \tag{7-36}$$

上式中的电动势和电流是电枢的相电动势和相电流。因此，如图中空载和短路特性用实际值画出，若空载曲线的纵坐标用的是线电压，则应算出相应的相电压值（对Y联结应除以$\sqrt{3}$），再代入式（7-36）。如果空载和短路特性均用标幺值画出，则算出的 x_d 即为标幺值，此时

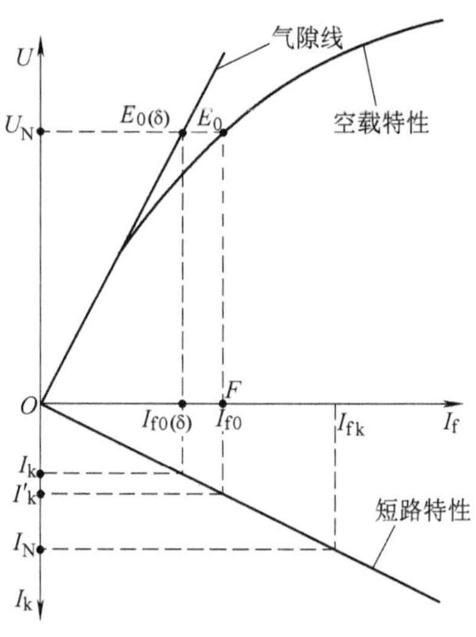

图 7-19　由空载－短路特性确定 x_d 和 K_c

$$x_d^* = \frac{I_{fk}}{I_{f0(\delta)}} \tag{7-37}$$

式中　I_{fk} ——短路电流为额定值时的励磁电流；

$I_{f0(\delta)}$——空载特性直线部分延长线上对应于额定空载电压 $E_{0(\delta)}$ 的励磁电流。

由于同步发电机经常在额定电压附近运行，所以有时希望确定同步发电机的磁路对应于额定电压的饱和程度时直轴同步发电机的数值。为此，只要从空载特性上查出对应于额定电压的励磁电流值，如图 7-19 中的 OF，再从短路特性上查出由 I_{f0} 所产生的短路电流 I_k'，即可求出同步电抗饱和值 $x_{d(\delta)}$ 的近似值为

$$x_{d(\delta)} \approx \frac{E_0}{I_k'}$$

或

$$x_{d(\delta)}^* \approx \frac{I_{fk}}{I_{f0}} \tag{7-38}$$

设计和试验同步发电机时，常常用到短路比 K_c 这个数据。所谓短路比 K_c 就是产生空载额定电压所需励磁电流 I_{f0}，与产生短路额定电流所需励磁电 I_{fk} 之比，即

$$K_c = \frac{I_{f0}}{I_{fk}} = \frac{1}{x_{d(\delta)}^*} \tag{7-39}$$

所以短路比实质上是一个计及饱和影响的参数。

各参数化为标幺值时都要被各自基值除，通常电压的基值为额定电压 U_N(V)；电流的基值为额定电流 I_N(A)；功率的基值为额定容量 $P_N = mU_NI_N$(VA)；阻抗的基值为 $Z_N = (U_N/I_N)$（Ω），励磁电流的基值为额定空载电压对应的励磁电流 I_{f0}(A)。

2. 用小转差法测定直轴同步电抗 x_d 和交轴同步电抗 x_q

如需通过一个试验同时测定 x_d 和 x_q，可用小转差法。图 7-20 为该试验的原理接线图。

试验时，先把励磁绕组直接或通过放电电阻短接。将被试电机由一台动力机械拖动至接近同步转速，在电枢绕组上外加一组额定频率的三相对称低电压，其大小为（2% ~15%）U_N。降低电压的目的是为了避免被试电机被牵入同步。外加电压的相序应与转子旋转方向相同。接着将励磁绕组开路，并调节动力机械的转速，使被试电机的转差率小于 1%（对于实心转子，电机则应更小）。待转速稳定后，用录波器拍摄电枢电压、电枢电流及励磁绕组的开路电压波形，并量取被试电机的转差率，如图 7-21 所示。

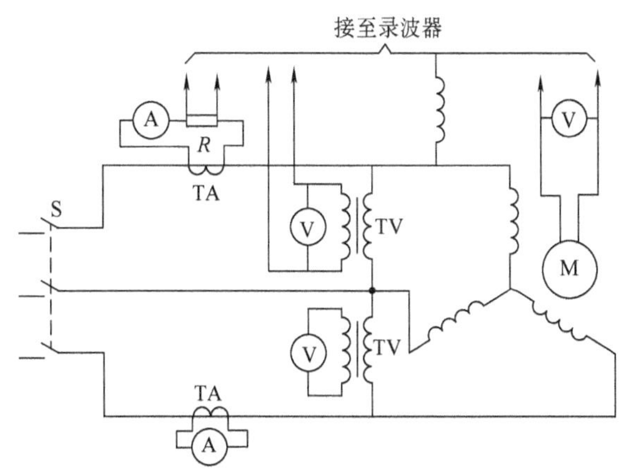

图 7-20　用小转差法测定 x_d 和 x_q 的原理接线图

由于转子和旋转磁场之间有转差，因此旋转磁场的轴线将不断地依次和转子的直轴和交轴相重合，相应地，电枢电抗亦将不断地由 x_d 变到 x_q，再变到 x_d，电流表的读数亦将随之作周期性摆动。当旋转磁场的轴线与转子直轴重合时，由于电枢反应纯粹为直轴反应，$I_q = 0$，$I = I_d$，同时由于直轴电抗较大，因此电枢电流的读数将为最小。此时，如不计电枢电阻，则

$$x_d = \frac{U_\varphi}{I_{min}} \tag{7-40}$$

同理，当旋转磁场轴线与转子交轴重合时，$I_d = 0$，$I = I_q$，电枢电流将为最大，故得

$$x_q = \frac{U_\varphi}{I_{max}} \tag{7-41}$$

实际试验时，由于电源容量有限，故定子电流摆动时，电源电压必然会有相应的微小变化。考虑到这一点。式（7-40）和式（7-41）应写成（用标幺值表示时）

$$\left.\begin{aligned} x_d^* &= \frac{U_{max}^*}{I_{min}^*} \\ x_q^* &= \frac{U_{min}^*}{I_{max}^*} \end{aligned}\right\} \tag{7-42}$$

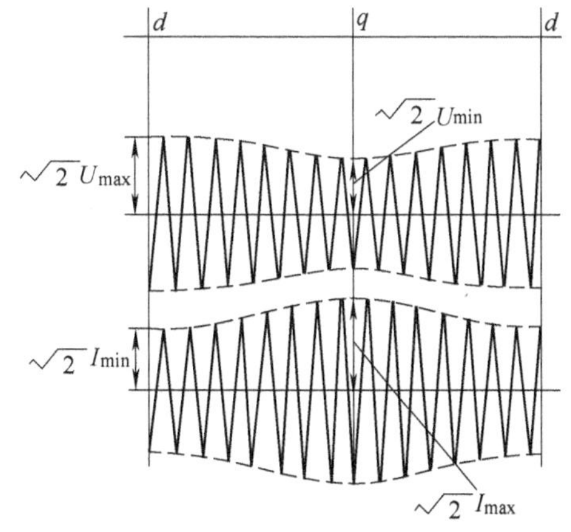

图 7-21　小转差法试验时电枢电压、电枢电流的示波图

由于试验是在低电压下进行的，所以测定的参数值为不饱和值。

这种试验法的优点是较为简便，但如转差率和电机的剩磁电压过大，则将引起显著误差。为了提高试验的准确度，除了应将转差率调到小于 1% 以外，在试验开始前，还应采取

措施将电机的剩磁电压降低到尽可能小的程度。如剩磁电压 U_r 达到试验电源电压的 10% ~ 30%，则电枢电流应由下式决定：

$$\left.\begin{aligned} I_{max}^* &= \sqrt{I_{av}^{*2} - \left(\frac{U_r^*}{x_d^*}\right)^2} \\ I_{min}^* &= \frac{I_{min1}^* + I_{min2}^*}{2} \end{aligned}\right\} \tag{7-43}$$

式中　I_{av}——电流包络线上两个相邻的最大值之和的一半，即

$$I_{av}^* = \frac{I_{max1}^* + I_{max2}^*}{2}$$

3. 用反向励磁法测定 x_q

将被试电机接到额定频率的对称电源上作空载电动机运行，电源电压不低于$\frac{1}{2}U_N$，逐步减小励磁电流至零，然后改变励磁绕组极性，使励磁电流反向缓慢增加，直至电动机失步为止。在失步前一瞬间，电机的电磁功率为

$$P_m = -m_1\frac{\left|E_0\right|_{(L,sy)}U}{x_d}\sin\delta + m_1\frac{U^2}{2}\left(\frac{1}{x_q} - \frac{1}{x_d}\right)\sin2\delta$$

取 P_m 对 δ 的一次导数，可得

$$\frac{\partial P_m}{\partial\delta} = -m_1\frac{\left|E_0\right|_{(L,sy)}U}{x_d}\cos\delta + m_1U^2\left(\frac{1}{x_q} - \frac{1}{x_d}\right)\cos2\delta$$

在电动机空载、有功功率接近于零的条件下（即功率角 $\delta=0$ 时），式（7-43）可写成

$$\frac{\partial P_m}{\partial\delta} = -m_1\frac{\left|E_0\right|_{(L,sy)}U}{x_d} + m_1U^2\left(\frac{1}{x_q} - \frac{1}{x_d}\right)$$

电机开始失步时，$\frac{\partial P_m}{\partial\delta}=0$，即

$$\frac{\left|E_0\right|_{(L,sy)}U}{x_d} = U^2\left(\frac{1}{x_q} - \frac{1}{x_d}\right)$$

由此可得

$$x_q = x_d\frac{U}{U + \left|E_0\right|_{(L,sy)}} \tag{7-44}$$

式中　U ——电网相电压；

$\left|E_0\right|_{(L,sy)}$——电机失步前一瞬间励磁电流所对应的励磁电动势，由线性化空载特性求取。

因此，在试验时，必须录取失步前一瞬间的电枢相电压 U 和励磁电流，并从线性化空载特性求取失步前一瞬间励磁电流所对应的励磁电动势$E_{0(L,sy)}$，再给出电机的直轴同步电抗，就可以算出交轴同步电抗 x_q。

这种测试方法的优点是操作较易和省时。缺点是失步瞬间的励磁电流不易测准，另外当电机的 x_d 和 x_q 小于 1 时，还可能出现电枢过电流现象，因此要求迅速进行试验。

二、电枢漏抗的测定

1. 波梯（Potier）电抗 x_p 的确定

波梯电抗 x_p 一般通过空载特性和零功率因数特性确定。如图 7-22 所示，在额定电流的零功率因数特性上取对应于额定电压 U_N 的点 F，通过 F 点作平行于横轴的水平线 $O'F$，使 $O'F=OK$，OK 为三相稳态短路时对应于额定电枢电流的励磁电流 I_{fk}。从 O' 点作气隙线的平行线，与空载特性交于 E 点，则在Y联结时，有

$$x_p=\frac{\overline{EA}}{\sqrt{3}I_N} \tag{7-45}$$

或 x_p^* 等于电压$\overline{EA}$的标幺值。

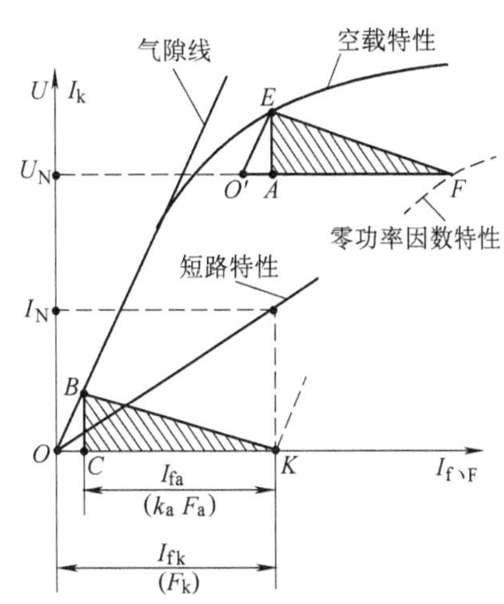

图 7-22　用同步电机空载特性、零功率因数特性和短路特性确定 x_p

研究表明，由于零功率因数负载时，转子的漏磁比空载时大，以致主磁极的饱和程度有所增加，因此用零功率因数特性和空载特性所确定的波梯电抗 x_p 将比实际的定子漏抗 x_σ 稍大一些。

2. 用作图法确定定子漏抗 x_σ

如图 7-22 所示，$\overline{KC}$为额定电枢电流时对应于电枢反应的励磁电流值 I_{fa}，其大小为

$$I_{fa}=1.35\frac{N_1k_{w1}k_aI_N}{pN_f}$$

式中　N_1 ——电枢绕组每相串联匝数；

N_f ——励磁绕组匝数；

k_{w1} ——电枢绕组的绕组系数；

p ——极对数；

k_a ——电枢反应磁动势换算系数，对凸极电机可改用直轴电枢反应磁动势换算系数 k_{ad}；

I_N ——电枢额定电流。

自 C 点作横轴的垂线交空载特性于 B 点，则在Y联结时，线电压$\overline{BC}$就表示漏抗电压降 $\sqrt{3}I_Nx_\sigma$，故 x_σ^* 等于电压$\overline{BC}$的标幺值。

3. 用取出转子法测定 x_σ

试验时，将被试电机的转子从电机中取出，定子绕组外接较低的三相电压，使电流不超过额定值。此时，由定子电流建立的磁通包括以下四部分：

1）槽漏磁通；

2）绕组端部漏磁通；

3）定子谐波磁动势在定子内圆中的磁通；

4）定子基波磁动势在定子内圆中的磁通。

前两项磁通基本上与定子漏抗 x_σ 中相应的漏磁通是一样的。第三项原应与 x_σ 中的差漏抗相对的，但实际上稍有差别，因为试验时取出转子，相当于气隙加大。因此取出转子后的

差漏抗比未取出转子时的略小，但因同步电机中的差漏抗是漏抗中较小的分量，故由此引起的误差很小。第四项磁通在 x_σ 中是不存在的，必须设法扣除。设对应于这部分磁通的电抗为 x_b，则定子漏抗应为

$$x_\sigma = x - x_b$$

其中

$$x = \sqrt{Z^2 + r^2}$$

$$r = \frac{P}{3I^2} \quad Z = \frac{U}{I}$$

式中　P ——试验时测得的三相功率；

U ——电源相电压；

I ——电枢相电流。

x_b 可用试验法求得。用细导线在定子表面相距一个极距的两个槽口处装设一个测量线圈，用高阻电压表测量出这个线圈的交流感应电压 U_c，则

$$x_b = \frac{U_c}{3I^2} \cdot \frac{N_1 k_{w1}}{N_c} \tag{7-46}$$

式中　N_1 ——电枢绕组每相串联匝数；

N_c ——测量线圈的匝数；

k_{w1} ——电枢绕组的基波绕组系数。

三、零序电抗 x_0 的测定

1. 开口三角形法测定 x_0

试验时的接线如图 7-23 所示，将励磁绕组 *FW* 短接，电枢绕组 *AW* 三相串联，被试电机拖动到额定转速，再在电枢绕组上外加额定频率的交流单相低电压，使电枢电流为 0.05 ~ 0.25I_N，量取外加电压 U、电流 I 及功率 P，则零序电抗为

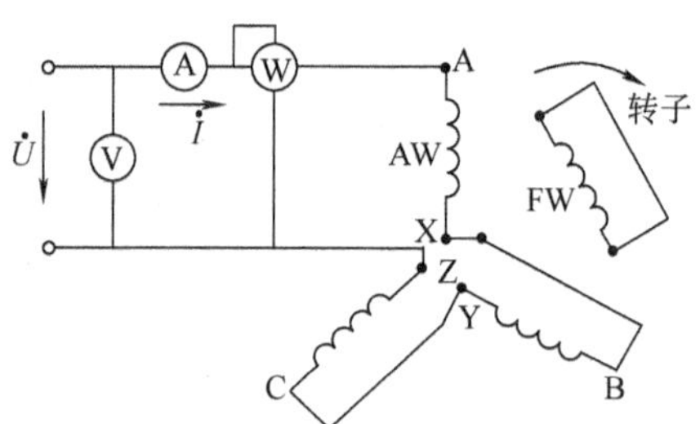

图 7-23　测定零序电抗的接线

$$x_0 = \sqrt{Z_0^2 + r_0^2} \tag{7-47}$$

或

$$x_0^* = \sqrt{Z_0^{*2} - r_0^{*2}} \tag{7-48}$$

其中

$$Z_0 = \frac{U}{3I} \quad r_0 = \frac{P}{3I^2} \tag{7-49}$$

或

$$Z_0^* = \frac{U^*}{\sqrt{3}I^*} \quad r_0^* = \frac{P^*}{I^{*2}} \tag{7-50}$$

由于零序电阻 r_0 很小，通常可忽略不计，这样亦可认为 $Z_0 \approx x_0$。

开口三角形法可在电机旋转或静止状态下进行，亦可将转子取出后进行。实践表明，如试验是在电机旋转状态下进行，同时励磁绕组短路，所得结果最准确。其他情况下测得的结果，都因电枢绕组高次谐波的差别而引起不同程度的误差；对没有阻尼绕组的电机，这种误差就更大。如因受设备所限，电机难以拖动到额定转速时，亦可在静止时测量。此时应改变转子位置（每次转动的角度相等），并测出一周内各个位置的 x_0，取各次电抗的平均值作为

被试电机的零序电抗。

这种试验方法的缺点是，试验时必须拆开电机的中点，这对现场试验来说是不太方便的。

2. 两相对中点短路法测定 x_0

试验时的接线如图 7-24 所示。先将电枢绕组 AW 两相对中点短路，并将被试电机拖动到额定转速。调节励磁电流使得通过中线的电流达到$(0.05\sim0.25)I_N$。该电流不宜过大，否则在汽轮发电机中，将由于反向同步旋转磁场而使转子过热。然后量取开路相到中点间的电压 U，短路相线端与中点连接线中所通过的电流 I_z 和有功功率 P。

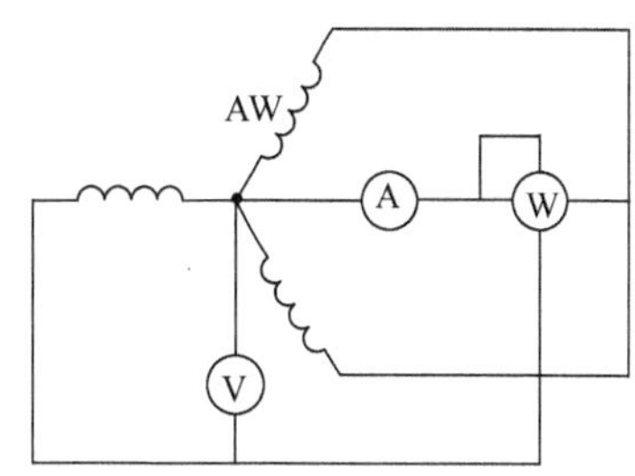

图 7-24　用两相对中点短路法测定 x_0 的接线

两相对中点稳态短路时，零序电压 $U_0=U/3$，零序电流 $I_0=I_z/3$。不计电枢电阻时，零序电抗

$$x_0=\frac{U_0}{I_0}=\frac{U}{I_z} \tag{7-51}$$

在线圈为短距的电机里，x_0 值较小，因此必须考虑电枢电阻，此时

$$Z_0=\frac{\dot{U}}{\dot{I}_z}$$

可以证明

$$P=9I_0^2r_0=I_z^2r_0$$

所以零序电抗 x_0 为

$$x_0=\sqrt{\left(\frac{U}{I_z}\right)^2-\left(\frac{P}{I_z^2}\right)^2} \tag{7-52}$$

或

$$x_0^*=\sqrt{\left(\frac{U^*}{I_z^*}\right)^2-9\left(\frac{P^*}{I_z^{*2}}\right)^2} \tag{7-53}$$

对装有直、交轴阻尼绕组的同步电机，电流和电压波形基本上是正弦的，所以用这种方法来测定 x_0，误差较小。

这种方法的优点是不需要辅助电源，可由电压表和电流表读数直接确定 x_0；缺点是可能发生转子过热现象，对凸极式无阻尼绕组的电机，电流和电压波形将会有较大的畸变。此外，因 $\cos\varphi$ 很低，故需用低功率因数功率表。

四、负序电抗 x_- 的测定

1. 反向同步旋转法测定 x_-

试验时的接线如图 7-25 所示。试验时，最好采用与被试电机同极数的同步电动机来拖动被试电机，以保证试验时的转速可以准确地保持为同步转速。为了避免励磁绕组产生过高的电压，试验前应先将励磁绕组短路。然后将被试电机拖动到额定转速，在电枢绕组上外加额定频率的对称负序低电压，使电枢电流约为 $0.15I_N$，这时量测线电压 U、电流 I 和输入功率 P，根据这些数据，即可算出负序电抗为

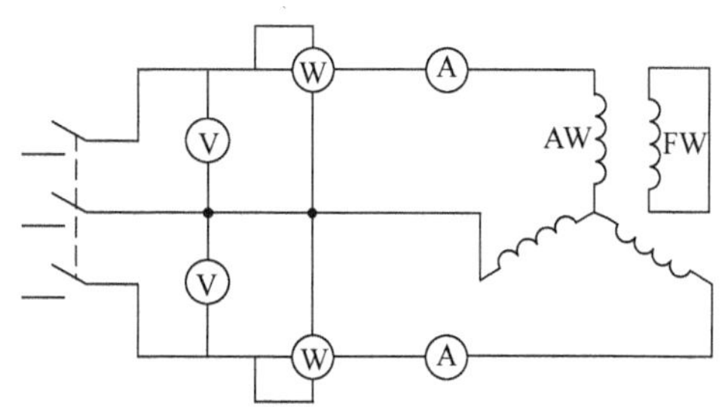

图 7-25　用反向同步旋转法测定 x_- 的接线

$$x_- = \sqrt{Z_-^2 + r_-^2} \tag{7-54}$$

或

$$x_-^* = \sqrt{Z_-^{*2} - r_-^{*2}} \tag{7-55}$$

其中

$$Z_- = \frac{U}{\sqrt{3}I} \quad r_- = \frac{P}{3I^2}$$

或

$$Z_-^* = \frac{U^*}{I^*} \quad r_-^* = \frac{P^*}{I^{*2}}$$

用这种方法测定参数时，特别在无阻尼绕组的凸极同步电机中，将出现一定的3次谐波电压和电流，从而影响到测量的准确度。此外，测定结果还将受到剩磁电压的影响。如果剩磁电压超过外加电压值的30%，试验前应将转子去磁。

2. 线间稳态短路法测定 x_-

试验时的接线如图7-26所示。将电枢绕组AW的线间（例如B、C相）短路，被试电机拖动到额定转速。为避免转子过热，调节励磁电流使电枢电流达到0.15I_N左右，迅速量测 P、U 和线间短路电流 I_{k2}。

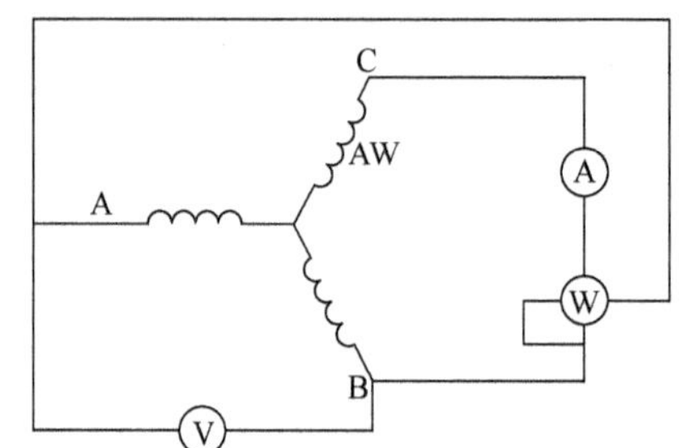

图7-26　用线间稳态短路法测定 x_- 的接线

当B、C相线间稳态短路时，有

$$\dot{U}_{AB} = \dot{U}_A - \dot{U}_B = 2\frac{\dot{E}_A Z_-}{Z_+ + Z_-} + \frac{\dot{E}_A Z_-}{Z_+ + Z_-} = 3\frac{\dot{E}_A Z_-}{Z_+ + Z_-}$$

$$\dot{I}_c = j\sqrt{3}\frac{\dot{E}_A}{Z_+ + Z_-}$$

所以

$$U_{AB} = -j\sqrt{3}\dot{I}_c Z_- = \sqrt{3}\dot{I}_c(x_- - jr_-)$$

而

$$\dot{I}_c \dot{U}_{AB}^{(*)} = \sqrt{3}\dot{I}_c^2(x_- + jr_-)$$

式中　$\dot{U}_{AB}^{(*)}$——$\dot{U}_{AB}$的共轭值。

考虑到 $I_c = I_{k2}$，可得

$$P = \sqrt{3}I_{k2}^2 x_-$$

于是负序电抗 x_- 为

$$x_- = \frac{P}{\sqrt{3}I_{k2}^2}$$

其标幺值为

$$x_-^* \approx \frac{\sqrt{3}P^*}{I_{k2}^{*2}} \tag{7-56}$$

这种测试方法无需外部电源，故较为简单，且具有足够的精确度，但对于无阻尼绕组的凸极同步电机，由于不对称稳态短路时电压和电流的波形畸变较明显，需计及它们的影响。研究表明，计及畸变影响时，有

$$x_{-}=\frac{x_{d}''+x_{q}''}{2} \tag{7-57}$$

因此，如已知同步电机的参数x_d''和x_q''，亦可利用式（7-57）来计算x_{-}。

第五节　瞬态参数的测定

瞬态参数包括x_d'、x_d''、x_q''、T_d'、T_d''、T_{d0}''和T_a等。

一、静测法测定超瞬态电抗x_d''、x_q''

用静测法测定超瞬态电抗时，可采用下列两种方法。

1. 特定转子位置静测法

试测时的接线如图7-27所示。将励磁绕组FW通过交流电流表直接短路，在电枢的任意两相绕组上外加一额定频率的单相低电压，使电枢电流不超过$0.25I_N$，以免电机过热。然后，在保持外加电压不变的情况下，缓慢地转动转子，这时电机的工作情况和二次短路的变压器一样，定子和转子电路间的变压器耦合将随转子位置的不同而变化。

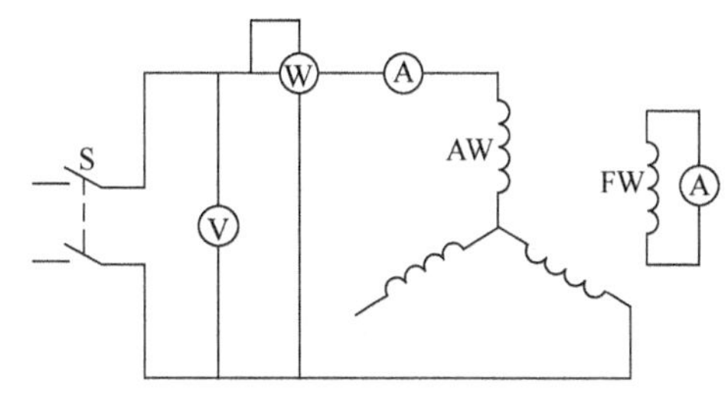

图7-27　用静测法测定x_d''、x_q''的接线

在外加电压U不变的情况下，当励磁绕组的轴线与电枢绕组的合成脉振磁场的轴线相重合时，定、转子绕组之间的变压器耦合最紧密，因而电枢和励磁绕组中的电流均达到最大值。此时，量测电枢电流I、外施电压U_1和输入功率P_1，则当直轴上装有阻尼绕组时，直轴超瞬态电抗为

$$x_d''=\sqrt{Z_d''^2-r_d''^2} \tag{7-58}$$

或

$$x_d''^{*}=\sqrt{Z_d''^{*2}-r_d''^{*2}} \tag{7-59}$$

其中

$$Z_d''=\frac{U_1}{2I_1}\quad r_d''=\frac{P_1}{2I_1^2}$$

和

$$Z_d''^{*}=\frac{\sqrt{3}U_1^{*}}{2I_1^{*}}\quad r_d''^{*}=\frac{3P_1^{*}}{2I_1^{*2}}$$

如转子直轴上未装阻尼绕组，则由上式求得的是直轴瞬态电抗x_d'。

调节转子的位置，到励磁绕组的轴线与电枢绕组合成脉振磁场的轴线相差90°时，两绕组之间的变压器耦合程度最差，因而电枢和励磁绕组中的电流将降到最小值。此时，量测电枢电流I_2、外施电压U_2及输入功率P_2，则当交轴上装有阻尼绕组时，交轴超瞬态电抗x_q''为

$$x_q''=\sqrt{Z_q''^2-r_q''^2} \tag{7-60}$$

或

$$x_q''^{*}=\sqrt{Z_q''^{*2}-r_q''^{*2}} \tag{7-61}$$

其中

$$Z_q'' = \frac{U_2}{2I_2} \quad r_q'' = \frac{P_2}{2I_2^2}$$

和

$$Z_q''^* = \frac{\sqrt{3}U_2^*}{2I_2^*} \quad r_q''^* = \frac{3P_2^*}{2I_2^{*2}}$$

如交轴上未装设阻尼绕组，则由上式求得的是交轴瞬态电抗 x_q'。

转子是否准确地放在对应于 Z_d''和 Z_q''的两个位置上，可以用量测对接两相的电压是否均等的办法来校验。

2. 任意转子位置静测法

用这种方法测定 x_d''和 x_q''时，转子置于任意位置后即保持不动，励磁绕组通过交流电流表直接短路。然后将单相低电压依次加在电枢绕组的两相出线端，量测出三组（A-B、B-C、A-C）电枢电流 I、电枢电压 U、输入功率 P 和励磁电流 I_{f0}的读数。

试验结果表明，电枢电抗将随转子位置的不同而近似地按正弦规律变化，如图 7-28 所示。用方程式表示时，有

$$x = x_{av} - \Delta x\cos 2\gamma \tag{7-62}$$

其中

$$x_{av} = \frac{x_q'' + x_d''}{2} \tag{7-63}$$

$$\Delta x = \frac{x_q'' - x_d''}{2} \tag{7-64}$$

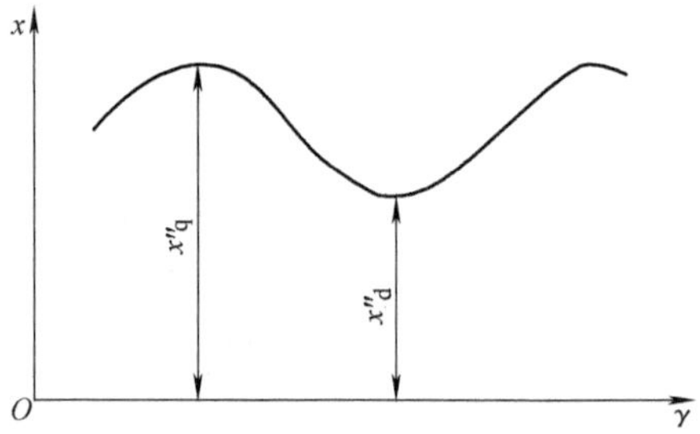

图 7-28　超瞬态电抗与转子位置之间的关系

式中　γ——电枢绕组磁动势的轴线与主极轴线间的夹角。

由式（7-63）和式（7-64）可求得 x_d''和 x_q''为

$$\left.\begin{aligned} x_d'' &= x_{av} - \Delta x \\ x_q'' &= x_{av} + \Delta x \end{aligned}\right\} \tag{7-65}$$

根据式（7-62）可得不同线间所测得的电抗值，为

$$\left.\begin{aligned} x_{ab} &= x_{av} - \Delta x\cos 2\gamma_{ab} \\ x_{bc} &= x_{av} - \Delta x\cos 2\left(\gamma_{ab} - \frac{2\pi}{3}\right) \\ x_{ca} &= x_{av} - \Delta x\cos 2\left(\gamma_{ab} - \frac{2\pi}{3}\right) \end{aligned}\right\} \tag{7-66}$$

式中　γ_{ab}——在测试 A-B 线间时电枢绕组磁动势的轴线与主极轴间的夹角。

联解上列方程组，可得

$$x_{av} = \frac{x_{ab} + x_{bc} + x_{ca}}{3} \tag{7-67}$$

$$\Delta x = \frac{2}{3}\sqrt{x_{ab}(x_{ab} - x_{bc}) + x_{bc}(x_{bc} - x_{ca}) + x_{ca}(x_{ca} - x_{ab})} \tag{7-68}$$

x_{ab}、x_{bc}、x_{ca} 可根据量测的三组 U、I、P 值算出。将式（7-67）和各数值代入式（7-65），即可求得 x_d''和 x_q''。

同步电机进行工业试验时，大多采用静测法。如转子回路的时间常数较大，则用这种方法测得的结果与理论分析结果十分接近。

二、三相突然短路法测定 x_d'、x_d''及 T_d'、T_d''、T_a

将被试电机拖动到额定转速，调节励磁，使电机在所需电压下作为发电机空载运行，并量测电枢的空载电压和励磁电流。然后将电枢绕组三相突然短路，与此同时，用录波器摄录一相电枢电压、三相电枢电流以及励磁电流的波形。最后量测并摄录三相电枢电流及励磁电流的稳态值。

为保证电枢绕组三相同时短路，应选用容量适宜的特制短路开关。

虽然同步电机应能承受额定电压下三相突然短路所产生的冲击，但除了型式试验时应在 $U=U_N$ 下做突然短路试验外，通常工业试验时，一般仅在空载电压 $0.25U_N$ 下进行，以免绕组因多次受到动态应力的冲击而产生变形。在全电压下测定的参数是饱和值，在低电压下测定的参数则是不饱和值。

对所摄录的三相短路电流的波形图进行加工后，可绘出三相周期分量的平均值和非周期分量随时间的变化曲线。从电枢电流周期分量的变化曲线中减去稳态短路电流，即得 $\Delta i_k'+\Delta i_k''$，其中 $\Delta i_k'$为短路电流的瞬态分量；$\Delta i_k''$为超瞬态分量。将 $\Delta i_k'+\Delta i_k''=f(t)$ 画到半对数纸上，可得一条后半部分为直线、前半部分为曲线的曲线，如图 7-29 所示。将后半部分的直线用虚线加以延伸，则整条直线即为 $\Delta i_k'=f(t)$，而曲线 $\Delta i_k'+\Delta i_k''$与直线延伸部分之间的差值，即为 $\Delta i_k''$，$\Delta i_k''$与 $\Delta i_k'$两条曲线在纵坐标上分别截得的电流 $\Delta I_{k(0)}''$ 和 $\Delta I_{k(0)}'$，即表示短路电流超瞬态分量和瞬态分量的初始值。

设 $U_{(0)}$ 为短路前瞬间的空载电枢相电压，$I_{k(\infty)}$ 为稳态短路电流，则直轴瞬态电抗 x_d'为

$$x_d'^* = \frac{U_{(0)}^*}{I_{k(\infty)}^* + \Delta I_{k(0)}'^*} \tag{7-69}$$

直轴超瞬态电抗 x_d''为

$$x_d''^* = \frac{U_{(0)}^*}{I_{k(\infty)}^* + \Delta I_{k(0)}'^* + \Delta I_{k(0)}''^*} \tag{7-70}$$

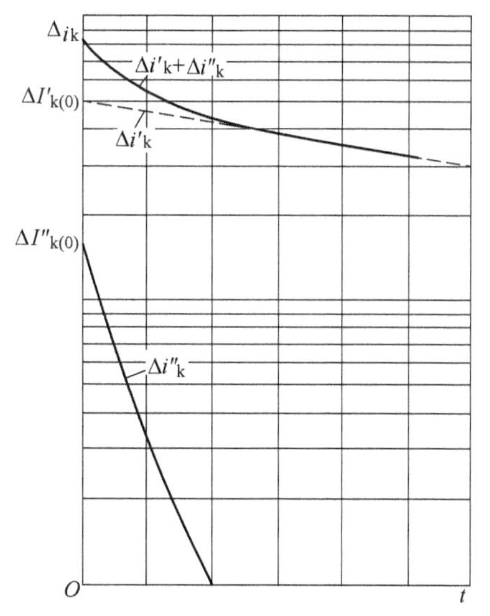

图 7-29　把同步电机三相突然短路电流 $\Delta i_k'$和 $\Delta i_k''$分量画到半对数纸上得到的变化曲线

利用图 7-29 还可以测出直轴瞬态时间常数 T_d'和超瞬态时间常数 T_d''。T_d'是 $\Delta i_k'$自其初始值 $\Delta I_{k(0)}'$衰减到 $0.368\Delta I_{k(0)}'$ 所需的时间；而 T_d''是 $\Delta i_k''$自其初始值 $\Delta I_{k(0)}''$衰减到 $0.368\Delta I_{k(0)}''$ 所需的时间。为此，在纵坐标轴上分别截取相当于 $0.368\Delta I_{k(0)}'$ 和 $0.368\Delta I_{k(0)}''$ 的线段，然后作平行于横坐标的直线，分别与 $\Delta i_k'=f_1(t)$、$\Delta i_k''=f_2(t)$两曲线相交，其交点的横坐标即为时间常数 T_d'和 T_d''。

同理，电枢电流非周期分量自其初始值衰减到 0.368 倍时所需的时间，即为非周期分量的时间常数 T_a，亦可用相似的作图法求出。

三相突然短路法的优点是能同时测定电机直轴的各项参数。为使求测结果的误差很小，

应当使用特制的短路开关，以保证三相绕组能同时短路。此外，摄录电流波形时，应当采用无感分流器，而不能将录波器的输入端接到电流互感器的二次侧，否则将使电流的非周期分量发生畸变。这种方法在工业试验中受到一定限制，但在制造厂进行型式试验时，这种方法仍是测定直轴瞬态参数的主要方法。

三、电压恢复法测定 x_d'、x_d''

在现场条件下，作为一种测定超瞬态电抗的辅助方法，常采用电压恢复法。试验时，电枢绕组三相短路，被试电机拖动到额定转速，将励磁电流调到对应于 0.7 倍额定空载电压时的数值，量测此时的电枢电流 I_k。然后将三相短路的电枢绕组同时断开，与此同时，摄录任一相电枢电流和任一线电压的恢复波形，以及稳态电压 $U_{(\infty)}$。

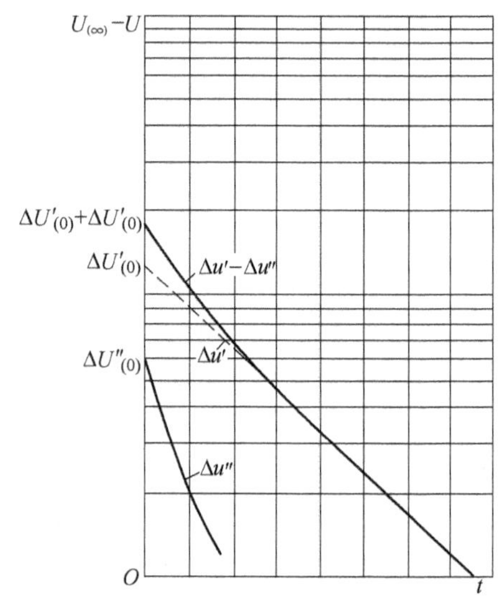

图 7-30　同步电机切除三相稳态短路后端电压的恢复曲线

用三相突然短路法中的同样方法处理电压变化曲线，可绘出恢复电压的瞬态分量 $\Delta u'$ 与超瞬态分量 $\Delta u''$ 之和对时间的关系曲线，如图 7-30 所示。在图中还绘出了 $\Delta u'=f_1(t)$ 和 $\Delta u''=f_2(t)$ 两条变化曲线，其中 $\Delta u''$ 曲线是 $\Delta u_k'+\Delta u_k''$ 曲线与相应的 $\Delta u_k'$ 曲线的直线延伸部分之间的差值。$\Delta u_k'$ 和 $\Delta u_k''$ 两条曲线在纵标轴上截得的 $\Delta U'_{(0)}$ 和 $\Delta U''_{(0)}$ 分别表示恢复电压的瞬态分量和超瞬态分量的起始值。于是，可求得直轴瞬态电抗 x_d' 为

$$x_d'^{*}=\frac{U_{(\infty)}^{*}-\Delta U_{(0)}'^{*}}{I_k^{*}} \tag{7-71}$$

直轴超瞬态电抗 x_d'' 为

$$x_d''^{*}\approx\frac{U_{(\infty)}^{*}-(\Delta U_{(0)}'^{*}+\Delta U_{(0)}''^{*})}{I_k^{*}} \tag{7-72}$$

式中　I_k——紧接短路断开前所测得的电枢电流。

用电压恢复法测定的 x_d'' 和 x_d' 值，在某种程度上与稳态短路电流 I_k 的数值有关。短路电流值愈大，由于漏磁回路的饱和，x_d'' 和 x_d' 就愈小。将励磁电流调到对应于 0.7 倍额定空载电压时，其短路电流值较小，漏磁路处于不饱和状态，因而用这种方法测得的参数为不饱和值。

恢复电压的瞬态分量 $\Delta u'$ 自其起始值 $\Delta U'_{(0)}$ 衰减到 $0.368\Delta U'_{(0)}$ 时所需的时间，即为电枢绕组开路时的直轴时间常数 T_{d0}'。

对电压恢复法来说，重要的问题是断路器的触头是否能三相同时断开，否则将会影响结果的精确性。

与三相突然短路法相比，用电压恢复法测定参数时，电机不受机械和电的冲击，也不需要具备无感分流器等辅助设备。主要缺点是较难保证断路器同时断开三相线路。

第六节　同步电机参数测定的总结

同步电机参数测定方法选用如表 7-1 所示；参数测定方法如表 7-2 所示。

表 7-1　参数测定方法选用

参　　数	测　定　方　法	备　　注
x_d	空载-短路特性作图法	不饱和值优先选用
	低转差法	不饱和值
K_c	空载-短路特性作图法	
x_q	反励磁法	饱和值或不饱和值
	低转差法	不饱和值
x'_d	三相突然短路法	饱和值或不饱和值
	电压恢复法	不饱和值
x''_q	特定转子位置静测法	不饱和值
	任意转子位置静测法	不饱和值
x_σ	空载-短路特性作图法	
x''_d	三相突然短路法	饱和值或不饱和值
	电压恢复法	不饱和值
	特定转子位置静测法	不饱和值
	任意转子位置静测法	不饱和值
x_p	零功率因数过励法	
x_0	开口三角形法	不饱和值优先选用
	两相对中性点短路法	不饱和值
x_-	两相稳态短路法	不饱和值优先选用
	逆同步旋转法	不饱和值
T'_d	三相突然短路法	
T''_d	三相突然短路法	
T''_{d0}	电压恢复法	
T_a	三相突然短路法	

表 7-2　参数测定方法

方法名称	图	公　　式	说　　明
空载-短路特性作图法	KZ, DL, 1.0, U_0、I_k, B, C, O, A, i_f, i_{fa}, $i_{f\delta}$, i_{f0}, i_{fk}	$x_d=\dfrac{i_{fk}}{i_{f\delta}}$ $K_c=\dfrac{i_{f0}}{i_{fk}}$	在空载特性曲线（KZ）上对应于额定电压 U_N 时的励磁电流为 i_{f0}；在空载特性曲线线性部分延长线上对应于 U_N 时的励磁电流为 $i_{f\delta}$；在三相稳态短路特性曲线（DL）上对应于额定电流 I_N 时的励磁电流为 i_{fk}
		$x_\sigma=BC$	$AC=i_{fa}$ $=1.35\dfrac{N_1K_{dp1}K_aI_N}{pN_f}$ 由 C 点做横轴垂线交于空载特性曲线 B 点

（续）

方法名称	图	公　式	说　明
零功率因数过励法		$x_p = CD$	A 点纵坐标为 U_N，横坐标为零功率因数，即过励试验时，对应于 U_N、I_N 时的励磁电流，$AB = i_{fk}$，BC 平行于空载特性曲线 OC 的直线部分
反励磁法		$x_q = \dfrac{U}{I}$	作空载电动机运行，逐步减小励磁电流至零，变换极性，再缓慢增加励磁电流，直至失步为止，量取失步前瞬间电枢电压 U 和最大稳定电枢电流 I
低转差法		$x_d = \dfrac{U_{max}}{i_{min}}$ $x_q = \dfrac{U_{min}}{i_{max}}$	励磁绕组短路，电机转子由动力机械拖至接近额定转速，使转差率 <1%，电枢绕组外加（0.02 ~ 0.15）U_N 的电压，再将励磁绕组开路，用示波器拍摄电枢电压，电枢电流和集电环电压的波形
开口三角形法		$x_0 = \sqrt{Z_0^2 - R_0^2}$ $Z_0 = \dfrac{U}{\sqrt{3}I}$ $R_0 = \dfrac{P}{I^2}$	励磁绕组短路，电枢绕组三相串联，电机拖动到额定转速，电枢绕组外加单相电压，使电枢电流为（0.05 ~ 0.25）I_N，量取 U、I、P。亦可在静止时测量，此时应改变转子位置，每次转动的角度相等，测量各个位置的 x_0 并取其平均值
两相对中性点短路法		$x_0 = \sqrt{3\left(\dfrac{U_0}{I_0}\right)^2 - 9\left(\dfrac{P}{I_0^2}\right)^2}$	电机拖动到额定转速，调节励磁电流，使中性点连接线的电流达到（0.05 ~ 0.25）I_N，量取 P、U_0、I_0
两相稳态短路法		$x_- = \dfrac{\sqrt{3}P}{I_{k2}^2}$	电枢绕组两相短路，电机拖动到额定转速，调节励磁电流使短路电流为 $0.15I_N$ 左右，量取 P、U、I_{k2}
逆同步旋转法		$x_- = \sqrt{Z_-^2 - R_-^2}$ $x_- = \dfrac{U}{I}$ $x_- = \dfrac{P}{I^2}$	励磁绕组短路，电机拖动到额定转速，电枢绕组上外加低电压，其相序应使电枢磁场的旋转方向与转子的旋转方向相反，使电枢电流为 $0.15I_N$ 左右，量取 P、U、I

（续）

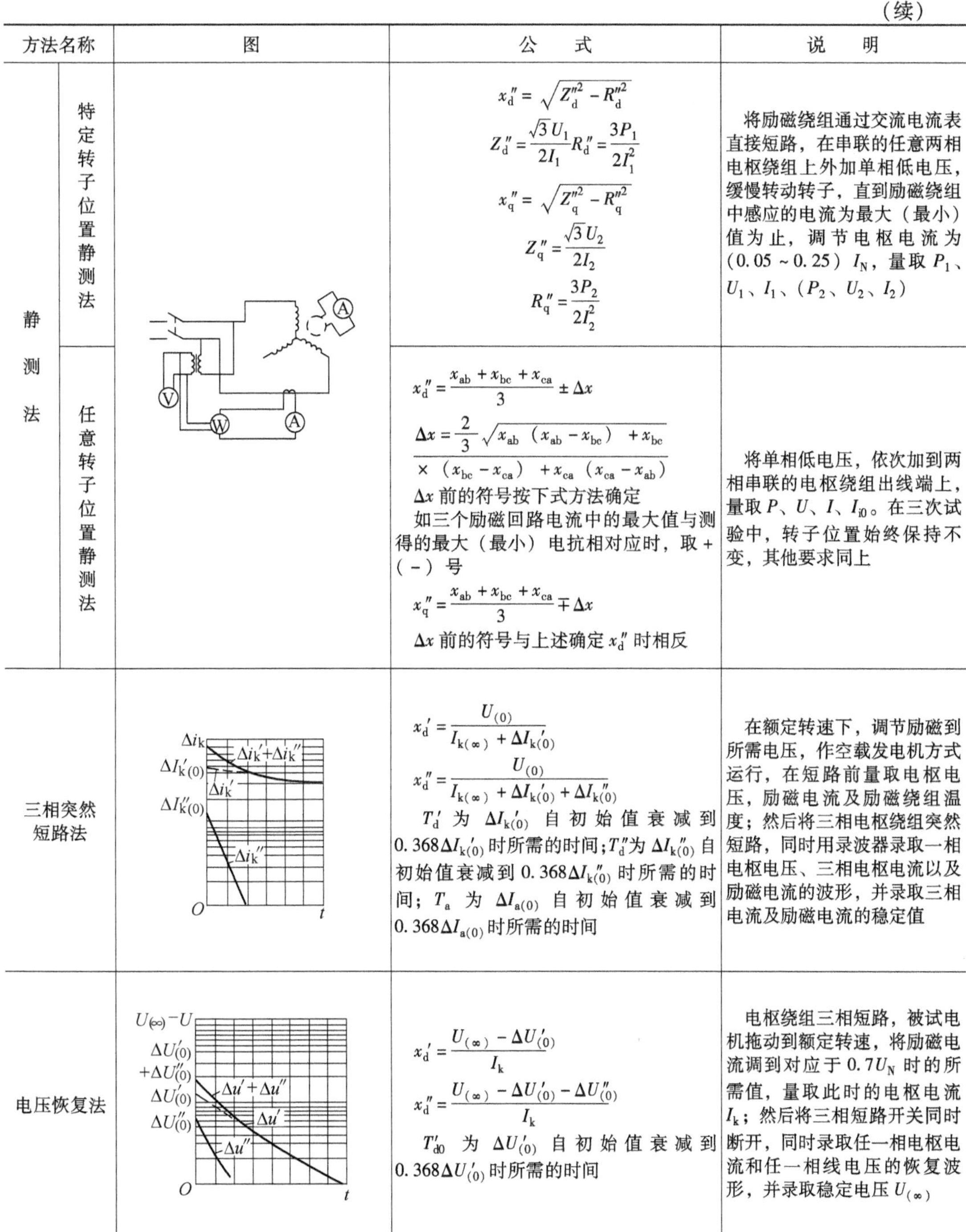

方法名称		图	公 式	说 明
静测法	特定转子位置静测法		$x_d''=\sqrt{Z_d''^2-R_d''^2}$ $Z_d''=\dfrac{\sqrt{3}U_1}{2I_1}R_d''=\dfrac{3P_1}{2I_1^2}$ $x_q''=\sqrt{Z_q''^2-R_q''^2}$ $Z_q''=\dfrac{\sqrt{3}U_2}{2I_2}$ $R_q''=\dfrac{3P_2}{2I_2^2}$	将励磁绕组通过交流电流表直接短路，在串联的任意两相电枢绕组上外加单相低电压，缓慢转动转子，直到励磁绕组中感应的电流为最大（最小）值为止，调节电枢电流为（0.05～0.25）I_N，量取 P_1、U_1、I_1、（P_2、U_2、I_2）
	任意转子位置静测法		$x_d''=\dfrac{x_{ab}+x_{bc}+x_{ca}}{3}\pm\Delta x$ $\Delta x=\dfrac{2}{3}\dfrac{\sqrt{x_{ab}(x_{ab}-x_{bc})+x_{bc}}}{\times(x_{bc}-x_{ca})+x_{ca}(x_{ca}-x_{ab})}$ Δx 前的符号按下式方法确定 如三个励磁回路电流中的最大值与测得的最大（最小）电抗相对应时，取 +（ - ）号 $x_q''=\dfrac{x_{ab}+x_{bc}+x_{ca}}{3}\mp\Delta x$ Δx 前的符号与上述确定 x_d'' 时相反	将单相低电压，依次加到两相串联的电枢绕组出线端上，量取 P、U、I、I_{i0}。在三次试验中，转子位置始终保持不变，其他要求同上
三相突然短路法			$x_d'=\dfrac{U_{(0)}}{I_{k(\infty)}+\Delta I_{k(0)}'}$ $x_d''=\dfrac{U_{(0)}}{I_{k(\infty)}+\Delta I_{k(0)}'+\Delta I_{k(0)}''}$ T_d' 为 $\Delta I_{k(0)}'$ 自初始值衰减到 $0.368\Delta I_{k(0)}'$ 时所需的时间；T_d''为 $\Delta I_{k(0)}''$ 自初始值衰减到 $0.368\Delta I_{k(0)}''$ 时所需的时间；T_a 为 $\Delta I_{a(0)}$ 自初始值衰减到 $0.368\Delta I_{a(0)}$ 时所需的时间	在额定转速下，调节励磁到所需电压，作空载发电机方式运行，在短路前量取电枢电压，励磁电流及励磁绕组温度；然后将三相电枢绕组突然短路，同时用录波器录取一相电枢电压、三相电枢电流以及励磁电流的波形，并录取三相电流及励磁电流的稳定值
电压恢复法			$x_d'=\dfrac{U_{(\infty)}-\Delta U_{(0)}'}{I_k}$ $x_d''=\dfrac{U_{(\infty)}-\Delta U_{(0)}'-\Delta U_{(0)}''}{I_k}$ T_{d0}' 为 $\Delta U_{(0)}'$ 自初始值衰减到 $0.368\Delta U_{(0)}'$ 时所需的时间	电枢绕组三相短路，被试电机拖动到额定转速，将励磁电流调到对应于 $0.7U_N$ 时的所需值，量取此时的电枢电流 I_k；然后将三相短路开关同时断开，同时录取任一相电枢电流和任一相线电压的恢复波形，并录取稳定电压 $U_{(\infty)}$

注：公式中参数均为标幺值。

第七节 三相永磁同步电动机试验方法

一、试验方法标准和试验项目

三相永磁同步电动机试验方法的现行国家标准编号为 GB/T 22669—2008。该标准适用于除无直流励磁绕组（如永磁电动机和磁阻电动机）以外的自起动三相永磁同步电动机，静止变频电源供电的同步电动机试验可参照使用。

试验项目与普通小型三相同步电动机基本相同。

二、试验方法及相关要求

以下仅介绍有特殊要求的内容。

（一）空载试验

1. 空载电流和空载损耗的确定实验

试验方法、调试和测量过程、数据等同普通三相同步电动机。

2. 铁心损耗和机械损耗之和的确定

铁心损耗和机械损耗之和 $P_0' = (P_{Fe} + P_m)$ 为空载损耗 P_0 减去空载定子绕组铜损 P_{0Cu1} 之差。这一点是和普通电机完全相同的。

根据试验测得的 I_0 和 P_0'，作 I_0 和 P_0'与 U_0 的关系曲线，如图 7-31 所示。U_N 时的 P_{0N}' 应从空载特性曲线上查取。

3. 铁心损耗的确定

从图 7-31 的曲线 $P_0' = f(U_0)$ 和 $I_0 = f(U_0)$上分别查出 $U_0 = U_N$ 时的 P_{0N}'和 I_{0N}。在曲线 $I_0 = f(U_0)$ 上找出与 I_{0N}相等的另一点 I_{01}，再找出与 I_{01}对应的空载电压 U_1 及相应的 P_{01}'，则得

$$P_{01}' = (U_1/U_N)^2 P_{FeN} + P_m + P_{S0N} \tag{7-73}$$

$$P_{0N}' = P_{FeN} + P_m + P_{S0N} \tag{7-74}$$

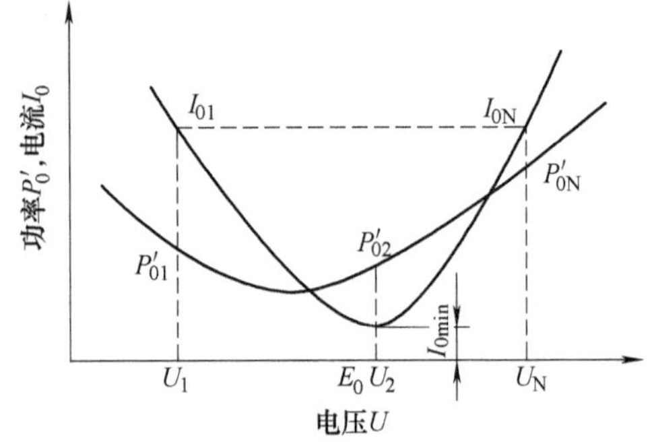

图 7-31　三相同步永磁电动机 I_0 和 P_0' 与 U_0 的关系曲线

式中　P_{FeN}——额定电压时的铁心损耗；

P_{S0N}——对应 I_{0N}（或 I_{01}）时的空载杂散损耗。

用式（7-74）减式（7-73），可以求出额定电压时的铁心损耗

$$P_{FeN} = (P_{0N}' - P_{01}')/[(1 - U_1/U_N)^2] \tag{7-75}$$

4. 机械损耗的确定

从图 7-31 的曲线 $I_0 = f(U_0)$ 上查出电流最小点 I_{0min}所对应的电压 U_2 及相应的P_{02}'。

$$P_{02}' = (U_2/U_N)^2 P_{FeN} + P_{fw} + P_{S02} \tag{7-76}$$

式中　P_{S02}——对应 I_{0min}时的空载杂散损耗。

由于同步电动机不失步时，转速始终是恒定的，故其机械损耗 P_{fw}在任何电压下均为一个常数，又因此点的电流相对很小，相应的杂散损耗可以近似地认为 $P_{S02} \approx 0$，则可求得机械损耗 P_{fw}为

$$P_{fw} = P_{02}' - (U_2/U_N)^2 P_{FeN} \tag{7-77}$$

5. 空载杂散损耗的确定

当 P_{FeN}和 P_m 已知后，可求得任一电压下的空载杂散损耗 P_{S0}为

$$P_{S0} = P_0' - (U_2/U_N)^2 P_{FeN} - P_m \tag{7-78}$$

（二）空载反电动势测定试验

空载反电动势测定为永磁同步电动机特有的试验项目。可用反拖法和最小电流法测定，推荐采用反拖法。试验时同时记录被试电动机的定子铁心温度和环境温度。

1. 反拖法

用原动机拖动被试电动机，在同步转速下作发电机空载运行。测量其输出端的 3 个线电压，其平均值即为空载反电动势。

2. 最小电流法

被试电动机在额定电压和额定频率下空载运行到机械损耗稳定。调节其外加端电压，使其空载电流达到最小，此时的外加端电压平均值（图 7-31 的 U_2）即为空载反电动势近似值（图 7-31 的 E_0）。

（三）堵转试验

除下述条款外，其他试验方法、计算过程及要求同普通具有异步起动的三相同步电动机。

1）试验前应尽可能用低电压确定对应于最大堵转电流和最小堵转转矩的转子位置，实现的方法同单相交流电动机相关内容。

2）电动机在堵转状态下，转子振荡很大，应考虑采取有效措施减小读数的波动。

3）试验时，可以先将电源电压调整到额定值的 20% 以下，保持额定频率，尽快升高电源电压，并在电气稳定后，迅速同时读取电压、电流、输入功率和转矩的稳定值。为避免电动机过热，试验必须从速进行。

（四）负载试验

试验过程和相关计算与普通三相同步电动机基本相同。以下对“额定电压负载试验”中的一些问题给予提示。

1）应采用 GB/T 1032—2012 中提出的 A 法和 B 法进行试验，建议用转矩测量仪测量转矩。

2）试验时，负载由高到低进行调节。

3）当采用 B 法测定效率时，应尽可能测取每一试验点的绕组温度或电阻值。

4）如按上述第 3）点有困难，则可使用下述方法之一。

① 试验前测量绕组的直流电阻，该数值用于 ≥100% 额定负载各试验点的损耗计算；<100% 额定负载的点的电阻值按与负载成线性关系确定，起点是 100% 额定负载时的电阻值，末点是最小负载读数后的电阻值。

② 最小负载读数后，立即测取定子绕组的线电阻，将此电阻值用于各负载试验点的损耗计算。

（五）各项损耗的确定

1）铜损、铁损、机械损耗的计算同普通电动机，铜损的温度修正可采用将环境温度修正到 25℃ 或按绝缘热分级的基准温度两种方法之一（按技术条件规定的要求选择）。

2）负载杂散损耗要进行线性回归计算，对于 B 法，其相关系数 $r \geqslant 0.90$。

（六）失步转矩、最小转矩和转矩-转速特性测定试验

这些试验所用设备、试验方法及相关规定与三相同步或异步电动机基本相同。不同点和应特别注意的方面如下。

1. 注意克服转子振荡造成的取值困难

在接近堵转时，转子将有较大的振荡，致使读数和绘制特性曲线比较困难，甚至不能读出准确的数值或出现杂乱的曲线。为克服这一点，需要选用转动惯量较大的负载设备，最好是被试电动机转动惯量的3倍以上。

2. 用自动记录仪测绘转矩-转速特性曲线时的注意事项

用自动记录仪测绘转矩-转速特性曲线时，应绘制从空载到堵转和从堵转到空载两条曲线，失步转矩（最大转矩）取平均值，最小转矩从堵转到空载曲线上查取（注意要稳定值，而不是振荡的最小值）。

3. 最小转矩的电压换算问题

由于此类电动机起动过程中的转矩是由异步转矩 T_a（N · m）与永磁制动转矩 T_h（N · m。通常是负值）相叠加而得的，前者与外施电压的二次方成正比，后者与外施电压无关。因此试验时，在外施电压不是额定值需要进行电压修正时，至少应取两条不同电压 U_1 和 U_2（V）下的特性曲线，在所取出现最小转矩的一段区域内几个同一转速下测得的转矩值 T_1 和 T_2（N · m），然后用式（7-79）和式（7-80）求出 T_a 和 T_h。在所取转速为 n_i（r/min）、测定电压为 U_N（V）时的最小转矩 $T_{min \cdot ni}$（N · m）为 T_a 和 T_h 两者之和。

$$T_a = \frac{T_1 - T_2}{(U_1/U_N)^2 - (U_2/U_N)^2} = \frac{U_N^2(T_1 - T_2)}{U_1^2 - U_2^2} \tag{7-79}$$

$$T_h = \frac{T_1(U_2/U_N)^2 - T_2(U_1/U_N)^2}{(U_1/U_N)^2 - (U_2/U_N)^2} = \frac{T_1U_2^2 - T_2U_1^2}{U_1^2 - U_2^2} \tag{7-80}$$

$$T_{min \cdot ni} = T_a + T_h \tag{7-81}$$

将出现最小转矩的一段区域内几个转速下的 $T_{min \cdot ni}$ 值对转速的对应关系画成曲线，从该曲线上取得最小转矩值，即为所求的最小转矩 T_{min}（N · m）。

第八章　异步电动机的参数测定

测定异步电动机的参数要依据异步电动机的基本方程式和等效电路。异步电动机的基本方程式见式（8-1），等效电路（T形）如图 8-1 所示。

异步电动机的参数用直流电阻的测定、堵转试验（俗称为“短路试验”）和空载试验所取得的一系列试验值来确定。

$$\left.\begin{aligned}\dot{U}_1 &= \dot{I}_1(r_1 + \mathrm{j}x_{1\sigma}) - \dot{E}_1\\ \dot{E}_2' &= \dot{I}_2'\left(\frac{r_2'}{s} + \mathrm{j}x_{2\sigma}'\right)\\ \dot{E}_1 &= \dot{E}_2'\\ \dot{I}_1 + \dot{I}_2' &= \dot{I}_\mathrm{m}\\ \dot{E}_1 &= -\dot{I}_\mathrm{m}Z_\mathrm{m}\end{aligned}\right\}\quad(8\text{-}1)$$

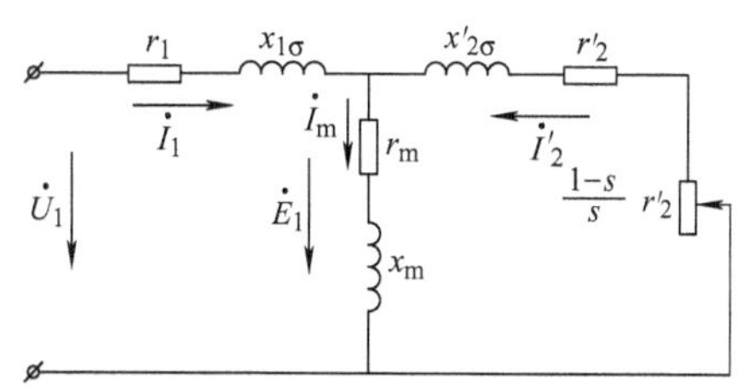

图 8-1　三相异步电动机的 T 形等效电路（一相）

第一节　绕组直流电阻的测定

一、绕组实际冷状态的定义和冷态温度的确定方法

根据 GB 755—2008 中给出的定义，绕组处于冷状态是指绕组的温度与冷却介质温度（对普通空气冷却的电动机为试验环境的空气温度）之差不超过 2K 时的状态。

在 GB/T 1032—2012 中，对按短时工作制（S2）试验的电动机另有规定，即在试验开始时的绕组温度与冷却介质温度差应不超过 5K。

用误差不超过 ±1℃ 的温度计测定绕组冷态温度 θ_{1C}（℃）。

测量前，对大、中型电机，温度计的放置时间应不少于 15min。

在 GB 755—2008 和 GB/T 1032—2012 中，都没有明确指出绕组的冷态温度是使用符合上述规定状态下的环境温度，还是使用实测的绕组温度。但多年来，行业中几乎都默认使用当时的环境温度（作者建议，如果有条件实测绕组温度，则应用其作为冷态温度参与相关计算，这样得到的结果会更准确）。

对采用外接冷却器及管道通风冷却的电动机，应在冷却介质进入电动机的入口处测量冷却介质的温度。

对采用内冷却器冷却的电动机，冷却介质的温度应在冷却器的出口处测量；对有水冷冷却器的电动机，水温应在冷却器的入口处测量。

二、绕组冷态直流电阻的测定方法

1. 测量方法的选择

绕组的冷态直流电阻可用电桥法、电压 - 电流法、数字电阻仪（微欧计）法其中的一种进行测量，并同时遵循其规定的使用方法和注意事项。建议应优先选择显示数值位数不少于4位半的数字电阻仪进行测量。

使用电桥法测量时，如绕组的电阻（对于三相绕组，三相绕组连接成星形或三角形后，其与三相电源线相接的两个端点之间的电阻称为“端电阻”）在1Ω及以下时，必须用双臂电桥。

在微机控制的试验系统中，一般使用具有数字通信接口的数字电阻仪法，与微机连接进行数据传递实现自动测量和数据处理。若电阻小于0.01Ω，则通过被测绕组的电流不宜太小。

2. 测量方法和注意事项

测量时，电动机的转子应静止不动。定子绕组端电阻应在电动机的出线端上测量；绕线转子电动机的转子绕组端电阻应尽可能在绕组与集电环连接的接线片上测量。

每一相（或每两端）电阻应测量3次，每两次之间间隔一段时间。使用电桥法测量时，每次应在电桥重新平衡后测取读数。

使用电压-电流法测量时，应同时读取电流值和电压值。每一电阻至少在三个不同电流值下进行测量。

每次读数与三次读数的算术平均值之差，应不超过平均值的±0.5%，否则应重新调整仪表再次进行测量。

三、绕组冷态直流电阻的测定结果计算

1. 每一个端电阻（或相电阻）的实际值的确定方法

三次读数的算术平均值之差不超过平均值的±0.5%时，取其平均值作为每一个端电阻（或相电阻）的实际值。

2. 绕组冷态直流电阻的确定方法

以下内容适用于三相对称绕组。

（1）用于损耗计算的冷态直流电阻取值方法

实际测量时，一般直接测量三个端电阻，设实测值分别为R_{UV}、R_{VW}、R_{WU}（Ω），则取其算术平均值作为用于损耗计算的冷态直流电阻R_1（Ω）。

$$R_1=\frac{(R_{UV}+R_{VW}+R_{WU})}{3} \tag{8-2}$$

（2）相电阻的分相计算方法

根据测量的三个端电阻各自的三次测量平均值R_{UV}、R_{VW}、R_{WU}（Ω），先用式（8-3）求出一个公用参数R_{med}（Ω），之后，根据三相绕组的不同联结方法（见图8-2），用式（8-4）～式（8-9）计算各相绕组的相电阻值（Ω）。

$$R_{med}=\frac{R_{UV}+R_{VW}+R_{WU}}{2} \tag{8-3}$$

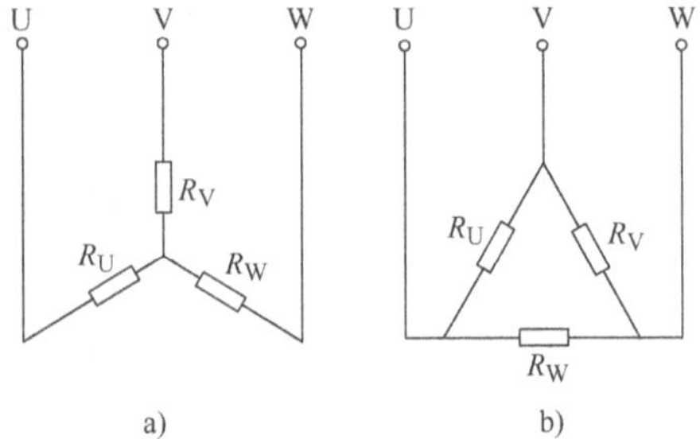

图8-2　三相绕组两种联结方法示意图
a）星形联结　b）三角形联结

1）对星形联结的绕组：

$$R_U=R_{med}-R_{VW} \tag{8-4}$$

$$R_V=R_{med}-R_{WU} \tag{8-5}$$

$$R_W = R_{med} - R_{UV} \tag{8-6}$$

2）对三角形联结的绕组：

$$R_U = \frac{R_{VW}R_{WU}}{R_{med} - R_{UV}} + R_{UV} - R_{med} \tag{8-7}$$

$$R_V = \frac{R_{UV}R_{WU}}{R_{med} - R_{VW}} + R_{VW} - R_{med} \tag{8-8}$$

$$R_W = \frac{R_{UV}R_{WV}}{R_{med} - R_{WU}} + R_{WU} - R_{med} \tag{8-9}$$

3. 测量值为端电阻值时相电阻平均值的简易计算法

如果所测的每个端电阻值与三个测量值的平均值之差，对星形联结的绕组，均不超过平均值的 ±2%，对三角形联结的绕组，均不超过平均值的 ±1.5%时，则根据三相绕组的不同联结方法（见图 8-2），相电阻 R_{1p}（Ω）可分别通过式（8-10）和式（8-11）简单计算求得，其中 R_1 为用式（8-2）计算得到的端电阻平均值。

1）对星形联结的绕组：

$$R_{1p} = 0.5R_1 \tag{8-10}$$

2）对三角形联结的绕组：

$$R_{1p} = 1.5R_1 \tag{8-11}$$

四、不同温度时导体直流电阻的换算

一般金属导体的直流电阻与其温度有一个固定的关系。这个关系用下式表示：

$$R_1 = \frac{K + t_1}{K + t_2} \times R_2 \tag{8-12}$$

式中　R_1——温度为 t_1（℃）时的直流电阻（Ω）；

R_2——温度为 t_2（℃）时的直流电阻（Ω）；

K——系数（在 0℃时，导体电阻温度系数的倒数），对铜绕组，$K = 235$；对铝绕组，$K = 225$。

例　在温度为 15℃时测得某铜绕组的直流电阻为 10Ω，求该绕组在 95℃时的直流电阻为多少 Ω。

解：$R_{95℃} = \frac{235 + 95}{235 + 15} \times 10\Omega = 13.2\Omega$

答：该绕组在 95℃时的直流电阻为 13.2Ω。

第二节　堵转特性试验

堵转试验的目的是确定短路阻抗、转子电阻以及定、转子漏抗。对于电动机性能而言，则是得出其在额定电压时的堵转电流和堵转转矩。

电动机堵转时，其转差率等于 1（即 $s = 1$），负载等效电阻 $(1 - s)r_2'/s = 0$，此时图 8-1 所示的 T 形等效电路可简化为图 8-3 所示的电路。

一、试验设备

（一）试验电源

根据相关要求，为堵转试验供电的电源设备需要在试验通电时（此时将会因较大的电流而使输出电压降低，电源容量相对较小时，会低很多）最好能提供不低于被试电动机的额定电压（最低应不低于被试电动机额定电压的1/2）。

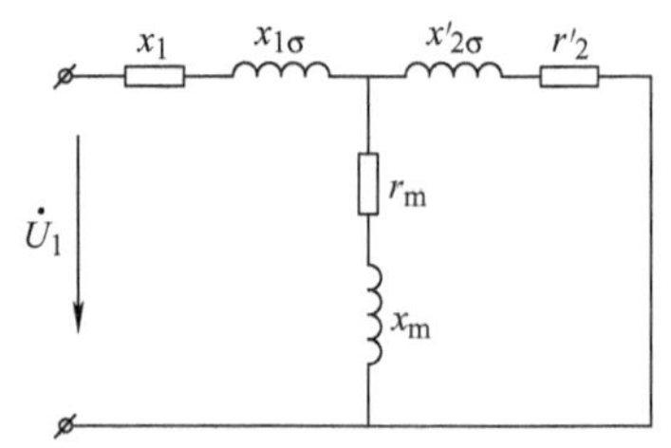

图 8-3　堵转时异步电动机的等效电路

所用设备有比较传统的三相感应调压器、电源机组和新型的电子调压系统。

1. 三相感应调压器

如要求试验时最高堵转电压达到被试电动机的额定电压，则电源调压器的输出电压应在被试电动机额定电压的1.2倍以下可调，其额定输出容量一般应不小于被试电动机的额定容量的6倍；因被试电动机容量较大，上述要求不易满足时，调压器的容量至少应是被试电动机容量的3倍，或输出电压等于被试电动机额定电压时其输出电流不小于被试电动机额定电流的2～4.5倍。通过在调压器的输出端并联电容器，进行功率因数补偿，可以提高被试电动机的容量。

2. 电子调压系统

电子调压系统是一种新型的“试验专用变频、变压电源”。对用于温升和负载试验的“试验专用变频内反馈系统”，使用时将两套电源输出端并联，两套电源控制实现联调，即在保证输出频率为被试电动机额定值的前提下，达到输出电压调整一致，共同向被试电动机供电。

和三相调压器相比，这种供电装置的最大优点是通过配置的并联电力电容器，实现功率因数补偿。因堵转试验时的功率因数一般在0.5以下，经过补偿后，可大幅度地降低从网络电源变压器提供的容量。实践证明，当配置比较合适，进行满压堵转试验时，网络电源变压器提供的容量等于被试电动机的容量即可。另外，调压操作简单、迅速（利用键盘设置好要施加的电压值后，用鼠标点击即可加上预置好的电压），因此大大缩短了试验时间，也提高了试验数据的准确度。

（二）转矩测量装置

在进行堵转试验时，一般采用测力装置加力臂的杠杆原理的方法测量堵转转矩，对于较小容量的电动机，还常使用转矩传感器直接测量。

对因设备限制不能实测转矩的电动机（原则上规定电动机容量应在100kW以上），堵转转矩可用“计算法”求得。

在国家标准中，没有明确堵转转矩测量系统的准确度要求。作者建议误差应不超过所选测量装置满量程的±0.5%。

1. 测力装置

杠杆法的测力装置有简单的管式测力计、弹簧秤等；对于较大功率的电动机，可使用电子吊秤；在自动测量系统中现常用拉（或压、剪切）力传感器和配套仪表组成的系统。图8-4给出了一些测力装置的外形示例。

所选测力装置的误差应不超过其满量程的±0.5%。

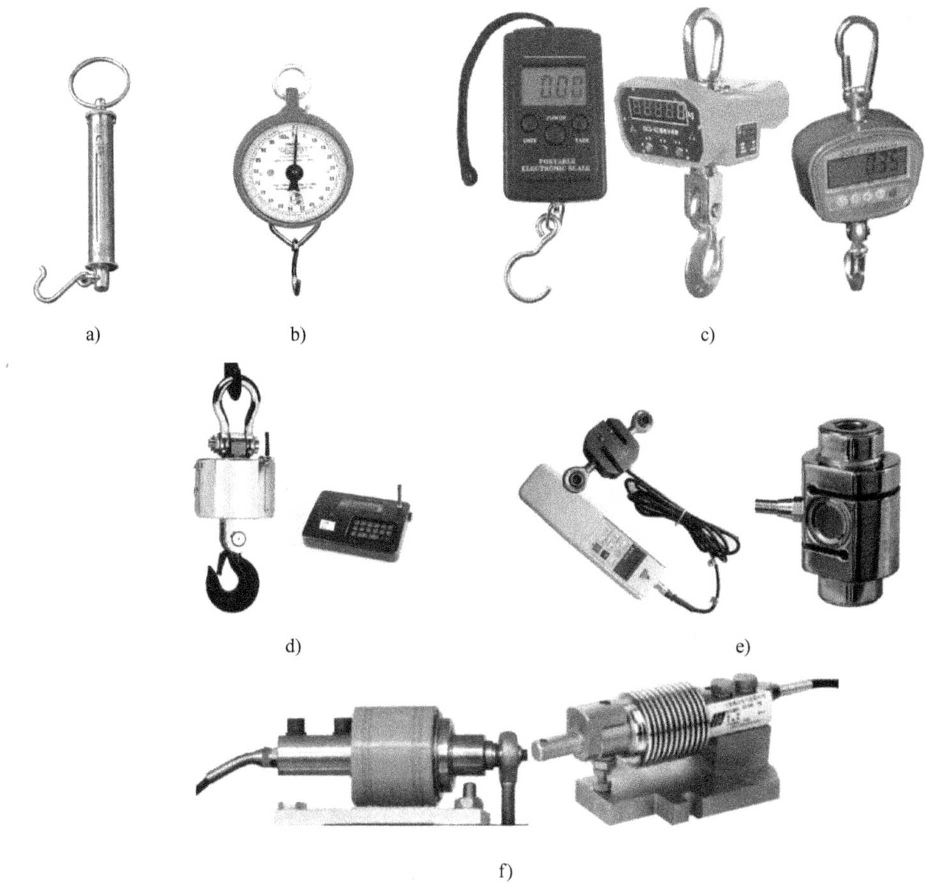

a)　b)　c)

d)　e)

f)

图 8-4　可用于堵转转矩测量的测力装置
a）管式测力计　b）盘式弹簧秤　c）普通直观数显电子吊秤
d）无线传输数据电子吊秤　e）拉力传感器　f）管式称重传感器

选用测力装置的量程时，应事先估计出被试电动机试验时的最大堵转转矩值。如试验最高电压可达到被试电动机的额定电压，并按堵转转矩值约为额定转矩的 3 倍（高起动转矩的电动机可能会达到 4 倍以上，应依据其技术条件要求的数值进行调整）估算，则选用测力计的量程 F_J（N）应为

$$F_J = \frac{10P_N p}{L} \tag{8-13}$$

式中　P_N——被试电动机额定功率（kW）；

p——电动机的极对数；

L——力臂长度（m）。

使用转矩传感器时，传感器的额定转矩≥假设力臂长度 $L=1\text{m}$ 时用式（8-13）求得的估算值，但也不应超过此估算值的 2 倍。

图 8-5 是一套使用管式称重（剪切式）传感器的测力装置，其支架高度可调。

2. 力臂的选用和与电动机轴伸的固定连接

使用测力装置时，应注意所选用的力臂应有足够的强度，防止因强度不足造成弯曲，甚

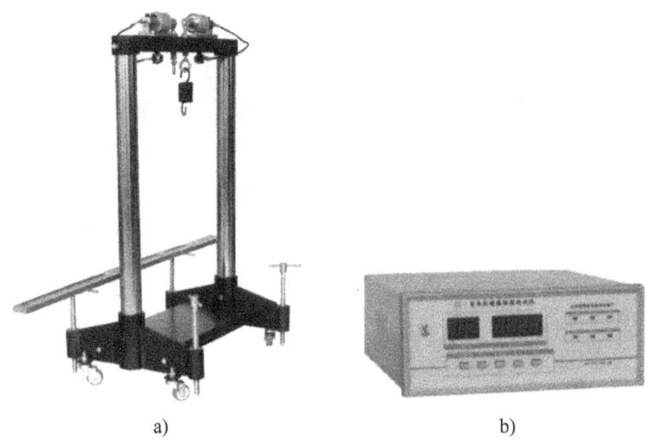

a)　　b)

图 8-5　用剪切式传感器组成的 TZ—1 型测力装置
a）传感器、支架和力臂　b）显示仪表

至扭断伤害试验人员。

力臂和电动机转轴应牢固安装。

力臂长度的测量误差应不超过 ±0.5%。

3. 力臂与测力装置的连接注意事项

力臂与测力装置之间应采用柔性连接。例如使用拉力式弹簧秤作为测力装置时，应使用强度足够的尼龙绳等；使用台式磅秤时，在接触点垫一层胶皮等。

当使用图 8-4a 和 b 所示的装置测力时，力臂和测力装置连接的那一端应略高于和电动机轴伸的连接端，高出的距离以该电动机的堵转转矩达到试验最高值时，力臂处于水平位置为准，如图 8-6 所示。其目的是为了消除或减少试验加力时因力臂与测力装置不垂直带来的计算误差。

使用其他类型的测力装置时，力臂应保持水平。

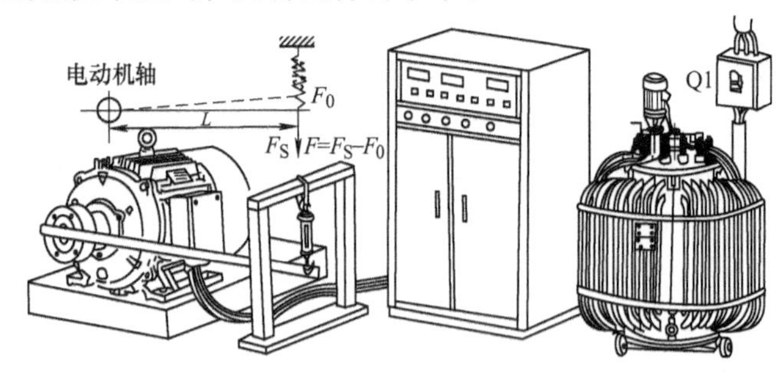

图 8-6　三相异步电动机堵转试验所用设备示意图

（三）输入电量测量仪表

测试仪表可采用专用的数字式三相电量测量仪；若使用指针式仪表，则主要有三块电流表、三块电压表（能确定三相电源平衡时，可用一块电压表）、三相功率表（一般用两块单相功率表，应使用低功率因数功率表），另外还需要一台电阻测量仪。

上述所有仪表的准确度（满量程）均应不低于 0.5 级。

二、试验步骤及注意事项

（一）试验前的准备工作

电动机应固定安装在试验平台上，用测力（或力矩）装置将转子堵住。试验前，电动机应为实际冷状态（另有规定者除外）并测量和记录绕组的冷态直流电阻和温度。

当使用测力法进行试验时，在给电动机通电进行试验前，要事先记录测力装置显示的力臂重量，即“初重”，用符号 F_0 表示，单位为 N。使用电子数值测力仪表时，若具有清零功能，则可将其清零，此时 $F_0=0\text{N}$，即刨除“初重”F_0 对读数和将来计算转矩值的影响。

（二）第一点施加电压≥0.9 倍额定电压时的试验方法

试验时，施于定子绕组的电压应尽可能从不低于 $0.9U_N$ 开始，然后逐步降低电压至定子电流接近额定值为止。期间共测取 5～7 点读数，每点应同时测取三相堵转线电流 I_K（A）、三相堵转线电压 U_K（V）、三相输入功率 P_K（W）、堵转转矩 T_K（N·m）或扭力F（N）。

试验时，电源的频率应稳定在额定值。功率表的电压回路和电压测量线路应接至被试电动机的出线端。被试电动机通电后，应迅速调定电压并尽快同时读取试验数据（对采用指针式两功率表法者，应在读数较大的那块功率表指针稳定后立即读数），每点通电时间应不超过 10s（美国标准 IEEE-112：2004 规定为 5s），以防止电动机过热造成读数下滑或严重时烧损电动机绕组。若温度上升过快，可在试验完一点之后，停顿一段时间，再进行下一点的测试。还可以利用外部吹风等方法进行降温。

上面的试验过程可用下面的流程图表示。

$$U_K \geqslant 0.9U_N \text{ 开始 } \xrightarrow[\text{5～7点}]{\text{测量 } I_K, U_K, P_K, F(\text{或 } T_K)} \text{到 } I_K \approx I_N \text{ 为止} \xrightarrow{\text{断电}} \text{测 } R_{1K}$$

采用各种测力装置加力臂测取堵转转矩时，在电压较高的前两点，应注意防止在电动机通电瞬间对测力装置的较大冲击，可采用机械缓冲法（使用柔性材料连接测力装置和力臂杠杆等）和低压通电后再迅速将电压升至需要值的方法。

对能快速测量和记录的自动测量系统，也可从低电压（$I_K \approx I_N$）开始，分段或连续地将电压调到接近或达到额定值，全过程试验时间应不超过 20s（本段为作者建议性规定，仅供参考）。

（三）试验设备能力有限不能满足最高电压达到 $0.9U_N$ 时的试验方法

1. 试验电源容量有限时

对 100kW 以下的电动机，试验时的最大堵转电流值应不低于 $4.5I_N$；对于（100～300）kW 的电动机，应不低于（2.5～4.0）I_N；对于（300～500）kW 的电动机，应不低于（1.5～2.0）I_N；对 500kW 以上的电动机，应不低于（1.0～1.5）I_N。

在最大电流至额定电流范围内，均匀地测取不少于 4 点的读数。

2. 转矩测试能力有限时

对 100kW 以上的电动机，允许按“计算法”确定转矩。此时每一试验点应同时测取 U_K、I_K、P_K 及定子绕组温度 θ_{1K}或端电阻 R_{1K}（若无条件在通电状态下实测，应在每点测试结束断电后，迅速测取定子绕组的一个线电阻 R_{1K}）。然后用“计算法”求取各点堵转转矩值 T_K（N·m），见式（8-16）。

（四）小功率电动机试验方法和相关规定

对小功率电动机（注：GB/T 1032—2012 中为分马力电动机，考虑到 GB 758—2008 中没有分马力电动机的定义，而我国推行国际功率法定单位为瓦或千瓦，并具有“小功率”电动机的概念和使用领域，故将其改为小功率电动机），试验时，定子绕组上施加额定电压，使转子在90°机械角度内的三个等分位置上分别测定 U_K、I_K、P_K、T_K。此时，堵转电流取其中的最大值，堵转转矩取其中的最小值（美国标准 IEEE－112：2004 中没有此项规定）。

三、试验结果的计算

（一）各测量点堵转转矩值的计算

计算各测量点的三相线电压平均值、三相线电流的平均值、三相输入功率、转矩。

根据所采用的试验方法，各点的堵转转矩求取方法有如下两种。

1. 用测力装置进行试验时堵转转矩的求取方法

用测力装置进行堵转试验时，各测量点的堵转转矩 T_K（N·m）由下式求得：

$$T_K = (F - F_0) L\cos\alpha \tag{8-14}$$

式中 F——测量时测力装置的读数（N）；

F_0——电动机未加电时，测力装置指示的数值，称为“初重”（N）；

L——力臂长度（m）；

α——测量时，力臂与水平方向的夹角，一般此角度很小，可取为0°，即 $\cos\alpha = 1$，此时式（8-14）则简化为

$$T_K = (F - F_0) L \tag{8-15}$$

将计算结果列表。

2. 用测电阻法进行试验时堵转转矩的求取方法

因转矩测量装置不足而使用每点测定定子绕组电阻的方法进行试验时，每点堵转转矩用下式求得：

$$T_K = 9.549C_1 (P_K - P_{KCu1} - P_{Fe}) / n_s \tag{8-16}$$

式中 P_K——电动机输入功率（W）；

P_{KCu1}——电动机定子铜损（W），$P_{KCu1} = 1.5I_K^2R_{1K}$；

P_{Fe}——试验电压下的铁损（W），根据堵转试验电压，由空载试验特性曲线 $P_{Fe} = f(U_0/U_N)$获得；

C_1——计及非基波损耗的降低系数，在0.9～1.0之间变化，如无经验可循，建议取 $C_1 = 0.91$。

n_s——被试电动机的同步转速（r/min）。

（二）绘制堵转特性曲线和求取额定电压时的堵转数据

1. 最高电压等于或接近额定电压时

对第一点输入电压等于或接近额定电压实测堵转转矩的试验，在同一普通直角坐标纸上绘制 $I_K = f(U_K)$、$P_K = f(U_K)$ 和 $T_K = f(U_K)$ 三条堵转特性曲线，如图 8-7a 所示。从上述曲线（或向上的延长线）上查取 $U_K = U_N$ 时的堵转电流 I_{KN}、输入功率 P_{KN}和转矩 T_{KN}。

2. 最高电压小于0.9倍额定电压时

对第一点电压小于0.9倍额定电压实测堵转转矩的试验，则应绘制堵转电流与电压的对数曲线 $\lg I_K = f(\lg U_K)$。手工绘制时，可直接使用对数坐标纸，如图 8-7b 所示；用计算机绘

制时可先对电流和电压取对数后直接绘制，如图 8-7c 所示。

将曲线 $\lg I_K = f(\lg U_K)$（实际应为一条直线）从最大电流点向上延长，从延长曲线上查取对应额定电压时的堵转电流 I_{KN}。此时，堵转转矩 T_{KN}（N·m）按下式求取：

$$T_{KN} = T_K \left(\frac{I_{KN}}{I_K}\right)^2 \tag{8-17}$$

式中　T_K——在最大试验电流 l_K 时测得的或算得的转矩（N·m）。

注意：建议绘制曲线 $\lg T_K = f[\lg(U_K/U_{KN})^2]$，然后向上延长获取额定电压时的堵转转矩。实践证明这样做的结果会比用式（8-17）求得的数据准确度高。

3. 对只测得一个电压点的 750W 及以下电动机

对 750W 及以下电动机，若试验只在 0.9～1.1 倍额定电压范围内测取了一点数值，则堵转电流 I_{KN}和堵转转矩 T_{KN}可按下式求取：

$$I_{KN} = I_K \frac{U_N}{U_K} \tag{8-18}$$

$$T_{KN} = T_K \left(\frac{U_N}{U_K}\right)^2 \tag{8-19}$$

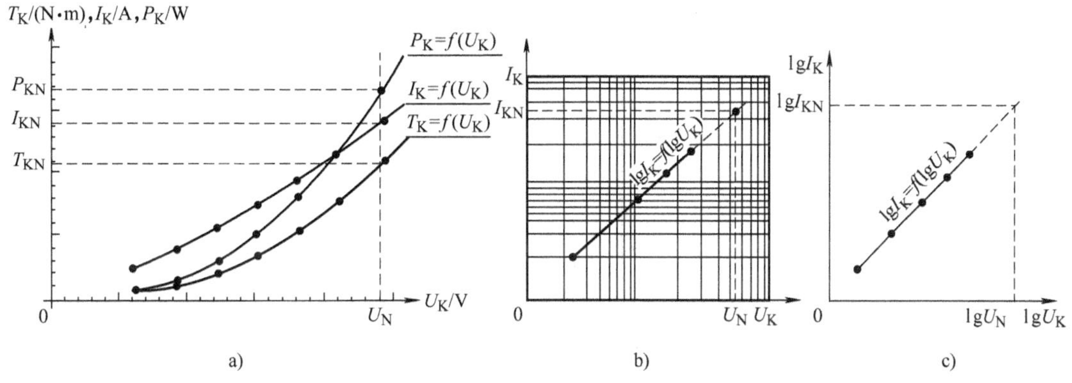

图 8-7　堵转特性曲线

a）普通直角坐标　b）用对数坐标纸绘制　c）计算机绘制对数坐标

4. 采用圆图计算法求取最大转矩所用的数据求取

若采用圆图计算法求取最大转矩，则还要从曲线上查出 I_K =（2～2.5）I_N 时的堵转电压 U_K 和输入功率 P_K。

四、采用等效电路法或圆图计算法求取工作特性的附加堵转试验

（一）采用等效电路法

此种情况应增加在 1/4 倍被试电动机额定频率情况下进行的堵转试验。试验时，堵转电流应为额定电流的 1.0～1.1 倍范围内的一个值。

（二）采用圆图计算法

1. 绕线转子和普通笼型转子电动机

在额定频率下，施加电压使定子电流达到 1.0～1.1 倍范围内的一个值。

对绕线转子电动机，转子三相绕组应在出线端或集电环上短路。由于在同一试验电流下，外施电压随转子位置的不同而不同，此时，电动机应在电压为平均值所对应的转子位置

上进行堵转试验。被试电动机通电后，应迅速进行试验，并同时读取 U_K、I_K 和 P_K。试验结束后，立即测量定子绕组和转子绕组（对绕线转子电动机）的端电阻。

2. 深槽和双笼转子电动机

在 1/2 倍被试电动机额定频率下进行一次堵转试验。试验时，堵转电流应为额定电流的 1～1.1 倍范围内的一个值。

五、求取电动机的电路参数

根据上述第四（一）项试验得到的一些数据，可用下面的关系式求出电动机的短路阻抗 Z_k、短路电阻 r_k 和短路电抗 X_k。

$$\left.\begin{aligned} Z_k &= \frac{U_1}{I_{1k}} \\ r_k &= \frac{P_{1k}}{m_1 I_{1k}^2} \\ x_k &= \sqrt{Z_k^2 - r_k^2} \end{aligned}\right\} \tag{8-20}$$

定子绕组的直流电阻 r_1 由本章第一节介绍的方法得出（该节用大写符号 R_1）。转子电阻 r_2、定子漏抗 $x_{1\sigma}$ 和转子漏抗 $x'_{2\sigma}$ 用以下的关系式求得。

根据图 8-3 给出的等效电路，若不计及铁损，即认为 $r_m=0$，则短路电抗为

$$\begin{aligned} Z_k &= r_1 + jx_{1\sigma} + \frac{jx_m\ (r'_2 + jx'_{2\sigma})}{r'_2 + j\ (x_m + x'_{2\sigma})} \\ &= r_k + jx_k \end{aligned} \tag{8-21}$$

于是可知

$$\left.\begin{aligned} r_k &= r_1 + r'^2_2 \frac{x_m^2}{r'^2_2 + (x_m + x'_{2\sigma})^2} \\ x_k &= x_{1\sigma} + x_m \frac{r'^2_2 + x'^2_{2\sigma} + x'_{2\sigma} x_m}{r'^2_2 + (x_m + x'_{2\sigma})^2} \end{aligned}\right\} \tag{8-22}$$

进一步假设 $x_{1\sigma} = x'_{2\sigma}$，并利用

$$x_0 = x_m + x_{1\sigma} + x_m + x'_{2\sigma}$$

式（8-22）就可以改写为

$$\left.\begin{aligned} r_k &= r_1 + r'_2 \frac{(x_0 - x_{1\sigma})^2}{r'^2_2 + x_0^2} \\ x_k &= x_{1\sigma} + (x_0 - x_{1\sigma}) \frac{r'^2_2 + x_{1\sigma} x_0}{r'^2_2 + x_0^2} \end{aligned}\right\} \tag{8-23}$$

由式（8-23）的第二式可以得知

$$\frac{x_0 - x_k}{x_0} = \frac{(x_0 - x_{1\sigma})^2}{r'^2_2 + x_0^2} \tag{8-24}$$

把上式代入式（8-23）中的第一式，可解出

$$r'_2 = (r_k - r_1) \frac{x_0}{x_0 - x_k} \tag{8-25}$$

这样，根据空载和短路试验测出的数据 r_k、x_k 和 x_0，即可由式（8-25）算出转子电阻

的归算值 r_2'。

另外，可以证明

$$x_{1\sigma} = x_{2\sigma}' = \frac{x_{ki}}{1 + \sqrt{\dfrac{x_0 - x_{ki}}{x_0}}} \tag{8-26}$$

式中　x_{ki}——转子电阻等于零时电动机的短路电抗。它等于

$$x_{ki} = x_{1\sigma} + \frac{x_m x_{2\sigma}'}{x_m + x_{2\sigma}'} = 2x_{1\sigma} - \frac{x_{1\sigma}^2}{x_0}$$

由式（8-24）得

$$x_{1\sigma} = x_0 - \sqrt{\frac{x_0 - x_k}{x_0}(r_2'^2 + x_0^2)} \tag{8-27}$$

将式（8-27）代入 x_{ki} 内，经整理后可得出

$$x_{ki} = x_k - r_2'^2 \frac{x_0 - x_k}{x_0^2} \tag{8-28}$$

这样，根据 x_k、r_2' 和 x_0，先用式（8-28）算出 x_{ki}，再把 x_{ki} 值代入式（8-26），即可确定定、转子的漏抗值。

以上计算式可用来较精确地确定小型异步电动机的参数。

对于大、中型异步电动机，因一般有 $Z_m \geqslant Z_{2\sigma}'$，故短路时励磁电流可略去不计。因此可以直接采用下列简化公式来确定 r'、$x_{1\sigma}$ 和 $x_{2\sigma}'$，即

$$r_k \approx r_1 + r_2' \text{ 或 } r_2' \approx r_k - r_1$$

$$x_k \approx x_{1\sigma} + x_{2\sigma}' \text{ 或 } x_{1\sigma} \approx x_{2\sigma}' \approx \frac{x_k}{2} \tag{8-29}$$

考虑饱和对漏抗 $x_{1\sigma}$ 和 $x_{2\sigma}'$ 的影响，由于漏磁磁路的磁阻主要取决于磁路中空气部分的磁阻，而空气的磁导率 μ_0 为一常值，故在正常负载范围内，即定、转子电流不是特大时，定、转子的漏抗基本为一常值。但当高转差时，例如在起动时，$s=1$，定、转子电流将比额定值大许多倍，此时或多或少地将使漏磁磁路中的铁磁部分发生饱和，从而使总的漏磁磁阻变大，漏抗变小。因此，起动时定、转子的漏抗是饱和值，将比正常工作时的不饱和值小15%～30%左右，所以为满足计算电动机运行性能的要求，在进行短路试验时，应力争测得 $I_{1k}=I_{1N}$、$I_{1k}\approx(2-3)I_{1N}$ 和 $U_{1k}\approx U_{1N}$ 三处的数据，然后用上列各式分别算出不同饱和程度时的漏抗值。计算工作特性时，采用不饱和值；计算起动特性时，采用饱和值；计算最大转矩时，采用对应于 $I_{1k}\approx(2\sim3)I_{1N}$ 时的漏抗值，这样可使计算结果接近于实际情况。

第三节　空载特性试验

空载试验是给定子加额定频率的额定电压空载运行的试验。其目的主要有如下3个：

1）通过测试，求得电动机空载损耗、铁心损耗（简称“铁损”）与空载电压的关系曲线。确定额定电压时的铁损和额定转速（严格地讲是空载转速）时的风摩损耗（包括电动机所自带的风扇所消耗功率的“风损耗”和轴承等部件运转中摩擦消耗功率的“摩擦损耗”两部分。又称为“机械损耗”）。

铁损和机械损耗这两项损耗包括在电动机“五大损耗”之内（另三个分别是定子铜损、转子铜损和杂散损耗），是采用损耗分析法求取电动机效率的必需参数，也是分析和改进电动机性能的重要参考数据。

2）得出空载电流与空载电压的关系曲线。这条曲线其实就是一条磁化曲线。它可以反映出电动机磁路的工作情况。

3）利用相关试验数据，求出电动机的励磁参数、铁损等效电阻 r_m 和主电抗 x_m。

一、试验过程

（一）试验设备及要求

电动机试验线路示意图如图 8-8 所示。其中三相电源调压设备 T 的输出电压应在被试电动机额定电压的 20% ~130% 以内可调，容量应不小于被试电动机的额定输入功率的 1/2 或输出电流不小于被试电动机的额定输入电流的 30% ~70%（大容量的电动机取小值）。

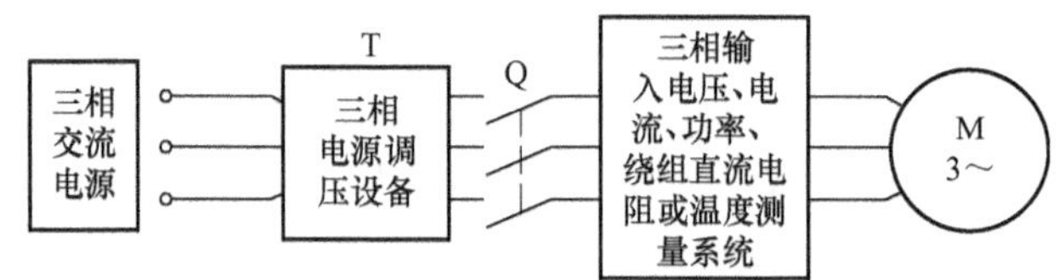

图 8-8　三相异步电动机空载试验线路示意图

测量输入功率应采用低功率因数功率表或能适用于功率因数为 0.2 以下的其他数字功率表。一般采用两块单相功率表测量三相功率的方法（两表法）。

对 750W 以下的电动机，为了提高测量准确度，在 GB/T 1032—2012 中规定不允许采用电流互感器（为此，在电流测量线路中应设置不通过电流互感器的“直通”线路）。

绕线转子电动机进行空载试验时，应将转子三相绕组在集电环（对有提刷装置的电动机）或输出线端（对无提刷装置的电动机）短路。

（二）试验过程

1. 试验前的准备工作

1）在实际冷状态下，测取定子绕组的直流端电阻 R_{1C} 和环境温度 θ_{1C}（按本章第一节所述方法）。

2）将电动机降压起动后，保持额定电压和额定频率空载运行到机械损耗稳定。

判定机械损耗稳定的标准是：输入功率相隔 0.5h 的两个读数之差不大于前一个读数的 3%。但在实际应用时，一般凭经验来确定，对 1kW 以下的电动机一般运转 15 ~30min；对 1 ~10kW的电动机一般运行 30 ~60min；大于 10kW 的电动机应为 60 ~90min；极数较多的电动机或在环境温度较低的场地试验时，应适当延长运转时间。

若进行了热试验或负载试验，并且本试验在这些试验后紧接着进行，则不必进行上述运转过程。

前段规定是作者通过如下相关标准中的描述理解而给出的。

在 GB/T 1032—2012 中的原话是：“建议在热试验和负载试验之后进行空载试验”（8.1 条）。没有明确是否可以不再进行记录数据前的空运转过程。

而在美国标准 IEEE-112：2004 中 5.5《空载试验》中的 5.5.1《轴承损耗的稳定》则明确地讲出了空运转的目的和要求规定：“有些电动机的摩擦损耗可能会发生变化，直至轴承达到稳定运行状态。对油脂润滑滚动轴承而言，滚道上无多余油脂，才能达到稳定状态。这可能需要长时间运行才能使空载输入功率达到完全稳定状态。间隔半小时连续两次测量空载输入功率，如果读数变化不超过3%，则可视为已经达到稳定状态”。同时明确规定：“如果空载试验前已经进行了发热试验，则无须进行轴承损耗稳定试验”。

GB/T 1032—2012 中提出：“对水－空冷却电动机，在热试验或负载试验后应立即切断水源”。这句话作者理解为：“对水－空冷却电动机，在热试验或负载试验后紧接着进行空载试验时，试验前应切断水源”。

2. 试验过程和记录数据

试验时，施于定子绕组上的电压应从 $1.25U_N$ 开始，逐步降低到可能达到的最低电压值，即电流最小或开始回升时为止。期间测取不少于 9 点读数（建议读取更多点数，因为测取的电压点数越多，求取的风摩损耗和铁损值会更准确）。其中，在 125% ~60% 额定电压之间（包括额定电压点），按均匀分布至少取 5 个电压点；在约 50% 额定电压和最低电压之间，至少取 4 个电压点。每点应测取下列数值：三相线电压 U_0（如可确定三相平衡时，可只测一相）、三相线电流 I_0、输入功率 P_0（注意：若最后一点的电流或功率是“回升”的数据，即大于前一点的数据，则不要记录）。

另外，使用 A 法和 B 法测试效率时，还应同时测取绕组温度 θ_0 或端电阻 R_0。

用其他方法测试效率，当每点都测量直流电阻有困难时，可在上述测量结束后，尽快使电动机断电停转，然后用同热试验测量试验后热电阻的方法进行测量得出 R_0 与时间 t 的关系曲线。

上述试验过程可用下面的流程图表示：

$$1.25U_N\text{ 开始}\xrightarrow[\text{调节 }U_0\text{，不少于 9 点}]{\text{保持 }f\text{ 为额定值，测取 }U_0\text{、}I_0\text{、}P_0\text{、}R_0\text{（或 }\theta_0\text{）}}I_0\text{ 开始回升为止}\xrightarrow{\text{断电停机}}$$

$$\rightarrow\text{测量得出定子绕组电阻 }R_0\text{ 与时间的关系曲线（同热试验）}$$

二、特性曲线和有关参数的求取

（一）整理试验数据和进行相关计算

1. 求取各试验点电流的平均值和三相不平衡度

求取各试验点电压和电流的平均值 U_0（V）和 I_0（A）。计算额定电压点的三相空载电流不平衡度，应符合标准的要求（各类三相异步电动机的技术条件均规定不超过 ±10% 为合格）。

2. 求取各试验点的输入功率 P_0

求取各试验点的输入功率 P_0（W）。

若使用指针式功率表，若有必要，则应进行仪表损耗的修正，修正方法见第一章第三节第四项《指针式功率表不同测量接线方法所引起的误差修正》。

对于采用电压后接的两功率表和一块电压表的接线方法，设功率表电压回路的直流电阻为 R_{WV}（Ω），电压表的直流电阻为 R_{VV}（Ω），则每点的仪表损耗 ΔP_b（W）计算公式为

$$\Delta P_b = U_0^2\left(\frac{1}{R_{VV}} + \frac{2}{R_{WV}}\right) \tag{8-30}$$

例　如使用一块电压表和两块单相功率表，采用电压后接法测量电路，电压表的电阻 R_{VV}为 75kΩ，功率表的电压回路电阻 R_{WV}为 20kΩ，试验电压 U_0 为 420V 时，有

$$\Delta P_b = U_0^2\left(\frac{1}{R_{VV}} + \frac{2}{R_{WV}}\right) = 420^2\left(\frac{1}{75000} + \frac{2}{20000}\right)W = 19.992W \approx 20W$$

每点实际输入功率 P_0（W）为仪表显示的 P_{0W} 与该点仪表损耗 ΔP_b 之差，即

$$P_0 = P_{0W} - \Delta P_b \tag{8-31}$$

3. 求取计算空载铜损的端电阻 R_0

求取各试验点的端电阻 R_0（Ω）。根据不同的测试数据采用不同的计算方法。

1）直接测取绕组的各点端电阻 R_0。

2）各试验点测出的是绕组的温度 θ_0（取每一试验点所有温度测量点的最高一点的数值），则根据电阻与温度关系确定各点的端电阻 R_0（Ω）为

$$R_0 = R_{1C}\frac{K_1 + \theta_0}{K_1 + \theta_{1C}} \tag{8-32}$$

式中 R_{1C}——定子绕组初始（冷）端电阻（Ω），按本章第一节的规定获得；

θ_{1C}——测量 R_{1C} 时定子绕组温度（℃），按本章第一节的规定获得。

3）利用试验断电停机后测量热电阻 R_0 与时间 t 的关系曲线的方法时，绘制该关系曲线，并将曲线推至 $t=0s$，获得断电瞬间的 R_0，用于以下所有试验点的铜损计算。

4. 计算各试验点的铜损

计算各试验点的铜损用如下计算公式：

$$P_{0Cu1} = 1.5I_0^2R_0 \tag{8-33}$$

5. 求取"恒定损耗"P_{con}

用下式求取所谓的"恒定损耗"，即铁损与风摩损耗之和 P_{con}（W）：

$$P_{con} = P_0 + P_{0Cu1} \tag{8-34}$$

（二）绘制空载特性曲线和求取相关数据

在同一个坐标系中绘制如下空载特性曲线并按要求获取相关数据（见图 8-9）：

1. 绘制 P_0 和 I_0 对 U_0/U_N 的关系曲线和额定电压时 P_0 和 I_0 的获取

1）在 125% 额定电压至最低电压（空载电流回升点除外）范围内，绘制空载输入功率 P_0（空载输入功率 P_0 就是电动机在空载运行时的总损耗。它包括定子 I^2R 损耗、铁损和风摩损耗。因为空载时电动机的转速接近同步转速，即转差率 $s\approx0$，所以空载时转子 I^2R 损耗可忽略不计）和空载输入电流 I_0 对空载电压标幺值（U_0/U_N）的关系曲线：$P_0 = f(U_0/U_N)$ 和 $I_0 = f(U_0/U_N)$。

2）从曲线上获取 U_0 为额定电压 U_N（即 $U_0/U_N=1$）时的 P_0（W）和 I_0（A）。

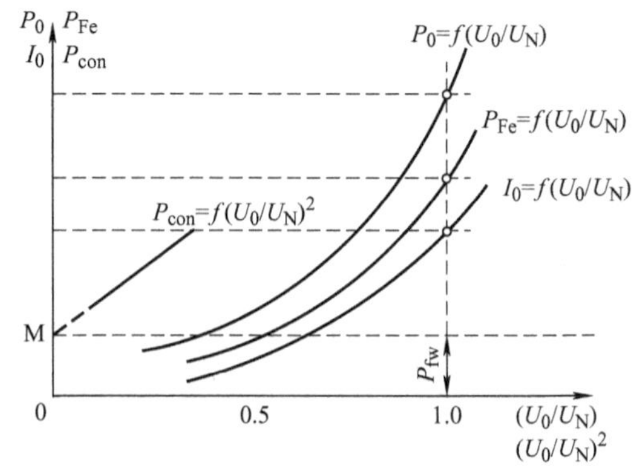

图 8-9 三相异步电动机空载特性曲线

2. 绘制 P_{con} 对 $(U_0/U_N)^2$ 的关系曲线和风摩损耗 P_{fw} 的获取

1）对约 50% 额定电压至最低电压点范围内的各测试点值，作 P_{con} 对 $(U_0/U_N)^2$ 的曲线

$P_{con}=f\left[(U_0/U_N)^2\right]$。一般应为一条直线。

2）将上述曲线延长至$(U_0/U_N)^2=0$处（即与纵轴相交）得到在纵轴上的截距，该截距即为风摩损耗P_{fw}（W）。

3. 绘制P_{Fe}对U_0/U_N的关系曲线和P_{Fe}的确定

1）用式（8-35）计算60%额定电压和125%额定电压之间的各电压点的铁损P_{Fe}（W）。

$$P_{Fe}=P_{con}-P_{fw}=(P_0-P_{0Cu1})-P_{fw} \tag{8-35}$$

2）对上述范围内的各电压点，作铁损P_{Fe}对空载电压标幺值U_0/U_N的关系曲线$P_{Fe}=f(U_0/U_N)$。

3）空载额定电压时的铁损P_{Fe}即为$(U_0/U_N)=1$时的P_{Fe}（W）。

（三）求取励磁参数

电动机空载时，其转子的转速接近同步转速，所以转差率接近于零，即$s\approx0$。此时，负载等效电阻趋近于无穷大，可认为转子回路为断路状态。这样，等效电路将简化为图8-10所示，只有一个定子支路的电路。

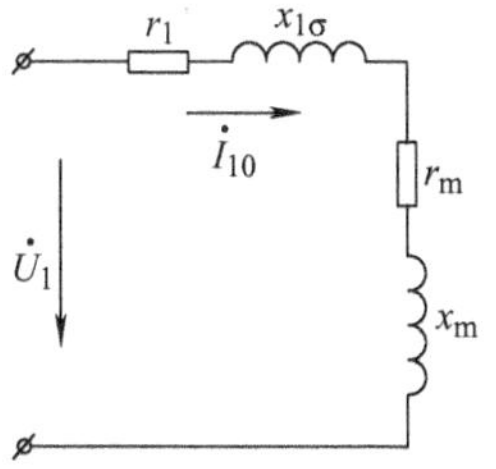

图8-10　三相异步电动机空载等效电路

根据这个等效电路，定子的空载总电抗x_0应为

$$x_0=x_m+x_{1\sigma}\approx\frac{U_1}{I_{10}} \tag{8-36}$$

式中的定子漏电抗$x_{1\sigma}$可由堵转试验来确定，电压和电流均为相值。

于是，励磁电抗为

$$x_m=\frac{U_1}{I_{10}}-x_{1\sigma} \tag{8-37}$$

励磁电阻（铁损等效电阻）r_m则为

$$r_m=\frac{P_{Fe}}{3I_{10}^2} \tag{8-38}$$

式中的定子铁损P_{Fe}为空载试验得到的额定电压时的数值。

第三篇　电机的性能测试

第九章　电机中杂散损耗的测定

第一节　三相异步电动机杂散损耗的测定试验和有关规定

一、杂散损耗的定义、试验目的

1. 定义

杂散损耗是三相异步电动机“五大损耗”之一。它是指用间接法测定电动机效率时，未包括在另外四项损耗之内的其他各种损耗之和，如铸铝转子导条间的“横向电流”损耗、齿谐波产生的齿部脉振损耗、绕组端部漏磁在其邻近的金属构件中造成的磁滞损耗和涡流损耗等。

杂散损耗又可以分成基频杂散损耗和谐波杂散损耗两部分，后者常被称为高频杂散损耗。

2. 试验目的

杂散损耗测定试验即是利用实测的方法求得上述两部分损耗的试验，它是用间接法测定电动机效率的一个重要试验项目。用实测法求得的杂散损耗值也是帮助设计人员改进和提高电动机性能的一项主要参数。

二、基频杂散损耗的测定方法

1. 试验状态、设备接线和试验方法

将电动机抽去转子，但可能感应电流的端盖及其他结构件应就位，如图 9-1a 所示。试验设备和电路接线如图 9-1b 所示，输入功率测量应采用低功率因数功率表。

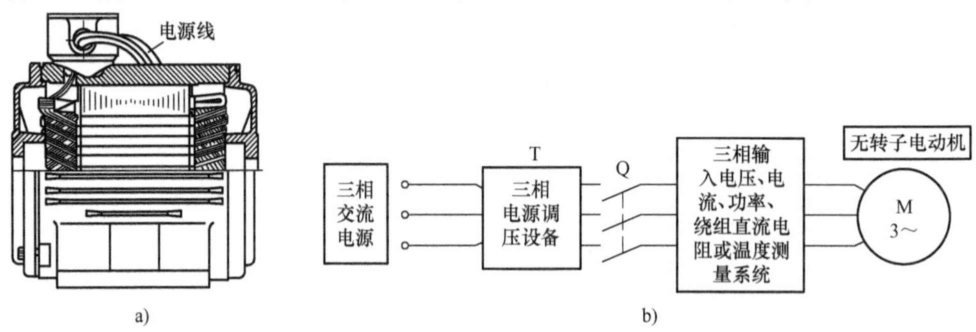

图 9-1　实测基频杂散损耗的试验设备及接线示意图

a）电动机组装图　b）试验设备及接线示意图

给定子绕组施加额定频率的对称低电压。试验从大电流值开始，逐步降低，在 1.1 ~ 0.5 倍额定电流范围内至少测取 6 点读数。每点应同时读取输入功率 P_1、输入电流 I_1 和绕组温度 θ_t（或直流电阻 R_t）或断电后立即测取定子绕组直流电阻 R_t。

2. 求取基频杂散损耗 P_{sf}

1）用式（9-1）求出各测量点的基频杂散损耗 P_{sf}（W）。

$$P_{sf} = P_1 - 1.5\, I_1^2 R_t \tag{9-1}$$

$$R_t = R_{1C} \frac{K_1 + \theta_t}{K_1 + \theta_{1C}} \tag{9-2}$$

式中　R_t ——试验温度下绕组端电阻（Ω）；

R_{1C}——定子绕组初始（冷端）电阻（Ω）；

θ_{1C}——测量 R_{1C} 时绕组温度（℃）；

θ_t——试验时测得的绕组温度（℃）；

I_1 ——定子线电流（A）；

P_1 ——输入功率（W）。

2）绘制基频杂散损耗 P_{sf} 和转子电流 I_2 的关系曲线 $P_{sf} = f(I_2)$，如图9-3 所示，其中转子电流 $I_2 = \sqrt{I_1^2 - I_0^2}$，式中 I_0 为 $U_0 = U_N$ 时的空载电流，由空载特性曲线试验获得。

三、高频杂散损耗的实测试验方法

（一）实测方法分类和说明

实测高频杂散损耗的方法常用反转法，又可分为异步机反转法和测功机反转法两种。而有测功机则可方便地实现 A 法和 B 法，换句话说，就没有必要再费力气进行一次试验（实践证明其准确度还不如 A 法和 B 法），所以，虽然 GB/T 1032—2012 中提出应优先采用，但实际上很少被采用。至于提到反转法，就直接想到是异步机反转法。

下边将异步机反转法和测功机反转法两种融合在一起进行介绍。

（二）实测高频杂散损耗方法——反转法

1. 反转法所用设备和试验线路

用反转法测试三相异步电动机的高频杂散损耗时，被试异步电动机应在其他机械的拖动下反转，在接近同步转速下运行。拖动它的机械可以是和其功率相等或接近、极数相同的异步电动机，也可以是能在电动机状态下运行的直流测功机或由转矩 - 转速传感器和直流电动机等组成的测功设备等（统称为测功机。可想而知，不能使用涡流制动器、磁粉制动器和无直流电源的直流机与转矩传感器组成的“测功机”）。把前者称为“异步机反转法”，应用较多；后者称为“测功机反转法”。

在以下的讲述中，将上述所说的拖动机械统称为陪试电动机或辅助电动机，它们在试验时均通过联轴器和被试电动机联结。

采用异步机反转法时，被试三相异步电动机通过一台三相调压设备（三相调压器或电子调压器，下同）供电。陪试三相异步电动机一般也采用三相调压设备供电（也可直接与网络电源相连接），使用三相感应调压器供电的试验线路如图 9-2 所示。

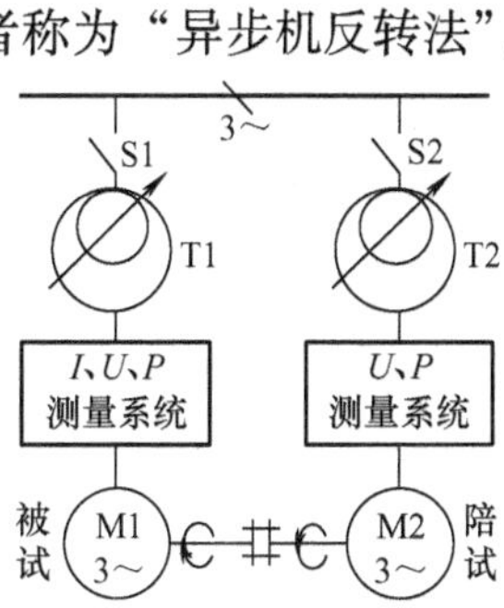

图 9-2　异步机反转法实测高频杂散损耗的试验线路

采用测功机反转法时，测功机的供电应能保证机组的转速保持在被试电动机的同步转速。为得到较高的测试精度，在此转速下，测功机的功率（或转矩传感器的额定转矩）应不大于被试电动机额定功率（或额定转矩）的15%。

用测功机做拖动机械时的试验线路和温升或负载试验相同，只是此时测功机要由适当的电源供电处于电动机运行状态，测量的功率是其轴输出机械功率。

用异步机反转法时，被试电动机及陪试电动机的功率都应采用低功率因数功率表进行测量。

2. 反转法试验步骤

反转法试验过程及应记录的数据和相关规定如表9-1所示。其中“陪试电动机”含异步电动机和测功机电动机（直流电动机）。

表9-1　反转法实测高频杂散损耗的试验过程及应记录的数据

序号和简称	试验内容	说明和应记录的数据
1. 检查反转	对被试电动机和陪试电动机分别用各自的电源通电看其转向，从同一方向看，两者应相反	正确时，联轴器的两半节转向相反。不正确应调整
2. 空转运行	用陪试电动机拖动被试电动机空转运行，转速应等于或接近被试电动机的同步转速。至机械损耗稳定为止	若试验紧接着热试验或负载试验进行，可不进行这两个过程，即直接进入下述第4步
3. 反转预热	在上述基础上，开始给被试电动机通电，电源频率应为被试电动机的额定值，电压以使被试电动机定子电流达到额定值为准。运行10min	
4. 数据测试	1）调节被试电动机的输入电压，在1.1~0.5倍额定电流范围内测取不少于6点（和负载试验的测点数相同。应注意：在整个测试过程中，运转转速应尽可能保持在被试电动机的同步转速附近）	① 被试电动机的输入功率 P_1 和三相线电流 I_1，绕组温度 θ_t（或端电阻 R_t） ② 陪试电动机为测功机电动机时，读取其输出转矩 T_d；为异步电动机时，读取其输入功率 P_d ③ 转速 n 或陪试异步电动机的频率 f
	2）上述测试结束后，断开被试电动机电源，记录陪试电动机的数据	① 对测功机电动机为输出转矩 T_{d0} ② 对异步电动机为输入功率 P_{d0}
	3）不能做到在运转中测量绕组温度 θ_t（或端电阻 R_t）时，上述测试完毕后，迅速断电停机并测量被试电动机的定子端电阻	被试电动机定子线电阻 R_t

3. 反转法高频杂散损耗的计算过程

反转法实测高频杂散损耗的计算过程和相关规定如表9-2所示。

（三）求取总杂散损耗

1. GB/T 1032—2012 中 10.6.3.4.2 求取规定

按上述要求绘制出了基频和高频杂散损耗与转子电流 I_2 的关系曲线，则可在曲线上查出对应于各定子电流点的两个杂散损耗值。然后用式（9-3）求出总的杂散损耗 P_s。

$$P_s = P_{sh} + P_{sf} = P'_{sh} + 2P_{sf} \tag{9-3}$$

表 9-2　反转法实测高频杂散损耗的计算过程和相关规定

过程名称	内容或计算式
1. 整理试验数据	求出各试验点被试电动机的定子电流平均值 I_1（A）、输入功率 P_1（A）、定子直流电阻 R_t（Ω）；陪试电动机的输入功率 P_d（W）和 P_{d0}（W） 其中，对陪试电动机的输入功率 P_d 和 P_{d0}，当陪试电动机为测功机电动机时，为其输出功率，应由其转矩 T_d、T_{d0} 和转速 n（允许直接用同步转速 n_s）求得： $P_d=\frac{T_d n}{9.549}$　（表 9-2 式 1） $P_{d0}=\frac{T_{d0} n}{9.549}$　（表 9-2 式 2）
2. 求取高频杂散损耗	将上述整理过的各点试验值代入下式，求出各试验点的“计算用高频杂散损耗”P'_{sh}(W)： $P'_{sh}=(P_d-P_{d0})-(P_1-1.5I_1^2R_t)$　（表 9-2 式 3）
3. 绘制 P'_{sh} 与 I_2 的关系曲线	绘制曲线 $P'_{sh}=f'(I_2)$，其中 $I_2=\sqrt{I_1^2-I_0^2}$，其中 I_1 为负载电流，I_0 为被试电动机试验电压时的空载电流（由空载特性曲线获得） 如已实测基频杂散损耗 P_{sf}，则应将两条曲线绘制在一个坐标上，如图 9-3 所示

2. GB/T 1032—2005 及以前标准中求取规定

GB/T 1032—2005 及以前标准中提到：如果没有实测基频杂散损耗 P_{sf}，总杂散损耗 P_s 可用式（9-4）求得。

$$P_s=(1+2C)\ P'_{sh} \tag{9-4}$$

式中　C——本类型电动机基频杂散损耗与高频杂散损耗比值的统计系数。例如对普通笼型转子异步电动机，取 $C=0.1$，此时 $P_s=1.2P'_{sh}$。

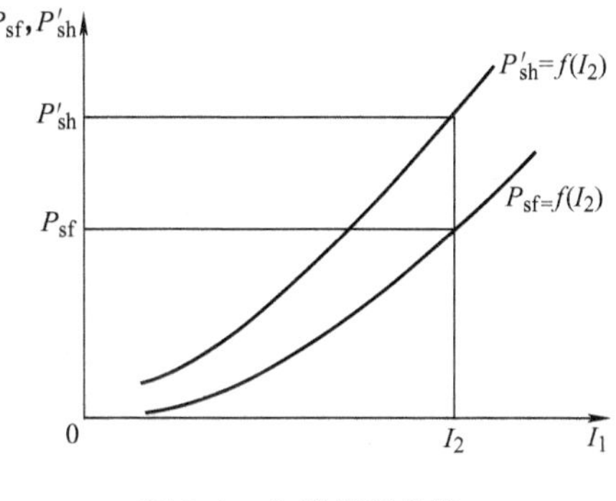

图 9-3　杂散损耗曲线

（四）反转法求取杂散损耗试验和计算公式的理论依据

试验时，被试电动机的输入功率 P_1 为

$$P_1=P_m+P_{Cu1}+P_{Fe}+P_{sf} \tag{9-5}$$

式中　P_m——被试电动机的电磁功率（W）。

由于外施试验电压很低，故铁损可以忽略不计，即认为 $P_{Fe}=0$。则被试电动机通过气隙传递到转子的电磁功率 P_m 为

$$P_m=P_1-P_{Cu1}-P_{sf} \tag{9-6}$$

试验时，被试电动机的转差率为 $s=2$，其转子铜损 P_{Cu2} 和转子输出的机械功率 P_Ω 为

$$P_{Cu2}=sP_m=2P_m \tag{9-7}$$

$$P_\Omega=(1-s)P_m=-P_m \tag{9-8}$$

对上述两式说明如下：

1）当 $s=2$ 时，被试电动机转子产生的机械功率为负值，即这部分机械功率是由辅助电动机供给的，其值等于被试电动机的电磁功率 P_m；

2）被试电动机的转子铜损 P_{Cu2} 一半来自自身的电磁功率，另一半由辅助电动机所供给，

即来自自身的电磁功率 P_m 和辅助电动机输入的机械功率都转化为转子损耗。

当对被试电动机施以低电压时，被试电动机转子上的损耗除铜损外，还有机械损耗和高频杂散损耗，这两部分损耗也由辅助电动机供给，故有

$$P_d = P_\Omega + P_{fw} + P_{sh} \tag{9-9}$$

当被试电动机断电时，其转子铜损 =0，辅助电动机只需供给机械损耗，即

$$P_{d0} = P_{sh} \tag{9-10}$$

将式（9-10）代入式（9-9），得

$$P_d = P_\Omega + P_{d0} + P_{sh} \tag{9-11}$$

$$P_{sh} = (P_d - P_{d0}) - P_\Omega \tag{9-12}$$

或

$$P_{sh} = (P_d - P_{d0}) - P_m \tag{9-13}$$

将式（9-6）代入式（9-13），得

$$P_{sh} = (P_d - P_{d0}) - (P_1 - P_{Cu1}) + P_{sf} = P'_{sh} + P_{sf} \tag{9-14}$$

故

$$P'_{sh} = (P_d - P_{d0}) - (P_1 - P_{Cu1}) = (P_d - P_{d0}) - (P_1 - 1.5I_1^2R_t) \tag{9-15}$$

即表 9-2 中求取高频杂散损耗的公式（见表 9-2 式 3）。

四、间接求取负载杂散损耗的方法——剩余损耗线性回归法

（一）线性回归分析的含义

在 GB/T 1032—2012 中，当效率测试和计算采用 B 法时，杂散损耗的求取采用对“剩余损耗”进行所谓的“线性回归”的方法。所谓“剩余损耗”，是指从输入功率中刨除利用相关试验求得的定子铜损、转子铜（铝）损、铁损和风摩损耗后剩余的那部分。

线性回归分析的目的是找出两组变量之间的数学关系，以便用一组变量求出另一组变量。线性回归分析认为，如果这两组变量呈线性关系，即用两组变量的一对值（T^2，P_L）画图，则这些点几乎为一直线。这些点与直线的吻合程度由相关系数 r 表示。

下面介绍该方法详细计算和处理步骤等方面的内容（GB/T 1032—2012 中附录 C）。

（二）求取各负载试验点的“剩余损耗”

1. 需要准备的试验数据

1）由负载试验获得各负载试验点的输入功率 P_{1t}（W）、输出功率 P_{2t}（W）、转差率 s_t。

2）由空载试验获得风摩损耗 P_{fw}（W）。

3）由负载试验获得各负载试验点的定子输入电压 U（V）、电流 I_1（A）、输入功率 P_{1t}（W）和定子绕组直流电阻 R_{1t}（Ω）求出一个电压 U_b（V）后，从空载铁损与空载电压的关系曲线上查取各负载试验点的铁损 P_{Fe}（W）。

4）用式（9-16）求出各试验点的转子铜（铝）损 P_{Cu2t}（W）。

$$P_{Cu2t} = s_t (P_{1t} - P_{Cu1t} - P_{Fe}) \tag{9-16}$$

2. 求取各负载试验点的“剩余损耗”

用式（9-17）求出各试验点的剩余损耗 P_L（W）。

$$P_L = P_{1t} - P_{2t} - (P_{Cu1t} + P_{Cu2t} + P_{Fe} + P_{fw}) \tag{9-17}$$

（三）求取各负载试验点的“杂散损耗”

根据负载试验测得并经过读数修正（认为有必要时）得到的输出转矩值 T（N · m ）和

上式求出的剩余损耗 P_L 进行有关的计算，得出如下几个计算式中所需要的数据，利用前两个计算式计算出 $P_L=AT^2+B$ 中的斜率 A 和截距 B，然后再计算出相关系数 r。各式中 i 为负载试验的点数，例如 $i=6$。

$$A=\frac{i\sum(P_L\ T^2)-\sum P_L\ \sum T^2}{i\sum(T^2)^2-(\sum T^2)^2} \tag{9-18}$$

$$B=\frac{1}{i}(\sum P_L-A\sum T^2) \tag{9-19}$$

$$r=\frac{i\sum(P_L\ T^2)-(\sum P_L)(\sum T^2)}{\sqrt{[i\sum(T^2)^2-(\sum T^2)^2]\cdot[i\sum P_L^2-(\sum P_L)^2]}} \tag{9-20}$$

若上述计算的相关系数 $r\geqslant0.95$，则可用式 $P_s=AT^2$ 计算各负载点的杂散损耗 P_s。

如果 $r<0.95$，则需要剔除最差的一点（偏离直线较多的一点）后再进行回归分析。如果此时 $r\geqslant0.95$，则用第二次回归分析的结果。如果仍 $r<0.95$，说明测试仪器或试验读数或两者均有较大误差，应查明产生误差的原因并进行校正，再重新做试验。

实践证明，产生较大误差的最多因素来自于转矩传感器系统。

（四）计算举例

设某电动机负载试验测点总数 $i=6$。

试验数据（从大到小排列。剩余损耗 P_L 单位为 W；T 为修正后的输出转矩，单位为 N·m）和用于公式计算的相关数据如表 9-3 所示。

表 9-3　剩余损耗线性回归数据汇总

测点序号	P_L	P_L^2	T	T^2	$(T^2)^2$	P_LT^2
1	69.0	4761	26.03	677.56	459089	46752
2	55.6	3091	23.73	563.11	317096	31309
3	38.8	1505	20.30	412.09	169818	15989
4	20.7	428	15.12	228.61	52265	4732
5	9.5	90	10.04	100.80	10160	958
6	4.6	21	4.93	24.30	591	112
$i=6$	$\sum P_L=198.2$	$\sum P_L^2=9896$		$\sum T^2=2006.5$	$\sum(T^2)^2=1009019$	$\sum P_LT^2=99852$

按表 9-3 所列数据，利用式（9-18）~式（9-20）计算可得

$$A=\frac{i\sum(P_L\ T^2)-\sum P_L\sum T^2}{i\sum(T^2)^2-(\sum T^2)^2}$$

$$=\frac{6\times99852-198.2\times2006.5}{6\times1009019-2006.5^2}=\frac{201423.7}{2028071.75}=0.09932$$

$$B=\frac{1}{i}(\sum P_L-A\sum T^2)$$

$$=\frac{1}{6}(198.2-0.09932\times2006.5)=-0.18$$

$$r=\frac{i\sum(P_LT^2)-(\sum P_L)(\sum T^2)}{\sqrt{[i\sum(T^2)^2-(\sum T^2)^2]\cdot[i\sum P_L^2-(\sum P_L)^2]}}$$

$$= \frac{6 \times 99852 - 198.2 \times 2006.5}{\sqrt{[6 \times 1009019 - 2006.5^2] \cdot [6 \times 9896 - 198.2^2]}} = \frac{201423.7}{201865.2} \approx 0.9978$$

即 $A = 0.09932$；$B = -0.18\text{W}$；$r = 0.9978 \geqslant 0.95$。

初步认定试验数据可用。则可用式 $P_s = AT^2 = 0.09932\ T^2$ 计算各负载点的杂散损耗 P_s 为 67.30 W、55.93 W、40.93 W、22.71 W、10.01 W、2.41W。

图 9-4 给出了该示例的坐标图。

五、推荐值法

1. GB/T 1032—2012 中给出的图表和计算式

在 GB/T 1032—2012 中，当使用 E1、F1 和 G1 法测取效率时，额定负载使用所谓的“推荐值”。

额定负载时的“推荐值”以图表和计算式的形式给出，如图 9-5 和表 9-4 所示（表中额定功率 P_N 的单位为 kW）。在 GB/T 1032—2012 中给出的注解是：此曲线不代表平均值，而是大量试验值的上包络线，而且在大多数情况下，曲线给出的负载杂散损耗值比剩余损耗法和取出转子试验及反转试验法测得的值大。

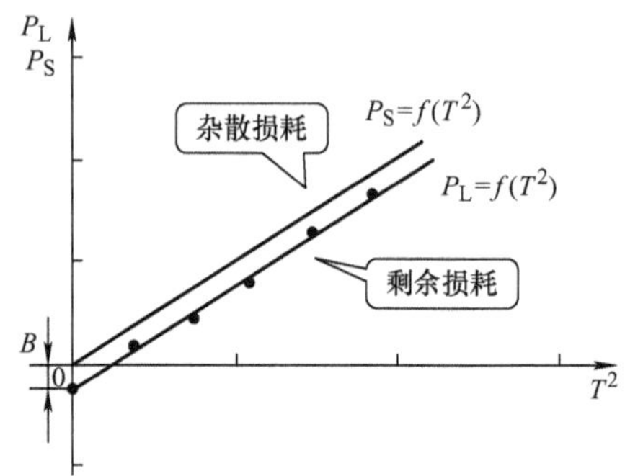

图 9-4　对剩余损耗进行线性回归求取负载杂散损耗的示例图

表 9-4　负载杂散损耗 P_s 的推荐值计算公式

电动机额定功率	负载杂散损耗计算式
$P_N \leqslant 1\text{kW}$	$P_s = 0.025P_1$
$1\text{kW} < P_N < 10000\text{kW}$	$P_s = P_1\ [0.025 - 0.005\lg\ (P_N/1\text{kW})]$
$P_N \geqslant 10000\text{kW}$	$P_s = 0.005P_1$

对于非额定负载点的杂散损耗，在 GB/T 1032—2012 中规定按与$(I_1^2 - I_0^2)/(I_N^2 - I_0^2)$成比例确定，其中 I_0 为 $U_0 = U_N$ 时空载电流。

2. 对图表和计算式中输入功率 P_1 的理解和建议

GB/T 1032—2012 中规定使用负载杂散损耗推荐值的计算式中的输入功率 P_1 应该是“额定负载点”的测量值。在实际试验时，用不实测输出功率的 E 法等进行负载试验时，因只能依据输入电流与所谓的额定电流（铭牌电流，下同）相比来“确定负载的大小”，此时的额定电流是依据技术条件要求的效率和功率因数给出的计算值，往往不完全等于实际输出额定功率时的数值。这样也就无法确定真正额定负载点的输入功率了。对于这一现实问题，该如何解决？作者建议如下：

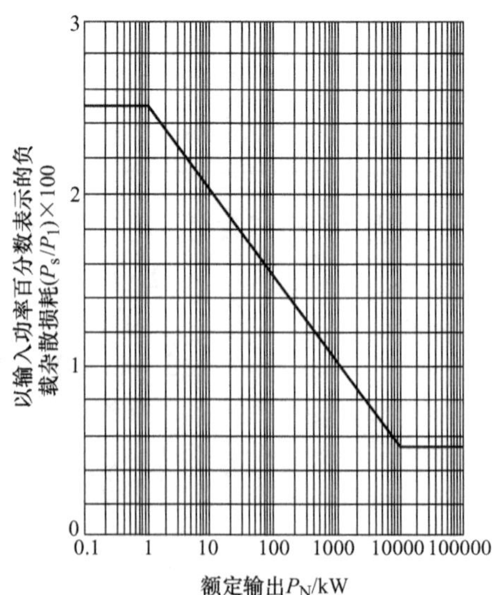

图 9-5　感应电动机负载杂散损耗 P_s 的推荐值

不计较达到额定电流时的测试点是否为准确的“额定负载点”，同时也忽略实测电流与额定电流的较小偏差，直接用负载试验中等于或近似等于额定电流试验点的实测输入功率代替“额定负载点”进行杂散损耗计算。

非额定负载点按 GB/T 1032—2012 中规定进行计算，即按与$(I_1^2-I_0^2)/(I_N^2-I_0^2)$成比例确定。

第二节　静止电力变流器供电直流电动机负载杂散损耗的测定

一、电动机纹波损耗的测定

当电枢电流的纹波因数大于 0.1 时，除考虑试验电源用直流电源时的杂散耗损外，还应考虑由电枢电流的交流成分所引起的附加损耗，即所谓纹波损耗，纹波损耗测定的接线如图 9-6 所示。

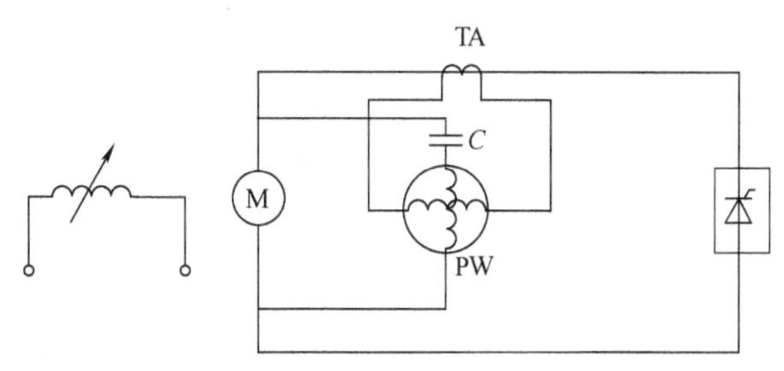

图 9-6　纹波损耗测定的接线

TA—电流互感器　C—电容器　PW—低功率因数功率表

在电枢回路里最好串入空心电流互感器。如用带有铁心的互感器，互感器应有足够的容量，以避免直流电流通过互感器一次绕组而引起的磁饱和。互感器二次绕组串联于低功率因数功率表电流线圈中；同时将用以隔离电压直流分量的电容器同低功率因数功率表的电压线圈串联后，跨接在电枢的两端。电容器应有适当容量，以使电容器两端的交流压降不大于被测电压交流分量的 2%。由低功率因数功率表读取的交流输入功率，即为电动机的纹波损耗。

为得到比较准确的试验结果，所用仪表和元器件的工作频率均应在 300Hz 以上。

二、效率的计算

整流电源供电的直流电动机效率按下式计算：

$$\eta_{=}=\eta_{M}\frac{P_1}{P_1+\sum P_{=}} \tag{9-21}$$

式中　P_1——试验电源用直流电源时电动机的输入功率，(W)；

$\sum P_{=}$——测得的交流分量产生的纹波损耗（W）；

η_M——试验电源用直流电源时确定的电机效率。

第十章　电机的性能试验

不同类型的电机有不同性能的要求，其不同性能项目有着不同的测试方法，各种测试方法国家都制订了相应的国家或行业标准。

试验方法标准中规定了电机的型式试验和检查试验项目及其相应的测试方法。

1. 型式试验

一种电机全面的性能试验，其目的是为了确定电机电气和力学性能是否全面达到技术要求，各种型式的电机均需通过本试验才能投产或继续生产。

2. 检查试验

又称常规试验。这种试验是为了确定电机是否处于电气和机械上的正常工作状态。检查试验的内容较型式试验大为简化，它是电机最基本和最常用的试验，只有检查试验合格的电机才允许出厂。

电机性能的测试除测试方法外，尚需具备测试设备条件，测试设备包括电源、仪器仪表和负载三大部分，将在以下分别叙述。

第一节　电机试验常用交流电源

一、三相感应调压器

在电机试验电源设备中，三相感应调压器是常用的主要设备（图 10-1 给出了部分产品）。在试验中，被试电机的三相电源一般直接来自它的输出端，所以它的性能好坏将直接影响被试电机测试数据的准确性和精度。

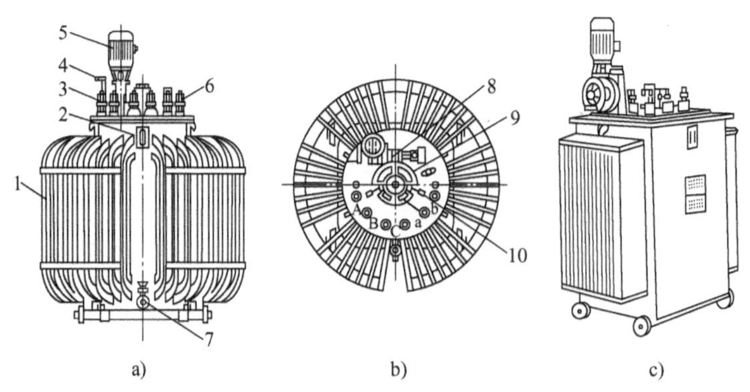

图 10-1　三相感应调压器的外形图和顶面机构布置图示例

a）外形图　b）顶面机构布置俯视图　c）节能型外形图

1—散热油管　2—油位（油温）　3—输入端子　4—手摇调压机构　5—调压伺服电动机　6—输出端子　7—放油阀　8—调压蜗杆（下面是高、低压端限位开关）　9—调压扇形齿轮　10—调压扇形齿轮与转子轴联结柱销

1. 常用三相感应调压器的工作原理

三相感应调压器主要由定子（嵌有三相对称绕组）、转子（嵌有与定子同极数的三相对称绕组）、控制转子转动的调压机构、冷却系统及机壳五部分组成。从定、转子结构上来看，与绕线转子异步电动机基本相同，不同之处在于其转子不能随意转动，而是受由安装于转子轴上的扇形齿轮和一台由伺服电动机控制的蜗杆组成的调压装置控制，可正转也可反转，不做调整时即处于制动状态。定、转子之间既有磁的联系，又由于定、转子三相绕组由三条导线连接起来，所以又有了电的联系；另外，三相感应调压器的输入端是在转子的三相绕组与定子三相绕组的连接点上，定子三相绕组的另一端输出可调的电压。

三相感应调压器的电气原理图如图 10-2 所示。图中 A、B、C 接电网三相电源，a、b、c 作为三相输出端。转子三相接成Y联结，定、转子三相绕组对应连接。

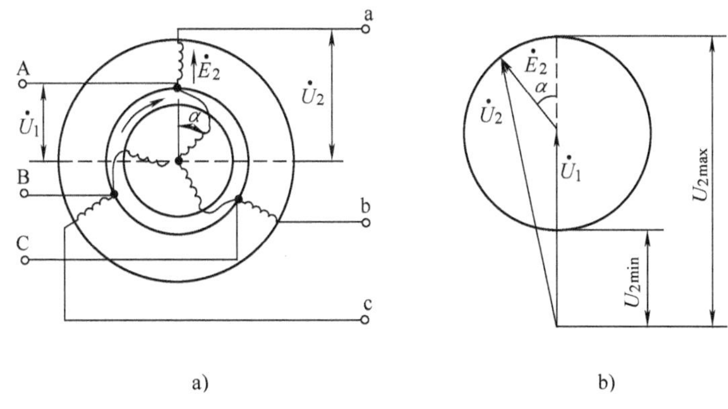

图 10-2　三相感应调压器工作原理

a）接线原理图　b）向量图

当转子三相绕组通入一定频率的三相交流电后，就会在定、转子气隙之间产生转速与电源频率和转子极数有固定关系的旋转磁场。在这个磁场的作用下，定子绕组将产生感应电动势$\dot{E}_2$，这个电动势和转子绕组所加电压$\dot{U}_1$进行相量相加后得到输出电压$\dot{U}_2$。$\dot{U}_2$的大小除与$\dot{E}_2$和$\dot{U}_1$的幅值有关外，还与$\dot{E}_2$和$\dot{U}_1$之间的相位差有关，这个相位差由定、转子绕组的空间相对位置 α 角决定。$\dot{U}_2$、$\dot{E}_2$、$\dot{U}_1$和 α 四者之间的关系是

$$U_2 = U_1 + E_2\cos\alpha \tag{10-1}$$

从式（10-1）可以看出，当 $\alpha=0°$时，$U_2 = U_1 + E_2$，为最大值；当 $\alpha=90°$时，$U_2 = U_1$；而当 $\alpha=180°$时，$U_2 = U_1 - E_2$，为最小值。转子的转动角度被控制在 0 ~180°之间。这就是三相感应调压器的调压原理。

2. 三相感应调压器的选择

选择电机试验用三相感应调压器时，主要考虑以下三方面的因素：

1）试验电机的最大容量（或额定电流），与三相调压器的额定容量和最大负载电流的关系如表 10-1 所示；

2）被试电机的额定电压 U_N，调压器最高电压应≥1. 5U_N，最低电压应≤0. 1U_N；

3）电压波形的谐波因数及三相电压对称性应符合电机试验的要求。

表 10-1　三相感应调压器的试验能力［调压比为 380/(0～650)］

三相感应调压器		试验电机最大容量（三相异步电动机)/kW	
额定容量/kVA	最大负载电流/A	温升及负载试验	满压堵转试验
100	90	40	13
160	142	63	17
200	178	90	25
250	222	110	30
400	355	160	50
630	560	250	75
1000	890	400	125

3. 中、小容量电机试验用三相感应调压器技术数据

中、小容量电机试验用三相感应调压器的容量在 20～1000kVA 之间。其容量档次有 20kVA、22kVA、25kVA、30kVA、35kVA、40kVA、50kVA、63kVA、75kVA、90kVA、100kVA、125kVA、160kVA、200kVA、250kVA、315kVA、400kVA、500kVA、630kVA、1000kVA 等 20 余个。

国产三相感应调压器的型号含义如下：

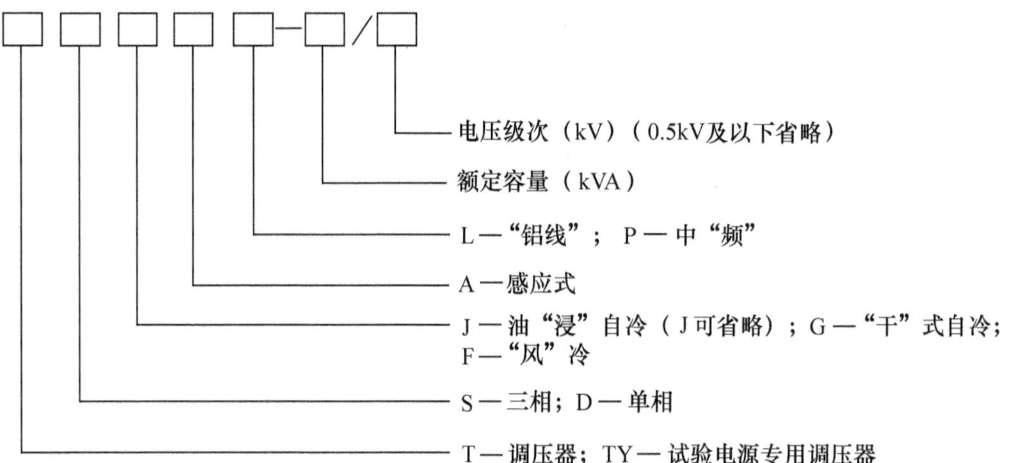

例如，TSA-40：三相油浸自冷式感应调压器，额定容量为 40kVA，电压级次为 0.5kV 及以下。

TSFA-300：三相风冷式感应调压器，额定容量为 300kVA，电压级次为 0.5kV 及以下。

国内低压电机试验所使用的三相感应调压器输入电压为 380V、频率为 50Hz，输出电压有 0～420V、0～500V 和 0～650V 等几种，常用的为 0～650V。输入电压为 380V、频率为 50Hz 常用三相感应调压器的技术数据如表 10-2 所示。

表 10-2　三相感应调压器（输入电压为 380V、频率为 50Hz）技术数据

型　号	额定容量 /kVA	输出电压 范围/V	额定输出 电流/A	总损耗 (75℃时) /W	空载电流 /A	外形尺寸 (直径×高) /cm	重量 /kg
TSA—20	20	0～500	23.1	1400	5.2	ϕ88×130	405
		0～650	17.8	1180	4.5		
TSA—22	22	0～420	30.2	1600	5.7		

（续）

型　号	额定容量/kVA	输出电压范围/V	额定输出电流/A	总损耗（75℃时）/W	空载电流/A	外形尺寸（直径×高）/cm	重量/kg
TSA—25	25	0～220	65.6	2240	9.5	ϕ88×130	450
		0～500	28.9	1500	6		405
		0～650	22.2	1400	5.6		
TSA—30	30	0～420	41.2	2250	8		
		0～500	34.6	1900	7.1		
		0～650	26.6	1900	7.3		
TSA—35	35	0～420	48.1	2250	8.8		450
TSA—40	40	0～220	105	3150	14	ϕ113×147	720
		0～500	46.2	2120	9	ϕ88×130	450
		200～500	46.2	1600	5.6		405
		0～650	35.5	2000	8.5		450
TSA—50	50	0～420	68.7	3200	13.1	ϕ98×147	720
		0～500	57.5	2900	11.8		
		0～650	44.4	2360	10.3	ϕ88×130	450
TSA—56	56	0～420	77	3200	14	ϕ113×147	720
TSA—63	63	0～220	165	4500	21.2		810
		0～500	72.7	3000	13.2		720
		200～500	72.7	2240	8.5	ϕ88×130	450
		0～650	56	2800	12.5	ϕ113×147	720
TSA—75	75	0～500	86.6	3900	16.7		
		0～650	66.6	3900	16.3		
TSA—90	90	0～420	124	4500	21.7		810
TSA—100	100	0～220	262	6300	31.5	ϕ120×166	1250
		0～500	115	4250	20	ϕ113×147	810
		200～500	116	3150	12.5		720
		0～650	88.8	4000	19		810
TSA—125	125	0～650	111	4750	23	ϕ120×166	1200
TSA—160	160	0～420	220	6300	31.5		1300
		0～500	185	6000	30		
		200～500	185	4500	19	ϕ113×147	810
		0～650	142	5600	28	ϕ120×166	1300

型　号	额定容量/kVA	额定输入电流/A	输出电压范围/V	额定输出电流/A	总损耗（75℃时）/W	空载电流/A	外形尺寸（直径×高）/cm	重量/kg
TSA—200	200		0～420	275	8500	44.3	ϕ127×171	1600
			0～650	178	6700	34.5	ϕ135×166	1300
TSA—250	250		0～500	289	8500	45	ϕ142×171	1800
			0～650	222	8500	42.5		
TSA—315	315		0～650	280	10000	51.5	ϕ138×228	2850
TSA—400	400		0～420	550	12500	71	ϕ153×228	3200
TSA—500	500		0～650	444	14000	77.5		3300
TSA—630	630		190～570	638	12500	63		3150
TSFAL—560	560		0～650	497	18000	105	ϕ120×213	3300
TSFAL—800	800			711	21200	128		
TSFAL—1000	1000			888	25000	160		3600
TSFA—400	400			355	14000	85	ϕ115×206	2100
TSFA—250	250		0～220	656	13000	71.7		
TSFA—350	350		0～380	532	11800	99.8		

（续）

型　号	额定容量/kVA	额定输入电流/A	输出电压范围/V	额定输出电流/A	总损耗(75℃时)/W	空载电流/A	外形尺寸(直径×高)/cm	重量/kg
TSGA—10	10		0～650	8.9	630	3.4	57×45×99（长×宽×高）	270
TSGA—12.5	12.5			11.1	750	4.1		
TSGA—16	16			14.2	900	5		300
TYSA—63	63		0～650	56	2800	12.5	ϕ113×148	720
TYSA—100	100			88.8	4000	19		810
TYSA—160	160	298		142	5600	28	ϕ120×167	1300
TYSA—250	250	460		222	8500	42.5	ϕ154×172	1800
TYSA—400	400	1028		355	11800	63	ϕ138×229	3000
TYSA—630	630	1162		560	17000	95	ϕ205×273	6000
TYSA—1000	1000	1815		888	23600	140	ϕ215×273	6800

注：TYSA 型为低电压畸变率（2.5%以下）试验电源专用三相感应调压器。

二、自耦调压器

自耦调压器一般用于小容量用电场合，主要用于 5kW 以下交流电机的可调压电源和 20kW 以下可调压整流电源的交流可调电源。它有单相和三相之分，但三相仍是三个单相的组合。自耦调压器一般采用滑块（电刷）在绕组上滑动来改变二次绕组匝数，从而调节输出电压的方法，故称为接触式。

图 10-3 给出了两种产品示例。

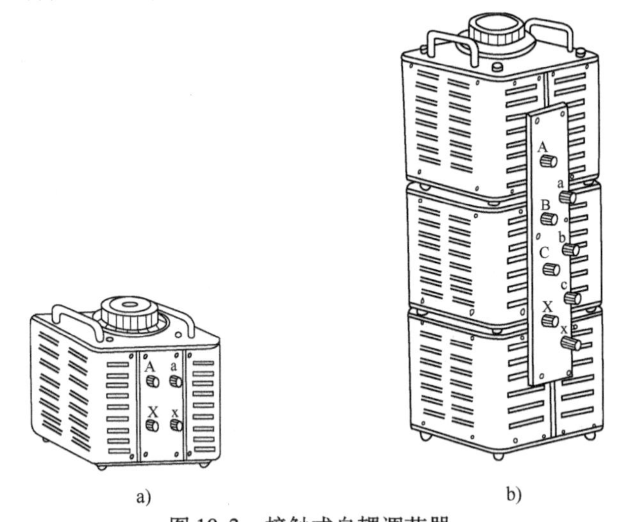

图 10-3　接触式自耦调节器
a）单相接触式自耦调节器　b）三相接触式自耦调节器

接触式自耦调压器型号的含义如下：

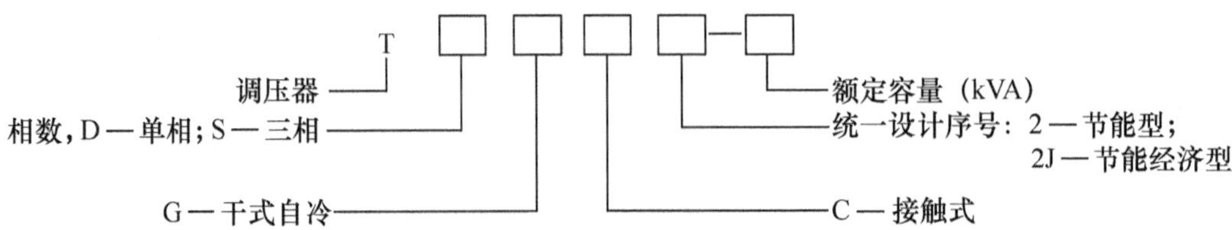

例如，TDGC2J-0.5：单相干式自冷接触式调压器，额定容量为 0.5kVA，节能经济型。

我国使用的单相接触式自耦调压器输入电压一般为220V，有一些产品也设有110V；三相接触式自耦调压器一般为380V。额定频率为50Hz，但也可以用于60Hz电源，只是有些参数会有所变化。常用接触式自耦调压器技术数据如表10-3和表10-4所示。

表10-3 常用接触式自耦调压器（单相，50Hz）技术数据

型号	额定容量/kVA	额定输入电压/V	输出电压范围/V	额定输出电流/A	总损耗(75℃时)/W	空载电流/A	外形尺寸(长×宽×高)/cm	重量/kg
TDGC2-0.2	0.2			0.8	10	0.1	13×11.5×12.5	2.4
TDGC2-0.5	0.5			2	23	0.2	15×13.2×13.6	3.3
TDGC2-1	1			4	35	0.25	21×19.5×16	6.1
TDGC2-2	2			8	57	0.3	21×19.5×19	8.5
TDGC2-3	3			12	73	0.4	23.5×21×20	11
TDGC2-4	4			16	85	0.5	27.2×24.5×25	12.5
TDGC2-5	5			20	97.5	0.6	27.2×24.5×25	15.5
TDGC2-7	7			28	121	0.7	35×32×26	26.5
TDGC2-15	15			60	283	1.5	39.5×32×50.5	53
TDGC2J-0.2	0.2	220	0~250	0.8	14	0.18	13×11.5×12.5	2.4
TDGC2J-0.5	0.5			2	33	0.36	15×13.2×13.6	3.3
TDGC2J-1	1			4	46	0.55	21×19.5×16	6.1
TDGC2J-2	2			8	67	0.65	21×19.5×19	8.5
TDGC2J-3	3			12	108	0.85	37.5×25.1×22	16.5
TDGC2J-4	4			16	133	0.90	39×35.5×23.2	27
TDGC2J-5	5			20	170	1.0	39×35.5×25.7	30
TDGC2J-10	10			40	345	2.0	43×35.5×41	70
TDGC2J-15	15			60	520	3.0	43×35.5×65	90
TDGC2J-20	20			80	695	4.0	43×35.5×85	128

表10-4 常用接触式自耦调压器（三相，50Hz）技术数据

型号	额定容量/kVA	额定输入电压/V	输出电压范围/V	额定输出电流/A	总损耗(75℃时)/W	空载电流/A	外形尺寸(长×宽×高)/cm	重量/kg
TSGC2-3	3	380	0~430	4	105	0.25	21×19.5×45	19
TSGC2J-3					138	0.55		
TSGC2-6	6			8	171	0.3	21×19.5×55.7	25.5
TSGC2J-6					201	0.65		
TSGC2-9	9			12	219	0.4	23.5×21×56.7	35.5
TSGC2J-9					324	0.85		
TSGC2-12	12			16	255	0.5	27.2×24.5×68	45
TSGC2J-12					399	0.9	39×35.5×65	85
TSGC2-15	15			20	292.5	0.6	27.2×24.5×68	50
TSGC2J-15					510	1.0	39×35.5×65	85
TSGC2-20	20			27	338	0.7	35×32×73	77.4
TSGC2J-20					720	1.3	39×35.5×65	100

三、交流单频率发电机组

交流单频率发电机组分工频（50Hz、60Hz）和中频（400Hz、500Hz、1000Hz）两种。

工频机组常用于电网三相电压经常波动、严重不平衡或波形正弦性畸变率较大的场合，同时也可作为可调压电源使用。它可由一台由电网供电的电动机（异步电动机或同步电动机，同步电动机较好；异步电动机则应选用转差率在1%以下者）拖动一台同极数的同步发电机组成。发电机为他励或自励。

60Hz机组主要用作60Hz电机试验的电源。性能较好的是用一台由50Hz电网供电的10极同步电动机同轴拖动一台12极同步发电机组成的发电机组，发电机他励。这种机组输出电压频率比较稳定。用晶闸管整流电源供电的直流电动机拖动同步发电机组成的60Hz交流电源机组，可以通过自动控制系统将调定的发电频率稳定在一定范围内。但其动态特性（即突加、突减大负载时，电压和频率的变化情况）不如前一种好，另外整流和自动控制系统的故障率也比前者高。还有一种最简单的，是由一台电网供电的10极异步电动机同轴拖动一台12极同步发电机组成，发电机他励时，输出电压可以大幅度调整；自励恒压的，输出电压动态性能较好。这种机组输出交流电的频率略低于60Hz，这主要决定于异步电动机的转差率，所以应尽可能选用转差率较小的（1%以下）异步电动机。额定输出时，转差率相同的异步电动机加相同负载时，容量较大的电动机转差率较小，所以为了减小输出电压频率的偏差，可适当选用容量较大的异步电动机。采用这种方案，频率比较稳定，并且投资费用较少。

中频发电机组是中频电动机的专用电源，在低压大容量电机绕组进行匝间耐压试验时也有应用。

中频电源分400Hz、500Hz、1000Hz三个档次。电动机也有同步电动机、直流电动机和异步电动机三种，第一种最好。

部分国产10极和12极三相同步发电机有关数据如表10-5所示，TSWN的含义：卧式同步发电机，双绕电抗器自励恒压或手动小范围调压。输出额定电压为400V、50Hz。作为电动机用的10极电机可输入电压为380V、50Hz电源。作为发电机用的12极电机则可输出60Hz交流电，其输出电压可在380～480V之间手动调整，也可经过改造后将低压降到200V以下。

表10-5　国产部分10极和12极三相同步发电机技术数据（$\cos\varphi$＝0.8滞后，50Hz、400V）

型　号	极数	额定功率/kW	额定电流/A	满载效率（%）	励磁电压/V	励磁电流/A	安装尺寸/mm					
							H	*A*	*B*	*C*	*D*	*E*
TSWN74/29-10	10	125	225	90.9	26.8	147	510	790	660	190	100	210
TSWN74/36-10	10	160	288	91.6	31.3	141.5						
TSWN85/31-10	10	200	361	92.2	29.7	180	560	940	770	180	110	210
TSWN85/39-10	10	250	451	93.0	34.4	173.5						
TSWN99/37-10①	10	320	577	92.9	39.7	183	630	1100	720	221	120	210
TSWN99/46-10②	10	400	722	93.3	43.3	177.5						
TSWN85/31-12	12	160	288	91.3	29	163.2	560	940	770	180	110	210
TSWN85/39-12	12	200	361	91.9	34	162						
TSWN99/29-12	12	250	451	92.3	39.1	154.5	630	1100	720	221	120	210
TSWN99/37-12	12	320	577	93.2	44.1	152						

① TSWN99/37—10另有一种额定电压为6300V、电流为36.8A的高压发电机。

② TSWN99/46—10另有一种额定电压为6300V、电流为45.9V的高压发电机。

四、交流变频发电机组

交流变频发电机组（简称变频机组）可用作不同频率电动机的试验电源，但其主要用途是在用对拖法做温升和负载试验时作陪试电机（负载电机）的变频电源。它输出的交流电的频率可在被试电机额定频率的50%～120%的范围内调整，电压可在陪试电机额定电压的20%～130%范围内调整。专作陪试机调频电源时，其输出电压的正弦性畸变率可放宽一些要求。

1. “四机组”变频电源机组

用于中、小容量电机试验的变频机组可由四台电机组成，用一台由电网供电的交流同步（或异步）电动机同轴拖动一台直流发电机，再用一台直流电动机拖动一台交流他励同步发电机组成两套机组。两台直流电机均为他励，如图10-4所示。这种机组简称“四机组”，其容量组合及负载能力如表10-6所示。

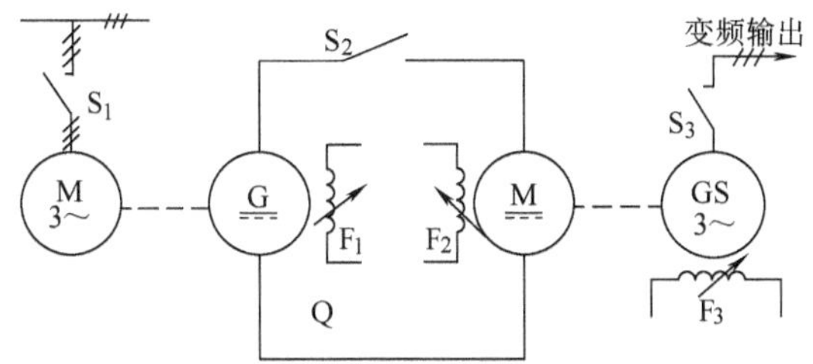

图10-4　四台电机组成的变频机组

表10-6　四机组变频电机的容量组合及负载能力

机组中的电机类别	电机容量/kW				备　注
	Ⅰ	Ⅱ	Ⅲ	Ⅳ	
T1 同步（或异步）电机	40	120	220	320	220kW 及以上可用高压电动机
Z1、Z2 直流电机	35	115	190	300	
T2 同步发电机	35	120	200	320	
被试电机最大容量	35	120	200	320	直接负载法

各试验室也可以自行配套组建，不必拘泥于表中的组合及容量档次。为了尽可能减小机组噪声，电机的额定转速可以选用低些的，但过低又会造成电机体积大、容量小、投资高的缺点，所以一般都采用转速为1000r/min或1500r/min的电机。

两台直流电机在工作时都有作为发电机和电动机的两种工作状态，所以选用发电机和电动机都可以，但励磁要为他励，电压要相近。

2. “两机组”变频电源机组

用一台由电网电源供电的无级调速异步电动机拖动一台他励同步发电机组成的变频电源机组，简称“两机组”变频机组。

无级调速电动机可采用调速范围在80%～100%同步发电机转速以内的调速电动机。

“两机组”变频机组设备投资少，使用也很方便，但它一般只能发出小于被试电机额定频率的电压，所以只能作温升和负载试验时陪试电机的电源。

五、变频器——交流变频电源

1. 变频器的工作原理

变频器是由电子元器件组成的，能将一个频率固定的交流电转变成一个频率可调的交流电的变频电源设备。

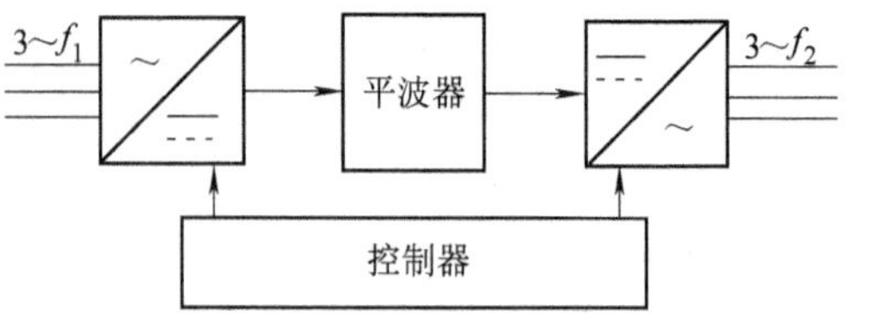

图 10-5　变频器主要结构

简单地讲，变频器由整流器、平波器和逆变器及控制器四大部分组成，如图 10-5所示。

整流器将电网提供的交流电整流成一个有一定脉动成分的直流电，通过平波器得到一个比较平直的直流电。逆变器在控制器的控制下，将直流电转变成交流电，这个交流电的频率由控制器设定，改变设定值可得到不同的频率。这一过程被简单地称为“交—直—交”。

2. 变频器的分类

变频器从主回路方式来分，有电压型和电流型两种。电压型是将电压源的直流电变换成交流电的变频器；电流型则是指将电流源的直流电变换成交流电的变频器。

电压型变频器由用晶闸管或二极管构成的整流器、平波电容（用作电压源）以及逆变器组成；电流型整流器部分采用晶闸管，平波器采用电抗器起电流源的作用。

控制系统也分电压型和电流型两种，它们是由采用的控制信号是电压还是电流而确定的。通用型变频器一般采用电压控制型；对于需要快速响应的场合，则必须控制输出电流，此时可采用电流控制型。

3. 变频器的电压电流波形

无论是输入变频器的交流电压、电流，还是其输出的电压、电流，它们的波形都不是严格的正弦波，特别是输出电压波形根本谈不上“正弦”两个字。图 10-6 为一种常用变频器输入和输出侧电压及电流波形。

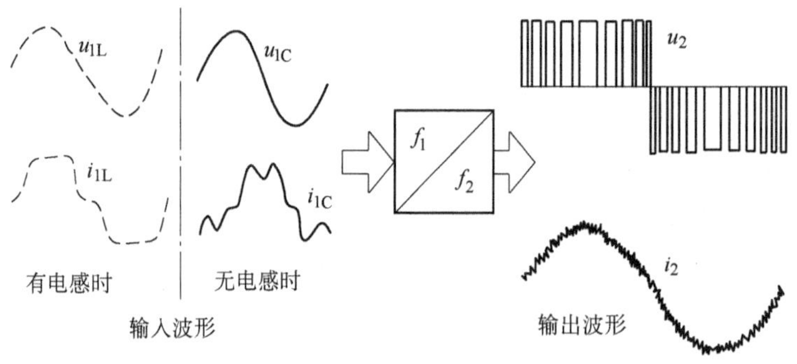

图 10-6　变频器输入输出电压、电流波形

4. 测量变频器输入输出电量参数应使用的仪表类型

由于变频器输入输出电压、电流波形都不是严格的正弦波，所以在进行这些电量的测量时，应注意选用不同形式的仪表，以便较准确地测出它们的真实值。

1）测输入电源电压 U_1 时，用电磁式或整流式仪表；

2）测输入电源电流 I_1 时，用电磁式仪表；

3）测输入电源功率 P_1 时，用电动式功率表，测三相功率时可用两表法；

4）求输入电源功率因数 $\cos\varphi_1$，可用上述测量得到的输入电压、电流及功率通过公式计算求得；

5）测输出端电压 U_2 时，用整流系仪表；

6）测输出端负载电流 I_2 时，用电磁系仪表；

7）测输出功率 P_2 时，用电动系功率表，测三相功率时可用两表法；

8）求输出功率因数 $\cos\varphi_2$，可用测得的输出电压、电流及功率通过公式计算求得。

对于6阶梯波变频器，采用普通的电动系仪表即能满足这些要求；对于PWM变频器，必须使用宽频段的设备，优先使用带A/D转换器和数字式数据微处理器的电子仪表。

5. 变频器型号及有关数据

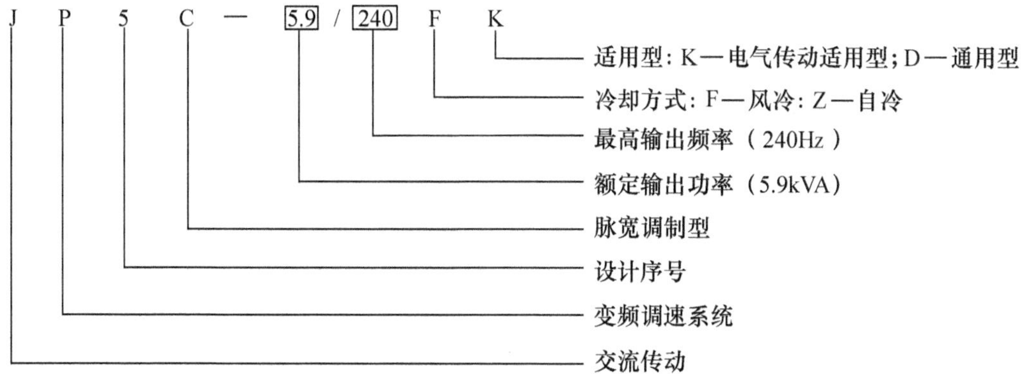

常用小功率变频器的有关使用参数如表10-7所示。表10-7中所列变频器的输入电源线电压为380V、频率为50Hz。当输出交流电频率为50Hz时，最大输出电压为280V。

表10-7　常用小功率变频器的有关使用参数

型　号	输出容量/kVA	适用电机功率/kW	额定输出电流/A	外形尺寸（参考值）长×宽×高/mm	重量（参考值）/kg
JP5C-5.9/240ZK	5.9	3.7	9	250×400×190	11
JP5C-11/240FK	11.2	7.5	17	280×530×195	21
JP5C-20/240FK	20.4	15	31	340×595×195	25
JP5C-28/240FK	28	22	43	340×595×195	29
JP5C-47/240FK	47	37	71	480×745×250	47
JP5C-72/240FK	72	55	110	480×885×250	71
JP5C-2.5/60ZD	2.5	1.5	7.2	162×252×130	2.8
JP5C-3.5/60ZD	3.5	2.2	10	177×252×145	3.5
JP5C-5.5/60ZD	5.5	3.7	8.5	226×430×200	12
JP5C-8/60ZD	8	5.5	13	226×430×200	12
JP5C-11/60ZD	11.2	7.5	17	226×430×200	12
JP5C-14/60FD	14.2	11	23	340×450×240	24
JP5C-22/60FD	22	15	34	340×450×240	24
JP5C-30/120FD	30	22	46	375×535×260	30
JP5C-50/120FD	50	37	76	380×635×310	45
JP5C-75/120FD	75	55	114	525×800×350	70
JP5C-100/120FD	100	75	152	525×800×350	70
JP5C-150/120FD	150	110	228	650×1000×350	100

六、对三相交流电源的质量要求

（一）对谐波电压因数的要求

对用于交流电动机试验（包括单相和三相异步电动机和同步电动机）的正弦交流电源的谐波电压因数（*HVF*值），在发热试验时应≤0.015；其他试验时，对 N 设计（N 设计的定义见国家标准 GB/T 21210—2007）的电机应≤0.03，对非 N 设计的电机应≤0.02。*HVE* 值用下式计算求得（实测时一般是用专用仪表直接获得）。

$$HVE=\frac{1}{U_1}\sqrt{\sum\frac{U_n^2}{n}} \tag{10-2}$$

式中　U_1——额定电压有效值（V）；

U_n——谐波电压有效值（V）；

n——谐波次数，对三组电源不包括 3 和 3 的倍数，通常取 $n\leqslant13$ 就已足够，所以实际计算时取 $n=2$、4、5、7、8、10、11、13。

例　用仪器对某三相电源的输出电压的波形情况进行测量，得到其中一相的基波和第 2、4、5、7、8、10、11、13 次谐波有效值为（单位为 V）：

基波（1 次）：380；2 次：0.04；4 次：0.02；5 次：2.88；7 次：0.98；8 次：0.01；10 次：0.04；11 次：5.6；13 次：10.5。

$$\begin{aligned}HVF&=\frac{1}{U_1}\sqrt{\sum\frac{U_n^2}{n}}\\&=\frac{1}{380}\sqrt{\frac{0.04^2}{2}+\frac{0.02^2}{4}+\frac{2.88^2}{5}+\frac{0.98^2}{7}+\frac{0.01^2}{8}+\frac{0.04^2}{10}+\frac{5.6^2}{11}+\frac{10.5^2}{13}}\\&=0.0095\end{aligned}$$

（二）对频率的要求

1. 对频率偏差的要求

试验电源的频率与被试电机额定频率之差应不超过被试电机额定频率的 ±0.3%。

2. 对频率稳定性的要求

试验期间不允许频率发生快速变化，因为频率快速变化不仅会影响被试电机的工作状态，而且还会影响到测量装置的准确度。测量期间频率的变化量应不超过平均值的 ±0.1%。

（三）对三相电源对称性的要求

三相交流电源的三相不对称表现在两个方面：一个是相角的不对称；另一个是三相电压幅值的不对称。

1. 相角的不对称问题

相角的不对称即相邻两相电压之间的相位角 $\neq120^\circ$。对于电网供电的三相交流电，此项指标一般不会出现不允许的差异，所以可不考虑。但当使用自备电源时，应给定一个适当的限度。

2. 三相电压幅值的不对称问题

由于三相电源设备不符合要求或三相负载的不对称，很可能造成三相电压幅值的不对称，这一点在试验用三相电源与生产和生活用单相电源混用的单位尤其明显。

三相电源电压的不对称量用“不对称量分析法”得出的正序分量、负序分量和零序分量之比的百分数来表述。

在国家标准中规定：在三相交流电动机进行发热试验时，电源电压的负序分量不应超过正序分量的0.5%；零序分量应予消除（在三相三线制供电系统中不会出现零序分量）。

三相电源电压的正序、负序和零序分量值可通过数学分析得到，也可用专用仪器直接测出。对于三相三线制供电系统，可用制图法求得正序和负序分量。

（1）作图和求取步骤（见图10-7）

1）测取三相线电压值。用这三个数值为三条边长作△ABC。

2）在$\overline{AC}$上取中点M，连接$\overline{BM}$，取$\overline{GM}=\frac{1}{3}\overline{BM}$。

3）以$\overline{GB}$为原边，向左作$\angle NGB=120°$，向右作$\angle PGB=120°$，取$\overline{GP}=\overline{GB}=\overline{GN}$，连接$\overline{CP}$、$\overline{CN}$。则正序分量为$\overline{CP}$，负序分量为$\overline{CN}$。

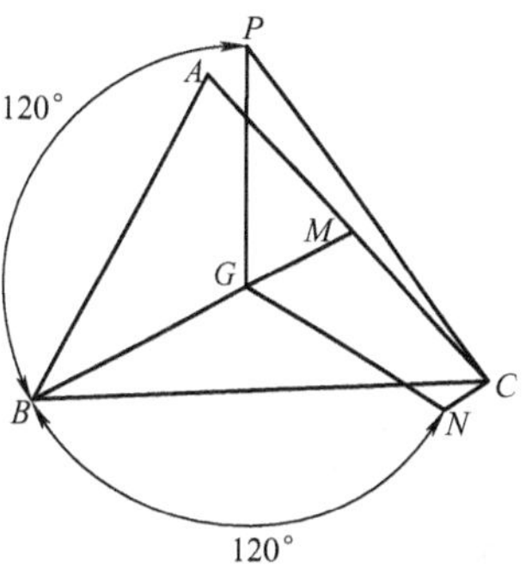

图10-7　作图法求取三相三线制供电系统不对称三相电压的正序分量和负序分量

由于负序分量一般占正序分量的1%左右，所以相比之下$\overline{CN}$很短。因此，作图精度非常重要，为此，一是尺寸要准确；二是在可能的情况下，尽量将图作大一些。

（2）用解析法

通过公式计算对称分量：

正弦分量 $U_{\mathrm{p}}=\frac{1}{3}(\underline{U}_1+\underline{a}\underline{U}_2+\underline{a}^2\underline{U}_3)$

负序分量 $\underline{U}_{\mathrm{n}}=\frac{1}{3}(\underline{U}_1+\underline{a}^2\underline{U}_2+\underline{a}\underline{U}_3)$

式中　$\underline{a}=\mathrm{e}^{\mathrm{j}\frac{2}{3}\pi}$，$1+\underline{a}+\underline{a}^2=0$。

当三个电压相量的模和相角已知，可通过以上的复数公式直接计算得出对称分量。

如果已知电压的方均根值，可通过下式计算得出对称分量，式中电压值为实数：

$$U_{\mathrm{n}}=\frac{1}{\sqrt{3}}\sqrt{U_1^2+U_2^2-2U_1U_2\cos\left(\varphi_1-\frac{\pi}{3}\right)}$$

$$U_{\mathrm{p}}=\sqrt{U_{\mathrm{n}}^2+U_1^2-2U_{\mathrm{n}}U_1\cos|\varphi_{\mathrm{n}}|}$$

式中

$$|\varphi_{\mathrm{n}}|=\left|\arcsin\left[\frac{\frac{\sqrt{3}}{2}|U_1|-|U_2\sin\varphi_1|}{|\sqrt{3}U_{\mathrm{n}}|}\right]-\frac{\pi}{2}\right|$$

$$\varphi_1=\arccos\left[\frac{U_1^2+U_2^2-U_3^2}{2U_1U_2}\right]$$

（四）对电压和频率均有偏差时的偏差限值

当电压和频率均出现偏差时，电压和频率的偏差允许值应在技术条件或协议中规定。

第二节 电机试验常用直流电源

电机试验中常用的直流电源主要有直流发电机组电源和整流电源两大类。直流发电机组电源被简称为机组直流电源。

直流发电机组的直流电纹波因数都比较小；整流电源，特别是晶闸管调压的整流电源的纹波因数则较大，采用整流输出端加平波电路的办法可对其进行改善。

一、直流发电机组电源

试验用直流发电机组可用一台由交流电网供电的异步电动机或同步电动机拖动一台他励直流发电机组成，称为“单机组”；也可用一台双轴伸交流电动机同时拖动两台直流发电机组成，称为“双机组”。

机组直流电源外形如图 10-8 所示。直流发电机一般为他励，额定转速为 1500r/min。图 10-9a、b是这两种机组的电路接线原理图。

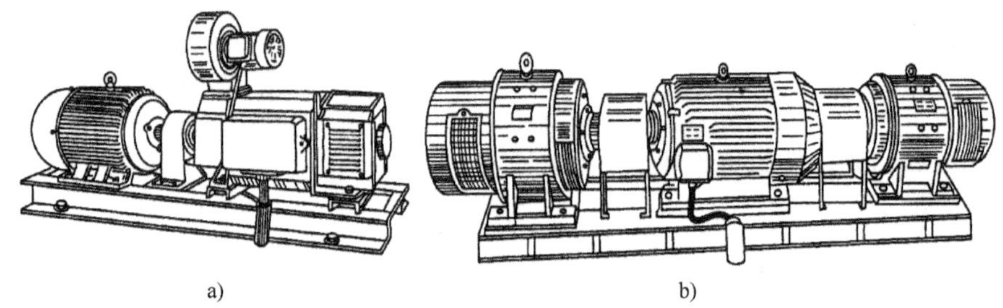

图 10-8 机组直流电源
a）单机组 b）双机组

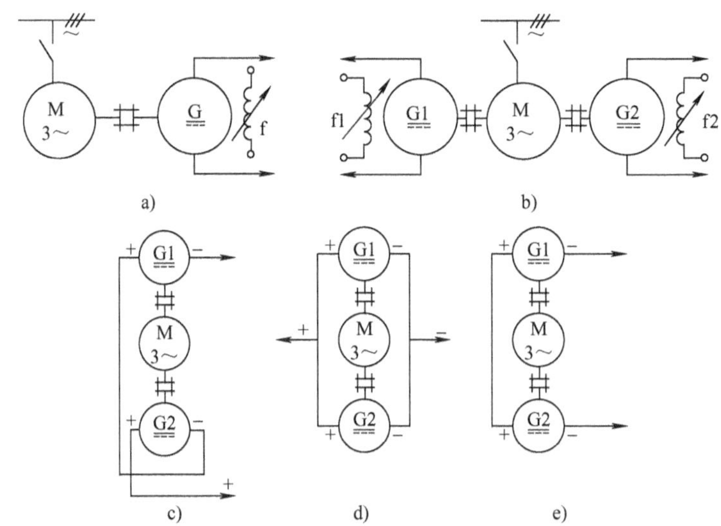

图 10-9 机组直流电源电路原理图
a）单机组 b）双机组 c）两台直流电机顺极性串联电路
d）两台直流电机同极性并联电路 e）两台直流电机逆极性串联电路

“双机组”的优点在于：

1）两台直流发电机串联输出，可以提供2倍单台直流发电机额定输出电压；两台直流发电机并联，可以提供2倍单台直流发电机额定输出电流。

2）将两台直流发电机同一个极性的输出端连接在一起，剩下的另两端作为输出端，则可以通过调节两台直流发电机的励磁方便地调节机组输出电压的大小和极性。

这种机组特别适应于电动机转矩-转速曲线的测试试验和在低转速时需要较大转矩的试验项目。

直流发电机组一般选用转速为1500r/min及以下的电机组成。

二、整流电源

整流电源是利用由整流器件和其他一些有关元器件组成的整流器将交流电变为直流电的直流电源。

从所用交流电的相数来分，整流电源有单相和三相之分；从所用整流器件来分，整流电源又有不可控和可控两种。最简单的整流电源只有几个元器件；而较复杂的则可能由几十个、几百几千个元器件组成，当然它们的功能也有很大差异。

1. 常用整流电路和特性

表10-8～表10-10给出了电机试验中常用的几种整流电源电路和有关参数以及各种电路的应用范围和优缺点。

表10-8　单相不可控整流电路及有关参数

电路名称	电路图	输出电压平均值 U_o	整流管最大反压 U_{RM}	整流管平均电流 $I_{F(AV)}$	主要优缺点	适用范围
单相半波	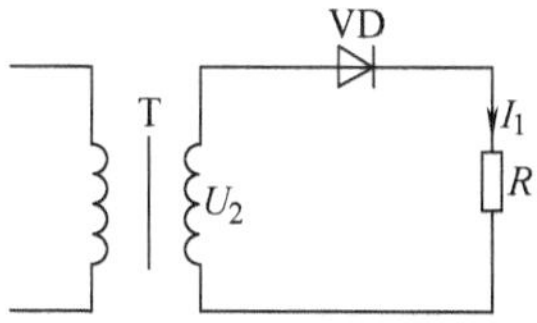 T, U_2, VD, I_1, R	$0.45U_2$	$\sqrt{2}U_2$	$0.45I_1$	结构简单 输出电压波动很大，不易滤成平直电压	用于几十毫安，对波动要求不高的场合
单相全波	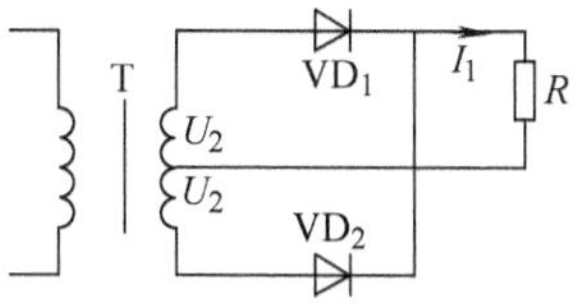 T, U_2, U_2, VD_1, VD_2, I_1, R	$0.9U_2$	$2\sqrt{2}U_2$	$0.45I_1$	负载能力较好，输出电压易滤成平直的直流 变压器二次要有中心抽头，整流器件反向电压高	要求负载电流较大、稳定性较高的场合
单相桥式	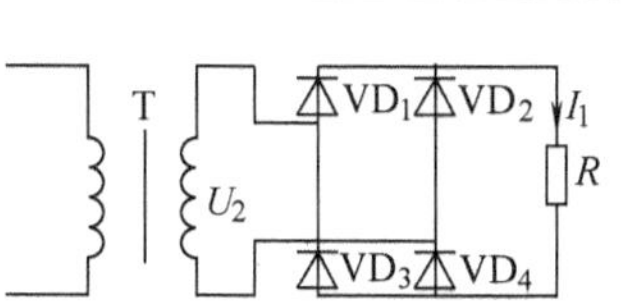 T, U_2, VD_1, VD_2, VD_3, VD_4, I_1, R	$0.9U_2$	$\sqrt{2}U_2$	$\frac{1}{2}I_1$	负载能力较强，易滤成平直波形，变压器简单，整流器件反向电压较低 元器件较多，电路内阻大	要求负载电流较大、稳定性较高的场合，应用广泛
2倍压整流	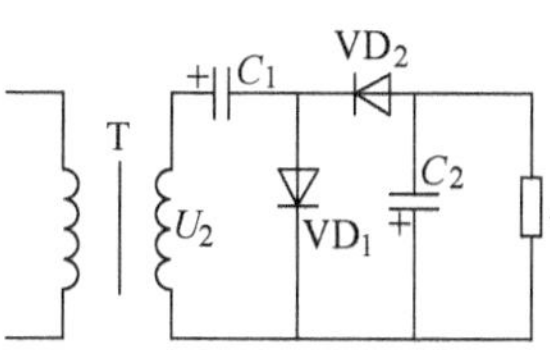 T, U_2, C_1, C_2, VD_1, VD_2, R	$\approx 2U_2$	$2\sqrt{2}U_2$		可以得到2倍于变压器二次电压的直流电压 负载能力差 整流器件反向电压高，C_2上的电压为$2\sqrt{2}U_2$，是C_1的2倍	应用于负载不大但要有较高电压的场合

（续）

电路名称	电路图	输出电压平均值 U_o	整流管最大反压 U_{RM}	整流管平均电流 $I_{F(AV)}$	主要优缺点	适用范围
3倍压整流	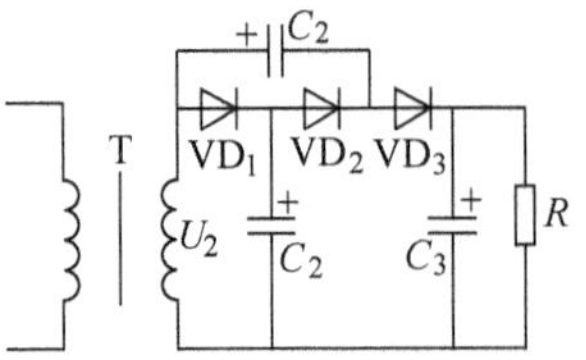 T, U_2, C_1, C_2, C_3, VD_1, VD_2, VD_3, R	$\approx 3U_2$	$2\sqrt{2}U_2$		可得到3倍 U_2 电压，负载能力差 C_1、C_2、C_3 上电压分别为$\sqrt{2}U_2$、$2\sqrt{2}U_2$、$3\sqrt{2}U_2$	应用于负载不大但要有较高电压的场合
5倍压整流	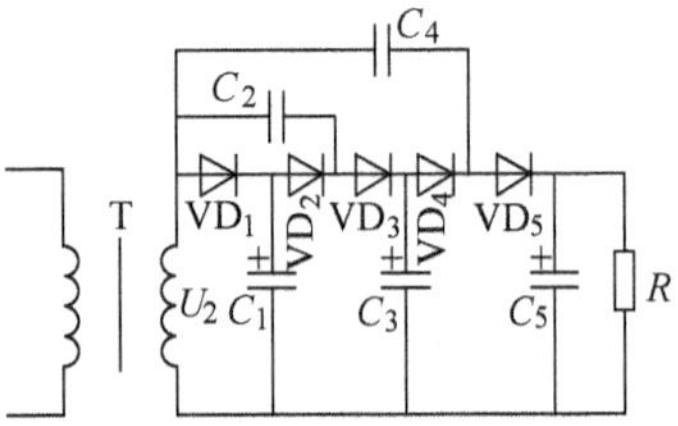 T, U_2, C_1, C_2, C_3, C_4, C_5, VD_1, VD_2, VD_3, VD_4, VD_5, R	$\approx 5U_2$	$2\sqrt{2}U_2$		可得到5倍 U_2 电压 C_1、C_2、C_3、C_4、C_5 上电压分别为 $\sqrt{2}U_2$、$2\sqrt{2}U_2$、$3\sqrt{2}U_2$、$4\sqrt{2}U_2$、$5\sqrt{2}U_2$	
电容上电压相同5倍压整流	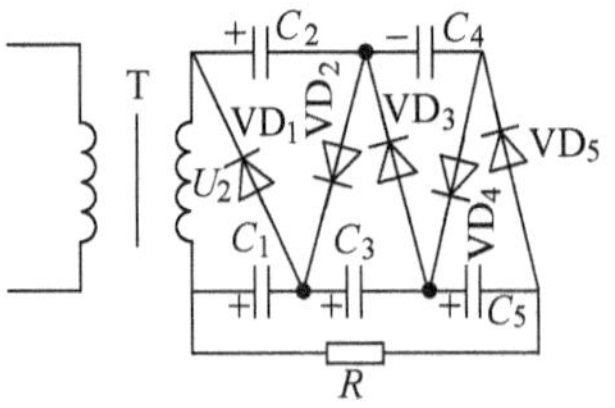 T, U_2, C_1, C_2, C_3, C_4, C_5, VD_1, VD_2, VD_3, VD_4, VD_5, R	$\approx 5U_2$	$2\sqrt{2}U_2$		可得到5倍 U_2 电压 各电容上电压都为$2\sqrt{2}U_2$	

表 10-9　三相不可控整流电路及有关参数

电路名称	电路图	输出电压平均值 U_o	整流管最大反压 U_{RM}	整流管平均电流 $I_{F(AV)}$	主要优缺点	适用范围
三相带中线	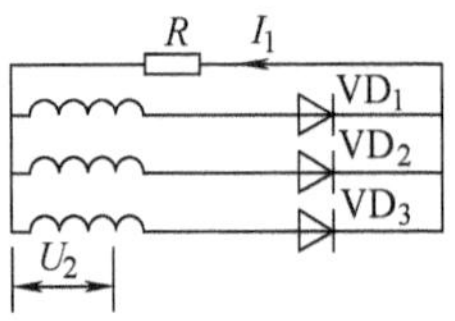 R, I_1, VD_1, VD_2, VD_3, U_2	$1.17U_2$	$2.45U_2$	$\frac{1}{3}I_1$	输出电压脉动较小 变压器铁心中存在直流磁通，使一次电流加大，变压器利用系数小。整流管反压大	用于容量较小的用电设备
三相桥式	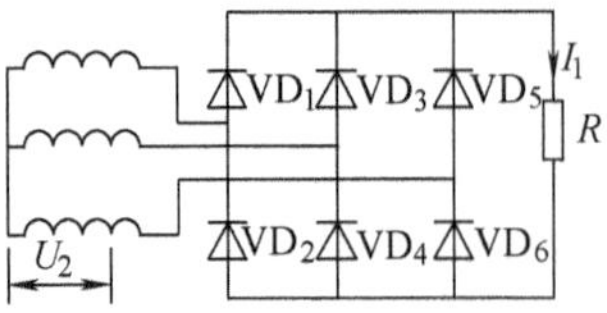 VD_1, VD_3, VD_5, VD_2, VD_4, VD_6, I_1, R, U_2	$2.34U_2$	$2.38U_2$	$\frac{1}{3}I_1$	输出电压脉动很小，电压较高，变压器利用率也较高，可输出较大功率，使用元器件较多	广泛用于各种直流用电设备

表 10-10 晶闸管整流电路及有关参数

电路图和特性	单相半波	单相全波	单相半控桥
电路图	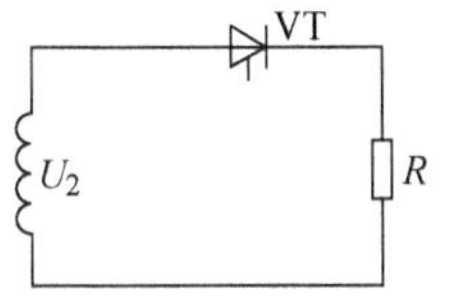	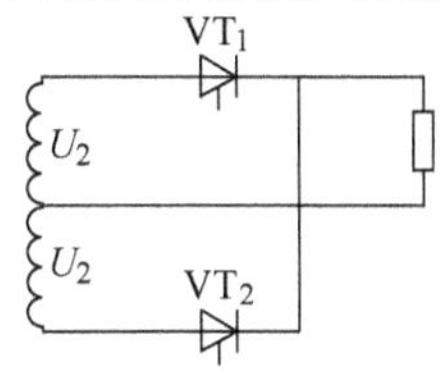	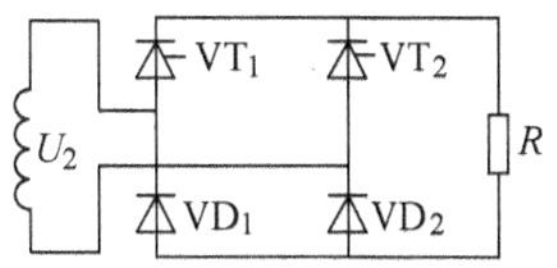
输出平均电压	$0 \sim 0.45U_2$	$0 \sim 0.9U_2$	$0 \sim 0.9U_2$
晶闸管移相范围	180°	180°	180°
晶闸管触发延迟角	最大 180°	最大 180°	最大 180°
晶闸管最大反向电压	$\sqrt{2}U_2$	$2\sqrt{2}U_2$	$\sqrt{2}U_2$
晶闸管平均电流	$I_{T(AV)}$	$\frac{1}{2}I_{T(AV)}$	$\frac{1}{2}I_{T(AV)}$
优　点	电路简单，调控方便	波形比半波好	要求器件耐压较低，两个器件可共用一套触发电路
缺　点	输出直流脉动大，需要变压器容量较大	器件反向电压高，变压器需有中心抽头且要求容量较大	电感性负载时必须有续流二极管，否则会出现失控现象
电路图和特性	三相半波	三相半控桥	带平衡电抗器的双反星形
电路图	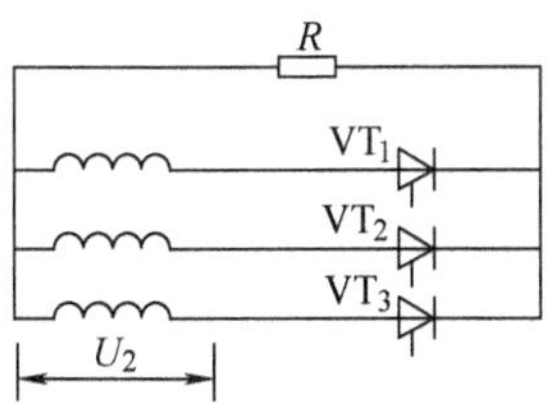	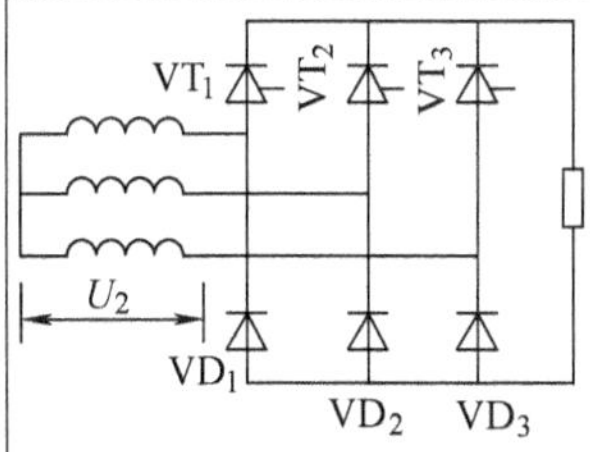	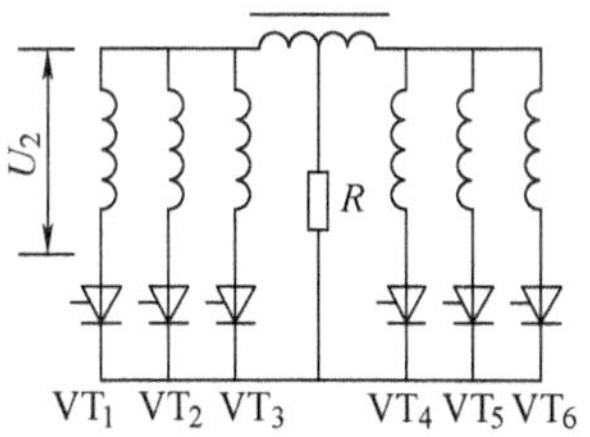
输出平均电压	$0 \sim 1.17U_2$	$0 \sim 2.34U_2$	$0 \sim 1.17U_2$
晶闸管移相范围	150°（R 负载）	180°	150°
晶闸管触发延迟角	最大 120°	最大 120°	最大 120°
晶闸管最大反向电压	$2.45U_2$	$2.45U_2$	$2.45U_2$
晶闸管平均电流	$\frac{1}{3}I_{T(AV)}$	$\frac{1}{3}I_{T(AV)}$	$\frac{1}{6}I_{T(AV)}$
优　点	线路简单，常可省去专用变压器，而由电网直接向其提供交流电	整流效率高，对器件耐压要求低	器件平均电流小，变压器利用率高，输出电流脉动小
缺　点	对器件耐压要求比较高，对交流电网工作不利	大电感负载时，必须加续流二极管	电路器件多，结构比较复杂

2. 用调压器调压的整流电源

上述整流电源直流电压输出的调整是靠调节晶闸管触发延迟角 α 来实现的，这种触发电路一般要由专业厂家生产。在中、小容量电机试验设备中，还经常采用调压器代替整流变压器为整流电路提供可调交流输入电压的方法来得到可调的直流输出电压。整流电路则采用简单的普通整流二极管电路。这种整流电源的优点是结构简单，易自制，调节也很方便，输出直流电压的波动不受电压大小的影响；缺点是体积和重量都较大。

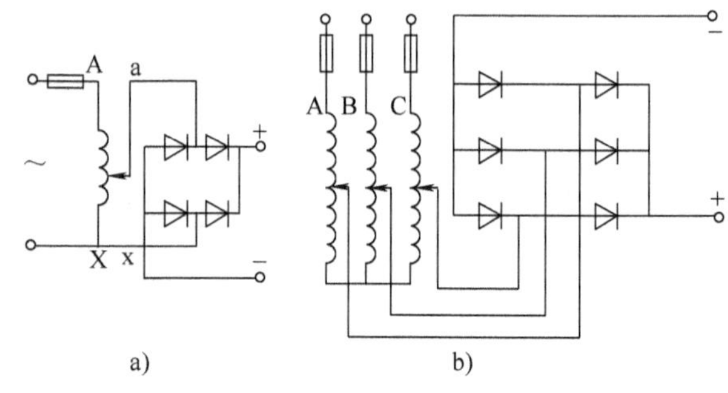

图 10-10　用自耦调压器调压的整流电路

a）单相电源电路　b）三相电源电路

图 10-10 为用自耦调压器调压的整流电源示意图。调压器的额定容量应为直流用电设备最大容量的 1.2 ~ 1.5 倍。短时定额负载可为 0.9 ~ 1.1 倍。整流电路采用了简化画法，具体电路可参考前面介绍的几种不可控整流电路（含平波电路）。

3. 常用晶体二极管和晶闸管

表 10-11 为整流电源用 2CZ 型二极管的主要技术参数；表 10-12 为普通型晶闸管的主要技术参数。

表 10-11　常用 2CZ 型整流二极管主要参数

型　号	最大整流电　流/A	最高反向峰值电压/V	外形图
2CZ12	3.0	50	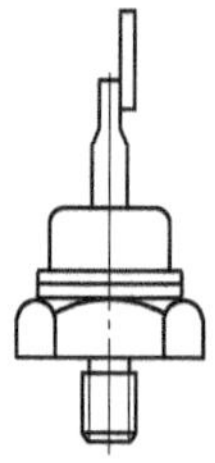
2CZ12A		100	
2CZ12B		200	
2CZ12C		300	
2CZ12D		400	
2CZ12E		500	
2CZ12F		600	
2CZ12G		700	
2CZ12H		800	
2CZ13	5.0	50	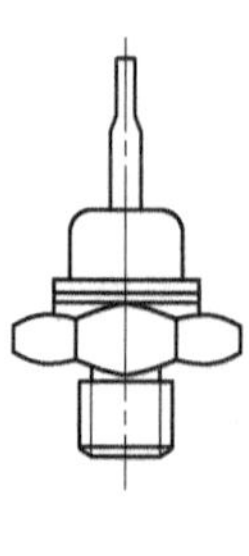
2CZ13A		100	
2CZ13B		200	
2CZ13C		300	
2CZ13D		400	
2CZ13E		500	
2CZ13F		600	
2CZ13G		700	
2CZ13H		800	
2CZ20A	1.0	200	
2CZ20B		400	
2CZ20C		600	
2CZ20D		800	
2CZ20E		1000	
2CZ20F		1200	
2CZ21A	0.3	200	
2CZ21B		400	
2CZ21C		600	
2CZ21D		800	
2CZ21E		1000	
2CZ21F		1200	
2CZ11K	1.0	50	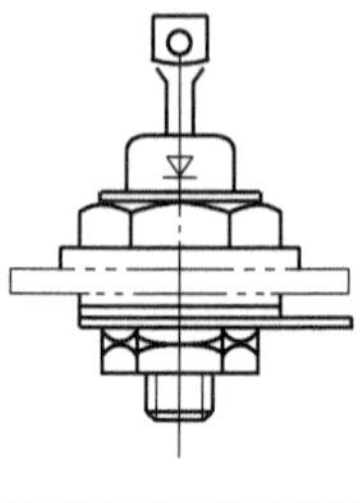
2CZ11A		100	
2CZ11B		200	
2CZ11C		300	
2CZ11D		400	
2CZ11E		500	
2CZ11F		600	
2CZ11H		800	

表 10-12 普通型晶闸管主要参数

<table>
<tr><th>系列号</th><th>额定正向平均电流/A</th><th>最大正向平均压降/V</th><th>维持电流/mA</th><th>门极触发电压/V</th><th>门极触发电流/mA</th><th>正、反向阻断峰值电压/V</th><th>门极最大正向容许电压/V</th><th>一个周波过载倍数</th><th>冷却方式</th></tr>
<tr><td>3CT1</td><td>1</td><td rowspan="10">1.2</td><td><20</td><td><2.5</td><td><20</td><td rowspan="10">30～3000 具体值参看有关手册</td><td rowspan="10">10</td><td rowspan="4">5</td><td rowspan="4">空气自冷</td></tr>
<tr><td>3CT5</td><td>5</td><td><40</td><td rowspan="4"><3.5</td><td><50</td></tr>
<tr><td>3CT10</td><td>10</td><td><60</td><td><70</td></tr>
<tr><td>3CT20</td><td>20</td><td><60</td><td><70</td></tr>
<tr><td>3CT50</td><td>50</td><td><60</td><td><100</td><td>5</td><td rowspan="4">强迫风冷（风速不小于5m/s）</td></tr>
<tr><td>3CT100</td><td>100</td><td><80</td><td rowspan="3"><4</td><td><150</td><td>4</td></tr>
<tr><td>3CT200</td><td>200</td><td><100</td><td><200</td><td>4</td></tr>
<tr><td>3CT300</td><td>300</td><td><100</td><td><250</td><td></td></tr>
<tr><td>3CT500</td><td>500</td><td><100</td><td rowspan="2"></td><td><250</td><td rowspan="2"></td><td rowspan="2">各种冷却方式都要加散热器</td></tr>
<tr><td>3CT800</td><td>800</td><td><120</td><td><300</td></tr>
</table>

三、对直流电源的质量要求

衡量直流电源品质好坏的主要参数有直流电流纹波因数 q_i 和波形因数 k_{fN} 两个指标，它们应符合被试电机的要求。另外，还要求电压平稳、无干扰。对使用三相交流电的整流电源，三相输入电压应平衡。

1. 直流电流纹波因数

直流电流纹波因数是直流电流波动的最大值 I_{max} 和最小值 I_{min} 之差与其 2 倍平均值 I_{av}（一个周期内的积分平均）之比，即

$$q_i = \frac{(I_{max} - I_{min})}{2I_{av}} \tag{10-3}$$

如果该值较小（<0.4），可用下述近似计算式：

$$q_i = \frac{I_{max} - I_{min}}{I_{max} + I_{min}} \tag{10-4}$$

2. 直流电流波形因数

直流电流波形因数 k_{fN} 是直流电动机电枢由整流电源供电时，在额定条件下，最大允许电流的有效值 $I_{rms.maxN}$ 与其平均值 I_{avN}（一个周期内的积分平均）之比，即

$$k_{fN} = \frac{I_{rms.maxN}}{I_{avN}} \tag{10-5}$$

第三节 电动机的试验负载

电动机在进行温升测试、效率测定、过转矩或过电流试验，以及转矩-转速特性测试等试验中，都要给电动机施加负载。不同的电动机，不同的试验项目，对负载的性质及大小都有不同的要求。本节将介绍几种常用的电动机试验负载设备的简单工作原理、接线图及使用方法。

电动机是将电能转化为机械能的装置，所以它的负载应是机械负载。电动机试验中常用的机械负载有各种发电机、测功机等，有时也直接使用风机、水泵和其他一些机械。对这些机械，共同的要求是：①额定容量和转速应符合被试电动机的要求；②吸收功率可以在一定

范围内调节，以满足被试电动机不同负载率的要求；③能与被试电动机输出轴直接或通过其他传动机械（如齿轮箱、传动带等）方便地连接；④负载调定后，能保持稳定运行。

一、由交流异步电动机转化成的交流发电机负载

由电机原理可知，当交流异步电动机的转速超过其定子绕组所加交流电的同步转速后，这台交流电动机就转变成为一台交流发电机了。转子转速超过上述所说的同步转速越多，则发出的交流电功率越大。

这种性质的负载一般用于交流异步电动机的试验。其规格型号最好和被试电动机完全相同，这样便于安装，并可方便地改变每台电动机的“被试”和“陪试”地位。如无同型号电动机，也可选用同步转速相同、额定功率不低于0.95倍被试电动机的其他异步电机。

为异步发电机定子提供的励磁电源有两种，即电网电源和变频电源。下面分别给予介绍。

1. 用电网电源励磁的异步发电机负载

作为负载的异步发电机（习惯称为陪试电机）和被试电动机都通过调压器由电网供电。两台电机通过传动带（一般用V带）拖动。两个带轮的直径比为1:(1+2s)（s值应比被试电动机的转差率s_N要大一些），大轮安装在被试电动机上。这样，当被试电动机拖动负载电机运转时，负载电机就会以超过其额定同步转速的10%～20%的转速运转而成为发电机。调节带的松紧，则能改变负载电机的转速，也就改变了被试电动机负载的大小。

这种加载方式的优点是设备简单，投资少；缺点是负载不易稳定，调节费时费力且不易调准。

使用时，应注意两个带轮要安装牢固，最好加装防护装置用来防止带突然滑脱或崩断时对试验人员造成的伤害。其安装和接线示意图如图10-11所示。

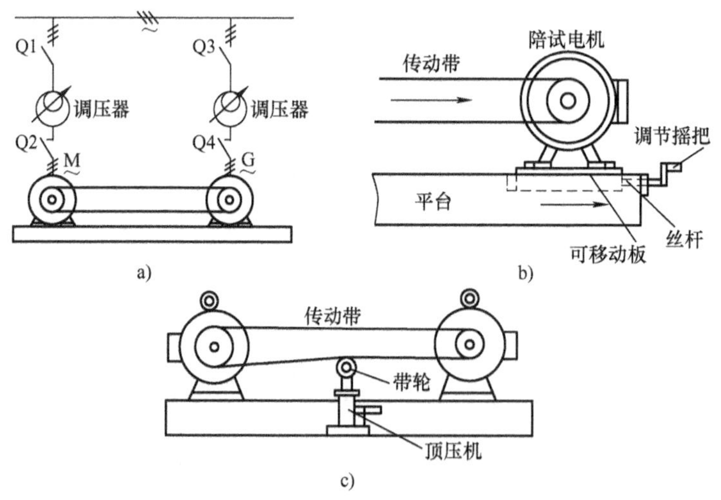

图10-11 用电网电源励磁的异步发电机负载

a）电路示意图 b）拉陪式电机调皮带的松紧 c）顶（压）皮带调皮带的松紧

2. 用变频电源励磁的异步发电机负载

负载电机和被试电动机通过联轴器连接对拖。被试电动机通过调压器由电网供电。陪试电机由交流变频发电机组供电。试验时，被试电动机拖动陪试电机运行。陪试电机加低于电网频率的电压，则由于其转子转速超过了这一电源的同步转速而呈发电机状态。发出的交流电向变频发电机输送，最后回馈到电网。

调节变频发电机的输出电压频率则可达到调节被试电动机负载的目的。

下面以常用的“四机组”变频发电机组电源为例，说明试验中的运行调节过程。电路原理图如图 10-12 所示。

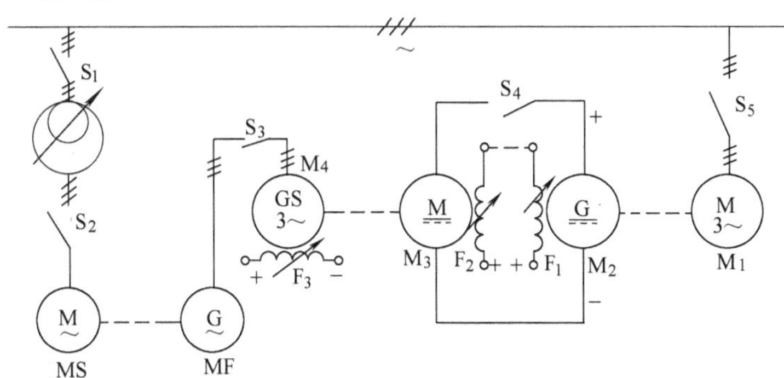

图 10-12　用变频发电机组作陪试电机电源的试验线路

1）起动变频机组中 M_1-M_2 机组。调节 F_1 使该直流发电机输出直流电压。

2）将 M_3 直流电动机先加上接近额定值的励磁电流。然后合上 S_4，给 M_3 输入直流电使 M_3-M_4 机组运转。

3）调节 M_2 的励磁 F_1 增高输入 M_3 的直流电压，使 M_3-M_4 机组达到额定转速。

4）调节同步发电机 M_4 的励磁 F_3 使其输出交流电压。

5）给陪试发电机 MF 送电、起动。其转向应和被试电动机相同（从一个方向看）。陪试发电机容量较大时，应采用低电压起动，起动后将其电压调至额定值。

6）加负载。当确认被试电动机 MS 和陪试发电机 MF 转向相同后，分别给两台电机送电。将被试电动机电压调到额定值。调节 M_2 的励磁使陪试发电机电源频率低于被试电动机（即低于电网频率），这时陪试发电机即运行在发电状态，发出的电能通过变频机组回馈给电网。

7）当变频机组的容量小于被试电动机的额定容量时，可在陪试发电机输出端并接一组电阻负载分流。使用时，先调节变频发电机的输出频率，使被试电动机加变频机组可以承受的负载，然后将附加电阻投入，调节附加电阻，使被试电动机达到所需要的负载。

二、磁粉制动器负载

磁粉制动器由装有直流励磁绕组的定子、铁磁材料做成的转子和填充在定、转子气隙间的高导磁率的磁粉所组成。当定子绕组通入直流电使定、转子之间的气隙有磁通时，磁粉被磁化，形成两端分别和定子内圆和转子外圆相连接的磁粉链。当转子转动时，这些磁粉链将对转子产生反向拉力而起制动作用。定子励磁电流越大，制动力矩越强。这种机械负载使用较方便；但在容量较大时，应采取有效的散热措施。一般用于较小容量的低速电机试验。

三、直流发电机负载

直流发电机的额定转速应不低于被试电动机的额定转速；在同转速下，其额定功率应不小于被试电动机，但最好不超过被试电动机的 10 倍，励磁为他励。

直流发电机只作试验负载时，它的输出电能可消耗在电负载上，此电负载最好为可调式；也可采用逆变器或由交流电网供电的直流发电机组向电网回馈。

电阻消耗法设备简单，投资少，操作也很方便，但能源损失大。电机转速不能过低。因为过低后，则不能发出应有的电压和电功率，所以不能进行完整的转矩-转速曲线测试和异步笼型转子最小转矩的测试。

直流发电机组回馈法的电源设备投资较大，操作略微复杂些，但不浪费能源。调节直流负载电机的励磁和输出电压（也是直流发电机的输入直流电压）可很方便地使被试电动机运行到任何转速状态，这里包括空载到堵转及反转。所以可以完成所有需要加负载进行的电动机试验项目。另外，该直流发电机可由直流发电机组供电作为电动机运行，用作动力来完成被试电动机为发电机的各种试验。所以这种以直流发电机组作为电源的直流电机与转矩转速传感器（含显示仪）组成的测功系统被广泛地应用于电机试验行业。

在前面的“直流电源”中，我们介绍过直流电源机组有单机组和双机组之分。图 10-13 为采用单机组供电的电路，其中电源组中直流电机的励磁采用双电阻调节法，其目的是通过调节两个电阻值来达到改变励磁电流的方向，从而达到改变机组输出直流电极性的目的。两个电阻应为同规格的滑动电阻器，其并联后的阻值应为直流电机励磁绕组的 10 ~ 20 倍，额定容量应为励磁绕组的 20% 以上。

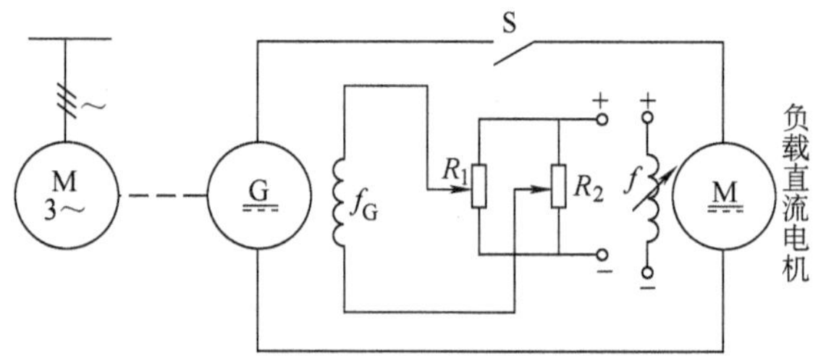

图 10-13　由单直流发电机组供电的直流负载电机线路

图 10-14 为采用双机组供电的电路。这种电路可以通过调节两台直流电机的励磁，方便地调节输出电压的大小和极性，是最理想的配套设备。

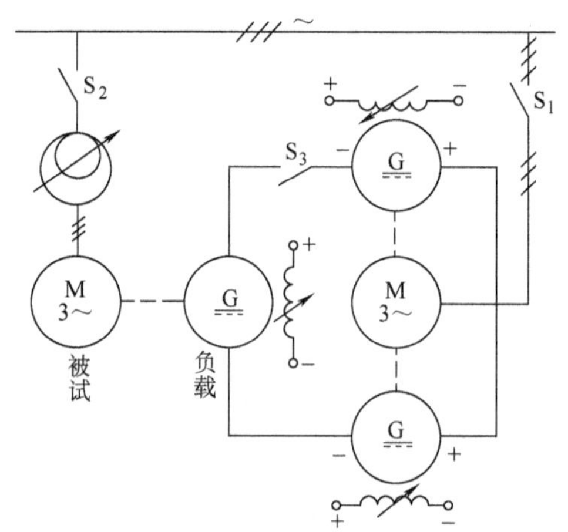

图 10-14　由双直流发电机组供电的直流负载电机线路

四、由各种测功机组成的负载

能够作为电动机的机械负载，并能直接测出被试电动机的输出转矩、转速或功率的机械，被称为电动机试验用测功机，简称测功机。

电机试验用的测功机有很多种，有传统的负载与测量系统为一体的涡流式测功机、磁粉测功机、磁滞测功机、同步测功机、异步测功机和直流测功机，也有由转矩转速测量系统与负载不是一体的测功设备等。

上述各种测功机已在第一篇第二章做过介绍，这里仅补充有关测功机的型号及技术数据以便选用时参考。

1. 国产电力测功机的型号及有关参数

国产电力测功机中，CW 为涡流测功机；ZC 为直流测功机。其精度等级为 0.5 级和 1.0 级。

表10-13～表10-15为国产涡流测功机、直流测功机和小容量测功机的型号及技术数据。

表10-13　涡流测功机型号及技术数据

型　　号	容量/kW	转速范围/(r/min)	中心高/mm	型　　号	容量/kW	转速范围/(r/min)	中心高/mm
CW15-3000/8000	15	3000～8000	400	CW110-2000/7000	110	2000～7000	500
CW22-3000/7500	22	3000～7500		CW150-2000/7000	150	2000～7000	
CW55-2500/7500	55	2500～7500		CW220-2000/6000	220	2000～6000	
CW75-2500/7500	75	2500～7500		CW300-2000/6000	300	2000～6000	

表10-14　ZC型直流测功机型号及技术数据

型　　号	额定转速					最低转速			最高转速			励　磁	
	容量/kW	电压/V	电流/A	转速/(r/min)	转矩/(N·m)	容量/kW	转速/(r/min)	转矩/(N·min)	容量/kW	转速/(r/min)	转矩/(N·m)	方式	电压/V
ZC32.7/15.4—4	50	230	218	1500	319	20	600	319	50	4500	106	他励	220
	100	460	218	3000	319	20	600	319	100	4500	212		
ZC42.3/18-4	100	230	436	1500	637	30	450	637	100	4500	212		
	200	460	436	3000	637	30	450	637	200	4500	425		
ZC49.3/24-4	200	330	606	1500	1275	60	450	1275	200	4500	425		
	400	660	606	3000	1275	60	450	1275	400	4500	850		
ZC56/32-4	400	660	606	1500	2550	80	300	2550	400	3000	1275		
	800	660	1212	3000	2550	80	300	2550	600	3000	2550		

表10-15　小功率测功机型号及技术数据

型　　式	型　　号	额定转速/(r/min)	额定转矩/(N·m)	功率范围/W
磁粉测功机	FG1A/3 FG1A/10 FG1A/30 FG1A/100 FG1A/300 FG1A/1000	15000 14000 12000 9000 5000 3000	0.3 1.0 3.0 10.0 30.0 100.0	0～120 120～250 250～400 400～800 800～1500 1500～2500
同步测功机	CT0.18—1500 CT1.5—1500 CT2.2—1500 CT3.7—1500	5000 4000 4000 3000	1.2 10.2 15.0 24.6	0～180 180～1500 700～2200 1500～3700
磁滞测功机	CZ—200 CZ—500	20000 20000	0.02 0.05	0～25 25～50
异步测功机	GY—2	16000	1.2	0～2000 0～100

注：1. 配备数字显示器型号为SX_2型。

2. 传感器应按所用测功机额定功率选配。

2. 国产的转矩转速测量系统

这种测功机是由转矩 - 转速传感器、转矩转速仪和机械负载组成（参看第一篇第二章）。这里仅补充传感器和转矩转速仪的型号及技术参数。

国产转矩转速传感器的型号规格有 JC 型、ZJ 型和 CGQ 型等。图 10-15 为其主要外形结构；表 10-16 为其有关数据。

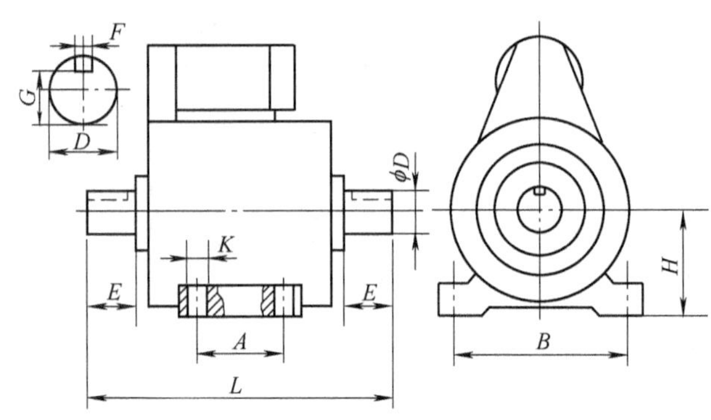

图 10-15　JC 型和 ZJ 型转矩传感器外形结构图

表 10-16　JC 型、ZJ 型转矩转速传感器数据

型　号	额定转矩 /(N·m)	转速范围 /(r/min)	外形及安装尺寸/mm								
			A	B	D	G	E	F	H	L	K
JC0	0.5	0～6000	80	120	$8^{+0}_{-0.008}$	$3^{+0}_{-0.035}$	17	6	$60^{+0}_{-0.2}$	174	12
	1	0～8000									
	2										
	5	0～10000			$12^{+0}_{-0.011}$	$4^{+0}_{-0.04}$		9.5			
	10						25			190	
	20										
JCH0	5	0～6000	80	120	$12^{+0}_{-0.011}$	$4^{+0}_{-0.04}$	25	9.5	$60^{+0}_{-0.2}$	190	12
	10									250	
	20										
JC1A	50		140	180	26 ±0.007	$8^{-0.015}_{-0.065}$	37	21.5	$85^{+0}_{-0.2}$	360	14
	100										
	200						52			390	
JCH1	50	0～4000					37			430	
	100										
	200						52			460	
JC2C	500		170	200	46 ±0.008	$14^{-0.020}_{-0.075}$	71	40.2	$110^{+0}_{-0.2}$	420	18
	1000						106			490	
	2000										
JC3A	500	0～3000	220	230	$102^{-0.015}_{-0.038}$	矩形花键	60		$130^{+0}_{-0.2}$	520	25
	1000						90			580	
	2000						130			660	
	3000						180			760	
ZJ—1A—0.5	0.5	0～6000	70	120	$14^{0}_{-0.11}$		16	4	50 ±0.06	200	10
ZJ—1A—1	1										
ZJ—1A—2	2										
ZJ—1A—5	5										
ZJ—1A—10	10						26			220	
ZJ—1A—20	20										

（续）

型　号	额定转矩/(N·m)	转速范围/(r/min)	外形及安装尺寸/mm								
			A	B	D	G	E	F	H	L	K
ZJ—50	50	0~4000	110	170	$25^{0}_{-0.013}$		36	8	70±0.06	282	12
ZJ—100	100						45			300	
ZJ—200	200	0~5000	120	180	$36^{0}_{-0.016}$		45	10	90±0.07	330	12
ZJ—500	500						65			370	
ZJ—1000	1000	0~4000	120	200	$55^{-0.01}_{-0.019}$		107	16	90±0.07	440	13
ZJ—2000	2000						127			480	

转矩转速仪是指上述相位差式转矩转速传感器的配套仪表。它将传感器输入的两个信号 e_1 和 e_2 通过一系列的转换处理后，以数字的形式显示出被测电机的转速和转矩值。另外，还可以通过开关切换显示功率值，仪器上还带有一定容量的内存单元及打印功能；附有模拟量输出，可供外接函数记录仪绘制转矩－转速曲线；附有计算机接口，可供微机记录、打印或绘图。

转矩转速仪的转矩输入信号频率为0.1~30kHz，信号幅度为0.1~6V（有效值）；转速输入信号频率为0.01~50kHz、幅度为0.1~6V（有效值）；输出模拟量采用D/A转换方式，电压模拟量在转矩和转矩达到额定值或设定值时均为+5V。

转矩仪型号为JW1型、JW1A型和JW1B型三种。前两种功能基本相同，其中1A型比1型多一个快速采集存储、慢速释放的功能。第三种增加了IEEE—488微机接口和温度自动修正及程控功能。转矩输入信号幅度为0.2~20V（有效值）、频率为0.11~20kHz、阻抗为10kΩ。转速输入信号幅度为0.2~20V（有效值）、频率为0.01~30kHz。转矩模拟量输出为－0.2~+5V，输出电流为大于等于50mA。转速模拟量输出电压为0~+5V，输出电流为大于等于50mA。

3. 测功机测量结果的修正

由于各种测功机自身都有一定数量的轴承摩擦损耗和风扇等引起的损耗（合称风摩耗），以及其他一些自身损耗，这些损耗有的会直接影响测量值的准确度，在精确测量时应加以修正。

（1）测功机的风摩耗的求取方法

1）直流测功机可在不同转速下做空载运行，待机械耗稳定后，从其仪表上直接读取转矩值，此值即该测功机在这种转速时的风摩转矩，用转矩和转速两值可以求得风摩损耗值。改变转速，求出其他转速时风摩数值。

2）不能做电动机运行的测功机，如涡流测功机、磁粉测功机等，则需要用能做电动机运行的测功机的辅助求取。用另外的测功机拖动该测功机。在该测功机无励磁和输出负载的情况下运行到机械损耗稳定后读取作为电动机的测功机上显示的转矩值 T_1。然后将该测功机脱开，辅助用的测功机以原有转速空载运行，读取此时的转矩值 T_0，则该测功机在此次试验转速下的风摩转矩 T_{fw} 为

$$T_{fw}=T_1-T_0 \tag{10-6}$$

改变转速，求取其他转速时的 T_{fw}。

（2）试验转矩的修正

1）测功机发电机运行，即作为机械负载时，被试电动机的输出转矩 T 应为测功机显示的转矩 T_x 与其在此转速时风摩转矩 T_{fw} 之和，即

$$T = T_x + T_{fw} \tag{10-7}$$

2）测功机作电动机运行，即作为机械动力时，被试发电机的输入转矩为

$$T = T_x - T_w \tag{10-8}$$

（3）不能修正因素的解决措施

测功机定子摆动及其绕组与外界连接的导线等产生的阻力矩也会造成测量误差，但这些误差很难确定。解决的方法是注意保持转动部分的灵活润滑，采用柔软的连线。

五、“分析过的直流电机”负载

将直流电机作为发电机运行时，求出同一励磁电流时所需各种转速下电机的输入转矩和电枢电流的关系曲线 $T_d = f(I_a)$；在作为被试电动机机械负载时，在调定励磁电流后，通过测取各负载点的电枢电流 I_a 从上述对应转速的 $T_d = f(I_a)$ 曲线上查出对应的转矩值。这就是所谓“分析过的直流电机”测功机的测功原理。

下面详细说明“分析”直流电机的过程。

“分析”直流电机在有些文件中也称为校准直流电机。

将待分析的直流电机与精度不低于 0.5 级的测功机用联轴器连接同速运转，直流电机为发电机工作状态。调节测功机的端电压或励磁电流，使直流电机运行到一个需要的转速上。待直流电机的剩磁稳定后，保持直流电机的励磁稳定在一个设定值上，调节直流电机的输出负载，测取若干点的输入转矩和输出电流值。然后做这种转速时的 $T_d = f(I_a)$ 曲线，保持第一次的直流发电机的励磁电流，改换另一个转速，用同样的方法求取第二种、第三种或更多种转速时的 $T_d = f(I_a)$ 曲线，如图 10-16 所示。图中各曲线与纵轴的交点，是对应于直流电机在相应转速下的铁耗与风摩耗之和。

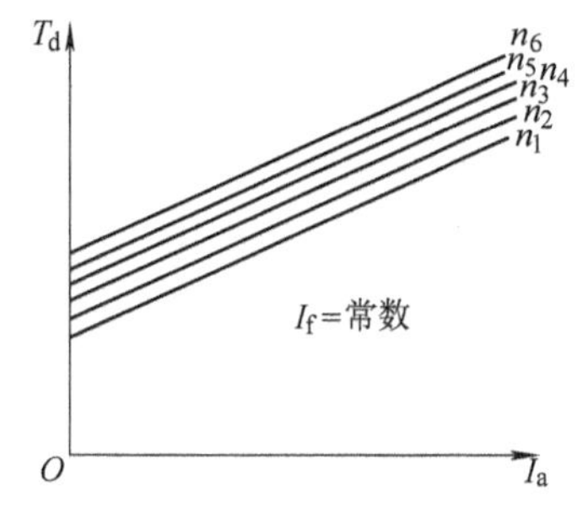

图 10-16　直流发电机 $T_d = f(I_a)$ 曲线

第四节　发电机的试验负载

发电机是将机械能转化为电能的装置。作为发电机试验的负载为各种用电设备。

一、纯电阻负载

1. 滑线电阻器

滑线电阻器可以平滑地调节电阻的大小，使用方便、工作稳定；但额定容量较小，一般在 1 kW 以内，电阻值在几欧至几千欧之间。它可用于小功率直流发电机的输出负载和交流发电机的有功负载。

滑线电阻器由专业生产厂生产。表 10-17 ~ 表 10-19 为几种常用的滑线电阻器型号及技术数据，其中使用电压应不超过 220V。

表 10-17　BX3 系列滑线变阻器技术数据

型　号	额定功率/W	额定电阻/Ω	额定电流/A	温升/K	外形尺寸			产品型式
					长/mm	宽/mm	高/mm	
BX3—G	12	275	0.2	300	141	58	75	单管固定
BX3—101	65	35	1.18		270	100	155	单管可调
BX3—102	50	85	0.74					
BX3—203	75×2	24×2	5.6		306	188	145	双管可调
BX3—202	65×2	8×2	2.65					

表 10-18　BX2 系列滑线变阻器技术数据

型　号	额定功率/W	最大功率/W	额定电阻/Ω	最高温升/K	外形尺寸			产品型式
					长/mm	宽/mm	高/mm	
BX2—1	2	5	1250～2600	65	136	40	64	1 个元件
BX2—2	3	7.5	2200～4600		166			2 个元件
BX2—3	4	10	3100～6600		196			3 个元件
BX2—4	5	12.5	4000～8500		226			4 个元件
BX2—5	3.5	15	1.4～3700	200	136			5 个元件
BX2—6	5	20	2.4～6600		166			6 个元件
BX2—7	7.5	30	3.4～9200		196			7 个元件
BX2—8	10	40	4.5～12000		226			8 个元件

表 10-19　BX4 系列滑线变阻器技术数据

型　号	额定功率/W	最高温升/K	外形尺寸			型　号	额定功率/W	最高温升/K	外形尺寸		
			长/mm	宽/mm	高/mm				长/mm	宽/mm	高/mm
BX4—200	200	250	353	82	132	BX4—200/2	400	250	353	175	132
BX4—300	300		453			BX4—300/2	600		453		
BX4—400	400		503			BX4—400/2	800		503		
BX4—500	500		603			BX4—500/2	1000		603		

注：选用表 10-18 和表 10-19 中变阻器时，应根据使用情况确定额定电流和电阻值。

2. 电阻箱

电阻箱可用专业厂制造的产品，也可以自制。

自制时，可购买市场上出售的电炉丝或电热管。自制框架，将它们分组安装。在使用时，应注意所加电压应不大于其额定电压的 50%，这样做的目的是防止它过热。因为过热时，一方面是电阻值将有较大变化；另一方面是需要配备散热设备。

二、纯电感负载

真正的纯电感负载设备是不存在的，这里说的是电阻和感抗相比可以忽略的负载设备。

1. 电抗器

专业生产厂生产的电抗器一般是用于交流电机降压起动或其他用电设备限流，这类电抗器的额定电流值为短时工作制时的值。所以如果采用发电机的电感负载，应将两个电抗器串联使用。

作为交流电感负载的电抗器也可自制，一般采用绝缘材料做成空心圆桶骨架，用电磁线绕制。根据所加电压、频率及电流、骨架直径尺寸，按第一篇第一章中的计算方法求出匝数；所用导线截面尺寸则按额定电流值来选择，做长时间负载使用时，铜导线可按载流量为 $4\sim5\mathrm{A/mm^2}$ 来进行计算。

2. 感应调压器

将三相感应调压器按图 10-17 接线后，就成为了一台可以调节的电感负载，按原来调节电压高低的方法则可平滑地调节感性负载的大小，升压为加负载，降压为减负载。

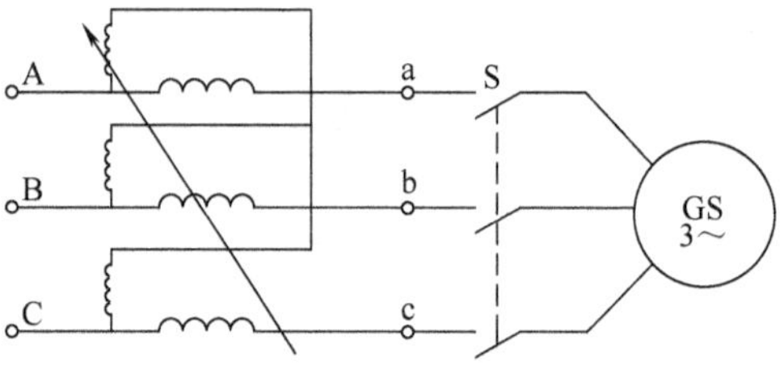

图 10-17　用三相感应调压器作电感负载的接线图

应按被试电机的额定输出电流中无功电流的大小来选择调压器的规格。选择原则是：调压器的额定输出电流应不小于被试电机的额定输出电流中无功电流的 1.2 倍。

三、回馈电网负载

1. 交流发电机的回馈负载之一

交流发电机发出的电能可通过前面讲过“四机组”变频机组向电网中回馈，其线路如图 10-18 所示。

图中 M_1 为拖动被试发电机的动力机械，应选用容量不小于 1.2 倍被试发电机额定容量的同步电动机或直流电动机（采用直流电动机时，其直流电源可用直流发电机组的电源或晶闸管整流电源）。变频机组电源的额定频率和额定电压应和被试发电机相同，额定容量应不小于被试发电机。

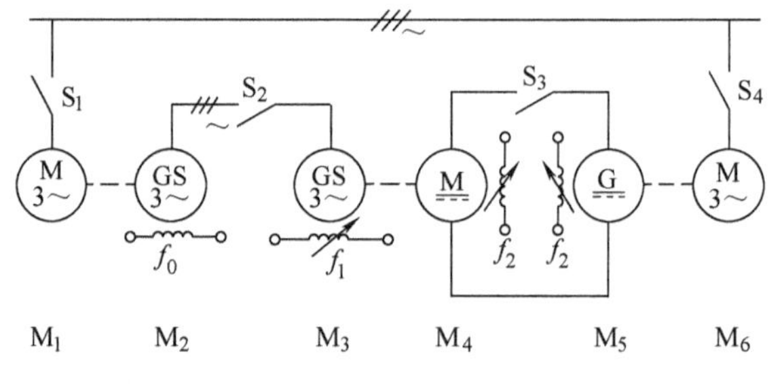

图 10-18　通过变频机组回馈的线路

GS—被试同步发电机　$M_3\sim M_6$—“四机组”变频机组

加负载的过程如下：

1）在被试发电机不加励磁的情况下，先用原动机 M_1 拖动被试发电机，使其按规定转向旋转。之后，断开原动机的电源；再用变频机组电源起动被试发电机，要使其转向和上述方向相同。注意，此时被试发电机已变成了同步电动机，为防止起动瞬间转子励磁绕组因过电压而造成匝间击穿短路，应在转子励磁绕组两端接入一个 10 倍于励磁绕组直流电阻的电阻器（正常运转时再拆除）；另外，所加电压应尽可能低，只要能看出转向即可。

2）起动原动机带动被试发电机达到额定转速，此时被试发电机仍不加励磁。

3）起动变频机组达到额定输出频率。将其电压调到 100V 以下后，接通与被试发电机的电路。此时，电能从变频电源输向被试发电机。

4）逐渐给被试发电机加励磁使输出电压增加。当超过变频电源电压时，电能将从被试发电机输向变频机组。调节双方的输出电压至额定值。

5）调小变频电源的发电频率和电压，则能给被试发电机加负载，并能调节负载的功率因数。在调节过程中，还应同时调节被试发电机的励磁，使其在额定工作状态（输出电压、频率、功率、功率因数都为额定值）或其他工作状态下运行。

2. 交流发电机的回馈负载之二

用于交流发电机试验向电网回馈的负载还可以采用图 10-19 所示的线路设备。其中被试发电机由一台直流电动机拖动，该直流电动机由可逆变的整流电源供电。被试发电机发出的电能送给一台同步电动机，这台电动机再拖动一台直流发电机，发出的直流电再送给原动机（直流电动机）。整流电源只提供整套机组的损耗。

试验时，先起动原动机拖动被试发电机达到额定转速，用低电压给 M_4 送电使 M_4-M_3 机组运转。调节被试发电机的励磁，使之发出额定电压。给 M_4 加励磁，给 M_3 加励磁并输出直流电压。接通 M_3 与 M_2 的电路后，则形成了回馈回路。

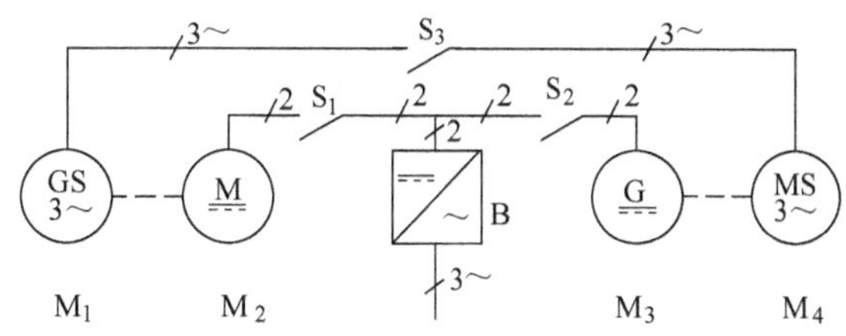

图 10-19　交流发电机回馈负载线路（直流机组）

M_1—被试交流发电机　M_2—原动机（直流电动机）

M_3—直流发电机　M_4—交流同步电动机　B—可逆变整流电源

调节 M_3 的励磁，则能达到调节被试发电机负载的目的。当然在调节 M_3 励磁加负载的同时，还要通过调节 M_4、M_2 和被试发电机 M_1 的励磁，以及整流电源的输出电压等，使被试发电机工作在额定转速及需要的输出电压、功率因数和功率状态下。

3. 直流电机回馈负载

直流电机在进行温升或负载试验时，可采用的回馈负载有如下三种形式。

（1）串联回馈法

串联回馈法的接线如图 10-20 所示。图中直流电动机和发电机可以互为负载。它们最好是同型号、同规格的直流电机，或者陪试电机（负载）是除额定容量不小于被试电机以外，其他铭牌数据相同的直流电机。GU 为升压机，它补偿试验回路（包括两台试验电机）的损耗。它的额定电压不需要很高，一般只需几十伏，但应能通过不小于被试电机的额定电流。

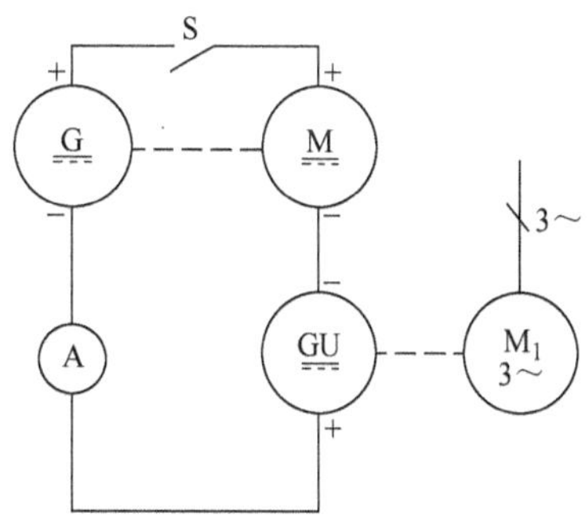

图 10-20　直流电机串联回馈法的接线

串联回馈试验机组的操作方法如下：

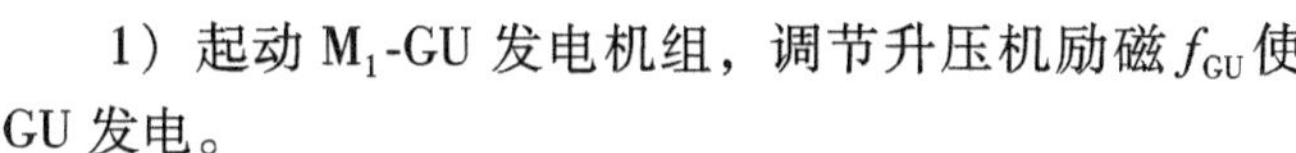

1）起动 M_1-GU 发电机组，调节升压机励磁 f_{GU} 使 GU 发电。

2）给直流电动机 M 加励磁并达到额定值。合上开关 S，此时直流电动机 M 开始拖动直流发电机 G 转动。

3）检查直流发电机 G 和直流电动机 M 的极性，要求符合图 10-15 的要求。之后，再给直流发电机 G 加励磁发电，调大该励磁使线路电流（表 A 指示值）增大。

4）对 f_G、f_M 及 f_{GU} 进行联合调节，就可以达到调定 M-G 机组的转速、线路电压及电流的目的。

调节f_{GU}，可控制直流电动机M的端电压，f_{GU}增加，该电压上升，同时M-G机组的转速也会升高。

调节f_G，可控制直流电动机M的负载，f_G加大，负载加大，即线路电流加大。

调节f_M，可调节M-G机组的转速，f_M减小，转速增加。

（2）并联回馈法

图10-21为并联回馈法的设备及接线。图中G和M的要求同串联法；对GU的要求则有所不同，它的额定电压应不小于被试电机，当和被试电机同电压时，其输出功率应不小于被试电机额定容量的1/4～1/3（被试电机容量较大时取小值，或为M与G两台电机的损耗和的1.2倍）。

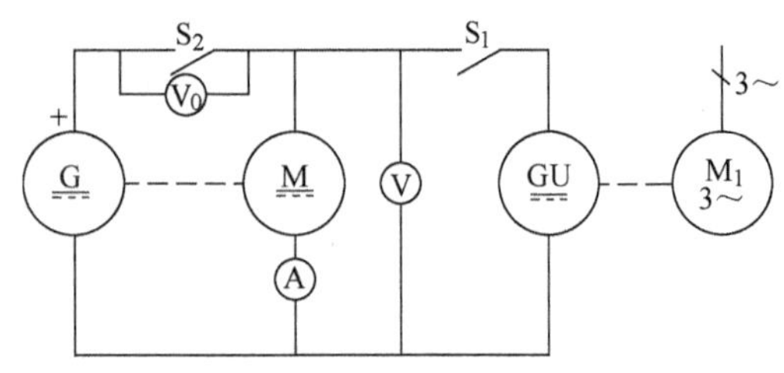

图10-21　直流电机并联回馈法的接线

此种回馈系统的操作步骤如下：

1）起动M_1-GU发电机组并使输出电压。

2）给M加励磁到额定值。合上开关S_1，此时M将拖动G转动。

3）校验G的极性，调节其励磁f_G，使G与M的端电压相等、极性相同（见图10-21），此时并车电压表V_0指示值为零。然后合上并车开关S_2。

4）调节f_{GU}、f_G及f_M，使M-G机组工作在需要的转速、电压及电流状态下。

（3）串并联回馈法

图10-22为直流电机串并联回馈法的设备及接线。它是前两种线路的组合。对GU_2的要求同串联法；对GU_1的要求和并联法相比，其容量可再小一些。

此种反馈方法所用的设备较多，操作较复杂，但稳定性较好，所以被广泛采用。

操作方法及步骤如下：

1）分别起动M_1-GU_1和M_2-GU_2发电机组，并发电。

2）给M加额定励磁后，合上S_2。

3）调节f_{GU_2}使M-G机组朝某一方向旋转。

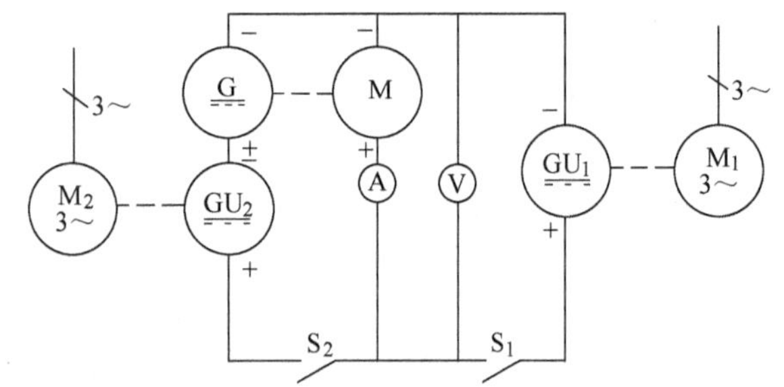

图10-22　直流电机串并联回馈法的接线

4）调节G的励磁f_G给M加负载，增大f_G使M-G机组减速接近到停转。

5）合上S_1，调节GU_1的励磁使M-G机组按前面的转向旋转达到一定值。

6）调节f_{GU_1}可改变M的端电压及转速；调节f_M可改变M的转速；改变f_{GU_2}和f_G都可以使负载电流发生变化。联合调节上述值，可使被试直流电机工作在要求的状态下。

四、试验专用变频内回馈系统

前面介绍的“四机组”变频发电机组，用于对拖法（或称为回馈法，GB/T 1032—2012中提出的C和E方法）做发热试验和负载试验时负载电机（习惯称为陪试电机）的电源，在试验中，当负载电机处于发电状态时，通过机组将电能向电网反馈。该系统的缺点是投资较大、占用一定的面积、有运行噪声、控制较复杂、维护费用较高，当被试电动机的容量小于机组运行损耗时，就不会有电能回馈给电网，甚至于同时消耗电网能量，造成试验耗电增加。

一种新型的试验专用变频回馈系统（又被称为电子内回馈变频电源）能较好地克服上述变频机组具有的缺点。它的运行噪声极小（小容量的只有变压器等发出的微量电磁噪声，大容量使用风冷散热的，有略大的通风噪声）、损耗很小（对有通风或通水散热的系统，有一定的能量消耗），可节约大量的电能，由此可降低对试验总电源设备（电源变压器和配套系统）容量的要求。

根据需要，其组成情况如下：

（一）满足单台电动机试验要求

1. 满足普通交流变频电动机试验的要求

将普通变频器进行改造，实现可在固定频率情况下调整电压和在固定电压情况下调整频率的功能，输出电压波形仍为正弦脉宽调制（SPWM）波。

2. 满足普通交流电动机所有试验的要求

在上述改造后的变频器输出端串入一套滤波装置，使其输出电压波形由脉宽调制波变为正弦波，并要求其谐波电压因数（*HVF* 值）达到试验标准的要求（例如不大于0.015）。

3. 可得到不同输出电压

在上述基础上，进一步在输出端增加一个多比数的变压器，则可得到不同输出电压（包括低电压和高电压），结合变压器输入端（变频器输出端）为可调节的电压，所以起到一台调压器的作用。

4. 可得到不同额定输出电流

将两台按上述第3项同样配置的变频电源输出变压器同一电压等级的输出端相并联，即能得到2倍于一台变压器的额定输出电流。

5. 可得到叠频的输出电压进行单机叠频温升试验

通过对变频器逆变系统的改造，可使其输出供单台交流电动机叠频温升试验的叠频电源波形，方便地完成叠频温升试验。与传统的使用两套发电机组或一套发电机组与一套专用变压器供叠频电源的复杂方法相比，其优势更为明显。

（二）满足交流电动机负载试验时两台电机对拖反馈的要求

此时应根据所用负载是交流电机还是直流电机，进行不同的设置。

1. 负载是交流电机时

负载是交流电机（通常是与被试电动机同规格的）时，使用两台相同的变频电源（根据要求选用上述4种中的一种，下同），两台在整流单元后进行并联（其连线称为“直流母线”）。一台供给被试电动机需要频率的电源，另一台与陪试电机（负载电机，实际为交流发电机）相连，提供低于被试电动机频率的交流电压。试验时，陪试电机作为交流发电机运行，向与其相连的变频器输送交流电流，利用特殊设计的回馈单元，把交流电整流成直流电，回馈到本系统中的直流母线上，并通过相关环节变成交流电向被试电动机供电。形成电能在两套变频电源系统内的回馈，简称“内回馈”。此时，电网向试验系统提供的只是两台变频器、两台试验电机以及相关线路等消耗的电能，一般不超过被试电动机额定功率的30%。

图10-23为一套具有可调压、调频的变频反馈实用线路简单框图。

2. 负载是直流电机时

负载是直流电机时，也可使用两台相同的变频电源。被试交流电动机与一台变频器连

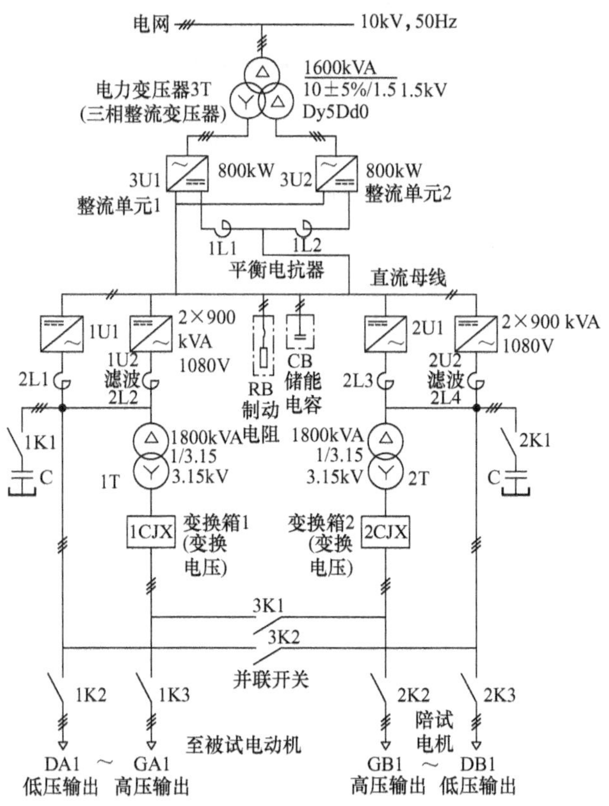

图 10-23　用试验专用变频装置实现电能回馈的线路原理图

接，获取需要频率的电源，作为负载的陪试电机（直流发电机）电枢输出端与另一台变频器的直流母线相连。试验时，负载电机发出的直流电回馈到系统中的直流母线上，并通过相关环节变成交流电向被试电机供电。

第五节　电机的效率测定

电机效率是电机性能试验中关键的项目，其试验方法在 GB/T 25442—2010/IEC 60034-2-1：2007《旋转电机（牵引电机除外）确定损耗和效率的试验方法》中做出了规定，在 GB/T 1032—2012《三相异步电动机试验方法》中，对三相异步电动机给出了更加详细的规定。

在本节中，将依据 GB/T 1032—2012 中的相关规定，给出三相异步电动机效率测定的方法和计算过程。由于其中实测输出机械功率（转矩和转速）的 A 法和 B 法不确定度最低（准确度最高），并且在绝大部分中小型（特别是小型）电机生产单位已经具备了相应的试验设备和相关条件，所以本节将重点介绍。

一、效率确定方法的分类

GB/T 1032—2012 参考了国际 IEC 和美国 IEEE 等有关标准，将三相异步电动机效率的确定方法大体分为 5 类，并进一步分成 10 种，每一种用一个代号表示。其类别名称、代号及其特点、相关说明如表 10-20 所示。本节将介绍各种方法的试验过程，有关效率的计算还需要杂散损耗试验、空载试验等得出的相关数据后方能进行，这些内容在前面已经介绍。

表 10-20　三相异步电动机效率的确定方法分类

序号	分类名称	代号	特点和相关说明
1	直接负载的输入－输出法	A	需要实测输出功率（或转矩与转速）通常限用于额定功率 1kW 以下的电动机 方法直观、简单、相对精度也较高（不确定度较低），但不利于对电机性能的具体分析并有针对性地改进
2	直接负载的输入－输出损耗分析法	B	需要实测输出功率（或转矩与转速），对测量仪器仪表的准确度要求较高（应不低于 0.2 级） 杂散损耗用与输出转矩呈二次函数关系进行线性回归计算 能通过线性回归最大限度地修正仪表及计算过程中产生的误差，使最终结果的不确定度最低；能显示出决定电机效率各主要组成部分的具体情况，从而便于对电机设计、工艺及制造中的问题有针对性地加以分析，并通过改进使电机性能达到要求或进一步提高 试验项目较多，费时费力，有较多的计算量 是优先选用的一种方法
3	直接负载的损耗分析法	C E E1	不需要实测输出功率 其中：C 法称为双机对拖回馈法，其杂散损耗用与转子电流呈二次函数关系进行线性回归计算；E 和 E1 法称为测量输入功率的损耗分析法。E 和 E1 法两者的区别在于计算效率时所用的杂散损耗来源，E 法需要实测，E1 法用推荐值 能显示出决定电机效率各主要组成部分的具体情况，从而便于对电机设计、工艺及制造中的问题有针对性地加以分析，并通过改进使电机性能达到要求或进一步提高 试验项目较多，费时费力，有较大的计算量，综合精度（不确定度）不如前两种
4	直接负载的降低电压负载法	G G1	在电源或负载不能满足满载运行负载试验时使用。需要的试验过程比上述四种更多更复杂，但由于最终计算效率时有一些假设成分，致使准确度远比上述几种方法低（不确定度较高） 两者的区别在于杂散损耗的来源，G 法需要实测，G1 法用推荐值
5	简单试验理论计算法	F F1 H	其中：F 和 F1 法称为“等效电路计算法”，两者的区别在于计算效率时所用的杂散损耗来源不同，F 法需要实测，F1 法用推荐值 H 法称为“圆图计算法”，在理论上与 F 法相同 在试验设备极度不足时使用，需要进行的试验简单易行 准确度最差（不确定度高）

二、A 法和 B 法负载试验过程

（一）A 法和 B 法的共同点和区别

从名称上来看，效率测试的 A 法和 B 法都带有“输入－输出”4 个字，即都属于需要加到额定输出功率的直接负载，并且能够实测输出机械功率（一般是通过实测输出转矩和转速后计算得到）的直接负载法，所以两种方法所用仪器设备的组成以及试验过程完全相同。

B 法比 A 法多了“损耗分析”4 个字，造成的区别是在试验取得相关数据后的某些计算环节，具体地说是对杂散损耗的计算问题，A 法直接使用“剩余损耗”作为杂散损耗；B 法需要对“剩余损耗”进行与输出转矩呈 2 次函数的“线性回归”（美国标准中称为“平滑处理”）后，去除 2 次函数中的“截距”后，再用杂散损耗与输出转矩 2 次方呈线性关系求出用于效率计算的负载杂散损耗值。

（二）试验设备及准备工作

1. 试验设备

本方法关键在于具备能直接测量电机输出机械功率（或转矩）的测功设备。

用交流异步电机（尽可能选用和被试电机同规格的电机）做负载（运行时为异步发电机状态），通过联轴器与转矩转速传感器同轴联结。目前应用最多，也是最先进的通过变频－逆变共直流母线内反馈系统供电系统和测量系统组成的低压电机试验设备示意图如图 10-24 所示。

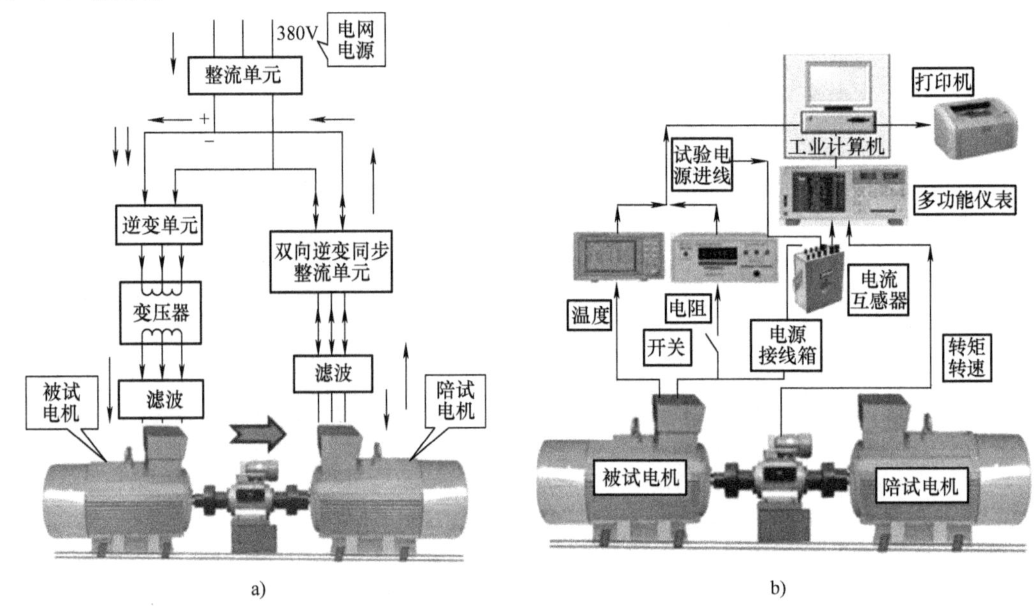

图 10-24　用交流异步电机做负载进行 A 法和 B 法效率试验的系统示意图

a）供电系统　b）测量系统

所用测功机的功率（或转矩传感器的额定转矩），在与被试电机同样的转速下，应不超过被试电机额定功率（或转矩）的 2 倍，但考虑到负载试验第一点要求加负载为额定值的 1.5 倍时，应为 1.5～2 倍；若所用转矩传感器具有短时 1.2 倍的过载能力，可为 1.25～2 倍。

2. 准备工作

试验前应做好如下两项准备工作。若试验紧接着热试验进行，则这些工作是在热试验前必须做的，所以不必再做。

1）在绕组中埋置 2 个或更多热传感元件（较常使用 T 型热电偶），一般埋置在出线端的绕组端部。

2）测量冷态绕组直流电阻和环境温度。

（三）试验过程和需要记录的数据

1. 试验前的运行要求

给被试电机加规定的负载（一般为额定负载），保持电源电压和频率为额定值，运行到温升稳定。若单独进行本项试验，被试电机绕组所达到的温度与实际温升稳定所达到的温度（该温度可以是同规格电机热试验的结果）之差应不超过5K，则可进入到数据测试试验程序。若试验紧接着热试验进行，则可不必运行很长时间。

2. 试验过程和需要记录的数据

试验测量过程中，要始终保持电源电压和频率为额定值。

调节负载在1.5（或1.25）～0.25倍额定输出功率范围内变化，测取负载下降的工作特性曲线。每条曲线测取不少于6点读数，每点读数包括三相线电压（应保持额定值）U_1（V）、三相线电流 I_1（A）、输入功率 P_1（W）、转速 n（r/min）、输出转矩 T（N·m）和定子绕组的直流电阻 R_{1t}（Ω）或温度 θ_{1t}（℃）。

若无条件在运行过程中实测定子绕组的直流电阻 R_1 或温度，则建议在读取最后一点读数后，尽快断电停机，测量定子绕组直流电阻与时间的关系曲线，操作方法和相关要求同热试验时的本项内容。

上述流程可用下式表示：

$$1.5(\text{或}1.25)P_N\text{开始}\xrightarrow[\geqslant 6\text{点}]{\text{保持}U=U_N,f=f_N;\text{测取}I_1,P_1,P_2(\text{或}T),s(\text{或}n),R_{1t}(\text{或}\theta_{1t})}0.25P_N$$

$$\xrightarrow{\text{断电停机}}\text{测量绕组直流电阻}R_1\text{与时间的关系曲线(无条件在运行中直接测量}R_1\text{或}\theta_1\text{时)}$$

（四）说明和相关要求

1. 关于试验时间快慢的掌握问题

在GB/T 1032—2012中7.2《负载试验》中提到：试验应尽可能快地完成，以减少试验过程中电机温度变化对试验结果的影响。但应注意理解“尽可能快”这4个字，既要快，又要保证在记录每一点数据时，所有需要记录的数据都要达到稳定方可，否则将会影响试验结果的准确性和重复性。

2. 关于定子绕组直流电阻的测量问题

在GB/T 1032—2012中7.2《负载试验》中提到：当按B法或A法测定电机效率时，必须测取每个负载点的绕组温度 θ_{1t} 或电阻 R_{1t}。

但实际试验时，可能遇到如下情况造成无条件在试验前在绕组中埋置热传感元件：

1）由于结构复杂不便于拆下端盖等结构件；

2）拆装端盖等会造成某些部件的损伤、改变原有的密封性能；

3）客户不允许拆开端盖等部件。

此时，若要求必须用A法或B法获得效率值，怎么办？

在GB/T 1032—2012中7.2提到：当按C法、E法或E1法确定电机效率时，允许采用本条a）规定的方法确定每个负载点处的电阻值；当按本标准规定的其他方法确定电机效率时，允许采用本条b）规定的方法确定每个负载点处的电阻值。这里提到的a）法和b）法如下：

a）≥100%额定负载点的电阻值是最大负载点读数之前的电阻值；<100%额定负载各点的电阻值按与负载成线性关系确定，起点是100%额定负载时的电阻值，末点是最小负载

读数之后的电阻值。

b）负载试验结束并断电停机后，按用电阻法测取绕组温升所述的方法，立即测取定子绕组端电阻对冷却时间 t 的关系曲线，取外推到 $t=0\text{s}$ 时的电阻值作为各负载点的电阻值。

实践证明上述 a）法不易实施。原因是两个时刻的电阻值都需要在断电停机的状态下进行测量，测量时刻与读取负载点的时刻相距较长，造成数据偏差较大。而 b）法则很容易实施，并且与实际数值相差较小。

所以建议：在做不到带电测取绕组直流电阻（或温度）时，应使用上述 b）法。

3. 读取各点数值时要保持电源电压和频率为额定值的问题

试验方法标准中要求在试验读取各点数值时要保持电源电压和频率为额定值，实际上要做到 100% 额定值是不太容易的，原因是电源电压始终会在波动，频率也会有一定的变化，特别是频率的变化在电网供电的情况下是无法人为控制和调整的，用机组或电子电源时，频率的波动会更大（相对于电网电源）。为了最终结果的准确性达到尽可能高的水平，就要在每个测量点同时精确地测量和记录电源电压（从被试电机接线端测取）及频率。特别是在计算转差率时，一定要使用记录的电源频率来计算同步转速。

（五）整理和计算记录的数据

根据试验中记录，求出各试验点如下将来用于计算效率的数据：

1）三相线电流平均值 I_1（A）；

2）输入功率 P_1（W）；

3）输出功率 P_2（W）；

4）输出转速 n（r/min）或转差率 s（%）；

5）输出转矩 T（N · m）；

6）用测量绕组温度 θ_{1t}（℃）再转换成直流电阻的方法时，求出绕组的直流电阻 R_1（Ω）；

7）用断电停机后测量绕组直流电阻的方法时，求出断电瞬间绕组的直流电阻。

三、A 法和 B 法效率的计算过程和相关规定

（一）说明

用 A 法和 B 法测试效率所用的试验设备、试验规程及应记录的数据等完全相同。两种方法的不同点仅在于计算效率过程中的一些环节。

现将 A 法和 B 法计算效率的过程和注意事项列于表 10-21 和表 10-22 中。

首先对表中的内容说明如下：

1）每一个过程都是指计算各试验点的数值，所用原始数据来自本节前面第二部分用 A 法和 B 法测试效率和第八章第一节空载特性试验。

2）电量符号下角标带字母“t”的为试验时的实测值或通过实测值直接计算得到的数值；带“X”的为经过修正（温度修正或误差修正）后得到的数值。例如 P_{Cu1t} 为用试验时测得的输入电流和电阻计算得到的定子绕组铜损，P_{Cu1X} 则为经过修正（温度修正）的定子绕组铜损。

3）所有量的单位均使用其基本单位，即电流、电压、功率、电阻、转速、转矩、温度分别为 A、V、W、Ω、r/min、N · m、℃（温升和温度差值用 K）。

4）电流为三相线电流平均值，电压为三相线电压平均值，电阻为三相端电阻（或称为线电阻）平均值，功率和损耗为三相值之和。

5）K_1 为在 0℃时定子绕组电阻温度系数的倒数，铜绕组 $K_1=235$℃；K_2 为在 0℃时转子绕组电阻温度系数的倒数，铝绕组 $K_2=225$℃。

6）A 法和 B 法计算效率过程中的前半部分基本相同，如表 10-21 中的前 8 项所示。

（二）A 法计算效率过程

表 10-21 列出了 A 法的效率计算过程和说明。

表 10-21　用 A 法进行效率计算的过程

序号	计算目的		计算公式	备注
1	用实测绕组温度的方法时，求负载试验时的定子端电阻 R_{1t}		$R_{1t}=R_{1C}\dfrac{K_1+\theta_{1t}}{K_1+\theta_{1C}}$	R_{1C}为实际冷状态下（温度为 θ_{1C}）实测三相端电阻平均值；θ_{1t}为负载试验绕组几个温度实测值中的最高值
2	求负载试验环境状态下的转定子铜损 P_{Cu1t}		$P_{Cu1t}=1.5I_{1t}^2R_{1t}$	I_{1t}为试验中每点实测三相线电流的平均值
3	求负载试验环境状态下的转差率 s_t		$s_t=\dfrac{n_{st}-n_t}{n_{st}}$	n_{st}和 n_t 分别为实测的同步转速和转子转速
4	求各负载点的铁损电压		$U_b=\sqrt{U_t^2-R_{1t}P_{1t}+\dfrac{3}{4}I_{1t}^2R_{1t}^2}$	U_t 为三相线电压实测平均值 公式来源见本节第（四）部分
5	求各负载点的铁损		利用空载特性曲线中 $P_{Fe}=f(U_0/U_N)$ 查取第 4 项计算出的各负载点的 U_b 所对应的铁损 P_{Fe}	$P_{Fe}=f(U_0/U_N)$
6	求负载试验环境状态下各负载点的转子铜损 P_{Cu2t}		$P_{Cu2t}=s_t(P_{1t}-P_{Cu1t}-P_{Fe})$	
7	求修正后的输出转矩 T_X		$T_X=T_t+\Delta T$	T_t 为实测输出转矩显示值 修正值 ΔT 的求取方法见本节第五部分“用转矩传感器直连时转矩显示值的修正”
8	求各负载点修正后的输出功率 P_{2x}		$P_{2X}=\dfrac{T_Xn_t}{9.549}$	
9	求修正到基准冷却介质温度（25℃）的输入和输出功率	定子铜损 P_{Cu1X} 和增量 ΔP_{Cu1}	$P_{Cu1X}=P_{Cu1t}\times\dfrac{K_1+25}{K_1+\theta_a}$ $\Delta P_{Cu1}=P_{Cu1t}-P_{Cu1X}$	P_{Cu1t}的含义见本表第 2 项；θ_a 为负载试验冷却介质温度
10		转子铜损 P_{Cu2X} 和增量 ΔP_{Cu2}	$P_{Cu2X}=P_{Cu2t}\times\dfrac{K_2+25}{K_2+\theta_a}$ $\Delta P_{Cu2}=P_{Cu2t}-P_{Cu2X}$	P_{Cu2t}的含义见本表第 6 项；θ_a 为负载试验冷却介质温度
11		输入功率 P_{1X}	$P_{1X}=P_{1t}-\Delta P_{Cu1}-\Delta P_{Cu2}$	
12		转差率 s_X	$s_X=(n_{st}-n_t)\times\dfrac{K_2+25}{K_2+\theta_a}$	
13		转速 n_X	$n_X=n_{st}-s_X$	
14		输出功率 P_{2X}	$P_{2X}=\dfrac{T_Xn_X}{9.549}$	
15	计算效率 η		$\eta=\dfrac{P_{2X}}{P_{1X}}\times100\%$	
16	求功率因数 $\cos\varphi$		$\cos\varphi=\dfrac{P_{1X}}{\sqrt{3}U_1I_1}$	U_1 和 I_1 分别为各试验点实测的定子输入线电压和线电流

（三）B 法计算效率过程

表 10-22 列出了 B 法的效率计算过程和说明。

表 10-22　B 法计算效率的过程

<table>
<tr><th>序号</th><th colspan="2">计算目的</th><th>计算公式</th><th>备注</th></tr>
<tr><td>1～8</td><td colspan="2">计算试验状态下各试验点的相关数据</td><td>同表 10-21（A 法）1～8 项</td><td>同表 10-21（A 法）1～8 项</td></tr>
<tr><td rowspan="3">9</td><td rowspan="3">求负载杂散损耗 P_s</td><td>(1) 求剩余损耗 P_L</td><td>$P_L = P_{1t} - P_{2tX} - (P_{Cu1t} + P_{Cu2t} + P_{Fe} + P_{fw})$</td><td rowspan="3">$P_{fw}$见第九章第一节，各点使用同一个值
P_{Fe}见表 10-21 第 4 项和第 5 项
式中的 n 为负载测试点总数，例如 $n=6$。注意若有删除点，应按调整后剩余的实际点数
当 $r \geqslant 0.95$ 时符合要求，否则应剔除坏点（最多 1 个）重新计算，若仍不能达到要求，则应查找原因，再进行试验和相关计算，直至符合要求为止</td></tr>
<tr><td>(2) 计算 $P_L = AT^2 + B$ 中的斜率 A、截距 B 和相关系数 r</td><td>$A = \dfrac{n\sum P_L T_X^2 - \sum P_L \sum T_X^2}{n\sum T_X^4 - (\sum T_X^2)^2}$
$B = \dfrac{1}{n}(\sum P_L - A\sum T_X^2)$
$r = \dfrac{n\sum P_L T_X^2 - \sum P_L \sum T_X^2}{\sqrt{[n\sum T_X^4 - (\sum T_X^2)^2] \cdot [n\sum P_L^2 - (\sum P_L)^2]}}$</td></tr>
<tr><td>(3) 求负载杂散损耗 P_s</td><td>$P_s = AT_X^2$</td></tr>
<tr><td rowspan="2">10</td><td colspan="2" rowspan="2">求定子绕组的工作温度 θ_W</td><td>1) 由热试验获得
$\theta_W = \dfrac{R_W}{R_{1C}}(K_1 + \theta_{1C}) - K_1$</td><td rowspan="2">$R_W$ 为断电瞬间的定子端电阻，由热试验定子电阻冷却曲线外推到 $t=0$ 点获得</td></tr>
<tr><td>2) 热试验时实测的绕组最高温度</td></tr>
<tr><td rowspan="5">11</td><td rowspan="5">对相关数据温度修正</td><td>(1) 将试验环境温度修正到 25℃</td><td>$\theta_s = \theta_W + 210 - \theta_b$</td><td rowspan="5">$\theta_s$ 在 GB/T 1032—2012 中称作“规定温度”。详见本节第四部分
θ_b 为热试验结束前 2～3 个试验记录点环境温度的平均值</td></tr>
<tr><td>(2) 定子铜损 P_{Cu1X}</td><td>$P_{Cu1X} = 1.5I_1^2 R_{1C} \dfrac{K_1 + \theta_s}{K_1 + \theta_{1C}}$</td></tr>
<tr><td>(3) 转差率 s_X</td><td>$s_X = s_t \dfrac{K_2 + \theta_s}{K_2 + \theta_t}$</td></tr>
<tr><td>(4) 转子铜损 P_{Cu2X}</td><td>$P_{Cu2X} = s_X(P_{1t} - P_{Cu1X} - P_{Fe})$</td></tr>
<tr><td>(5) 输出转速 n_X</td><td>$n_X = (1 - s_X)n_{st}$</td></tr>
<tr><td>12</td><td colspan="2">计算新的输出功率</td><td>$P_{2X} = P_{1t} - (P_{Cu1X} + P_{Fe} + P_{fw} + P_{Cu2X} + P_s)$</td><td></td></tr>
<tr><td>13</td><td colspan="2">计算效率</td><td>$\eta = \dfrac{P_{2X}}{P_{1t}} \times 100\%$</td><td></td></tr>
<tr><td>14</td><td colspan="2">计算功率因数</td><td>$\cos\varphi = \dfrac{P_{1t}}{\sqrt{3}UI}$</td><td></td></tr>
</table>

（四）用 B 法计算效率时定子铁损的求取问题

1. 在 GB/T 1032—2012 中给出的 U_b 计算式

在 GB/T 1032—2012 中给出的计算 U_b（V）的计算式如下：

$$U_{\mathrm{b}} = \sqrt{\left(U - \frac{\sqrt{3}}{2}I_1 R_{\mathrm{t}}\cos\varphi\right)^2 + \left(\frac{\sqrt{3}}{2}I_1 R_{\mathrm{t}}\sin\varphi\right)^2} \tag{10-9}$$

式中　$\cos\varphi = \dfrac{P_1}{\sqrt{3}UI_1}$，$\sin\varphi = \sqrt{1-\cos^2\varphi}$。

2. 简化的 U_{b} 计算式

利用三角函数中 $\sin\varphi^2 + \cos\varphi^2 = 1$ 的数学关系，可将式（10-9）简化为以下简单的计算式（10-10）。

$$U_b = \sqrt{U^2 - R_{\mathrm{t}}P_1 + \frac{3}{4}I_1^2 R_{\mathrm{t}}^2} \tag{10-10}$$

3. 计算举例

某负载试验点的数据为：定子电压 $U = 380\mathrm{V}$；定子电流 $I_1 = 13.78\mathrm{A}$；定子绕组电阻$R_{\mathrm{t}} = 1.61\Omega$；输入功率 $P_1 = 7710\mathrm{W}$。则利用式（10-10）可得

$$U_{\mathrm{b}} = \sqrt{U^2 - R_{\mathrm{t}}P_1 + \frac{3}{4}I_1^2 R_{\mathrm{t}}^2}$$

$$= \sqrt{380^2 - 1.61 \times 7710 + \frac{3}{4} \times 13.78^2 \times 1.61^2}\,\mathrm{V} = 363.8\mathrm{V}$$

从空载特性曲线 $P_{\mathrm{Fe}} = f\ (U_0/U_{\mathrm{N}})$ 上，查取 $U_0/U_{\mathrm{N}} = U_{\mathrm{b}}/U_{\mathrm{N}} = 363.8\ \mathrm{V}/380\mathrm{V} = 0.9574$ 时的铁损，作为该负载试验点的铁损 P_{Fe}为 145W。在 $U_0 = U_{\mathrm{N}} = 380\mathrm{V}$ 时，P_{Fe}为 165W。两者相差 20W，为 165W 的 12.12%。

可以很容易地看到，随着负载电流的降低，求得的 U_{b} 与额定电压 U_{N} 的偏差越小，完全空载时，$U_{\mathrm{b}} = U_{\mathrm{N}}$。

使用本方法计算得到的该负载点效率为 86.05%，比认为铁损为恒定值（空载试验得到的额定电压时的数值）时求得的效率 85.82% 高 0.23%。

本规定的理论依据是考虑到负载运行时，转子电流对定子磁场的去磁作用，从而降低了定子的铁损。

四、绕组规定温度和工作温度的确定方法

（一）额定负载下绕组工作温度 θ_{W} 的确定

绕组工作温度 θ_{W} 是指电机在额定负载热试验过程中达到热稳定状态时绕组的温度。

在 GB/T 1032—2012 中额定负载下绕组工作温度 θ_{W} 的确定方法有电阻法和温度计法（如热电偶温度计）两种。建议选择第一种。

1. 电阻法

电阻法实际上是用热试验测量热电阻换算求取绕组平均温度的方法。即利用热试验得到的绕组直流电阻与冷却时间的关系曲线外推至 $t = 0\mathrm{s}$ 时的电阻值 R_{W}，用式（10-11）换算得到热稳定状态时绕组平均温度 θ_{W}。

$$\theta_{\mathrm{W}} = \frac{R_{\mathrm{W}}}{R_{1\mathrm{C}}} \times (K_1 + \theta_{\mathrm{C}}) - K_1 \tag{10-11}$$

式中　$R_{1\mathrm{C}}$，θ_{C}——冷电阻和测量冷电阻时的温度。

2. 温度计法

温度计法是使用测温器具（含膨胀式温度计、点温计和埋置热传感元件的测温计等）

实测负载运行中的绕组温度的方法。该方法属于实测法，应设置多个测量点。

取埋置在绕组中的几个测温点测量值中的最高温度值作为绕组的工作温度 θ_W。可想而知，这是绕组的局部温度值。

（二）额定负载下绕组规定温度 θ_s 的确定

规定温度 θ_s 是绕组工作温度 θ_W 修正到冷却介质温度为25℃时的温度值，即

$$\theta_s = \theta_W + 25 - \theta_b \tag{10-12}$$

式中 θ_b——额定负载试验时的环境温度（℃）。

在 GB/T 1032—2012 中规定，θ_s 值按下列先后次序选择其中一方法确定：

1）按上述第（一）项中所述的“电阻法”确定绕组工作温度 θ_W。

2）按上述第（一）项中所述的“温度计法”由温度计直接测得绕组工作温度 θ_W。

3）如与被试电机的结构和电气设计完全相同的其他电机，按第1）项规定出具的电机试验报告自签发之日起未超过12个月，则可用该电机按第1）项确定的 θ_s 值。

4）按间接法确定绕组工作温度 θ_W 的，按第1）项规定确定 θ_s。

5）当不能测取额定负载热试验下绕组工作温度 θ_W 时，假定规定温度 θ_s 等于表10-23中所列按绝缘结构热分级规定的基准温度 θ_{ref}，即 $\theta_s = \theta_{ref}$。如按着低于绝缘结构热分级规定温升和温度限值，则应按该较低热分级确定基准温度（例如实际为F级绝缘，但按B级考核温升，此时应取得热分级确定基准温度 θ_{ref} 为95℃）。

表10-23 不同绝缘结构热分级的基准温度

绝缘结构热分级	A和E	B	F	H
基准工作温度 θ_{ref}/℃	75	95	115	130

五、用转矩传感器直连时转矩显示值的修正

对于转矩传感器与被试电动机通过一副联轴节直连的测功系统，由于只有转矩传感器与被试电动机相连一端的轴承摩擦阻力和该端联轴节所产生的制动转矩不会显示在测量转矩数值中，若安装连接达到较高的同轴度要求，则该损耗一般在10W以内，一般仅5W左右。所以，对1kW及以上的被试电动机效率计算影响很小，可以忽略。

若需要进行修正，可按下述方法步骤进行（GB/T 1032—2012 中7.3）。

1. 负载设备无输出的试验

在 GB/T 1032—2012 中7.3.1 称为“被试电动机经转矩测量仪与负载电机耦接测试”，方法如下：

1）被试电动机、转矩传感器、负载三者正常连接。负载设备处于无输出状态（无因外加因素造成的制动力矩状态。用直流机做负载时，切断励磁和输出电路；用交流异步发电机做负载时，切断交流电源；用涡流或磁粉制动器时，不加励磁）。

2）被试电动机加额定电压和额定频率运行到机械耗稳定后（若进行负载或发热试验，则紧接着进行），记录一组与负载试验同样要求的数据：被试电动机输入功率 P_{d0}（W）和输入电流 I_{d0}（A）；输出转速 n_{d0}（r/min）和转矩 T_{d0}（N·m）；定子绕组端电阻 R_{d0}（Ω）或温度 θ_{d0}（℃）；电源频率 f（Hz）。

2. 被试电动机完全空载的试验

在 GB/T 1032—2012 中7.3.2 称为“被试电动机空载测试”。

上述试验完成之后，尽快将传感器和负载与被试电动机脱开。被试电动机仍加额定电压和额定频率空载运行。记录一组被试电动机的空载数据：输入功率 P_0（W）和输入电流 I_0（A）；定子绕组端电阻 R_0（Ω）或温度 θ_0（℃）。

修正转矩数值计算。利用上述两次试验的结果，用下式计算转矩读数的修正值（N·m）。

$$\Delta T = 9.549 \times \frac{(P_{d0} - P_{Cud0} - P_{Fe})(1 - s_{d0}) - (P_0 - P_{Cu0} - P_{Fe})}{n_{d0}} - T_{d0} \tag{10-13}$$

若认为 $s_{d0} \approx 0$，则 $1 - s_{d0} \approx 1$，则可用下述简化公式：

$$\Delta T = 9.549 \times \frac{P_{d0} - P_{Cud0} - P_0 + P_{Cu0}}{n_{d0}} - T_{d0} \tag{10-14}$$

式中，$P_{Cud0} = 1.5I_{d0}^2R_{d0}$；$P_{Cu0} = 1.5I_0^2R_0$；$s_{d0} = 1 - [n_{d0}/(60f/p)]$，其中 p 为被试电动机的极对数；P_{Fe}为额定电压时的铁损（W），从空载特性曲线上获取。对于绕组直流端电阻 R_{d0} 和 R_0，若不是直接测得的，则利用两次试验时测得的绕组温度 θ_{d0}及 θ_0 和试验前所测得的冷态直流电阻 R_C 和冷态温度 θ_C 进行换算得到，即

$$R_{d0} = \frac{235 + \theta_{d0}}{235 + \theta_C} \tag{10-15}$$

$$R_0 = \frac{235 + \theta_0}{235 + \theta_C} \tag{10-16}$$

修正后的输出转矩 T_X（N·m）为

$$T_X = T_S + \Delta T \tag{10-17}$$

式中　T_S——试验时从转矩仪表上读取的转矩值（N·m）。

六、降低电压负载法（G 和 G1 法）**测定效率**

G（G1）效率的测定法称为“降低电压负载法”，是间接测定效率的方法之一。在电源或负载能力不能进行额定电压和额定负载试验时采用。

试验时所用负载设备的连接方式和要求以及仪器仪表的选用与前面讲述的方法基本相同，不同点是负载的容量可以小一些（在被试电动机额定功率的1/2 左右即可）。

（一）试验步骤和需测量的数据

首先使被试电动机在额定频率、1/2 额定电压和 1/2 额定电流下运行到接近热稳定状态。然后保持额定频率和1/2 额定电压不变，在0.6 倍额定电流至空载电流范围内测取不少于6 点读数，每点读数包括：三相线电流、输入功率及转差率（或转速）、定子直流电阻或温度（若无条件，则在上述试验结束之后，立即断电停机测取定子直流电阻与时间的关系曲线）。

上述流程可表示为：

从 $0.6I_N$ 开始$\xrightarrow[\geq 6\text{点}]{\text{保持 } U=0.5U_N\text{、}f=f_N\text{；同时测取 } I_1\text{、}P_1\text{、}S\text{（或 }n\text{）、}R_{1t}\text{（或 }\theta_{1t}\text{）}}$$I_0$

$\xrightarrow{\text{断电停机}}$测量被试电动机绕组直流电阻 R_{1t}与时间的关系曲线（无条件在运行中直接测量 R_{1t}或 θ_{1t}时）

G 法需要增加一项杂散损耗实测试验；G1 法计算效率时的杂散损耗用推荐值，其试验方法或具体推荐数值见第九章第一节第五部分。

（二）进行空载试验

试验方法和需测量的数据等见第八章第三节《空载特性试验》。

（三）效率的计算过程

利用试验数据求取效率的计算过程如下。

1. 绘制定子电流、温度修正后的转差率与输入功率的关系曲线

1）将试验测得或计算求得的各点转差率修正到规定工作温度，记为 S_r。

2）分别作试验时定子电流 I_{1r}（A）、温度修正后的转差率 s_r 与输入功率 P_{1r}（W）的关系曲线，如图 10-25 所示。

2. 额定功率时效率的计算步骤

1）假设 $I_{1r}=0.5I_N$，从图 10-25 的曲线 $I_{1r}=f(P_{1r})$ 上查出对应的 P_{1r}。则额定电压 U_N 时的输入功率 P_1 用下式求得：

$$P_1=P_{1r}(U_N/U_r)^2 \tag{10-18}$$

2）用下式求取满载电流 I_L（A）。

$$I_1=\sqrt{(I'_{1r})^2+\Delta I_0^2-2I'_{1r}\Delta I_0\cos(90^\circ+\varphi_r)} \tag{10-19}$$

$$I'_{1r}=I_{1r}\frac{U_N}{U_r} \tag{10-20}$$

$$\varphi_r=\cos^{-1}\frac{P_{1r}}{\sqrt{3}U_rI_{1r}} \tag{10-21}$$

$$\Delta I_0=I_0\sin\varphi_0-I_{0r}\left(\frac{U_N}{U_r}\right)\sin\varphi_{0r} \tag{10-22}$$

$$\varphi_0=\arccos\frac{P_0}{\sqrt{3}U_NI_0} \tag{10-23}$$

$$\varphi_{0r}=\arccos\frac{P_{0r}}{\sqrt{3}U_rI_{0r}} \tag{10-24}$$

式中　I_0、P_0——分别为电动机在额定电压时的空载电流和损耗，从空载特性曲线上求取。

I_{0r}、P_{0r}——分别为电动机在电压 U_r 时的空载电流和损耗，从空载特性曲线上求取。

3）从图 10-25 的曲线 $I_{1r}=f(P_{1r})$ 上查出 $I_{1r}=I_L$ 对应的 P_{1r}，再从曲线 $s_r=f(P_{1r})$ 上查出 P_{1r}对应的 s_r，此 s_r 即为额定功率 P_N 时的转差率 s_L。

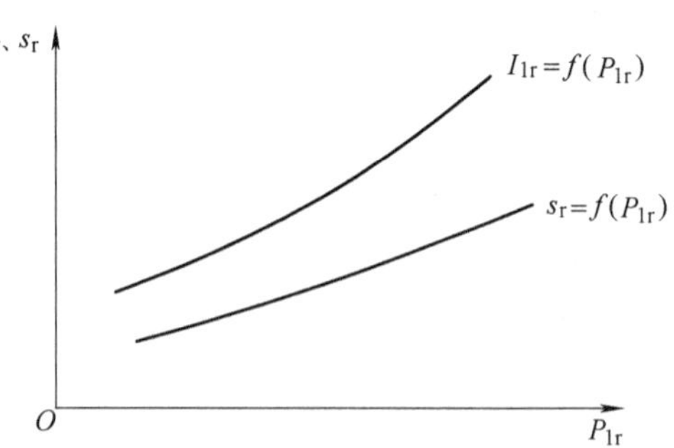

图 10-25　降低电压负载法定子电流、转差率与输入功率的关系曲线

4）用满载电流 I_L 和修正到基准工作温度的定子电阻求出满载时的定子铜损 P_{Cu1}；用满载转差率 s_L 和其他参数求出满载时的转子铜损 P_{Cu2}。

5）负载杂散损耗 P_s的确定方法是：G 法用实测数据；G1 法按推荐值。

6）用式 $P_2=P_1-(P_{Cu1}+P_{Cu2}+P_{Fe}+P_{fw}+P_s)$ 计算求出输出功率 P_2。若此 P_2 与被

试电动机的额定功率 P_N 之差超过 ±0.001 P_N 时，则应重新假设 I_{1r}，重复进行上述计算至 P_2-P_N 在 ±0.001 P_N 以内为止。

7）用式 $\eta = P_2/P_1$ 求出满载效率 η。

七、等效电路法（F 和 F1 法）效率试验和计算

（一）三相异步电动机一相的等效电路

三相异步电动机一相的等效电路如图 10-26所示。图中，R_1 为定子绕组相电阻；X_1 为定子漏抗；R_2 为折算到定子侧的转子相电阻；X_2 为折算到定子侧的转子漏抗；S 为转差率；G_{Fe} 为铁损等效电导；B_m 为主励磁导纳。

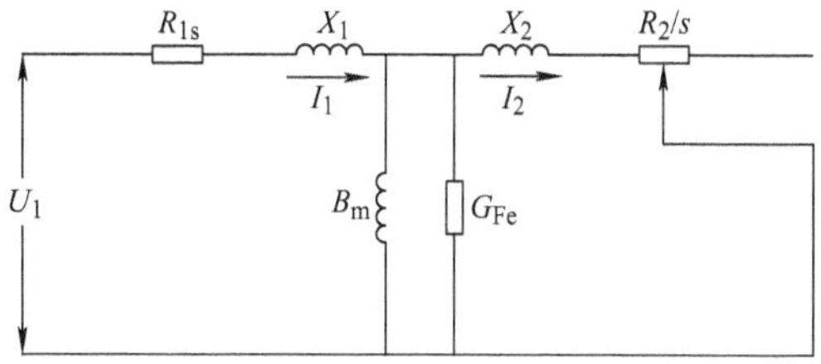

图 10-26　三相异步电动机等效电路（一相）

（二）所需的试验及有关规定

等效电路中的参数需通过空载试验、阻抗试验和堵转试验得到的数据导出。

由空载试验求得额定频率时额定电压下的空载电流、空载损耗、铁心损耗、风摩损耗，以及试验后的定子绕组直流电阻。

阻抗试验是在一个或几个频率、电压/或负载下测取电压、电流、输入功率和定子绕组直流电阻（或温度）的数值，这些数据被认为是阻抗部分的数据。如被试电动机为绕线转子，试验时，应将转子三相绕组在出线端短路。

应在额定电流下测量电抗，重要的是等效电路计算中用到的电抗值应为计及饱和和深槽影响的正确值，否则计算求得的功率因数将大于实际值。

实际上，本项试验一般均指低频堵转试验。试验时的电源频率应为额定值的1/4，调整输入电压，使定子电流为额定值。

对于笼型转子电动机，其转子可在任意角度下进行试验；对于绕线转子电动机，由于其阻抗与定、转子之间的相对位置有关，所以试验较为复杂，试验时应事先确定转子在某一相对位置时阻抗的平均值。

（三）效率计算过程及有关规定

利用等效电路计算法求取电动机特性的过程和有关规定如表 10-24 所示。表中 I、U、R 均为相值。各项物理量的单位均使用基本单位，即 V、A、W、var、Hz、Ω、℃、r/min等。

表 10-24　等效电路计算法求取电动机特性过程

序号	项目	计算过程及说明
1	必备参数：相电流，相电压，相电阻，相电抗，三相功率或损耗	1）额定数值：P_N，U_N，I_N，f_N，n_s 2）定子相电阻：R_1（修正到基准工作温度） 3）额定电压（$U_0=U_N$）时的空载试验数据：P_0，P_{Fe}，P_{fw}，I_0，R_{10}（试验后测得） 4）$f=f_N/4$ 时的堵转数据：P_{1K}，U_{1K}，I_{1K}，f_K，R_{1K}（试验后测得），θ_{1K}（测电阻 R_{1K}时绕组温度） 5）杂散损耗 P_s：实测值（F 法）或推荐值（F1 法）

（续）

序号	项目	计算过程及说明
2	求定子电抗设计值［X_1］和转子电抗设计值［X_2］	$$[X_1] = X_1^*\left(\frac{3U_N^2}{P_N}\right) \quad [X_2] = X_2^*\left(\frac{3U_N^2}{P_N}\right)$$ 式中，X_1^* 和 X_2^* 分别为定、转子电抗的标幺值
	求定、转子电抗的比值	$$\left[\frac{X_1}{X_2}\right] = \frac{[X_1]}{[X_2]}$$
3	励磁电抗的估算值	$$[X_m] \approx \frac{U_N}{I_0} - [X_1],\ \left[\frac{X_1}{X_m}\right] = \frac{[X_1]}{[X_m]}$$
4	求等效电路中的参数 （1）X_1、X_m 初始值的求取	假定 $X_1 = [X_1]$；$\frac{X_1}{X_m} = \left[\frac{X_1}{X_m}\right]$；$\frac{X_1}{X_2} = \left[\frac{X_1}{X_2}\right]$，则 $$X_m = \frac{3U_N^2}{Q_0 - 3I_0^2X_1} \cdot \frac{1}{\left(1 + \frac{X_1}{X_m}\right)^2}$$ 式中，Q_0 为空载无功功率，$Q_0 = \sqrt{(3U_NI_0)^2 - P_0^2}$ $$X_{1K} = \frac{Q_K}{3I_{1K}^2\left(1 + \left[\frac{X_1}{X_2}\right] + \frac{X_1}{X_m}\right)}\left(\left[\frac{X_1}{X_2}\right] + \frac{X_1}{X_m}\right)$$ 式中，Q_K 为堵转时的无功功率，$Q_K = \sqrt{(3U_{1K}I_{1K})^2 - P_{1K}^2}$ $$X_1 = \frac{f_N}{f_K}X_{1K}$$
	（2）用迭代法精确求取 X_1、X_m	利用求得的 X_1 和 X_m 的初值，重新算出 X_1/X_m，仍取 $X_1/X_2 = [X_1/X_2]$，利用同样的方法再次求出 X_1、X_m 和 X_{1K}，不断重复上述过程，直到相邻两次求得的 X_1 和 X_m 相差不超过前一个数值的 ±0.1% 为止
	（3）求转子电抗 X_2 和励磁电纳 B_m	$$X_{2K} = \frac{X_{1K}}{\left[\frac{X_1}{X_2}\right]},\ X_2 = \frac{f_N}{f_K} \cdot X_{2K},\ B_m = \frac{1}{X_m}$$
	（4）求铁心电导 G_{Fe} 和等效电阻 R_{Fe}	$$G_{Fe} = \frac{P_{Fe}}{3U_N^2}\left(1 + \frac{X_1}{X_m}\right)^2,\ R_{Fe} = \frac{1}{G_{Fe}}$$
	（5）求转子电阻 R_2	$$R_{2K} = \left(\frac{P_{1K}}{3I_{1K}^2} - R_{1K}\right) \times \left(1 + \frac{X_2}{X_m}\right)^2 - \left(\frac{X_2}{X_1}\right)^2(X_{1K}^2G_{Fe})$$ 对绕线转子电动机，用下式求取 R_2： $$R_2 = R_{2ref}'K_U^2$$ 式中，R'_{2ref} 为修正至规定温度未折算至定子侧的转子相电阻；K_U 为变压比（转子绕组开路时，定、转子绕组电压比），$K_U = U_{10}/U_{20}$
	（6）求修正到规定温度 θ_s 下定子相电阻 R_{1s}	$$R_{1s} = R_{1K} \times \frac{K_1 + \theta_s}{K_1 + \theta_{1K}}$$ 式中，R_{1K} 为定子绕组相电阻；θ_{1K} 为测量 R_{1K} 时绕组温度；θ_s 为规定温度，按表 10-23 的确定

（续）

序号	项目	计算过程及说明
5	求取工作特性预备参数	1）假设转差率 s 为设计值 2）$Z_2 = \sqrt{(R_2/s)^2 + X_2^2}$ 3）$G_2 = R_2/sZ_2^2$ 4）$G = G_2 + G_{Fe}$ 5）$B_2 = X_2/Z_2^2$ 6）$B = B_2 + B_m$ 7）$Y = \sqrt{G^2 + B^2}$ 8）$R = (G/Y^2) + R_{1s}$ 9）$x = (B/Y^2) + X_1$ 10）$Z = \sqrt{R^2 + X^2}$
6	求定子电流 I_1 和转子电流 I_2	$I_1 = U_N/Z$，$I_2 = I_1/(Z_2Y)$
7	求输入功率 P_1 和电磁功率 P_m	$P_1 = 3I_1^2R$，$P_m = 3I_2^2R_2/s$
8	求各项损耗和总损耗 P_T	$P_{Cu1} = 3I_1^2R_{1s}$，$P_{Fe} = 3I_1^2G_{Fe}/Y^2$，$P_{Cu2} = sP_m$，$P_T = P_{Cu1} + P_{Cu2} + P_{Fe} + P_{fw} + P_s$
9	求输出功率 P_2 并进行迭代确定	$P_2 = P_1 - P_T$ 设某一负载点的输出功率为 P_m，第一次假设的转差率 $s_{(1)}$，算出的输出功率为 $P_{m(1)}$，如果 $P_{m(1)}$ 不等于 P_m，且两者之差大于 P_m 的0.1%，重新假设转差率 $s_{(2)}$，按上述步骤重新计算，直至算出的 $P_{m(2)}$ 与 P_m 之差小于 P_m 的0.1%为止 可按式 $s_{(2)} = s_{(1)} \times \left[1 + \frac{P_m - P_{m(1)}}{P_m}\right]$ 估算
10	满载效率 η 和功率因数 $\cos\varphi$	$\eta = (P_2/P_1) \times 100\%$，$\cos\varphi = R/Z$
11	满载转矩和转速	$T_N = 9549P_N/n_N$，$n_N = (1-s)n_s$
12	绘制工作特性曲线	

八、圆图计算法（H 法）试验和求取效率

（一）需进行的相关试验和数据

圆图计算法（H 法）试验步骤与等效电路法类似，包括如下几项。

1）测取定子绕组相电阻，并转换到基准工作温度时的数值 R_{1s}。

2）对绕线转子电动机，还应测取转子绕组的相电阻并换算到基准工作温度，之后再用定、转子电压比 K_V（电动机定子加额定电压转子三相开路空载运行时，定子线电压与转子线电压之比）进行折算。设折算前为 R_2'，则折算后为 R_2，$R_2 = R_2'K_V{}^2$。

3）由额定电压、额定频率的空载试验求得定子三相空载电流平均值 I_0 和输入功率 P_0。

4）由堵转电流为1.0～1.1倍额定电流，电源频率为额定值的堵转试验，求得该条件下的堵转相电流 I_K、堵转相电压 U_K 和堵转输入功率 P_K。

5）对于深槽和双笼型转子电动机，还应在0.5倍额定频率下进行上述堵转试验，试验

时的堵转电流为1.0～1.1倍额定电流，求得该条件下的堵转相电流 I'_K、堵转相电压 U'_K 和堵转输入功率 P'_K。

（二）求取效率的计算过程

普通笼型及绕线转子异步电动机计算过程如表10-25所示。普通笼型异步电动机是指转子由同样高度的导条组成，并且其高度对铜导条≤10mm；对铝导条≤16mm。

深槽式和双笼型电动机的性能参数圆图计算法计算过程如表10-26。

表10-25　用圆图计算法求取普通笼型及绕线转子异步电动机性能参数的计算过程

序号	项目	计算过程及说明
1	求空载电流的有功分量 I_{0R} 求空载电流的无功分量 I_{0X}	$I_{0R}=P_0/3U_N$ $I_{0X}=\sqrt{I_0^2-I_{0R}^2}$
2	由 $f=f_N$ 堵转试验求取等效阻抗 Z_K、等效电阻 R_K 及等效电抗 X_K	$Z_K=U_K/I_K$ $R_K=P_K/3{I_K}^2$ $X_K=\sqrt{Z_K^2-R_K^2}$
3	求取电动机的 R、X、Z	对B级绝缘：$R=R_K$；对F、H级绝缘：$R=1.13R_K$ $X=X_K$，$Z=\sqrt{R^2+X^2}$
4	求堵转电流 I_{KN} 及其有功分量 I_{KR} 和无功分量 I_{KX}	$I_{KN}=U_N/Z$ $I_{KR}=I_{KN}R/Z$ $I_{KX}=I_{KN}X/Z$
5	求取额定功率 P_N 时的效率 η、功率因数 $\cos\varphi$、转差率 s 和定子电流 I_1 的预备参数	$K=I_{KR}-I_{0R}$，$H=I_{KX}-I_{0X}$，$I_{2K}=\sqrt{H^2-K^2}$ 由 $\tan\alpha=H/K$ 求出 α、$\cos\alpha$、$\sin\alpha$ $K_1=I_{2K}^2R_1/U_N$ $K_2=K_1R_2/R_1$（对绕线转子异步电动机） $K_2=K-K_1$（对普通笼形异步电动机）
		$I_R=(P_N+P_s)/3U_N$ $a=0.5I_{2K}-I_R\cos\alpha$ $b=a-\sqrt{a^2-I_R^2}$，$b_1=b\cos\alpha$，$b_2=b\sin\alpha$ $c=b_1K_2/K$，$d=c-I_R$
6	满载定子电流有功分量 I_{1R} 满载定子电流无功分量 I_{1X} 定子电流 I_1	$I_{1R}=I_{0R}+b_1+I_R$ $I_{1X}=I_{0X}+b_2$ $I_1=\sqrt{I_{1R}^2-I_{1X}^2}$
7	功率因数 $\cos\varphi$	$\cos\varphi=I_{1R}/I_1$
8	转差率 s	$s=c/d$
9	求出5项损耗 P_{Fe}、P_{fw}、P_{Cu1}、P_{Cu2}、P_s 后求总损耗 P_T	铁损 P_{Fe} 和机械损 P_{fw} 由空载试验获得；定子铜损 $P_{Cu1}=3{I_1}^2R_{1s}$；杂散损耗 P_s 由试验或推荐值得到；转子铜（铝）损用公式 $P_{Cu2}=s(P_N+P_{fw}+P_s)/(1-s)$ 求得 $P_T=P_{Cu1}+P_{Cu2}+P_{Fe}+P_{fw}+P_s$
10	求满载效率 η	$P_2=P_1-P_T$，$\eta=(P_2/P_1)\times100\%$

表 10-26　用圆图计算法求取深槽式和双笼型电动机性能参数的计算过程

序号	项目	计算过程及说明
1	求空载电流的有功分量 I_{0R} 求空载电流的无功分量 I_{0X}	$I_{0R}=P_0/3U_N$ $I_{0X}=\sqrt{I_0^2-I_{0R}^2}$
2	由 $f=f_N$ 堵转试验求取等效阻抗 Z_K'、等效电阻 R_K' 及等效电抗 X_K'	$Z_K'=U_K'/I_K'$ $R_K'=P_K'/3I'^2_K$ $X_K'=\sqrt{Z'^2_K-R'^2_K}$
3	由 $f=0.5f_N$ 堵转试验求取等效阻抗 Z_K''、等效电阻 R_K'' 及等效电抗 X_K'' 求取电动机的 R、X、Z 1）求系数 h 和 m 2）求等效电阻 R 3）求等效电抗 X 4）求等效阻抗 Z	$Z_K''=U_K''/I_K''$ $R_K''=P_K''/3I_K''^2$ $X_K''=\sqrt{Z''^2_K-R''^2_K}$ $h=(2X_K''-X_K')/(R_K'-R_K'')$ $m=(4+h^2)/3$ $R=R_K'-m(R_K'-R_K'')$，对 B 级绝缘 $R=1.13[R_K'-m(R_K'-R_K'')]$，对 F、H 级绝缘 $X=X_K'+m(2X_K''-X_K')$ $Z=\sqrt{R^2+X^2}$
4	求额定电压堵转电流 I_{KN} 及其有功分量 I_{KR} 和无功分量 I_{KX}	$I_{KN}=U_N/Z$ $I_{KR}=I_{KN}R/Z$ $I_{KX}=I_{KN}X/Z$
5	求取额定功率 P_N 时的效率 η、功率因数 $\cos\varphi$、转差率 s 和定子电流 I_1 的预备参数	$K=I_{KR}-I_{0R}$，$H=I_{KX}-I_{0X}$，$I_{2K}=\sqrt{H^2-K^2}$ 由 $\tan\alpha=H/K$ 求出 α、$\cos\alpha$、$\sin\alpha$ $K_1=I_{2K}^2R_1/U_N$，$K_2=K-K_1$ $I_R=(P_N+P_s)/3U_N$ $a=0.5I_{2K}-I_R\cos\alpha$ $b=a-\sqrt{a^2-I_R^2}$，$b_1=b\cos\alpha$，$b_2=b\sin\alpha$ $c=b_1K_2/K$ $d=c-I_R$
6	满载定子电流有功分量 I_{1R} 满载定子电流无功分量 I_{1X} 定子电流 I_1	$I_{1R}=I_{0R}+b_1+I_R$ $I_{1X}=I_{0X}+b_2$ $I_1=\sqrt{I_{1R}^2-I_{1X}^2}$
7	功率因数 $\cos\varphi$	$\cos\varphi=I_{1R}/I_1$
8	转差率 s	$s=c/d$
9	求出 5 项损耗 P_{Fe}、P_{fw}、P_{Cu1}、P_{Cu2}、P_s 后求总损耗 P_T	铁损 P_{Fe} 和机械损耗 P_{fw} 由空载试验获得；定子铜损 $P_{Cu1}=3I_1^2R_{1s}$；杂散损耗 P_s 由试验或推荐值得到；转子铜（铝）损用公式 $P_{Cu2}=s(P_N+P_{fw}+P_s)/(1-s)$ 求得 $P_T=P_{Cu1}+P_{Cu2}+P_{Fe}+P_{fw}+P_s$
10	求满载效率 η	$P_2=P_1-P_T$，$\eta=(P_2/P_1)\times100\%$

九、变频调速电动机效率试验

国家标准 GB/T 22670—2008《变频器供电的三相笼型感应电动机试验方法》，其中的绝大部分内容与 GB/T 1032—2012《三相异步电动机试验方法》完全相同。本部分仅介绍一些有特殊要求的部分。

专用的变频调速电动机一般要安装一个单独供电的冷却风机，风机放置在加长的“风扇罩”内，如图 10-27 所示。

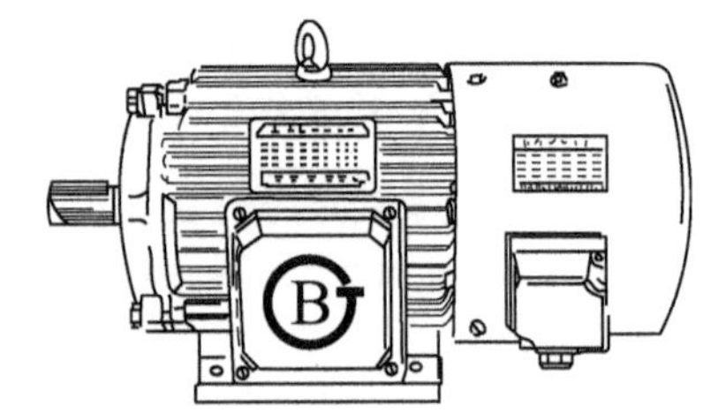

图 10-27　专用的变频调速电动机外形示例

（一）名词解释

与电动机用变频电源及变频调速电动机有关的名词术语见表 10-27。

表 10-27　与电动机用变频电源及变频调速电动机有关的名词术语

序号	名词术语	定义和解释
1	基准定额	在规定的转速、基频电压和转矩或功率的基准运行点处的定额
2	额定电压和额定频率	交流变频调速电动机的额定电压和额定频率是指电动机输出恒转矩和恒功率特性间的转折点相对应的电动机工作电压和频率
3	恒功率转速范围	驱动系统能保持功率基本恒定的转速范围
4	恒转矩转速范围	驱动系统能保持转矩基本恒定的转速范围
5	起动转矩	在变频器作用下，电动机在零转速时产生的转矩
6	基波频率	如无其他规定，基波频率是指额定频率，对变频器供电的电动机，基波频率是基准转速时的频率
7	基波损耗	基频正弦波电压或电流供电时的电动机损耗
8	谐波损耗	绕组电流中的谐波和有效铁心中的谐波所导致的损耗。谐波损耗与变频器输出量值中含有的谐波量有关

（二）对所用仪器仪表的要求和抗干扰问题

测量变频器输出电量的仪器仪表选用原则和要求见本章第一节第五部分的内容。

试验时应充分考虑到变频器的干扰辐射对测量的影响，在变频器的安装、试验用电缆线的选用、测量仪器的电源隔离及系统接地等方面应有抗干扰措施。要求提供给电动机电源的引接线要使用变频电源专用屏蔽型电缆；控制线和测量线不应与供电电源电缆平行敷设，交叉点应尽可能呈十字形。

（三）试验项目和说明

电动机的性能与变频器的特性密切相关。电动机应由适合的变频器供电，并在同一个载波频率下进行试验。原则上规定，应使用与被试电动机配套使用的变频器提供试验电源，否则应考虑试验结果与现场运行时性能数据的差异。

交流变频调速电动机的试验项目在 GB/T 22670—2008 和 JB/T 7118—2004《YVF2 系列（IP54）变频调速专用三相异步电动机技术条件（机座号 80～315）》中规定，其大部分项目的试验方法和要求与普通异步电动机基本相同，只是在某些环节的要求有所增加。

（四）空载试验方法和相关计算

分别在正弦波电源和变频器电源下，以相同基波频率进行试验。

1. *在正弦波电源下的试验*

在正弦波电源下以基波频率进行空载试验的方法步骤以及相关规定与普通电动机完全相同。

2. *在变频器电源下的试验*

被试电动机施以基准频率的额定电压，测取此时的三相空载线电压 U_{b0}、线电流 I_{b0} 和输入功率 P_{b0}。之后尽快测出定子绕组的端电阻 R_{b0}。

3. *铁损 P_{Fe} 和机械损耗 P_{fw} 的确定方法*

1）正弦波电源下的铁损 P_{Fe} 和机械损耗 P_{fw} 的确定、计算、绘图和分离机械损耗等相关过程的方法与普通电动机完全相同。

2）电压型变频器供电下电动机谐波损耗 P_{bh} 的确定，对于电压型变频器供电下电动机，按上述第 2 项进行试验后，得到的输入功率 P_{b0} 减去试验温度下的定子绕组铜损 P_{b0Cu1}，再减去正弦波电源下的铁损 P_{Fe} 和机械损耗 P_{fw}，即得到变频器供电下电动机谐波损耗 P_{bh} 为

$$P_{bh} = P_{b0} - P_{b0Cu1} - P_{Fe} - P_{fw} \tag{10-25}$$

$$P_{b0Cu1} = 1.5\,I_{b0}^2 R_{b0}$$

（五）负载特性试验

在发热试验完成后，紧接着重新起动被试电动机带负载运行。对于基准频率为 50Hz 的电动机，将变频器的输出频率分别调至 3（5）Hz、15 Hz、30 Hz 和 50Hz，在每一个频率点测取被试电动机 100% 额定转矩、110% 额定转矩和 80% 额定转矩各点处的数值。随后，分别在 60 Hz、80 Hz、100Hz 的频率下，测取被试电动机在额定功率、110% 额定功率、80% 额定功率各点处的转矩值（此时的额定功率应折算成转矩）。最后绘制出被试电动机的负载特性曲线，如图 10-28 所示。

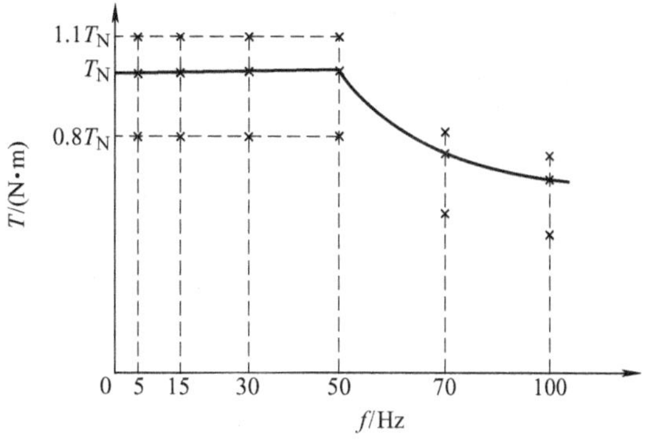

图 10-28 交流变频电动机负载特性曲线

在测试过程中，电动机应平稳运转，无明显的转矩脉动现象。

（六）关于损耗的问题

在 GB/T 22670—2008 第 9 章“损耗的确定（适用于电压型变频器）”中 9.1 提出的“基波损耗的确定”与普通电源供电的电动机完全相同，需提示的是，关于推荐杂散损耗的数值的规定按电动机的功率大小取不同的数值。

在 GB/T 22670—2008 中 9.2“谐波损耗 P_{bh} 的确定”和 9.3“总损耗及输出功率的确定”中，提出了“谐波损耗”的问题。并提出总损耗 $\sum P$ 为基波损耗 P_T 与谐波损耗 P_{bh} 之和，即

$$\sum P = P_T + P_{bh} \tag{10-26}$$

（七）GB/T 25442—2010 中给出的确定损耗和效率的几种方法

国家标准 GB/T 25442—2010《旋转电机（牵引电机除外）确定损耗和效率的试验方法》（等同采用 IEC 60034－2－1:2007）中的附录 A 给出了变频器供电笼型转子感应电动机确定损耗和效率的暂定方法。该方法适用于额定频率为 120Hz 及以下由变频器供电的笼型感应电动机，所用变频器具有中间电路，其型式包括常用的脉宽调制（PWM）式的 I 型和 U 型（以下文中常提到的六阶梯波变频器属于脉冲控制变频器的一种特殊情况）。下面介绍该标准中的主要内容。

1. 推荐的方法

额定频率为 50Hz 或 60Hz 的交流异步电动机，按其额定功率推荐以下几种方法。

1）额定功率≤50kW、I 型或 U 型变频器供电的电动机采用输入－输出法。如经制造厂与用户协议，本方法也可用于额定功率较大的电动机。

2）额定功率＞50kW、I 型或 U 型变频器供电的电动机采用损耗分析法。

3）在试验间做试验的电动机（与定额无关）可用正弦波供电的损耗分析法并补充由 U 型变频器供电的空载试验。

4）热量法适用于 I 型或 U 型变频器供电的任意定额的电动机。

2. 采用输入－输出法确定效率

本方法是一种优先采用的试验方法。它直观、易操作，并且因其输入功率和输出功率为直接显示，各项正常损耗和附加损耗均包括在两者的差值中，所以准确度相对较高。保证本方法所求效率值准确性的关键在于输入电功率和输出机械功率测量设备的准确度。

为使求得的电动机效率处于所要求的相对容差范围内，功率测量的最大相对误差 $(\Delta P/P_{in})_{max}$ 应如图 10-29 所示随效率的增加而下降。图中 δ 为 GB 755—2008 中规定的标准容差值。假设输入功率 P_{in} 和输出功率 P_{out} 的误差相等，在此简化的基础上做出曲线。图 10-29 即是关系式 $(\Delta P/P_{in})_{max} = \delta(1-\eta)/(1+\eta)$ 的图形。

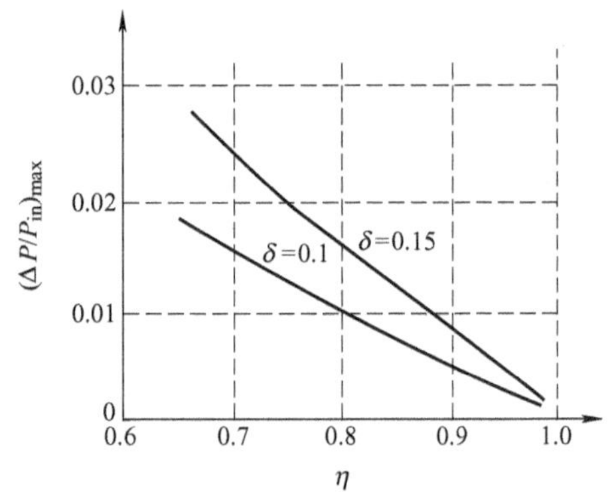

图 10-29　输入和输出功率测量的最大相对误差 $(\Delta P/P_{in})_{max}$

如制造厂与用户达成协议，也可以测量变频器连同电动机的输入和输出功率，以确定整个系统的总效率。在这种情况下，不能单独地确定电动机的效率。另外，所配用的变频器应是用户将要配套的规格型号。

3. 损耗分析法确定效率

（1）损耗的分类和说明

电动机由变频器供电时，除产生由标准的正弦交流电所产生的各项损耗外，还将因变频器提供的输入电压和电流中的较多谐波产生一些额外附加损耗，这些附加损耗包括定子绕组中的附加铜损、转子绕组（笼条和端环）中的附加铜损和附加铁损等几部分。这些附加损耗中，有些较难用常规的方法求出。

在进行空载试验时，由于一般使用的变频器不能在较大的范围内调节其输出电压和转子铁损已不能忽略两方面的因素，而不能像通过调压器输入正弦交流电时那样求得机械损耗和铁损。

在进行负载试验时，因谐波产生涡流造成的损耗不能被准确地测得，将给转子铜损的计算带来较大的误差。

由于上述原因，在使用损耗分析法确定效率时，必须作一些假设和修正。使用I型和U型变频器供电时，应采用不同的假设和修正要求。

（2）方波输出I型变频器供电时的假设与修正

假定由空载到满载之间的电流波形不变，则相对谐波含量与负载无关。同时，假定附加铁损主要是由于漏磁通反向而产生的。在这些假定的前提下，因谐波而产生的附加损耗主要取决于电流，且将随定子电流有效值的二次方而变化。

进行空载试验时，测得的输入功率和用直流电阻求得的定子绕组损耗之差，包含了恒定损耗（基频损耗）和因涡流导致电阻增加的定子绕组附加损耗、因谐波而产生的转子绕组损耗和附加铁损。

进行负载试验时，如无其他规定，为了弥补在空载和负载状态下转子绕组谐波损耗的差值以及定子绕组谐波涡流损耗，满载损耗应增加0.5%输入功率（在0.5%输入功率的杂散损耗推荐值以外），并且认为这些损耗随定子电流的二次方而变化。

（3）U型变频器供电时的假设与修正

在这里只介绍适用于6阶梯波和PWM型变频器的内容。

假设谐波电流的绝对值与负载的大小无关，利用变频器供电的空载和负载两种试验就可求得效率。附加损耗包括在空载试验求得的“恒定损耗（铁损和机械损耗之和）总和”之中，因而损耗分析法中只考虑因转差基频电流所产生的那部分转子铜损，这些损耗可用不同于常规的负载试验确定，等于转差率与传输给转子的基频功率的乘积，后者也就是电动机吸收的功率减去定子绕组的铜损和包括机械损耗的“恒定损耗之和”，机械损耗可用自减速法确定，因基频而产生的负载杂散损耗总值按第九章中推荐值的方法求取。

图10-30给出了谐波功率及相应的附加损耗示意图。图中符号的含义是：$P_{in,f}$为基频输入功率；P_δ为传输给转子的功率；P_{out}为输出功率；$P_{in,h}$为谐波输入功率；$P_{out,h}$为谐波输出功率。只有正弦波电压供电时的恒定损耗为已知时，才有可能分离出附加损耗。

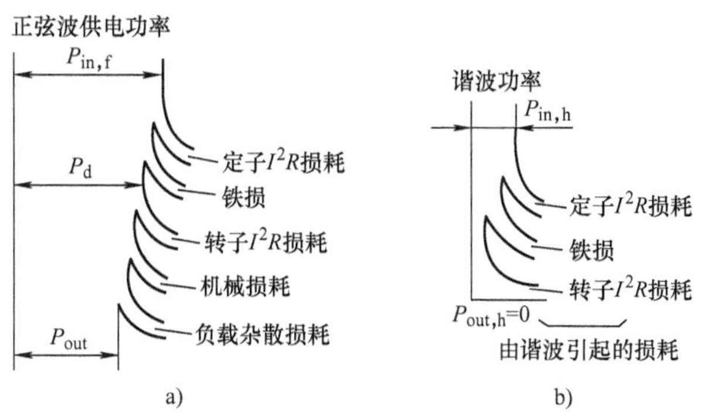

图10-30　功率及损耗分流图
a）正弦波供电　b）非正弦波供电

4. 热量法确定效率

热量法特别适用于变频器供电的电动机。这是因为采用热量法确定损耗时，损耗的测量与电压和电流的波形无任何关系。用热量法确定效率的方法在国家标准 GB/T 5321—2005《热量法测定电机的损耗和效率》中给出。

(1) 试验装置和计算公式

如图 10-31 所示的装置中，散耗电阻器所吸收的功率很容易测量。因此，利用式(10-26)可计算出电动机的损耗 P_V（W）。

$$P_v = P_d \frac{\theta_2 - \theta_1}{\theta_3 - \theta_2} \tag{10-27}$$

式中　P_d——散耗电阻器所吸收的功率（W）；

θ_1、θ_2、θ_3——图 10-31 所示各点测得的温度（℃）。

(2) 温度和温升的测量方法

这种测量方法的准确度高低主要取决于（$\theta_2 - \theta_1$）和（$\theta_3 - \theta_2$）温升的幅值。在 GB/T 5321—2005 中规定的空气温升的测量方法如下：

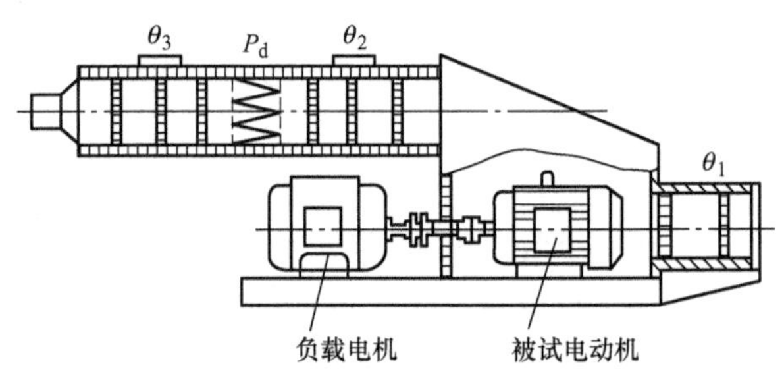

图 10-31　热量校正法试验装置示意图

1) 测量仪表可为电阻测温仪、热电偶、热敏电阻或精度达到 0.1℃ 的水银温度计。

2) 开启式通风系统电动机的空气温升是用进出口空气温度差来确定的。为了提高测量精度，出风口的温度应采用分格测量法，每格的面积约为（0.1×0.1）m^2，每格的温度都要测量，取各出风口温度测量值的平均值。

3) 封闭循环通风系统电动机的空气温升是用空气冷却器的进、出口空气温度差来确定的。若测试人员可以接近空气冷却器热空气侧，则可用水银温度计测量热空气的温度。否则，热空气的温度应用电气测温计测定，但电气测温计不应接触空气冷却器。出口空气温度应在若干点进行测量，取各点的平均值作为出口空气的温度。

5. 正弦波供电试验的损耗分析法并补充以考虑附加损耗的总增量确定效率

通常，标准设计的电动机和变频器只在运行地点才连接在一起，在一般情况下，以正弦波供电时，电动机的已知损耗叠加以总增量确定效率的方法较为方便。但如前面所述，不可能规定出适合于变化极为广泛的变频线路和控制方法的适用数值。

关于总增量，目前的状况是对一定的输出范围和变频线路搜集到的试验数据只能做出有限的说明如下。

为确定以输入功率百分数表示的附加损耗，以三相异步电动机用正弦交流电源供电和用变频器供电，在相同输出功率的条件下进行了试验。

额定输出功率在 30～1015kW 之间的电动机，以 6 阶梯波 I 型变频器供电，在 50Hz 或 60Hz 运行时，因变频器供电而产生的附加损耗为输入功率的 0.6%～1.25%。所以，可将额定输出在 30kW 及以上的电动机由变频器供电而产生的附加损耗假定为输入功率的 1%。

U 型变频器供电的电动机，其附加损耗的数值与脉冲频率、脉冲发生电路以及调制指数有关。正弦基准波调制的 PWM 型变频器供电时的试验结果显示，附加损耗值的变化范围从几乎可以忽略直到输入的 3%。所以，可将由 6 阶梯波 U 型变频器供电而产生的附加损耗假定为输入功率的1.5%。

第六节 电机工作特性的测取

一、直接负载法求取工作特性

以异步电动机为例，异步电机的工作特性可以通过直接负载法求取，因此法求取工作特性时，需用空载特性（见第八章）测出电动机的铁损和机械损耗，用电桥测出定子电阻。

负载试验是在电源线电压 $U_1=U_{1N}$，频率 $f_1=f_{1N}$ 的条件下进行的。改变电动机的负载，分别记录不同负载下定子的输入功率 P_1，定子线电流 I_1 和转差 Δn（用闪光灯测）或电源频率 f_1 与电机转速 n，然后通过测得的数据和铁损 P_{fe}、机械损耗 P_{fw} 及定子端电阻 r_1，即可求出不同负载下电动机的转速、效率及功率因数等。

转速和转差率应为

$$n=n_s-\Delta n$$

$$s=\frac{\Delta n}{n_s}\times 100\% \tag{10-28}$$

电磁功率和电磁转矩为

$$P_m=P_1-1.5I_1^2r_1-P_{Fe} \tag{10-29}$$

$$T_m=\frac{P_m}{\Omega_s} \tag{10-30}$$

式中 $\Omega_s=2\pi n_s/60$；

r_1——修正到规定温度时的数值。

输出功率和效率为

$$P_2=P_m-P_{Cu2}-P_{fw}-P_s \tag{10-31}$$

$$\eta=\frac{P_2}{P_1}$$

或

$$\eta=1-\frac{\sum P}{P_1} \tag{10-32}$$

式中 $P_{Cu2}=sP_m$；

$P_s=0.5\%P_N\left(\frac{I_1}{I_{1N}}\right)^2$。

定子功率因数为

$$\cos\varphi_1=\frac{P_1}{\sqrt{3}U_1I_1} \tag{10-33}$$

式中 U_1 和 I_1——相电压和相电流。

直接负载法主要适用于中、小型异步电机。对大容量异步电机，在制造厂或现场进行负载试验均有一定困难，这是因为要有一套大容量的恒压电源和一个合适的负载，另外还有一套相应的测试设备和机组。因此，通常采用求测电机的参数，然后通过等效电路算出其运行数据的方法。

直接负载法求取的异步电动机工作特性：$\eta=f(P_2)$、$\cos\varphi=f(P_2)$、$I_1=f(P_2)$ 和

$s=f(P_2)$ 曲线如图 10-32 所示（实例示例）。

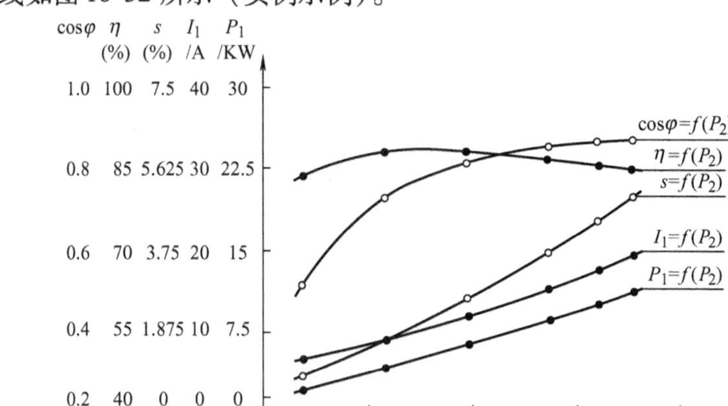

图 10-32　三相异步电动机工作特性曲线示例

二、由参数计算出工作特性

在参数已知的情况下，只要给定转差率 s，就可以依据 T 形等效电路，解出定、转子电流和励磁电流（以下各式中电流、电压、电阻、阻抗和电抗等均为相值；功率和损耗为三相之和）

$$\dot{I}_1=\frac{\dot{U}_1}{Z_{1\sigma}+\dfrac{Z_m Z_2'}{Z_m+Z_2'}}=\frac{\dot{U}_1\ (Z_m+Z_2')}{Z_{1\sigma}Z_m+Z_{1\sigma}Z_2'+Z_m Z_2'} \tag{10-34}$$

$$-\dot{I}_1'=\dot{I}_1\frac{Z_m}{Z_m+Z_2'}=\frac{\dot{U}_1 Z_m}{Z_{1\sigma}Z_m+Z_{1\sigma}Z_2'+Z_m Z_2'} \tag{10-35}$$

$$\dot{I}_m=\dot{I}_1\frac{Z_2'}{Z_m+Z_2'}=\frac{\dot{U}_1 Z_2'}{Z_{1\sigma}Z_m+Z_{1\sigma}Z_2'+Z_m Z_2'} \tag{10-36}$$

式中　Z_m、$Z_{1\sigma}$、Z_2'——分别为异步电动机的励磁阻抗、定子漏阻抗和转子的总阻抗。

其中

$$\left.\begin{aligned} Z_{1\sigma}&=r_1+\mathrm{j}x_{1\sigma}\\ Z_2'&=\frac{r_2'}{s}+\mathrm{j}x'_{2\sigma}\end{aligned}\right\} \tag{10-37}$$

定、转子电流求出后，即可求出定、转子铜损及转子总机械功率、电磁功率等，即

$$\begin{aligned} p_{Cu1}&=m_1 I_1^2 r_1\\ p_{Cu2}&=m_1 I_2'^2 r_2'\\ P_\Omega&=m_1 I_2'^2\frac{1-s}{s}r_2'\end{aligned} \tag{10-38}$$

$$P_m=\frac{p_{Cu2}}{s} \tag{10-39}$$

这样，在已知铁损和机械损耗的情况下，就可以求出输入及输出功率

$$P_2 = P_\Omega - P_{fw} - P_s \tag{10-40}$$

$$P_1 = P_m - P_{Fe} - P_{Cu1} \tag{10-41}$$

于是电磁转矩、转速、效率和功率因数分别为

$$T_m = \frac{P_m}{2\pi \frac{n_s}{60}} \tag{10-42}$$

$$n = n_s\ (1-s)$$

$$\eta = \frac{P_2}{P_1} \tag{10-43}$$

$$\cos\varphi_1 = \frac{P_1}{m_1 U_1 I_1} \tag{10-44}$$

在分析异步电动机的性能时，通常应算出：

1）额定点的全部数据；

2）最大转矩值；

3）起动电流和起动转矩值。

计算额定点的数据时，应先假定一个额定转差率 s_N，然后看算出的输出功率是否等于额定功率，如果不等，可利用输出功率正比于转差率这个近似关系重新估算一个额定转差率，再代入上列各式中重算，直到算出的输出功率等于额定功率为止。

电动机的最大转矩和起动转矩可用式（10-46）和式（10-49）算出。为得到较为准确的数值，式（10-45）的漏抗应该用 $s = s_m$ 和 $s = 1$ 时相对应的漏抗值代入。

电动机的电磁转矩为

$$T_m = \frac{m_1}{\Omega_s} \cdot \frac{U_1^2 \frac{r_2'}{s}}{\left(r_1 + c_1 \frac{r_2'}{s}\right)^2 + (x_{1\sigma} + c_1 x'_{2\sigma})^2} \tag{10-45}$$

电动机的最大转矩为

$$\left.\begin{aligned} s_m &= \pm \frac{c_1 r_2'}{\sqrt{r_1^2 + (x_{1\sigma} + c_1 x'_{2\sigma})^2}} \\ T_{max} &= \pm \frac{m_1}{\Omega_s} \cdot \frac{U_1^2}{2c_1\left[\pm r_1 + \sqrt{r_1^2 + (x_{1\sigma} + c_1 x'_{2\sigma})^2}\right]} \end{aligned}\right\} \tag{10-46}$$

式中，正号适用于电动机状态；负号适用于发电机状态。

通常因 $r_1 \ll x_{1\sigma} + c_1 x_{2\sigma}'$，系数 $c_1 = 1$，故 s_m 和 T_{max} 可近似地写成如下形式：

$$\left.\begin{aligned} s_m &\approx \pm \frac{r_2'}{x_{1\sigma} + x'_{2\sigma}} \\ T_{max} &\approx \pm \frac{m_1 U_1^2}{2\Omega_s (x_{1\sigma} + x'_{2\sigma})} \end{aligned}\right\} \tag{10-47}$$

电动机的起动电流则为

$$I_{st} = \frac{U_1}{Z_k} \tag{10-48}$$

式中　Z_k——电动机的短路阻抗。

电动机的起转矩为

$$T_{st} = \frac{m_1}{\Omega_s} \cdot \frac{U_1^2 r_2'}{(r_1 + c_1 r'_2)^2 + (x_{1\sigma} + c_1 x'_{2\sigma})^2} \tag{10-49}$$

第七节　异步电动机的圆图

当一些试验条件不具备，难以通过直接负载法求取工作特性时，亦可用圆图法来确定电动机的主要运行数据。用圆图法时，需要做空载和短路试验，这两个试验在一般工厂中是比较容易实现的。除此以外，从圆图上还可以清楚地看出负载变化时，异步电动机中各主要物理量的变化情况，便于对运行问题进行定性分析。

下面先证明在参数不变的情况下，负载变化时异步电机定、转子电流相量端点的轨迹是一个圆，然后介绍圆图的实际作法。

一、异步电动机的简化圆图

先研究一个简单串联电路的电流轨迹。图 10-33a 表示一个简单的 R、L 串联电路，其中电源电压 U 为恒定值；感抗 x 为固定不变；而电阻 R 则在零到无穷大的范围内变化。由欧姆定律可知，电路中的电流

$$I = \frac{U}{Z} = \frac{U}{x} \cdot \frac{x}{Z} = \frac{U}{x}\sin\varphi \tag{10-50}$$

式中　Z——电路的阻抗，$Z = \sqrt{R^2 + x^2}$；

φ——电路的阻抗角或功率因数角，$\sin\varphi = \dfrac{x}{Z}$。

由于电路是感性的，所以电流 $\dot{I}$ 应滞后于 $\dot{U}$ 以 φ 相角。

如果沿纵坐标轴线画出电压相量 $\dot{U}$，在滞后 $\dot{U}$ 以 φ 相角处画出电流相量 I，如图 10-34 所示，则由于电流 $\dot{I}$ 的大小等于一个常值 U/x 乘以 $\sin\varphi$，所以 $\angle O'AB$ 应为一直角。因此电阻 R 变化时，相量 $\dot{I}$ 的端点的轨迹必定在一个以 $O'B$（$O'B = U/x$）为直径的圆上移动。当电阻 $R\to\infty$ 时，阻抗角 $\varphi = 0°$，电流 $I = 0$，电流相量与 O'重合；当电阻 $R = 0$ 时，阻抗角 $\varphi = 90°$，电流 $I = U/x$，此时电路内的电流达到最大，电流相量与 $O'B$ 位置重合。圆$O'AB$就称为 R—L 串联电路的电流圆。

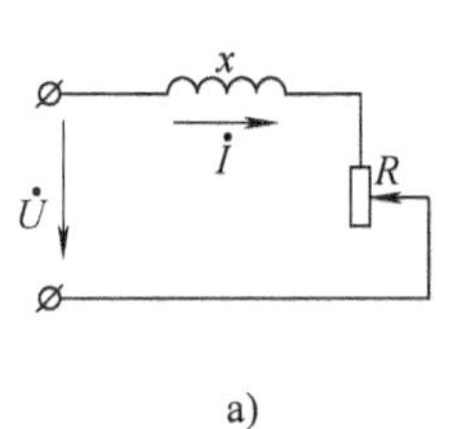

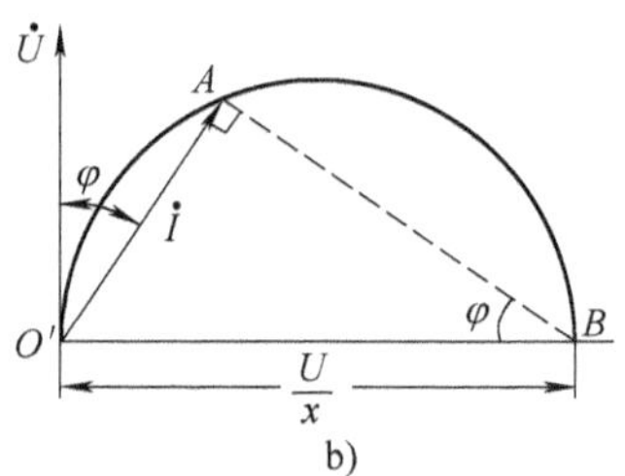

图 10-33　简单串联电路的电流轨迹
a）电路　b）电路的电流轨迹

了解了简单串联电路的电流轨迹后，可进一步来研究异步电动机的电流圆图。

图 10-34a 所示为异步电动机的简化等效电路，它由两条并联电路组成，定子电流

$$\dot{I}_1 = \dot{I}_m + (-\dot{I}_2')$$

可分别求出 $\dot{I}_{m}$ 和 $-\dot{I}_{2}'$，然后相量相加，得到 $\dot{I}_{1}$。

励磁支路的阻抗 Z_m 是恒定不变的，故励磁电流 $\dot{I}_{m}=\dot{U}/Z_m$ 为一恒定值，其大小和相角可由电源电压和励磁支路的参数确定。

电流 $\dot{I}'_2$ 流过的等效转子电路中，电抗 $x_{1\sigma}+x'_{2\sigma}$ 是不变的，总电阻 r_1+r_2'/s 随转差率 s 的变化而变化，这相当于上述具有可变电阻的简单串联电路。因此，当 s 变化时，电流相量 $-\dot{I}'_2$ 的端点在以 $U_1/(x_{1\sigma}+x'_{2\sigma})$ 为直流的圆周上移动，如图 10-34b 所示。

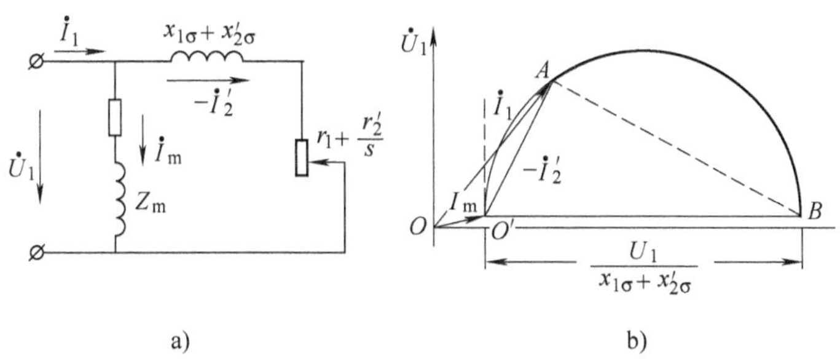

图 10-34　异步电动机简化等效电路的圆图
a）异步电动机的简化等效电路　b）电流圆图

已知转差率变化时，转子电流的轨迹是一个圆，定子电流相量是转子电流相量与恒定的励磁电流相量之和，因此定子电流 $\dot{I}_1$ 端点的轨迹亦应在同一圆上，只是把相量的原点从 O' 点移到 O 点。

二、由空载和短路试验数据作简化圆图

要画出圆图，需要知道圆上的两点和圆心的位置。若已知空载和短路试验数据，即可求出圆上的空载点和短路点，并进而画出圆图，如图 10-35 所示。下面分述作圆图的步骤。

1）由空载试验测出空载电流 I_{10} 及空载功率 P_{10}。空载功率 P_{10} 中包括定子铜损 $m_1I_{10}^2r_1$、铁损 P_{Fe} 和机械损耗 P_{fw}，即

$P_{10}=m_1I_{10}^2\ (r_1+r_m)\ +P_{fw}$ 由于存在 P_{fw}，实际空载时，转差率 s 并不等于零而是稍大于零。从等效电路可见，$s=0$ 时（称为理想空载），$r_2'/s\to\infty$，$I_2'=0$，$I_{10}=I_m$，定子的输入功率 P_{10}' 为

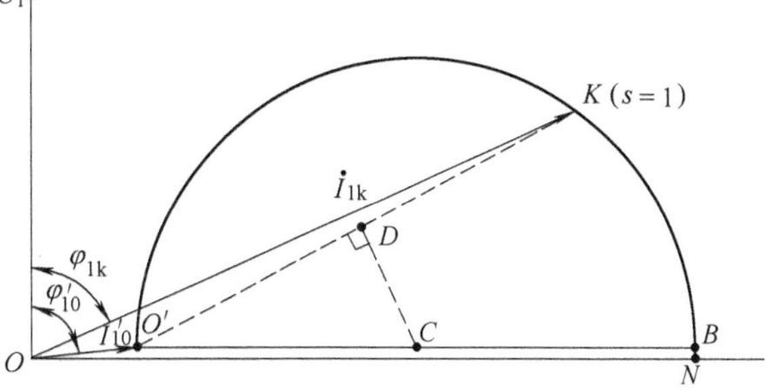

图 10-35　由空载、短路试验数据作圆图

$$P_{10}'=m_1I_m^2\ (r_1+r_m)\ =P_{10}-P_{fw} \tag{10-51}$$

可见，$s>0$ 时的实际空载点 A_0（见图 10-36）和 $s=0$ 时的理想空载点 O' 并不在一个点上。

为确定理想空载点 O' 的位置，先把实际空载试验时的输入功率 P_{10} 减去机械损耗 P_{fw}，

得到 P_{10}'，由此可以算出理想空载点的功率因数 $\cos\varphi'_{10}$ 为

$$\cos\varphi'_{10}=\frac{P'_{10}}{m_1U_1I_{10}}$$

再假定理想空载电流的值与实际空载电流 I_{10} 相等，即 $I'_{10}=I_{10}$，由此即可画出理想空载电流的相量 $\dot{I}'_{10}$（$\dot{I}'_{10}$ 滞后于 $\dot{U}_1$ 以 φ'_{10} 角），并定出 O' 点，如图 10-35 所示。

2）由短路试验测出短路电流等于额定电流时定子的短路电压 U'_{1k} 和短路损耗 P'_{1k}。设电动机的短路阻抗为一常值，则根据线性关系，即可推算出电源电压为额定电压时，电动机的短路电流 I_{1k} 为

$$I_{1k}=I'_{1k}\frac{U_{1N}}{U'_{1k}}$$

则短路时的功率因数为

$$\cos\varphi_{1k}=\frac{P'_{1k}}{m_1U'_{1k}I'_{1k}}$$

由此即可画出短路电流相量 $\dot{I}_{1k}$，并定出圆上的短路点 K。

3）连接 O' 和 K 两点。$\overline{O'K}$ 是圆上的弦，如作其垂直平分线 DC，则圆心必在此线上。再通过理想空载点 O' 作平行于横坐标的水平线 $O'B$，则圆心亦必在此水平线上。于是，由 DC 和 $O'B$ 的交点，即可定出圆心 C 的位置。

4）以 C 为圆心，通过 O' 和 K 两点作圆，便得出电流圆图。

在圆图上，从 O' 点到 K 点这段圆弧相当于 $s=0$ 到 $s=1$ 的范围，这是异步电动机的运行范围，电动机的定子电流相量 I_1 的端点便在 $\overset{\frown}{O'K}$ 这一段圆弧上变化。

作圆图时，应选择适当的电流比例尺 C_I，其单位为安/毫米，以使作出的圆图大小适当。一般以圆的直径等于 20～30cm 为合适。

三、由圆图求取异步电动机的运行性能

圆图作出后，从圆上各个运行点，即可求出电动机的运行特性和数据。下面逐一说明当定子电流为 I_1，即图 10-36 上的 A 点时，确定各运行数据的方法。

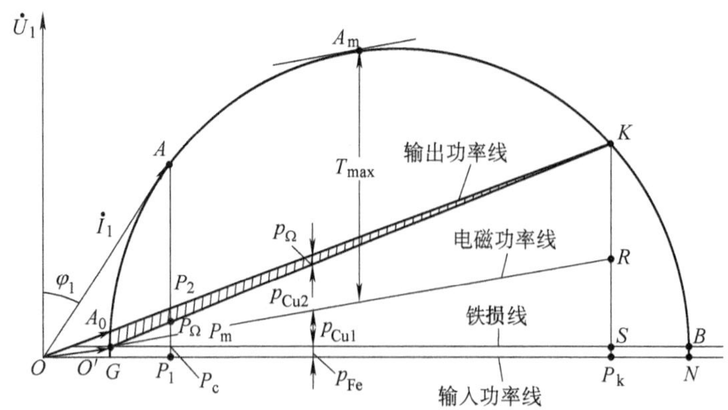

图 10-36　从简化圆图求取异步电动机的运行数据

1. 定子功率因数和输入功率的确定

当定子电流 I_1 为 $\overline{OA}$ 时，用量角器从图上即可量出该负载时的功率因数角 φ_1，于是可算

出该负载时的功率因数 $\cos\varphi_1$。

此时，定子的输入功率为

$$P_1 = m_1 U_1 I_1 \cos\varphi_1 = m_1 U_1 I_{1P} \tag{10-52}$$

式中　I_{1P}——定子电流的有功分量，$I_{1P} = I_1 \cos\varphi_1$。

从圆图可见，I_{1P}可用线段$\overline{AP_1}$表示。

若选定的电流比例尺为 C_I（A/mm），则

$$I_{1P} = C_I \overline{AP_1} \tag{10-53}$$

把上式代入式（10-52），可得

$$P_1 = mU_1 C_I \overline{AP_1} = C_p \overline{AP_1} \tag{10-54}$$

式中　C_p——功率比例尺（W/mm），$C_p = mU_1 C_I$。

上式说明，若把比例尺改变一下，则线段$\overline{AP_1}$亦可用来表示输入功率，由于电动机的输入功率 P_1 可以用圆上 A 点到横坐标的垂直距离$\overline{AP_1}$去度量，所以横坐标$\overline{ON}$亦称为电动机的输入功率线。

由于 O'点为理想空载点，故定子铁损可近似地用线段$\overline{O'G}$（等于$\overline{P_1P_c}$）表示，即

$$P_{Fe} = C_P \overline{O'G} \tag{10-55}$$

故$\overline{O'B}$线亦称为铁损线。

2. 定、转子绕组的铜耗

先看短路时的情况。短路时 $s=1$，电动机没有输出功率，所以电动机的输入功率$\overline{KP_k}$全部用以克服定、转子的铜损和铁损；而线段$\overline{SP_k} = \overline{O'G}$表示铁损，于是线段$\overline{KS}$就表示短路时定、转子铜损之和，即

$$(p_{Cu1} + p_{Cu2})_k = m_1 {I'_{2k}}^2 (r_1 + r_2') = C_p \overline{KS} \tag{10-56}$$

将$\overline{KS}$按定、转子电阻的比例分成$\overline{KR}$和$\overline{RS}$两段，即

$$\frac{\overline{KS}}{\overline{RS}} = \frac{r_2'}{r_1}$$

则线段$\overline{KR}$将表示短路时的转子铜损，而线段$\overline{RS}$表示短路时的定子铜损。

当定子电流为 I_1 时，可以证明，定、转子铜损各为

$$\left.\begin{aligned} P_{Cu1} &= m_1 {I'_2}^2 r_1 = C_p \overline{P_m P_c} \\ P_{Cu2} &= m_1 {I'_2}^2 r_2 = C_p \overline{P_\Omega P_m} \end{aligned}\right\} \tag{10-57}$$

3. 电磁功率和电磁转矩

从输入功率 P_1 中减去铁损和定子铜损，可得电磁功率 P_m，因此电磁功率可用线段$\overline{AP_m}$来表示，即

$$\begin{aligned} P_m &= P_1 - P_{Fe} - P_{Cu1} \\ &= C_p (\overline{AP_1} - \overline{P_1P_c} - \overline{P_cP_m}) = C_p \overline{AP_m} \end{aligned} \tag{10-58}$$

而电磁转矩等于电磁功率除以同步角速度 Ω_s，故把功率比例尺换成转矩比例尺，电磁

转矩亦可以用线段$\overline{AP_m}$表示

$$T_m = \frac{P_m}{\Omega_s} = \frac{C_p}{\Omega_s}\overline{AP_m} = C_T\,\overline{AP_m} \tag{10-59}$$

式中　C_T——转矩比例尺（N · m/mm），$C_T = C_p/\Omega_s$。

因此，$\overline{O'R}$线段亦称为电磁功率线或电磁转矩线。

4. 总机械功率和输出功率

转子的总机械功率 P_Ω 为

$$\begin{aligned} P_\Omega &= P_m - P_{cu2} = C_p\left(\overline{AP_m} - \overline{P_mP_\Omega}\right) \\ &= C_p\,\overline{AP_\Omega} \end{aligned} \tag{10-60}$$

即总机械功率可用线段$\overline{AP_\Omega}$来表示，故$\overline{O'K}$亦称为机械功率线。

由于实际空载点和理想空载点之间相差机械损耗，而堵转时机械损耗为零，所以连接 A_0 和 K 两点，则线段$\overline{A_0K}$和 $\overline{O'K}$之间的距离可近似地认为等于机械损耗。于是转子的输出功率可用线段$\overline{AP_2}$来表示，即

$$\begin{aligned} P_2 &= P_\Omega - P_{fw} = C_p\left(\overline{AP_\Omega} - \overline{P_\Omega P_2}\right) \\ &= C_p\,\overline{AP_2} \end{aligned} \tag{10-61}$$

故$\overline{A_0K}$亦称为电动机的输出功率线。

5. 效率和转差率

电动机的效率和转差率可用下列两式算出：

$$\eta = 1 - \frac{\sum P}{P_1} = 1 - \frac{\overline{P_2P_1}}{\overline{AP_1}} \tag{10-62}$$

$$s = \frac{P_{Cu2}}{P_m} = \frac{\overline{P_\Omega P_m}}{\overline{AP_m}} \tag{10-63}$$

效率和转差率亦可从专门作的效率和转差率尺标上读出。

转差率尺标的作法如下：通过短路点 K 作$\overline{LK}$线，使之与电磁功率线$\overline{O'R}$相平行，再通过理想空载点 O' 作铅垂线$\overline{O'H}$，$\overline{O'H}$与$\overline{LK}$相交于 L 点，如图 10-37 所示。把线段$\overline{LK}$分成 100 等分，把 L 点定为$s=0$；K 点定为 $s=1$，则$\overline{LK}$就是转差率尺标。当定子电流为$\overline{OA}$时，相应的转子电流为$\overline{O'A}$，$\overline{O'A}$与转差率尺标的交点所指示的读数，就是该负载下转差率的百分数。

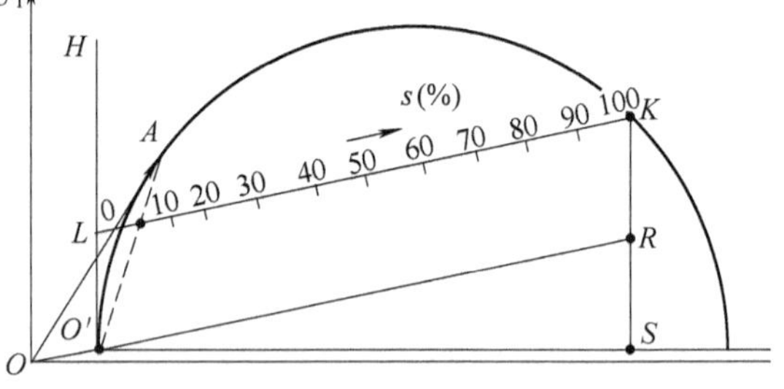

图 10-37　转差率尺标的作法

6. 最大转矩的确定

从圆图亦可以求出电动机的最大转矩。

从图 10-36 可见，A 点离电磁转矩线$\overline{O'R}$愈远，电磁转矩就愈大。作$\overline{O'R}$的平行线并与电

流圆相切于 A_m 点，则 A_m 点即为发生最大转矩的运行点，与 A_m 点相应的电磁转矩即为最大转矩 T_{max}。

第八节　用50Hz电源试验60Hz异步电动机

往往国内生产厂家一般不具备60Hz电源，但由于生产需要又需要对60Hz异步电动机进行试验，以下将介绍用50Hz电源来试验60Hz异步电动机的试验方法及数据处理。

一、试验方法

60Hz三相异步电动机，用50Hz的电源做型式试验时，试验电源电压必须按比例降低。试验电源电压，按下式确定：

$$U_1' = U_N f_1'/f_N = 50U_N/60 \approx 0.833U_N \tag{10-64}$$

式中　f_N——额定频率，$f_N=60Hz$；

U_1'——试验电源电压；

f_1'——试验电源频率，$f_1'=50Hz$。

然后按下述方法做型式试验：

1）在 U_1'、f_1' 下做温升试验，测得电动机在定子电流为 I_N 时的定子绕组 θ_1'。

2）在 U_1'、f_1' 下做负载试验，在（1.25～0.25）额定负载范围内，共取5～7点。每点测量下列数值：输入功率 P_1'、定子电流 I_1' 和转差率 s'。

3）在 f_1' 下做空载试验，绘制空载特性曲线：$I_0 = f(U_0/U_1'), P_0 = f(U_0/U'_1)$ 和 $P_{Fe}+P_{fw}=f(U_0/U_1')^2$，测得电动机在 U_1'、f_1' 下的空载电流 I_0'、空载损耗 P_0'、铁损 P_{Fe}' 和机械损耗 P'_{fw}。

4）实测在 f_1' 和额定电流 I_N 下的杂散损耗 P_s'（如不能实测，可取推荐值）。

5）在 f_1' 下做堵转试验，求得电动机在 U_1' 和 f_1' 下的堵转电流 I_{st}' 和堵转转矩 T_{st}'。

二、试验数据处理

试验值按下述方法，修正到额定电压和额定频率。

1. 空载试验值的修正

$$\left.\begin{aligned} &铁损\ P_{Fe} = P_{Fe}'\left(\frac{f_N}{f_1'}\right)^{1.5} \\ &机械损耗\ P_{fw} = P_{fw}'\left(\frac{f_N}{f_1'}\right)^{2} \end{aligned}\right\} \tag{10-65}$$

2. 杂散损耗的修正

$$P_s = P_s'\left(\frac{f_N}{f_1'}\right)^{1.6} \tag{10-66}$$

3. 负载试验值的修正

负载试验时，各点的试验值 P_1'、I_1' 和 s' 的修正：

$$\left.\begin{aligned} I_1 &= I_1' \\ P_1 &= P_1'\left(\frac{f_N}{f_1'}\right) \\ s &= s'\left(\frac{f_1'}{f_N}\right) \end{aligned}\right\} \tag{10-67}$$

4. 效率、功率因数、满载电流和转差率的计算

按下述两种方法之一，求取电动机在额定电压、额定频率和额定输出功率时的效率、功率因数、满载电流和转差率：

1）根据修正值绘制电动机在额定电压和额定频率下的工作特性曲线：$P_1=f(P_2)$、$I_1=f(P_2)$、$\eta=f(P_2)$、$\cos\varphi=f(P_2)$ 和 $s=f(P_2)$。

2）根据修正值绘制电动机在额定电压和额定频率下的 $I_1=f(P_1)$ 和 $s=f(P_1)$ 曲线。

5. 温升的修正

在 U_1'、f_1'下做温升试验，与在 U_N、f_N 下做温升试验相比，如果定子电流相同，则定子绕组的温升变化不大。

6. 堵转电流的修正

$$I_{st}=I_{st}'\sqrt{\frac{1+(\cot\varphi_{st}')^2}{1+(k_f k_r\cot\varphi_{st}')^2}} \tag{10-68}$$

式中　$k_f=f_1'/f_N$；

$\varphi_{st}'=\arccos[P_{st}'/(3U_1'I_{st}')]$；

$k_r=[r_1-(r_{st}'-r_1)/\sqrt{k_f}]/r_{st}'$；

$r_{st}'=P_{st}'/(3I_{st}'^2)$；

I_{st}'——电动机在 U_1'、f_1'下堵转时的输入电流；

P_{st}'——电动机在 U_1'、f_1'下堵转时的输入功率，有

$$P_{st}'=\left(\frac{I_{st}'}{I_d''}\right)^2 P_d''$$

I_d''、P_d''——电动机在f_1'下做堵转试验、堵转电压为最高值时的堵转电流和堵转损耗。

7. 堵转转矩的修正

$$T_{st}=T_{st}'\sqrt{k_f}\frac{1+(\cot\varphi_{st}')^2}{1+(k_f k_r\cot\varphi_{st}')^2} \tag{10-69}$$

式中　T_{st}'——电动机在 U_1'、f_1'下的堵转转矩。

8. 最大转矩的确定

最大转矩用圆图法确定。

1）由空载试验求得电动机在 U_1'、f_1'下的空载电流 I_0'、铁损 P_{Fe}'和机械损耗 P_{fw}'。

2）由堵转试验求得电动机在 U_1'、f_1'下的堵转电流 I_d'和堵转损耗 P_d'。

$$\left.\begin{aligned} I_d' &= I_d''\left(\frac{U_1'}{U_d''}\right) \\ P_d' &= P_d''\left(\frac{I_d'}{I_d''}\right)^2 \end{aligned}\right\} \tag{10-70}$$

式中　I_d''——堵转电流，用圆图法求最大转矩时，取 $I_d''=(2\sim3)I_N$；

U_d''、P_d''——对应于 I_d''时的堵转电压和堵转损耗。

将空载点和堵转点由 U_1'、f_1'修正到额定电压 U_N 和额定频率 f_N，绘制电动机在额定电压和额定频率下的最大转矩圆图，求取电动机在 U_N 和 f_N 下的最大转矩。

1）在 U_N 和 f_N 下的空载电流为

$$I_0 = I_0' \tag{10-71}$$

2）在 U_N 和 f_N 下的空载损耗和机械损耗之差为

$$P_0 - P_{fw} = 3I_0'^2 r_1 + P_{Fe}'\left(\frac{f_0}{f_1'}\right)^{1.5} \tag{10-72}$$

3）在 U_N 和 f_N 下的堵转电流为

$$I_d = I_d'\sqrt{\frac{1 + (\cot\varphi_d')^2}{1 + (k_f k_r \cot\varphi_d')^2}} \tag{10-73}$$

式中　$k_r = r_1 + (r_d' - r_1)/(\sqrt{k_f} r_d')$；

$r_d' = P_d'/(3I_d'^2)$；

$\varphi_d' = \arccos[P_d'/(3U_1'I_d')]$。

4）在 U_N 和 f_N 下的堵转功率为

$$P_d = P_d'\left(\frac{I_d}{I_d'}\right)^2 \tag{10-74}$$

第十一章　电机转矩特性的测取

第一节　异步电动机转矩-转速曲线的测定

异步电动机的转矩-转速曲线是异步电动机的一项主要特性，因为曲线的形状以及曲线中的起动转矩、最小转矩及最大转矩是衡量一台电动机能否顺利起动和稳定运转的重要指标。因此，不论电机制造厂检定电动机的性能时或电动机使用单位在设计电力驱动的方案时都非常关心这些指标。这些指标可由设计数据得到，但由于谐波磁场以及制造工艺等因素的影响，计算值与实际情况往往有较大的出入，故还需用试验的方法测定验证。

异步电动机 $T=f(n)$ 曲线的测定方法大致可分为两大类：第一类在异步电动机空载起动过程中，测量其角加速度来反映其转矩；第二类方法是利用第二章中所述的测功机、转矩仪或其他转矩传感器等测定。第一类方法只适用于转速变化的场合，它测量的是动态转矩；第二类方法可测得稳态转矩，若配合适当的自动记录仪表进行记录或绘制曲线也可测量动态转矩，且其测量的精度也较高。

一、动态微分法

1. 动态微分法原理

电动机的飞轮矩 GD^2 是一个常数。当电动机空载起动时，电动机产生的电磁转矩除用于克服空载阻转矩外，全部用于产生加速度，其转矩关系式为

$$T-T_0=T_J=\frac{GD^2}{375}\cdot\frac{dn}{dt} \tag{11-1}$$

式中　T——电动机产生的电磁转矩（N·m）；

T_0——电动机及其所带动机械（或飞轮）的空载阻转矩（N·m）；

T_J——加速转矩（N·m）；

n——电动机的转速（r/min）；

GD^2——电动机及其所带动机械的飞轮矩（$N\cdot m^2$）。

通常，电动机在起动过程中产生的电磁转矩 T 远大于空载阻转矩 T_0，若忽略 T_0，则式（11-1）可简化为

$$T\approx T_J=\frac{GD^2}{375}\cdot\frac{dn}{dt} \tag{11-2}$$

由上式可见，电动机产生的电磁转矩正比于角加速度。因此，若能在电动机空载起动时测得正比于转速 n 及加速度 dn/dt 的电信号，并分别接至示波器或记录仪的 X、Y 轴的输入端，即可绘出电动机的转矩-转速曲线，如图 11-1 中的 $T_J=f(n)$ 曲线所示。

在空载阻转矩不可忽略的情况下，必须测出空载阻转矩 T_0 与转速 n 的关系曲线。测试时，将已空载稳定运转的异步电动机自电源断开，使之自由停车，由式（11-1）得

$$T=T_0+T_J=0$$

$$T_0 = -T_J = -\frac{GD^2}{375}\frac{\mathrm{d}n}{\mathrm{d}t} \quad (11\text{-}3)$$

由上式可见，空载阻转矩与电动机自由停车时的减速度成正比。因此，与上述方法相同，测取自由停车时的转速 n 及其减速度 $\mathrm{d}n/\mathrm{d}t$，就可得到 $T_0=f(n)$，如图 11-1 中的下面一条曲线所示。这样，由电动机的空载起动及自由停车两个过程就可测得 $T=f(n)$ 曲线，如图 11-1 所示。

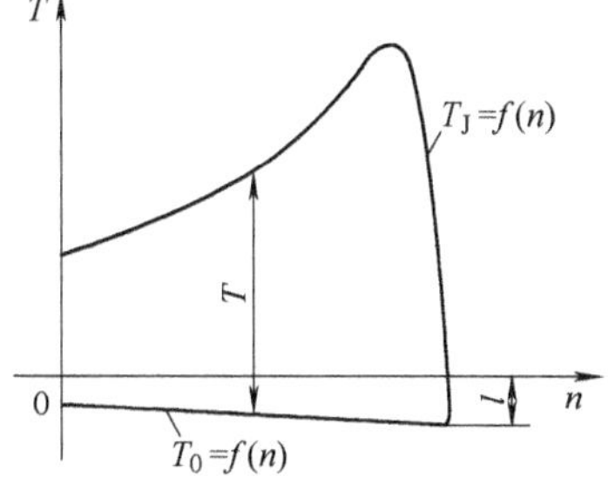

图 11-1　转矩-转速特性曲线

2. 应用直流测速发电机及微分电路测定

试验方法及电路参数的选择：众所熟知，直流发电机的空载电压 $u \approx E = C_e n\Phi$。当磁通 Φ 保持常值时，发电机的电压 $u = k_1 n$，它与转速成正比。故可用直流测速发电机或一般的直流发电机作为转速—电压变换元件，并采用电阻电容元件组成微分环节以获得与 $\mathrm{d}n/\mathrm{d}t$ 成正比的信号。由图 11-2 可得电压方程式

$$u = iR_1 + \frac{1}{C_1}\int i\mathrm{d}t \quad (11\text{-}4)$$

若 $iR_1 \ll \int i\mathrm{d}t/C_1$，则 $u \approx \int i\mathrm{d}t/C_1$，解之得 $i \approx C_1\mathrm{d}u/\mathrm{d}t$，于是电阻 R_1 上的压降为

$$iR_1 = R_1C_1\frac{\mathrm{d}u}{\mathrm{d}t} = k_1R_1C_1\frac{\mathrm{d}n}{\mathrm{d}t} \quad (11\text{-}5)$$

它与 $dn/\mathrm{d}t$ 成正比，试验时分别把正比于 n 及 $\mathrm{d}n/\mathrm{d}t$ 的电信号接至示波器的 X、Y 轴输入端，则可描绘出转矩-转速曲线。

图 11-3 所示为测试时的基本原理图。图中 R 及 C 为滤波环节。采用滤波环节的理由是由于直流测速发电机的输出电压总含有一定的脉动分量，若不采取措施将脉动分量抑制在比较低的电平，势必在微分电路的输出电压中产生很大的脉动分量，使所记录的 $T=f(n)$ 曲线发生不能允许的畸变，特别对最小转矩会带来更大的测量误差。所以在测速发电机输出端宜加适当的滤波电路，以削弱电压信号中的脉动部分。滤波作用也不宜过强，以免滤去 $T=f(n)$ 曲线中谐波转矩的分量。滤波电路的参数初步按下式选用：

$$RC \approx 0.028t_{st} \quad (11\text{-}6)$$

式中　t_{st}——电动机起动时间（s）。

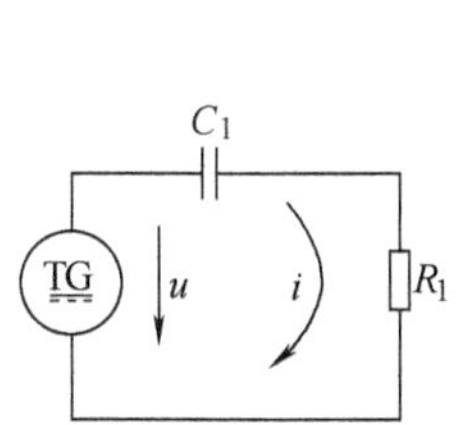

图 11-2　直流测速发电机测试原理图

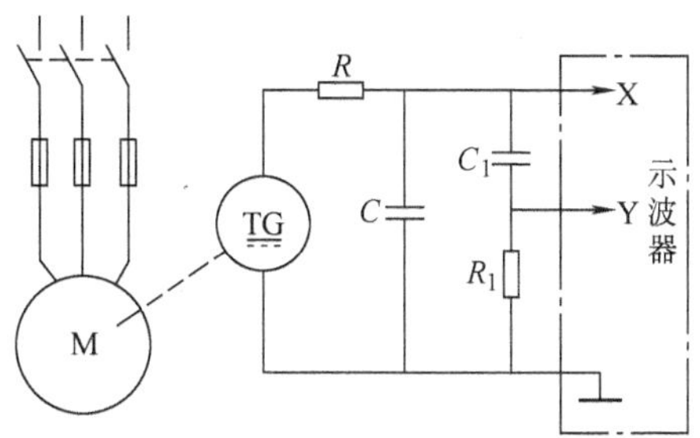

图 11-3　直流测速发电机微分线路图

微分电路参数 R_1C_1 的选择对测量结果的影响较大。微分时间常数增大时，R_1 所占的比重增大，将影响测量的准确度，特别在起动瞬间 $n=0$ 处的转矩不能很好地测出。若时间常

数太小，则纹波较大，也会影响测量的质量。根据一些文献介绍，微分时间常数初步可在下列范围内选取：

$$R_1C_1 = (0.005 \sim 0.02)\ t_{st} \tag{11-7}$$

在一般情况下，微分时间常数越小，则测量精度越高，因而在纹波符合要求的情况下，应尽量采用小的时间常数。在选取 RC 及 R_1C_1 时，R_1 取得大一些，可以减少滤波电阻 R 对转矩信号的影响。

由于微分电路、测速发电机、示波器等不可避免地都有一定的延迟作用，故要在起动过程中准确地显示 $n=0$ 时的起动转矩是比较困难的。为了克服这个困难，通常都用反转法，即先让电动机在接近同步转速下空载运转，然后改变三相异步电动机电源的相序，使其处于反接状态，这样就能测取在制动及重新起动过程中的整条 $T=f(n)$ 曲线，如图 11-4 所示。

测试时，直流测速发电机与异步电动机的装配必须同心、对准，否则将会使转矩曲线纹波变大。

在起动过程中，电机的端电压如有变化，则必须进行电压修正，因此要测取起动过程中电压的变化曲线。为此，在电压的出线端上接分压器，将取得的电压信号送至显示器的纵轴；同时把正比于转速的电信号送至横轴，即可得到电压波幅包络线与转速的关系曲线，如图 11-5 所示。根据每一转速对应的电压及转矩，按下式对转矩进行电压修正：

$$T = T_c\left(\frac{U_N}{U_c}\right)^2 \tag{11-8}$$

式中　T——修正后的转矩；

T_c——在 $T=f(n)$ 曲线上对应于某一转速 n_c 时的转矩；

U_c——在 $U=f(n)$ 曲线上对应于某一转速 n_c 时的电压；

U_N——被试电动机的额定电压。

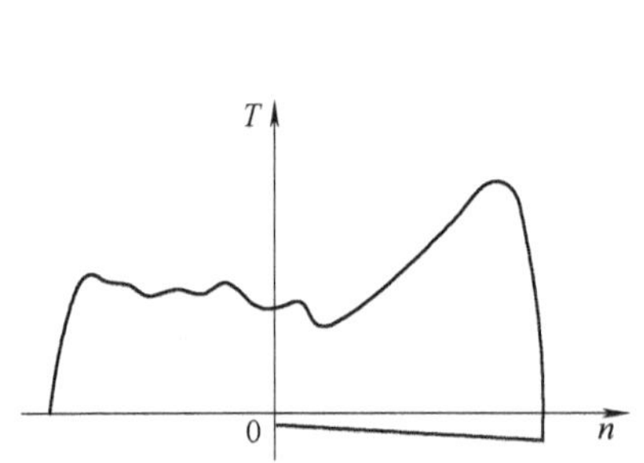

图 11-4　制动、起动转矩 - 转速特性曲线

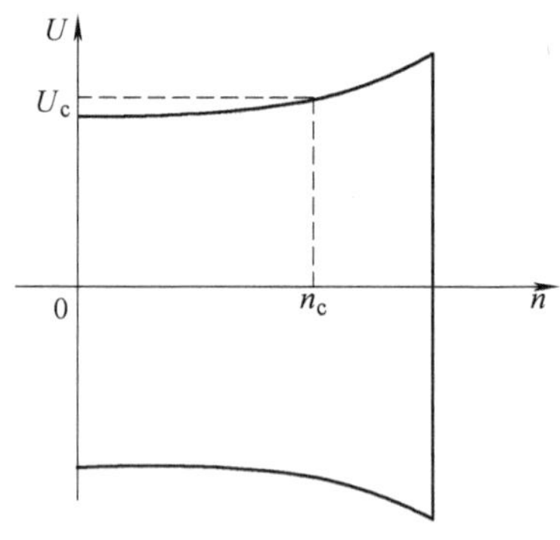

图 11-5　电压波幅包络线与转速曲线

试验时，电动机的起动时间最好大于 1s。如起动时间过短，则可在被试电动机上加飞轮或降低加到定子绕组上的电压以延长起动时间，利于测量。飞轮需校动平衡，以免振动而使转矩曲线的纹波变大。降低电压时，所测得的转矩值应换算到额定电压时的转矩值。

3. 转矩及转速的定标

从示波器所得到的 $T=f(n)$ 曲线可以看出被试电动机械特性的形状。为了进行定量分析，必须确定转速、转矩的比例尺。

（1）转速比例尺

测量被试电动机起动完毕后的稳定转速 n_0 及光点离开坐标原点的距离 A，则转速比例尺

$$K_n = n_0/A \tag{11-9}$$

式中　n_0——被试电动机稳定转速（r/min）；

A——光点离开坐标原点的距离（mm）；

K_n——转速比例尺（$r \cdot min^{-1}/mm$）。

（2）转矩比例尺

1）机械定标法：由前已知，当电动机自由停车时，利用测加速度法可以获得 $T_0 = f(n)$ 曲线。因此，当空载稳定运行的电动机突然从电源断开的瞬间，示波器光点在纵轴的位移长度 l（见图 11-1）就对应为空载转速 n 时的空载阻转矩 T_0，T_0 的值可由转速为 n_0 时的机械损耗 P_{fw} 求得

$$T_0 = 9.55\frac{P_{fw}}{n_0}$$

式中　n_0——被试电动机的空载转速（r/min）；

P_{fw}——被试电动机及其所带动的测速发电机及飞轮的机械损耗（W）。

转矩的比例尺

$$K_m = \frac{T_0}{l} = \frac{9.55P_{fw}}{n_0 l} \tag{11-10}$$

式中　K_m——转矩的比例尺（$N \cdot m/mm$）。

机械损耗定标法适用于各种容量的电机，其准确度主要决定于 P_{fw} 以及示波器上光点位移长度 l 的测量精度。机械损耗 P_{fw} 由异步电动机的空载试验测定。为了提高测量的精度，P_{fw} 值应重复测量数次，若重复性较好，可取平均值作定标用。

异步电动机空载起动时，空载阻转矩 T_0 一般都比电机的加速转矩小得多。因此示波器显示的 $T = f(n)$ 曲线中对应于 T_0 的长度 l 甚小，测量时易于产生误差。为此，在测试 $T = f(n)$ 时，可以在示波器 Y 轴增益不变的条件下，对 $T_J = f(n)$ 和 $T_0 = f(n)$ 两条曲线分别采用不同的微分电容值（后者的电容值较大）以增大 l 的长度，这样可以相对提高转矩定标的准确度。把 $T_J = f(n)$ 和 $T_0 = f(n)$ 曲线的纵坐标乘以 C_0K_m/C_J（C_0、C_J 分别为测取 $T_0 = f(n)$ 及 $T_J = f(n)$ 两曲线时所用的微分电容值），即可求得相应的转矩值。

2）以堵转转矩 T_{st} 定标

$$K_m = \frac{T_{st}}{l_{st}} \tag{11-11}$$

式中　T_{st}——堵转转矩值（$N \cdot m$），由堵转试验测定，堵转试验的电压应与测取 $T = f(n)$ 曲线时 $n = 0$ 处的电压值相同，如电压不同应进行电压修正；

l_{st}——$T = f(n)$ 曲线中对应于 $n = 0$ 处的纵坐标长度（mm）。

4. *应用 T-S 曲线测量仪测定*

国产转矩转速测试仪也是应用上述原理工作的，与直流测速发电机及微分电路的方法相比，其差别仅在于转矩转速测试仪系采用非接触式光电测速，它经过光电变换器、放大、脉冲变换等过程，获得一个正比于转速 n 的电压信号 $u = K_1 n$。同时，将 u 接至微分电路，以

获得正比于加速度（转矩）的输出电压 $K_2 \mathrm{d}n/\mathrm{d}t$。

由于它采用非接触式光电测速，故无附加摩擦转矩；并在仪器上附有微分选择旋钮，故可根据被试电机的起动时间 t_{st} 来选取“微分选择”开关的位置（即选择不同的微分电容值）。安装及使用均较方便。考虑到仪器本身具有一定的延迟作用，故要求起动时间 T_{st} 不小于 3s。

试验方法以及转速、转矩的定标与上节中的测速发电机法相同，不再赘述。

二、稳态法

应用测功机或数字式转矩仪等设备测量时，测量的精度较高，除可以测取静态转矩外，如配合适当的传感器及自动记录仪表，也能测取动态特性。

1）应用测功机或分析过的直流电动机作被试电机负载，逐点测取异步电动机的静态机械特性。

试验时，测功机 G 作为他励直流发电机对负载电阻 R 供电，接线的示意图如图 11-6 所示，这时测功机的电磁转矩

$$T_1 = C_T \Phi_1 I_a \tag{11-12}$$

$$E_1 = C_e \Phi_1 n$$

$$I_a = \frac{E_1}{R + R_{a1}} = \frac{C_e \Phi_1 n}{R + R_{a1}} \tag{11-13}$$

代入式（11-12），可得

$$T_1 = \frac{C_T C_e}{R + R_{a1}} \Phi_1^2 n$$

式中　E_1、I_a、R_{a1}——测功机电枢感应电动势、电流及电枢回路电阻；

Φ_1——测功机中的每极主磁通。

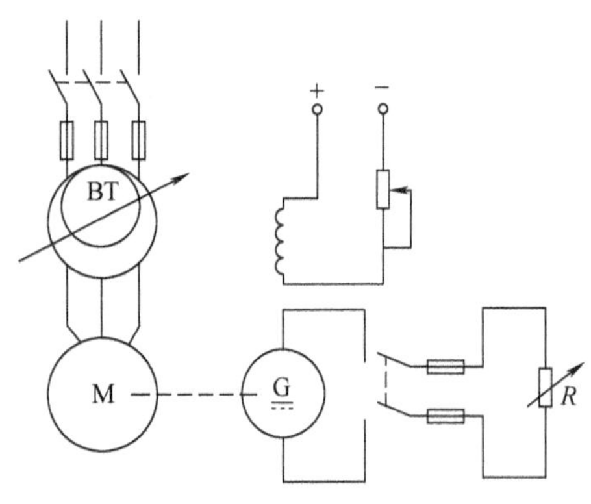

图 11-6　测功机作负载线路图

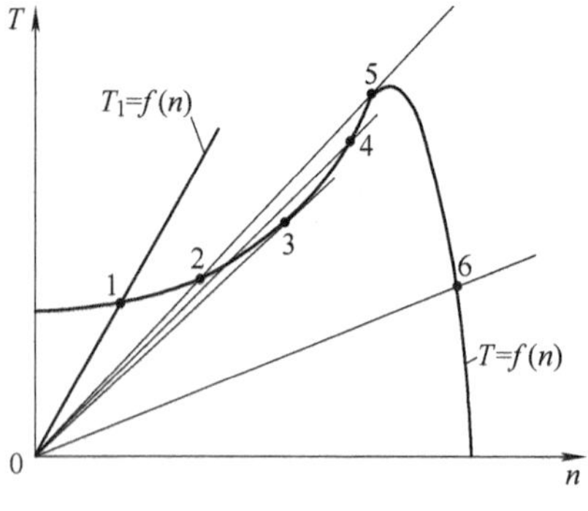

图 11-7　对应图 11-6 的特性曲线

由上式可知，当磁通 Φ_1 及电阻 R 为常数时，测功机的转矩转速曲线 $T_1 = f(n)$ 是经过坐标原点的直线，如图 11-7 所示。若改变励磁电流或负载电阻 R 的大小，可得一束经过原点的不同斜率的直线。在图上还画出了三相异步电动机的机械特性曲线 $T = f(n)$，它与直线 $T_1 = f(n)$ 的交点，表示在该转速下电动机的转矩与测功机的转矩相平衡。至于能否稳定运行，则由两者机械特性的斜率决定。如图上的 1、2、6 等交点处

$$\frac{dT}{dn} < \frac{dT_1}{dn}$$

则电动机稳定运转。而在点4处（点3与5之间）

$$\frac{dT}{dn} > \frac{dT_1}{dn}$$

不能稳定运行。此外，也不能测得转速为零时的转矩。因此用本法不能测得完整的异步电动机的机械特性。

2）在直流测功机（或校正过的直流电机）与可调压的直流电源并联运行的情况下，测定异步电机的机械特性。接线原理图如图11-8所示。图中 G_1 为电机测功机，它作为被试电动机 M_1 的负载，其容量约为同转速被试电动机容量的3倍。试验时，测功机电枢电流

$$I_a = \frac{E_1 - U_1}{R_{a1}} \tag{11-14}$$

式中　E_1——测功机的感应电动势，$E_1 = C_e\Phi_1 n$；

Φ_1——测功机每极磁通；

U_1——加于测功机的端电压，当测功机每极磁通保持 Φ_1 不变，对应于端电压 U_1 时的空载转速为 n_{10}，即 $U_1 = C_e\Phi_1 n_{10}$；

R_{a1}——测功机电枢回路的电阻。

将式（11-14）代入下式得测功机 G_1（见图11-8）的电磁转矩：

$$\begin{aligned} T_1 &= C_T\Phi_1 I_a = C_T\Phi_1\frac{E_1 - U_1}{R_{a1}} \\ &= \frac{C_T C_e \Phi_1^2}{R_{a1}}n - \frac{C_T\Phi_1}{R_{a1}}U_1 \\ &= K_1 n - K_2 U_1 \end{aligned} \tag{11-15}$$

从上式可以看出，测功机的机械特性 $T_1 = f(n)$ 为一条直线，此直线的斜率为 K_1，截距为 $-K_2U_1$。它与异步电动机的机械特性交点 A 为稳定运行点，如图11-9所示。

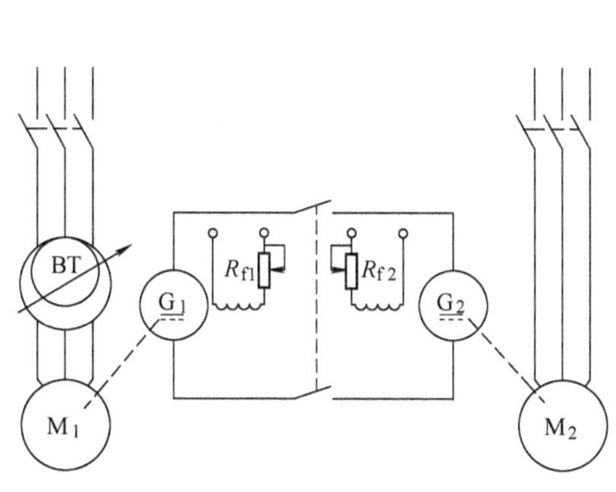

图11-8　测功机与可调压直流电机并联接线图

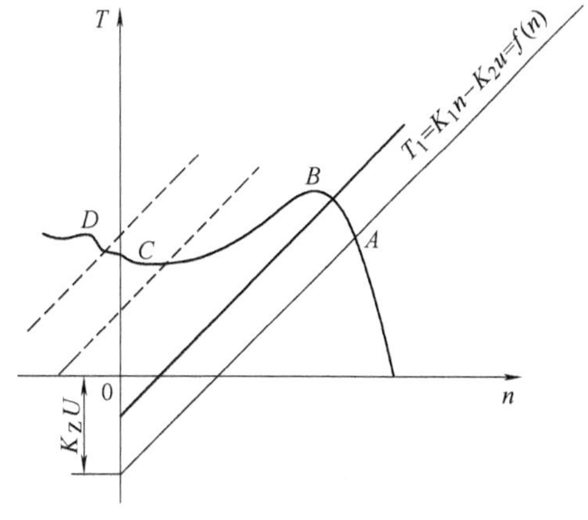

图11-9　对应图11-8的特性曲线

若测功机的励磁电流保持不变（即 Φ_1 为常数），调节直流电机 G_2 的励磁电流，于是加

于测功机的端电压 U_1 及其对应的转速 n 随之变化。当 U_1 减小时，$T_1 = f(n)$ 的斜率 K_1 不变，而截距 $-K_2U_1$ 的绝对值在减小。改变直流电压 U_1 使 $T_1 = f(n)$ 不断从右向左移动，分别交于异步电动机 $T = f(n)$ 曲线于 B 点、C 点、D 点，得一簇平行直线。当直流电压 U_1 的极性反相时，截距 $-K_2U_1$ 将为正值。在 D 点时，G_1 作为电动机运行，从而能测得异步电动机从 $s=0\sim1$ 的整条 T-s 特性曲线。因为此时满足（dT_1/dn）>（dT/dn），所以异步电动机可在任一转速下稳定运行。

试验时，测功机 G_1 与直流电机 G_2 并联运行，从空载运行点逐渐减小 G_2 的励磁电流，以调节被试电动机的负载转矩。读取被试电动机的端电压 U、转速 n，以及测功机的电压 U_1、电枢电流 I_a、转矩 T_1。试验过程中，应特别注意读取最大转矩、最小转矩和起动转矩的点。试验时，读数应尽量迅速，尤其在低速及堵转时被试电动机的电流甚大，必须防止绕组因过热而损坏。

当测取转速较低的读数时，在被试电动机电源断开的情况下，先将测功机在低电压下起动（测功机的转向应与被试电动机相同），并将其调至稍低于欲测点的转速，再接上被试电动机的电源，迅速调节 G_2 的励磁电流，使被试电动机在所期望的转速稳定运转，读取数据。若在 G_2 的励磁电流为零的情况下，被试电动机的转速仍高于欲测点的转速，则可把 G_2 的励磁电流反向后再调节。

当采用校正过的直流电机为负载电机时，试验过程中校正过的直流电机的励磁电流应保持不变。并根据其电枢电流值，从 $T = f(n)$ 曲线查得相应的转矩值；也可应用一般的直流电机作负载电机，再配合一套转矩转速仪来测取转矩。

本试验方法的优点是测量的精度较高，但试验复杂且费时。因为在全电压下试验时，每读取一个数据后需要冷却一段时间，以免由于电机的发热而使测量值失真或电机过热而损坏。

3）在可控的动态下测取电机的转矩-转速曲线。

上述逐点测定异步电动机 $T = f(n)$ 曲线的方法存在试验时间长、在低速时易导致电机过热、使电机参数发生变化而降低测量精度等缺点。为了克服这些缺点，近年来国内外提出了在可控的动态下自动测试 $T = f(n)$ 曲线的方法，它可以在十至几十秒钟内描绘出整条曲线，且具有较高的准确度。此外，它还具有易于定标，以及可以根据需要适当调节试验速度的优点。

试验装置的框图如图 11-10 所示。其原理与图 11-8 基本相同，但在被试电动机及直流负载电机 G_1 之间需安装一套转矩、转速传感器，以检测被试电动机的转矩及转速。经过放大及变换，将正比于转矩及转速的信号送至记录仪绘制曲线。转矩及转速可以用不同型式的转矩传感器及转速传感器检测。例如：应用相位差型数字式转矩仪（也能输

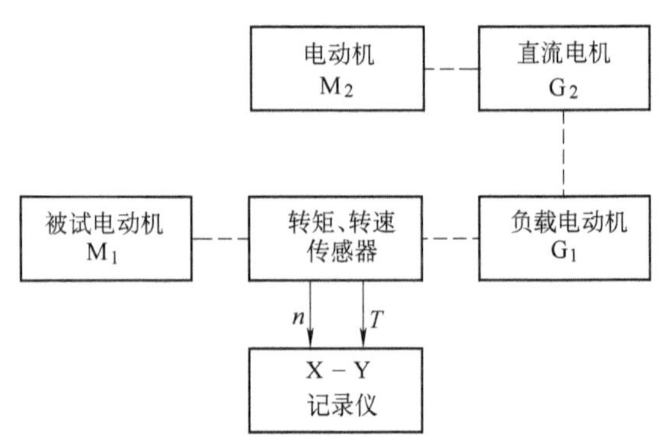

图 11-10　测取转矩-转速曲线原理框图

出模拟量信号)，或者用测速发电机为转速传感器及用电机测功机作为负载电机，并配有测力传感器来测量转矩及转速。

如前所述，试验时如连续地调节直流电机 G_2 的电压，则直流负载电机 G_1 的 $T_1 = f(n)$ 曲线也将相应地平行移动，它与被试电动机的 $T = f(n)$ 曲线的交点也将相应地移动，如图 11-9 所示。此时，被试电动机的转矩及转速量通过转矩转速传感器送至 X—Y 记录仪，绘制曲线。因此，控制 G_2 的电压变化速度，就可调节试验所需的时间。

在测取 $T = f(n)$ 曲线的过程中，不论异步电动机的转速由零上升到同步转速，或由同步转速减速至静止，总存在着加（或减）速度。因而有一部分转矩用于异步电动机转子本身的加（或减）速度，它不能在转矩转速传感器的输出量中反映出来，即

$$\frac{GD^2}{375} \cdot \frac{dn}{dt} = T - T_L \tag{11-16}$$

式中　T——异步电动机产生的转矩；

T_L——转矩仪所测得的负载转矩；

GD^2——异步电动机转子的飞轮矩。

由于存在加速转矩，故在转速上升时所测得的 $T = f(n)$ 曲线与转速下降时所得的曲线不会重合，如图 11-11 所示。实际的 $T = f(n)$ 曲线应在两条曲线之间。为了弥补升速或降速过程中加速转矩的影响，可采用补偿的办法，其原理图如图 11-12 所示。图中应用线性运算放大器作加法器。把转矩仪输出的转矩信号 T_L 以及正比于转速的导数值 $K\mathrm{d}n/\mathrm{d}t$ 都接至放大器的输入端，当异步电动机的转速下降时，$\mathrm{d}n/\mathrm{d}t$ 为负值，于是输入端的信号为 $T_L - |K\mathrm{d}n/\mathrm{d}t|$，故加补偿后，记录仪所绘的曲线比未补偿时稍低。而当转速上升时，$\mathrm{d}n/\mathrm{d}t$ 为正，则输入端的信号为 $T_L + |K\mathrm{d}n/\mathrm{d}t|$，加补偿后，记录仪所绘的曲线比无补偿时稍高。加速转矩的补偿程度可调节电位器 RP 或改变 R_2 来实现，直至升速与降速时的曲线基本重合为止。

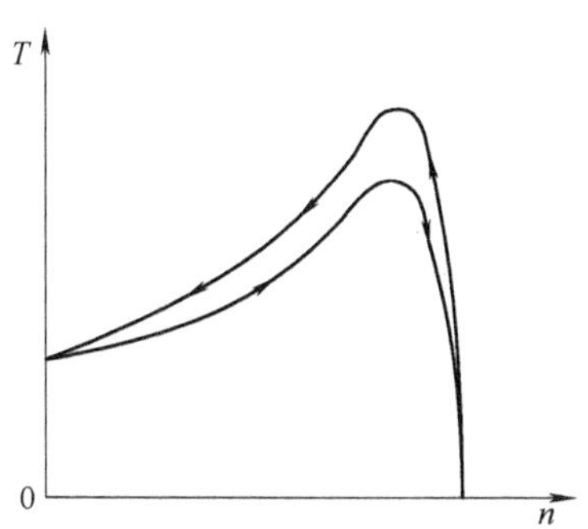

图 11-11　转矩转速上升下降曲线

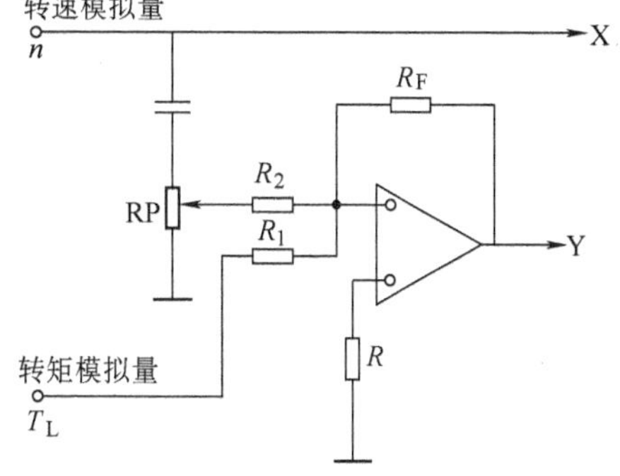

图 11-12　加速减速转矩转速曲线补偿原理图

第二节　三相异步电动机最小、最大转矩的实测试验

一、实测最大转矩试验

（一）试验设备

测试三相异步电动机最大转矩或转矩－转速曲线的设备有如下几个主要部分组成：

1. 被试电动机的电源

可选用前面第十章介绍的几种交流调压电源，最高电压应不低于被试电动机额定电压的1.2倍。若满足额定电压试验，则电源的容量应为被试电动机额定容量的3倍左右。

2. 被试电动机输入功率、电压及电流测量设备

可选用电动系电压表和电流表，最好选用多功能数字三相电量表，仪表的准确度应不低于0.5级。

当使用模拟式绘图仪（或称 $X-Y$ 记录仪）绘制转矩－转速曲线求取最大转矩时，一般要求同时在绘图仪上显示“电压－转速”和“电流－转速”曲线（至少需要“电压－转速”曲线，以便对转矩值进行电压修正），此时则还应配备电压和电流变送器。

3. 负载和转矩测量设备

各种测功机都可以作为被试电动机的输出转矩测试设备并同时作为机械负载。转矩－转速传感器加适当的机械负载组成的测功设备广泛用于本项试验。这主要是因为这种设备投资少、精度高，可方便地将转矩和转速信号通过二次仪表（转矩－转速仪）以数字量的形式同时显示出来，并可将模拟量送入到绘图仪或计算机中，绘出转矩－转速特性曲线。

负载设备的额定功率折算到被试电动机的转速后（一般按功率与转速成正比的关系进行折算），应在被试电动机额定功率的2倍以上。

机械负载可选用直流电机、磁粉制动器、电涡流制动器、用低于其额定频率的交流电源供电的异步发电机等。以用可变极性的直流电源供电的直流电机为最佳。

电涡流制动器、水力测功机和通过电阻直接消耗的直流发电机，因制动转矩会随转速的下降而下降，所以不能得到接近堵转时的转矩－转速曲线，经常会得不到实际的最小转矩值。用低于其额定频率的交流电源供电的异步发电机也有类似的不足（见图11-13给出的示例，其电动机额定电压为460V、额定频率为60Hz、4极）。

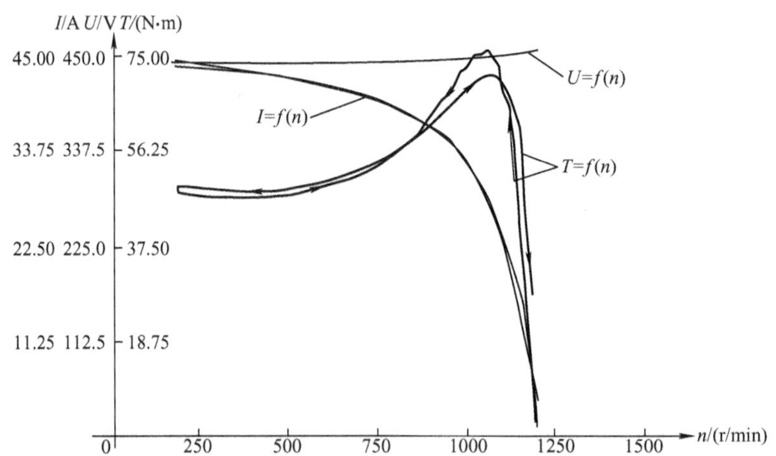

图11-13　用低于额定频率的交流电源供电的异步发电机做负载得到的转矩－转速曲线

为了能得到整条曲线，建议使用上述负载设备时，再同轴设置一台电磁制动器（磁粉制动器或电磁抱闸），用于在低转数时增加制动转矩，将被试电机制动到0转速。

4. 绘图仪器

转矩－转速曲线应采用仪器自动绘制。可通过转矩－转速仪的两个模拟量输出口传输给

函数记录仪（或称 $X-Y$ 记录仪，见图 11-14）或其他绘图仪器。这些绘图仪应具备同时绘制两条（或三条）特性曲线的功能。也可在绘制一条曲线的同时，将另一条曲线的数据暂存，待第一条曲线绘制完成后，再绘制第二条曲线。一条为“转矩 - 转速关系曲线”，另一条为“电动机端电压与转速的关系曲线”，若有第三条，则应是“被试电动机定子电流与转速的关系曲线”。

图 11-14 LM20A—200 型双笔函数记录仪

若利用计算机进行电动机试验的综合测量和绘制各种特性曲线，则可通过转矩 - 转速仪的数据接口（现用的数显式转矩仪均配备数据量输出接口）接到计算机上，或将转矩 - 转速传感器的输出信号通过专用接口直接输入到计算机中，再利用计算机中所加的专用软件（含转矩仪的通信协议），在屏幕上显示和通过打印机打印出所要的上述曲线。

（二）实测方法

1. 测功机描点法

用测功机将被试电动机拖动到同步转速附近（上述机械不能自运转时，则用被试电动机自身运转），空转到风摩损耗稳定。或按规定将被试电动机加规定的负载运行到温升稳定。

从空载开始，给被试电动机逐渐加负载，逐点测取被试电动机的转速、输出转矩、端电压，直到电动机转矩达到最大值并开始下降为止。为防止电动机过热，测取每点读数的时间应尽可能短，有必要时，可测几点后让电动机空转一段时间。

测试后，用测取的数值绘制转矩 - 转速曲线，如图 11-15a 所示。在绘制前，应对各点转矩值按与电动机电压二次方成正比的关系进行电压修正到额定电压时的数值，测功机显示的转矩值还应进行摩擦转矩修正。

2. 测功机连续绘图法

如采用数字式转矩 - 转速测量系统的测功机或通过微机等设备可做到自动记录和描绘曲线时，应从空载到超过最大转矩，再从超过最大转矩到空载测绘两条连续的曲线，每条曲线所用时间应不少于 10s，但又不能多于 15s。取两条曲线显示的转矩最大值，并分别通过电压修正后，再取两个最大值的平均值作为最大转矩的试验结果，如图 11-15b 所示。

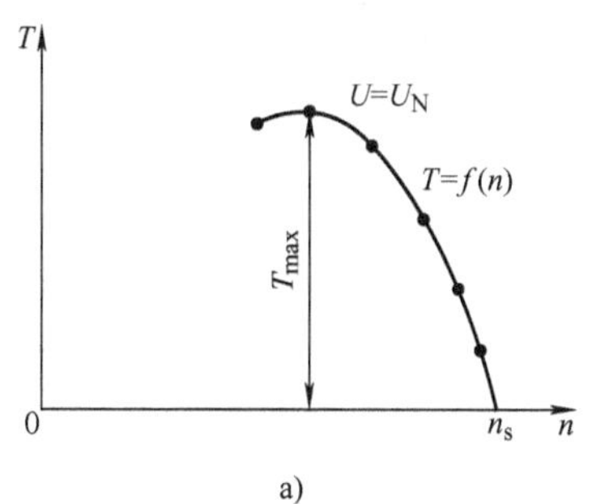

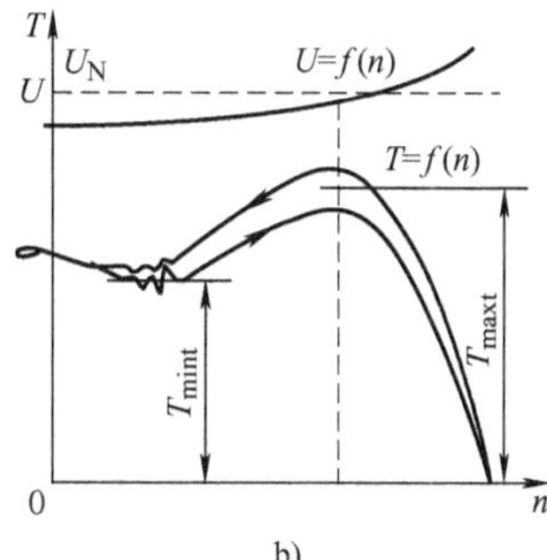

图 11-15 接近额定电压时的实测转矩曲线

a）描点法的曲线 b）连续绘制的曲线

由转矩 - 转速传感器加接通可变极性的直流电源的直流电机所组成的测功装置，是使用最方便、效果最好的测试系统。

（三）对试验结果的计算

1）当用若干点测量寻找最大转矩点的实测法时，应先将各测试点用曲线板连成一条光滑的曲线，再从曲线上查得最大转矩点并将其经过电压修正得到最大转矩值的试验结果。

2）当采用连续绘制转矩 - 转速曲线的方法时，应取两条曲线上的最大转矩点并经过电压修正得到平均值作为最大转矩值的试验结果。

3）试验时，要求产生最大转矩时的电动机端电压 U_t 应在被试电动机额定电压 U_N 的 0.9 ~ 1.1倍之间。此时用转矩与电压的二次方成正比的关系对转矩进行修正，见式（11-17）。若电压低于额定电压的90%，则按下面的第（五）条规定进行试验和计算。

$$T_{maxN}=T_{maxt}\left(\frac{U_N}{U_t}\right)^2 \tag{11-17}$$

式中　T_{maxN}——修正到额定电压时的最大转矩（N · m）；

T_{maxt}——实测的最大转矩（N · m）；

U_N——被试电动机的额定电压（V）；

U_t——在最大转矩点施加在被试电动机接线端的电压（V）。

（四）电源和负载设备能力不足时的实测试验方法

若限于试验电源容量和负载设备的能力，可采用降低电压进行试验的方法。此时电源的额定容量应不小于被试电动机额定容量的 1.5 倍，负载可接受的功率应不小于被试电动机额定容量的 1 倍。

按实际所用电源和负载设备的能力，在允许最高电压及以下，用与本部分前面讲述的各种方法测取 3 个及以上不同电压时的最大转矩值，如图 11-16a 所示。

用上述求得的几组数值，绘制最大转矩与电压的对数关系曲线。向上延长曲线到电压为被试电动机的额定电压为止。该点对应的转矩即为额定电压时的最大转矩，如图 11-16b 所示。

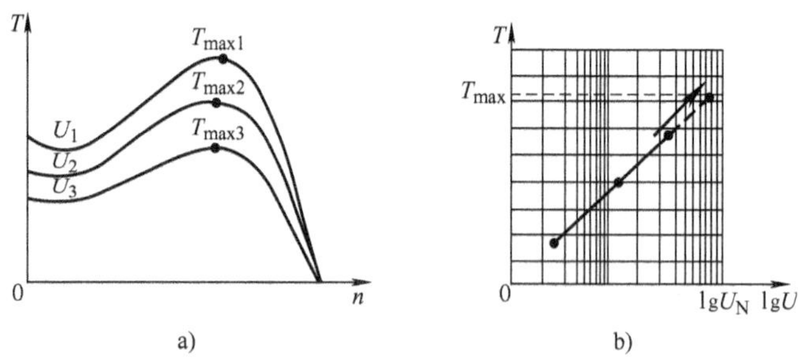

图 11-16　电源和负载设备能力不足时实测最大转矩的方法

a）不同电压时的转矩 - 转速曲线　b）用对数曲线求取额定电压时的最大转矩

二、最大转矩的圆图计算法

如限于电源和负载设备的能力，或者因被试电动机的结构特殊不能与试验负载连接（在 GB/T 1032—2012 中 12.1.5 规定对立式电机和 100kW 以上的电机），可采用绘制圆图法或圆图计算法求取最大转矩。

（一）用绘制圆图法求取最大转矩

用“圆图”求取三相异步电动机的性能参数（包括最大转矩）是建立在电动机原理数

学模型基础之上的一种简单的解析方法。由于所涉及的理论比较专业，也相对复杂，在此不详细给出（详见《电机学》）。下面仅给出实际操作内容，目的并不是要大家实际去做，而是用于对下面将要介绍的圆图计算法提供依据。

1. 计算求取绘制圆图的数据

1）空载电流有功分量　$I_{0R}=(P_0-P_{fw})/3U_N$

2）空载电流无功分量　$I_{0X}=\sqrt{I_0^2-I_{0R}^2}$

3）额定电压时的堵转电流　$I_{KN}=I_K U_N/U_K$

4）堵转电流有功分量　$I_{KNR}=P_{KN}/(3U_N)$

5）堵转电流无功分量　$I_{KNX}=\sqrt{I_{KN}^2-I_{KNR}^2}$

6）额定电压时的堵转功率　$P_{KN}=P_K(I_{KN}/I_K)^2$

7）定、转子绕组的合成电阻　$R_t=P_{KN}/I_{KN}^2$（笼型转子）；$R_t=R_1+K_b^2R_2$（绕线转子）

2. 绘制圆图及求取最大转矩的过程（见图 11-17）

1）以电流为横轴，在横轴上选定电流的比例尺 A/mm。应尽可能地将图作大，因图越大准确度和精度也就越高。

2）在纵轴上取 $\overline{ON'}=I_{0R}$。

3）作 $N'N$ 平行于横轴，取 $\overline{N'N}=I_{0X}$。

4）作直线 UN，UN 与 $N'N$ 的延长线的夹角为 α，$\sin\alpha=2I_0R_1/U_N$。

5）在纵轴上取 $\overline{OS'}=I_{KNR}$。

6）作 SS' 平行于横轴，取 $\overline{SS'}=I_{KNX}$。

7）连接 NS。NS 被称为功率线。

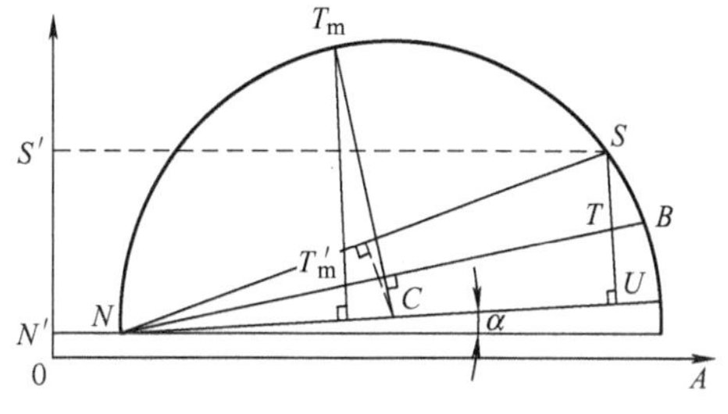

图 11-17　求取最大转矩的圆图

8）作 NS 的垂直平分线，与 NU 交于 C 点。

9）以 C 点为圆心，CN 为半径作电流圆。

10）由 S 点作 SU 垂直于 NU。

11）在 SU 上取 T 点，使 $\overline{TU}=\overline{SU}\cdot R_1/R_t$，连转矩线 NT。

12）作 CT_m 垂直于 NT，并与电流圆交于 T_m 点。

13）由 T_m 点作 T_mT_m' 垂直于 NU，并与 TN 交于 T_m' 点。

14）最大转矩 T_{max}（N·m）按下式计算：

$$T_{max}=9.549\times3U_NA\ T_mT_m'\beta/n_s=28.647U_NA\ T_mT_m'\beta/n_s$$

式中　U_N——电动机的额定相电压（V）；

A——电流的比例尺（A/mm）；

T_mT_m'——线段 T_mT_m' 的长度（mm）；

β——电动机的容量系数，对 10kW 及以上的笼型转子电动机，取 0.9；对绕线转子及 10kW 以下的笼型转子电动机，取 1.0。

（二）用圆图计算法求取最大转矩

实际上，圆图计算法是将圆图中的相关参数（对于图中来讲为线段或角）在圆图（见图 11-17）中的几何关系转化成了数值运算关系。但圆图计算法和绘制圆图法相比，具有精度高和省时省力的优点，特别是使用了计算机编制试验报告后，编制一个很小的计算程序，计算机就会自动地将前面试验计算所得的相关数据取出，参与求取最大转矩的计算，不足1s的时间即可得到结果。

用圆图计算法求取最大转矩所需要的试验项目、试验参数及计算过程如表11-1所示 。

表11-1　用圆图计算法求取最大转矩的过程

序　号	项　目	计算公式和说明
1	整理试验数据	1）空载三相定子相电流平均值I_0、空载损耗P_0和风摩损耗P_{fw} 2）堵转［$I_K=(2\sim2.5)I_N$］三相定子相电压平均值U_K、相电流平均值I_K和输入功率P_K 3）换算到基准工作温度时的定子相电阻R_{1s}和转差率s（可由额定转速求取） 4）杂散损耗P_s（可实测或取推荐值）
2	（1）求取空载电流的有功分量I_{0R}	$I_{0R}=\frac{P_0-P_{fw}}{3U_N}$
	（2）求取空载电流的无功分量I_{0X}	$I_{0X}=\sqrt{I_0^2-I_{0R}^2}$
3	（1）求取额定电压时的堵转电流I_{KN}	$I_{KN}=I_K\frac{U_N}{U_K}$
	（2）求取额定电压时的堵转功率P_{KN}	$P_{KN}=P_K\left(\frac{U_N}{U_K}\right)^2$
	（3）求取堵转电流的有功分量I_{KR}	$I_{KR}=\frac{P_{KN}}{3U_N}$
	（4）求取堵转电流的无功分量I_{KX}	$I_{KX}=\sqrt{I_{KN}^2-I_{KR}^2}$
4	求取最大转矩的计算中间参数	1）$K=I_{KR}-I_{0R}$ 2）$H=I_{KX}-I_{0X}$ 3）$r=0.5\left(H+\frac{K^2}{H}\right)$ 4）$I_{2K}=\sqrt{K^2+H^2}$ 5）$K_1=\frac{I_{2K}^2R_{1s}}{U_N}$ 6）由$\tan\beta=\frac{H}{K_1}$求出β和$\tan\frac{\beta}{2}$ 7）$T=3rU_N\tan\frac{\beta}{2}$ 8）$P_m=\frac{P_N+P_{fw}+P_s}{1-s}$
5	求取最大转矩倍数　K_T	$K_T=\frac{C_T\,T}{P_m}$ 式中，对≥10kW的笼型电动机，取$C_T=0.9$；对绕线转子电动机和<10kW的笼型电动机，取$C_T=1.0$
6	求取最大转矩T_{max}	$T_{max}=K_TT_N$ 式中，T_N为电动机的额定转矩

三、最小转矩测定方法

（一）连续绘制转矩－转速曲线法和相关规定

试验设备及方法同测取最大转矩的转矩－转速曲线测绘方法。实际上，一般都将测试最小转矩和最大转矩两项试验同时进行。最小转矩值取自由起动到空载的曲线上，处于0至最大转矩对应的转速范围内的转矩最小值（注意，若在发生最小转矩点一段转速范围内，曲线是上下波动的，应取其平均值，将试验值修正到额定电压时的数值）。但应注意，试验时电动机的电压应在额定值的95%～105%范围内。否则，应调整电压重新试验。当限于电源容量或负载设备能力不能将电压达到上述值时，可采用与最大转矩相同的降低电压法进行试验和绘制对数曲线求取额定电压时最小转矩的方法。

当试验时的电压 U_t 不等于额定电压 U_N 时，应按与电压的二次方成正比的关系将实测的最小转矩 T_{mint} 修正到 U_N 时的数值 T_{minN}。

$$T_{minN} = T_{mint}\left(\frac{U_N}{U_t}\right)^2 \tag{11-18}$$

（二）描点测试法

采用描点法单独测量最小转矩时，可先在低电压下确定被试电动机出现最小转矩的中间转速（一般在同步转速的1/13～1/7范围内的某一转速，机组在该转速下能稳定运行而不升速）。断开被试电动机的电源，调节测功机，使转速约为中间转速的1/3，然后，接通被试电动机的电源，调节测功机负载，直到转矩值达到最小。读取此转矩值和被试电动机端电压。通过电压修正，得到额定电压时的最小转矩值。

第三节　同步电机功角的测量

同步电机的功角就是电机的电动势和端电压之间的相角差。它是与同步电机性能有关的一个重要参量。准确地测量同步电机的功角是科研和生产的要求，与功角成正比的电信号还可以用于自动控制系统中。在准确测得同步电机的功角后，可以进一步测量同步电抗。

一、闪光灯法

在被试同步电机的轴上装一金属圆盘，在盘上画一个明显的标记。当被试同步电机运行时，用闪光灯照射圆盘，闪光灯的电源来自被试同步电机的端电压，并将闪光灯置于同步档，这时闪光灯的闪光频率与被试同步电机完全同步，看上去圆盘上的标记的位置静止不动。其个数与被试同步电机的极对数相同。在金属的圆盘外，安装一个静止的圆弧形刻度盘，先确定被试同步电机空载时标记的位置。当被试同步电机带负载后，再观察标记位置相对空载时所偏移的电角度，就是被试同步电机的功角大小。这种方法比较直观，但当被试同步电机的极数较多时，其测量的准确度不高。

二、相位表法

在被试同步电机的电枢槽口安装几匝细导线作为测量绕组，其极距应与该电机原有绕组一样；或者在被试同步电机的轴上装一台极数相同的微型同步电机，以便取得空载时电动势 E_0 的信号。将被试同步电机的端电压 U 经过移向器和 E_0 的信号一起送到相位表。当被试同步电机空载运行时，调节移相器，使相位表的指示为零。被试同步电机带负载后，相位计的读数即为功角 δ 的值。如果是采用带有模拟量输出的相位表，可得与被测 δ 角成正比的电信号，结合用光线示波器可拍摄 δ 角变化的动态过程曲线；或者用微计算机控制的数据采集系统，测取 δ 角变化过程的数据。

三、数字式功角测量仪

这种功角测量仪不仅可以测量功角的大小及数字显示，而且还可以指示被测 δ 角的超前或滞后，给出与 δ 角成正比的数字量或模拟量信号。其原理框图如图 11-18 所示。在被试同步电机的轴上装一个投射式或反射式的光电圆盘，盘上均匀分布的孔（或黑白相间的标记块）数与被试同步电机的极对数 p 相同。当圆盘随被试同步电机作同步速旋转一圈时，光敏二极管接受光的照射 p 次，产生 p 个低电压脉冲，经放大整形后在图 11-18 中的 A′点产生代表 E_0 的矩形脉冲。自被试同步电机出线端引出其一相的端电压，由变压器 T_p 降为低电压，经移相器送至相电压比较器，在 A 点给出代表 U 的相位的矩形脉冲。带可调电阻的 RC 移相器是为了给初始零相位的设定提供移相之用，即当被试同步电机为空载（$\delta=0$）时，调节 U 的相位使相位比较器 φ 的输出为零。当被试同步电机带负载时，φ 输出的脉冲宽度即代表被试功角的大小。

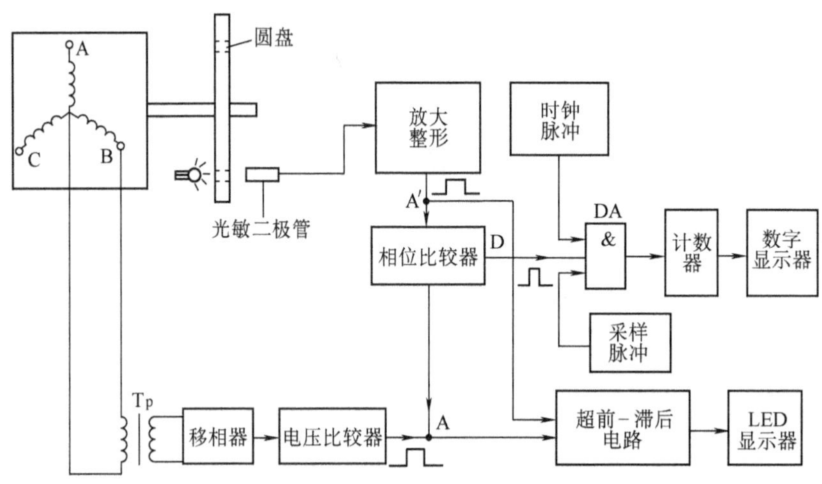

图 11-18　数字式功角测量仪的原理框图

图 11-19a 为相位比较器原理框图，来自图 11-18 中的 A′点的矩形脉冲经单稳后的波形宽度与 A 点波形相等，而相位超前（或滞后）一个角度 δ，再经反相器反相后与 A 点的矩形脉冲一同送与门 DA，DA 的输出即得宽度为 δ 的矩形波。δ 即代表被测功角的大小。图 11-19中 b 和 c 分别为发电机及电动机状态下各点的波形图。

在图 11-18 中 D 点输出的矩形脉冲与频率为 36kHz 的时钟脉冲及采样脉冲共同输入到与门 DA，由计数器计数，最后数字显示器读出被测功角的值。采样脉冲的宽度若为 1s，则一次可采 50 个（若同步电机电源的频率为 50Hz）宽度为 δ 的矩形脉冲内所含的总时钟数，这样可以减小因频率波动而引起的误差。计数器的输出端可引出数字反馈信号，或经 D/A 转换器转换为模拟量信号，作为反馈或记录用。

图 11-20a 给出了超前－滞后的逻辑电路及其波形。这是用来指示被试同步电机是运行于发电机（超前）还是运行于电动机（滞后）状态。来自图 11-18 中 A 及 A′点的给定和光电脉冲均经单稳电路再送到与门 DA；当被试同步电机运行于电动机状态时，DA 输出为一

脉冲；而运行于发电机状态时，则输出为零。该信号触发一个单稳多谐振荡器，在 F 点得到一个时间较长的矩形波，若发光二极管亮即为电动机运行状态；反之，则为发电机运行状态。

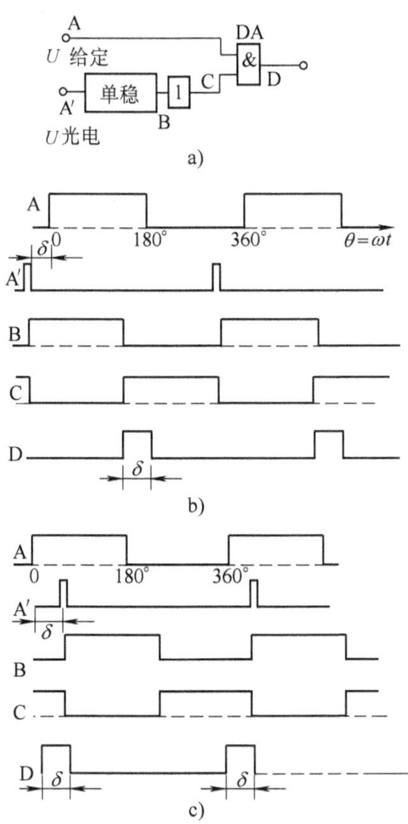

图 11-19　相位比较器的原理电路及其波形
a）原理电路　b）发电机（超前）状态时的波形
c）电动机（滞后）状态时的波形

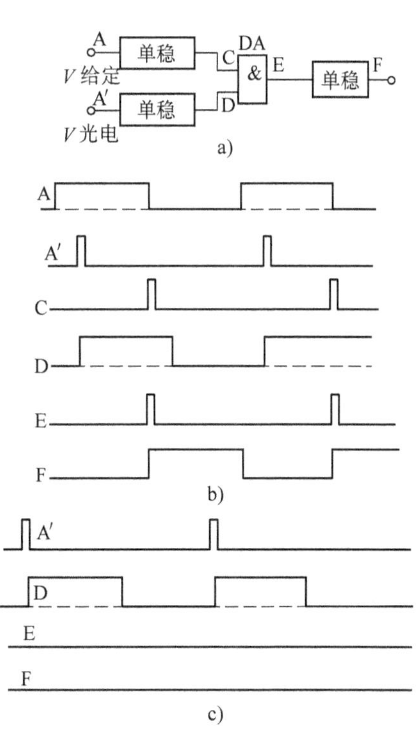

图 11-20　超前 - 滞后逻辑电路及其波形
a）原理电路　b）电动机状态
c）发电机状态

同步电抗 x_d、x_q 是同步电机的重要参数之一，其计算值一般为不饱和值，由试验法测量的 x_d 及 x_q 值通常也是不饱和值或对应于某一特定运行状态下的数值。若用这种不变的参数值计算分析各种不同运行状态下的工作特性，有时会出现明显的误差。

在功角测量的基础上，可以根据相量图计算出负载运行时的同步电抗。当被试同步电机负载运行时，在测取电枢电压 U、电流 I、功率 P、功率因数 $\cos\varphi$ 及励磁电流的同时，测量功角 δ 值，便可求得电枢电流的纵轴和横轴分量 $I_d = I\sin(\delta+\varphi)$、$I_q = I\cos(\delta+\varphi)$，则 x_d 及 x_q 可分别由下式求得：

$$\left.\begin{aligned} X_d &= \frac{E_0 - U\cos\delta}{I_d} \\ X_d &= \frac{U\sin\delta}{I_q} \end{aligned}\right\} \tag{11-19}$$

式中　E_0——空载时电枢绕组的相电动势，根据试验时的 I_f 值由空载特性曲线查得。

在功角测量的基础上，已知同步电抗可以计算出功角特性。

对隐极同步电机

$$\left.\begin{aligned}P_{\mathrm{m}} &= m\frac{E_0U}{x_{\mathrm{a}}}\sin\delta\\T_{\mathrm{m}} &= \frac{m}{\Omega_{\mathrm{s}}}\frac{E_0U}{x_{\mathrm{a}}}\sin\delta\end{aligned}\right\}\tag{11-20}$$

对凸极同步电机

$$\left.\begin{aligned}P_{\mathrm{m}} &= m\frac{E_0U}{x_{\mathrm{d}}}\sin\delta + m\frac{U^2}{2}\left(\frac{1}{x_{\mathrm{q}}}-\frac{1}{x_{\mathrm{d}}}\right)\sin\delta\\T_{\mathrm{m}} &= \frac{m}{\Omega_{\mathrm{s}}}\frac{E_0U}{x_{\mathrm{d}}}\sin\delta + \frac{m}{\Omega_{\mathrm{s}}}\frac{U^2}{2}\left(\frac{1}{x_{\mathrm{q}}}-\frac{1}{x_{\mathrm{d}}}\right)\sin2\delta\end{aligned}\right\}\tag{11-21}$$

第十二章　电机性能的自动测试

第一节　概　　述

电机测试的任务，首先是记录被试电机在运行时的各种参数（数据），如电压、电流、功率、频率、转速、转矩等；然后再对这些数据进行处理，描绘曲线；最后确定被试电机的各种性能。

在以往的电机测试中，往往都是采用人工读数、人工记录、人工数据处理和编写试验报告。这种传统的电机测试方法，必然存在着误差大、准确度低、重复性差，以及工作效率低的缺点。

随着电子技术的进步，数字测量技术的发展，微型计算机的应用，为电机的测试提供了先进的手段，使电机测试得以实现半自动化、自动化测试，使电机试验进入一个新的阶段。

电机的微机测试具有下列优点：

1）能自动控制被测电机的起停、自动采集数据、自动处理数据及计算参数，以及自动绘制特性曲线和打印试验结果。

2）由于电机的试验过程用计算机实现程序控制，故只要按编制好的程序执行，就可以完成被试电机试验中的各个项目。

3）由于实现自动采集数据，可以使测试误差减少、准确度提高。

4）操作方便，节省时间，节约人力，提高测试工作效率。

电机自动测试系统的工作原理框图如图 12-1 所示。

用多路开关逐个采样，就有时间先后的问题。要测量一组数据，人们总希望在同一时刻测试，因此需用采样保持器，对所要测的几个量同时进行采样，并把它们保持在采样保持电路的电容器上，然后由多路开关逐个送到 A-D 转换器。

电机试验所测量的数据，如电压、电流、功率、转矩等都需要经过各种变送器转换成直流电压（模拟量），然后再将电压通过模-数（A-D）转换器转换为数字量。

由于所测量的物理量是许多个，需要试验时同时测出电机的电压、电流、功率转矩、转速等数据，通常不是每个模拟量都配有一个 A-D 转换器，而是应用采样保持器及多路开关，逐个地把各种变送来的模拟电压送到 A-D 转换器进行 A-D 转换。

在电机测试中，往往要作出一组曲线，即某参数与每一参数的函数关系，这样就需要在测试过程中逐次改变电机的运行状态，因此需要设置比较器和驱动电路。

为使各部分能有秩序地、正确地工作，例如只有在电机运行状态改变后才能对新的一组数据进行采样；一组数据的各量要按一定顺序进行采样，这个功能是由逻辑电路和软件共同来完成。

当计算机通过输出接口发出起动命令后，使被试电机进入运行状态。这时各个变送器将被测量转换成相应的直流电压，送到模拟量输入接口；功率、频率、转矩、转速等数字表将

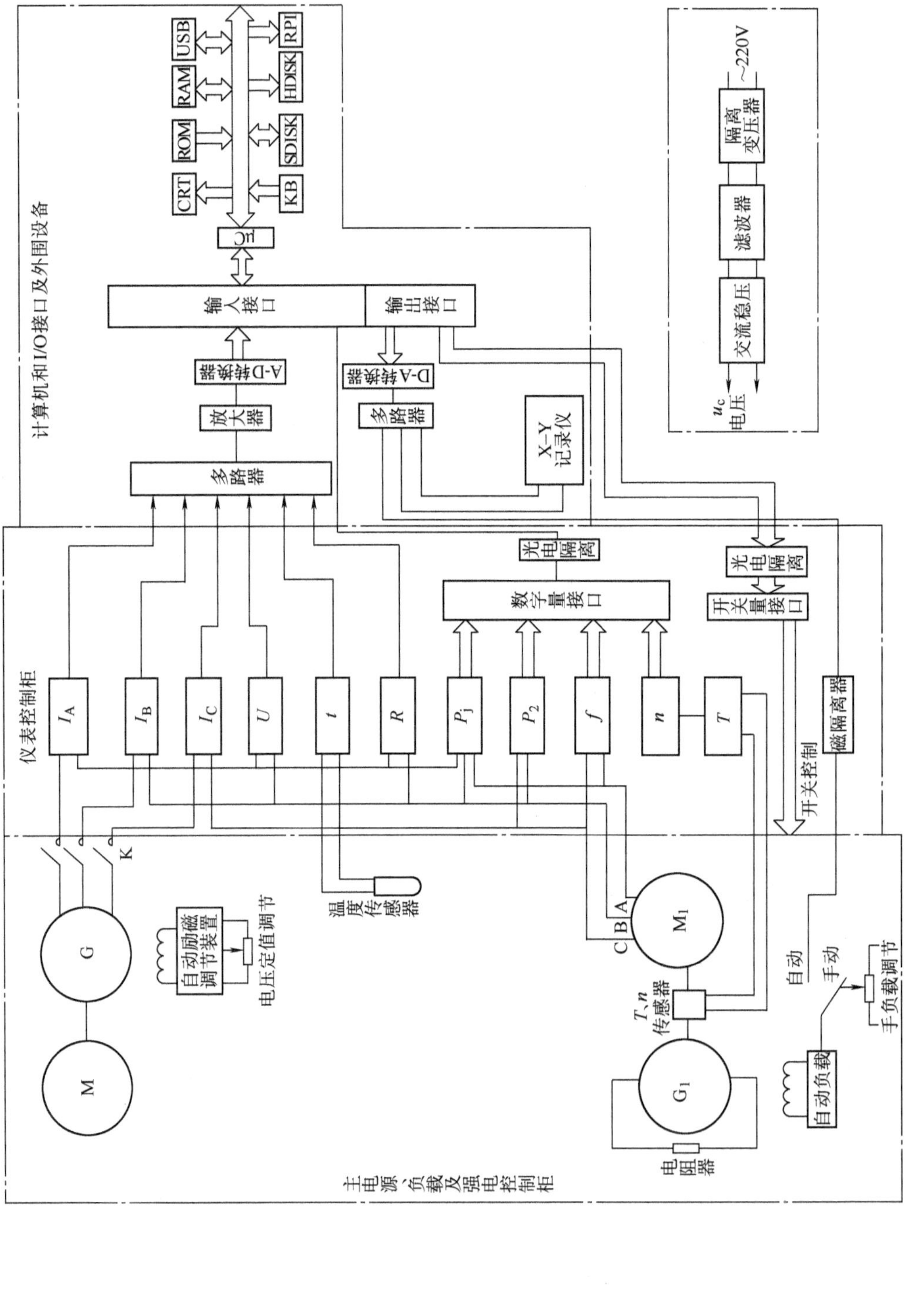

图 12-1　电机自动测试系统原理框图

被测数字量送到数字量输入接口。在采样前，计算机先通过模拟量输出改变电源电压或被试电机的负载，使达到设定值后，发出采样命令。这时被测模拟量依次经过多路器、A-D 转换器、输入接口送入计算机；被测数字量经过数字量接口、输入接口送入计算机。如此反复改变电压或负载，反复发出采样命令，可将全部试验数据送入计算机。

在计算机系统中，KB 为键盘，用来发出控制命令或输入原始数据；CRT 为屏幕显示器，用来监视输入输出的数据或检查程序；H. DISK 为硬磁盘，用于存放操作系统、应用软件、用户程序及试验数据，硬盘存储量可达 120GB；S. DISK 为软磁盘驱动器，每张磁盘的存储量为 1.44MB 用于存放试验数据；USB 为 USB 接口的可带电插拔的移动内存驱动器，其存储量可达 256MB，用来将磁盘或移动内存中存放的程序或数据送入计算机，或将计算机中的数据及程序送入磁盘或移动内存中保存；计算机根据所采集的试验数据进行处理及计算后，打印出试验结果，绘制出特性曲线。

第二节　交直流电量变送器

在应用微计算机对电机性能进行自动测试的系统中，必须先将各个被测量（如电压、电流、功率、转速、转矩、温度等）转换为与其成线性关系的直流电压，再送到数据采集系统，才能进行自动采样。不但各种非电量如转矩、转速、温度等，要通过各种传感器转换为电量；而且各种交流电量，也需要通过变送器转换为标准的直流电压。变送器的质量如何，与测量结果的准确度关系甚大，要提高整个测量系统的准确度，就必须要求变送器的输出电压与其输入量具有严格的线性关系。在动态测量中，还要求变送器具有良好的跟随性。

按工作原理分类，常用的交、直流电压、电流变送器可分为平均值变送器和有效值变送器。平均值变送器的输出直流电压与其输入量的平均值成正比；有效值变送器的输出直流电压与其输入量的有效值成正比，它包括热电偶式和模拟运算式等类型。交流功率变送器按其工作原理的不同，也可分为霍尔元件式和时分割乘法器等类型。

一、交流电压、电流平均值变送器原理

交流电压、电流变送器包括电压或电流互感器、桥式整流电路及滤波电路等，它将交流电压、电流转换为标准的直流电压输出。

1. 基本工作原理

由交流电路原理可知，交流电压平均值的定义为在一个周期内取其绝对值的平均值，即

$$U_{av} = \frac{1}{T}\int_0^T u(t)\,dt \tag{12-1}$$

式中　T——交流电压的周期（s）。

若电压 $u(t)$ 的波形按正弦规律变化，即正负半波的波形完全对称，则有

$$U_{av} = \frac{1}{T}\int_0^T |u(t)|\,dt = \frac{2}{T}\int_0^{T/2} |u(t)|\,dt \tag{12-2}$$

一般的平均值变送器是用二极管桥式整流后，再经过 RC 滤波器得到平滑的直流电压（电流）信号。国产的交流电压、电流平均值变送器的原理电路如图 12-2 和图 12-3 所示。

图 12-2 为交流电压平均值变送器的原理线路图。其中电压互感器 TV 将输入的交流电压信号适当衰减后，以供 $VD_1 \sim VD_4$ 组成的桥式整流电路整流。电压互感器一次侧所串联的电

阻 R_1 是用来调节电压互感器励磁电流的大小的，在一定程度上它可改善输出直流电压的线性度。桥式整流电路的输出信号经过 RC 滤波器滤波及电阻 R_4、R_5 分压后，得到输出的直流电压。为了减小二极管工作特性起始部分的非线性对整流电路特性的影响，电压互感器二次侧的电压值不可太小，一般为50V 左右。适当选择电阻 R_2、R_3、R_4 及 R_5 值，可以调节输入电压与输出电压值的比例关系，使输入电压值为额定值时，变送器的输出直流电压为5V。

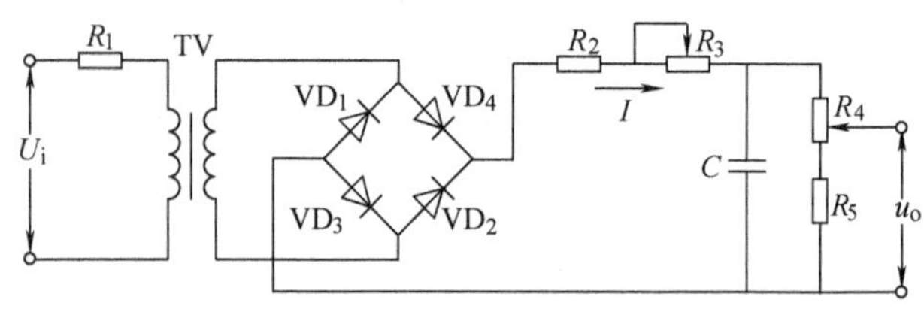

图 12-2　平均值交流电压变送器原理图

图 12-3 为交流电流平均值变送器的原理线路图。其工作原理与交流电压变送器相似。经过电流互感器及与其二次侧并联的电阻 R_1，将被测的交流电流转换为一定值的交流电压。R_1 为负载的分流电阻，其阻值按电流互感器的负载要求而决定；二极管 $VD_1 \sim VD_4$ 组成的整流桥将交流电压整流为直流电压。由于互感器磁路的磁化曲线起始部分有非线性区，整流二极管的伏安特性起始部分也是非线性的，这些都会使输入量与输出量之间产生非线性误差。为了补偿这种误差，在整流桥之后并联了由硅二极管 $VD_5 \sim VD_8$ 及电阻 R 组成的补偿电路。在二极管两端电压较低的情况下，其伏安特性是非线性的，即此时 $VD_5 \sim VD_8$ 的内阻为可变的分流电阻。当其两端的电压低时，阻值较大；而电压较高时，阻值变小，利用这一特性可以部分补偿上述非线性误差。与 $VD_5 \sim VD_8$ 相串联的电阻 R 用来调节二极管的工作点，改变 R 的阻值就可以改变二极管 $VD_5 \sim VD_8$ 非线性补偿的工作点。

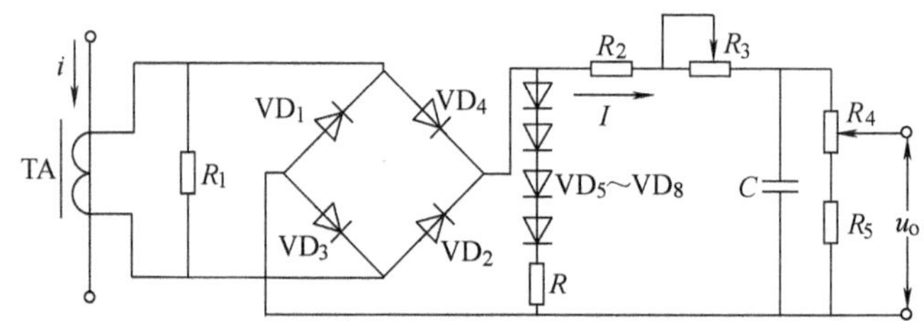

图 12-3　平均值交流电流变送器原理图

可变电阻器 R_4 及 R_5 是使变送器的输入电流为额定值时，保证在规定的外接负载下，其输出直流电压为5V，并满足规定的准确度。

在上述交流电压、电流平均值变送器中，由于整流二极管伏安特性的非线性使输入量与输出量之间总会存在一定程度的非线性误差，为了提高变送器的准确度，常采用线性整流电路。

2. 线性整流电路

这种整流电路的原理框图如图 12-4 所示，把二极管桥式整流电路接在一个放大器的后面，负反馈网络接在整流器的输出和放大器的输入之间。可以把“放大”和“整流”两部分电路看作是一个复合放大器。其总增益为放大器的开环增益 K_0 与整流器的效率 $\eta(\eta<1)$ 的乘积，即 $K_0' = K_0\eta$。由于整流器的效率值是随整流器电压幅值的大小而变化的，故 K_0' 之值也是变化着的非线性量。

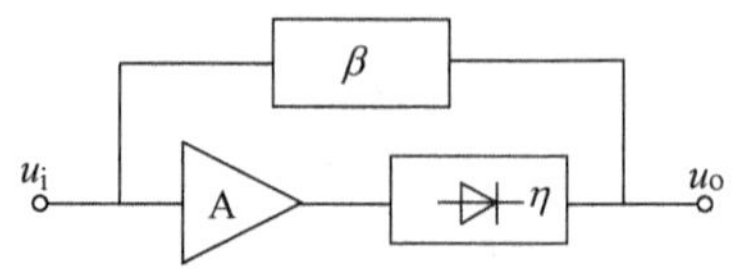

图 12-4　线性整流电路框图

由电子学知道，深度负反馈能有效地改善电路的非线性。当负反馈网络的反馈系数β及复合放大器的总增益K_0'能满足条件$K_0'\beta \gg 1$时，则有

$$u_o = \frac{K_0'}{1 + K_0' \cdot \beta} u_i \approx \frac{1}{\beta} u_i \tag{12-3}$$

故

$$\frac{u_o}{u_i} = \frac{1}{\beta}$$

即复合放大器的闭环输出电压u_o与输入电压u_i之比仅仅取决于β值，而与输入电压幅值的大小几乎无关，从而使整流器的非线性得到了有效的校正。

3. 线性全波整流平均值变送器原理

图 12-5 为一种线性整流平均值变送器的原理图。图中 A_1 及 A_2 为运算放大器，电阻 $R_2 = R_3 = 2R_1$，$R_4 = R_5 = R_6$。图 12-6 为其波形图，若输入电压 u_i 为正弦波，如图 12-6a 所示。当 u_i 为正半周时，经反相运算放大器 A_1 后的输出电压 u_o' 为负值，故此时二极管 VD_2 截止，VD_1 导通，且 VD_1 与 R_2 组成 A_1 的反馈回路，A_1 的输出电压 u_o' 为

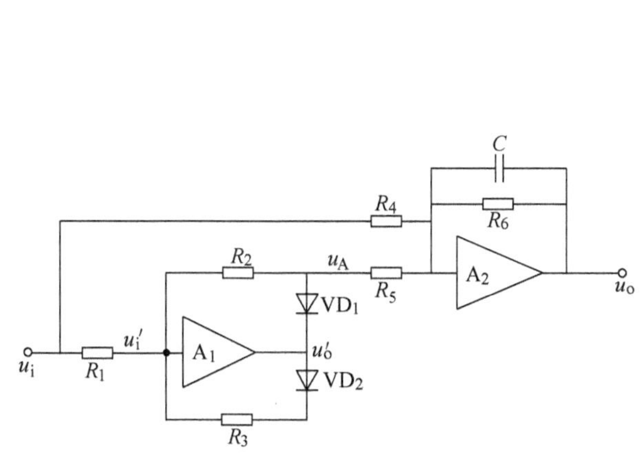

图 12-5　线性全波整流平均值变送器原理框图

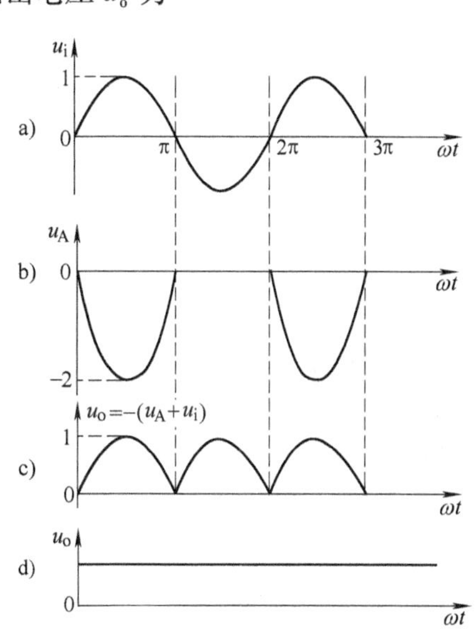

图 12-6　线性全波整流电压波形

$$u_o' = -\frac{R_2 + R_D}{R_1} u_i \tag{12-4}$$

式中　R_D——二极管 VD_1 的正向导通电阻。

因反相运算放大器的输入端为“虚地”，即 $u_i' \approx 0$，则 A 点的电位为

$$u_A = \frac{R_2}{R_2 + R_D} u_o' \tag{12-5}$$

将式（12-4）代入式（12-5），得

$$u_A = \frac{R_2}{R_2 + R_D}\left(-\frac{R_2 + R_D}{R_1}\right) u_i = -\frac{R_2}{R_1} u_i = -2u_i \tag{12-6}$$

u_A 的波形如图 12-6b 所示。当输入电压 u_i 为负半波时，A_1 的输出电压 u_o'为正，二极管 VD_1 截止，A 点的电位 u_A 为 0。

输入电压 u_i 及 u_A 分别经过电阻 R_4 及 R_5 接到运算放大器 A_2 的反相输入端，且 $R_4=R_5=R_6$。当 $0\leqslant\omega t\leqslant\pi$ 时，运算放大器 A_2 的输出电压 u_o 为

$$u_o=-\frac{R_6}{R_4}(u_i+u_a)=-(u_i-2u_i)=u_i \tag{12-7}$$

当 $0\leqslant\omega t\leqslant2\pi$ 时，u_o 为

$$u_o=-(u_i+u_a)=-(u_i+0)=-u_i \tag{12-8}$$

此时，u_i 为负值，故 u_o 实际为正值。若电阻 R_6 两端没有并联电容 C，u_o 的波形如图 12-6c所示。由图可见，在 $\omega t=0\sim2\pi$ 的整个周期内，输出电压 u_o 为全波脉动电压，$u_o=|u_i|$，而与二极管的正向异通电阻 R_D 无关，故消除了由于二极管伏安特性的非线性所引起的误差。

图 12-5 中 A_2 的反馈电阻 R_6 两端并联了电容 C，则 A_2 不仅作为加法器同时也作为有源滤波器，使 A_2 的输出信号中的脉动部分被滤掉，而得到直流输出电压 U_o，当输入电压 u_i 为正弦波时，U_o 值为

$$\begin{aligned}U_o&=\frac{1}{T}\int_0^T|u_i|\,dt\\&=\frac{1}{2\pi}\left[\int_0^{\pi}\left|\sqrt{2}U_i\sin\omega t\right|d\omega t+\int_{\pi}^{2\pi}\left|\sqrt{2}U_i\sin\omega t\right|d\omega t\right]\\&=\frac{2\sqrt{2}}{\pi}U_i=0.9003U_i\approx0.9U_i\end{aligned} \tag{12-9}$$

式中　U_i——输入电压的有效值。

所以输出直流电压 U_o 值正比于输入电压全波整流的平均值，当 u_i 为正弦波时，U_o 约为输入电压有效值的 0.9 倍。

必须指出，上述的交流电压、电流平均值变送器，是表示根据工作原理决定其输出与输入交流电量的平均值成正比。实际上它们也可以用于交流电压、电流有效值的测量，因对一定波形的交流电来说，其有效值与平均值之间存在一定的比例系数，例如对于正弦波，该系数为 1.1107，只要适当调整图 12-2、图 12-3 及图 12-5 中某些电阻值，即可使输出直流电压值正比于输入交流电量的有效值。但是这种变送器只限于测量某一确定波形的交流电量才是准确的，而不能普遍适用于测量各种波形的交流电量，否则将会产生波形误差。

二、交流电压、电流有效值变送器原理

交流电压、电流有效值比平均值应用更为普遍，通常所说的某交流电压、电流为多少伏或多少安，几乎都是指其电压、电流有效值而言。在电机测试中，使用的交流电压、电流表，几乎都是按正弦波有效值来刻度的。因此要求交流电压、电流变送器输出的直流电压与被测的交流电压、电流有效值成正比，这就是所谓的交流电压、电流有效值变送器。

为了得到与被测电压、电流有效值成正比的直流输出电压，可将平均值变送器输出的直流电压，根据被测电压、电流波形的种类，乘以一定的比例系数，就能按有效值显示被测结果。对正弦交流电压、电流，当采用全波整流时，它的有效值与平均值之比为 $\pi/2\sqrt{2}=1.1107$；对方波，这个比值为 1。波形不同，比例系数也不同。所以，这种方法只能对一种波形进行有效值直读显示，适用范围较窄，但由于电路简单，在数字式交流电压表中，仍能得到广泛的应用。

在上述的平均值变送器电路中，适当地改变一些电阻元件的数值，也能组成适用于一种波形的有效值变送器电路，如使图 12-5 中的 $R_2/R_4=R_6/R_5=\pi/2\sqrt{2}=1.1107$，则直流输出电压就等于输入正弦信号的有效值，即 $U_o=U_i$。

在电机及变压器试验中，有时常会遇到被测量的交流电压、电流中存在高次谐波，即其波形并非完全按正弦规律变化，如小型同步发电机的端电压、变压器及磁路饱和的异步电动机的空载电流等。因此必须采用有效值变送器，不管被测电量的波形是否按正弦规律变化，变送器输出电压与被测的交流电量有效值均成正比关系。这样才能适用范围较广，不受波形的限制。交流电压、电流有效值变送器的变换方式有多种，如热电偶式变换、近似有效值变换、模拟有效值变换、真有效值变换等。下面介绍其中两种的基本工作原理。

1. 真有效值变换的基本原理

这种变送器的原理框图如图 12-7所示。

其中包括三个对数电路，为反对数电路、加法器及滤波器等。输入量交流电压供给前两个对数电路，输出信号反馈回来供给第三个对数电路，三个对数电路的输出量求和后送到反对数电路，其值 U 为

$$U=\lg u_i+\lg u_i-\lg U_f=\lg\ (u_t^2/U_f) \tag{12-10}$$

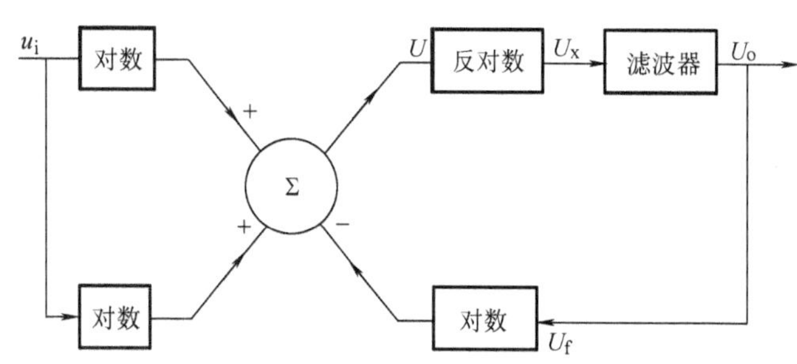

图 12-7 真有效值变换的原理框图

式中 U——求和电路的输出；

u_i——输入的被测交流电压；

U_f——来自输出端的反馈信号。

经过反对数电路后，得

$$U_x=\frac{u_i^2}{U_f} \tag{12-11}$$

滤波器滤掉交流分量后，输出电压的平均值为

$$U_{oav}=\frac{(u_i^2)_{av}}{U_f} \tag{12-12}$$

反馈回路是闭合的，故有

$$U_{oav}=U_f \tag{12-13}$$

所以输出量的平均值为

$$\left.\begin{aligned}U_{oav}&=\frac{(u_i^2)_{av}}{U_{oav}}\\U_{oav}&=\sqrt{(u_i^2)_{av}}\end{aligned}\right\} \tag{12-14}$$

式中 $(u_i^2)_{av}$——输入电压二次方的平均值，故输出电压为输入交流电压的真有效值。

这种变换电路具有量程宽（输入电压先经过衰减及放大电路）、过载能力强、时间响应

快等优点，并可以测量直流与交流耦合的信号。

2. 模拟式有效值变换的基本原理

这种变送器原理框图如图 12-8 所示。

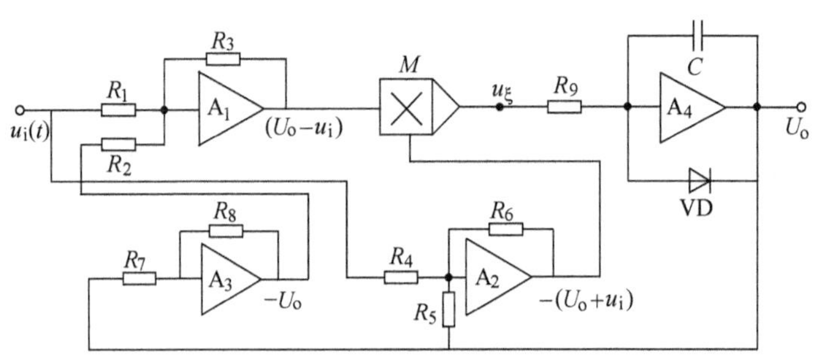

图 12-8　模拟式有效值变送器原理框图

图中 A_1、A_2 为反相加法器；A_3 为反相器；A_4 与电阻 R_9 及电容 C 组成反相积分器；M 为反相乘法器。其中电阻 $R_1=R_2=R_3$，$R_4=R_5=R_6$，$R_7=R_8$。变送器输入交流电压的瞬时值为 $u_i(t)$，输出直流电压为 U_o。设 U_i 为 $u_i(t)$ 的有效值，根据有效值的定义，有

$$U_i=\sqrt{\frac{1}{T}\int_0^T[u_i(t)]^2\mathrm{d}t}$$

即

$$U_i^2=\frac{1}{T}\int_0^T u_i^2\mathrm{d}t \tag{12-15}$$

式中　T——输入交流电压的周期（s）。

运算放大器 A_2 的输入电压为交流电压 u_i 和变送器的输出电压 U_o，故其输出电压为 $-(U_o+u_i)$；A_1 的输入电压为 u_i 及 $-U_o$，输出电压为 $-(u_i-U_o)=(U_o-u_i)$。乘法器 M 的输入电压为 (U_o-u_i) 和 $-(U_o+u_i)$，经反相后，输出电压为 $u_\xi=K(U_o^2-u_i^2)$，式中的系数 K 为乘法运算器的传递函数。信号 u_i 中包含直流分量和交流分量，其平均值为

$$\begin{aligned}U_{\xi av}&=\frac{1}{T}\int_0^T K(U_o^2-u_i^2)\,\mathrm{d}t\\&=KU_o^2-\frac{K}{T}\int_0^T u_i^2\mathrm{d}t\end{aligned} \tag{12-16}$$

将式（12-15）代入式（12-16），得

$$U_{\xi av}=K(U_o^2-U_i^2) \tag{12-17}$$

若积分器 A_4 的时间常数选得足够大，将 u_ξ 中的交流分量已滤除，则 A_4 的输出电压为

$$\begin{aligned}U_o&=-\frac{1}{R_9C}\int u_\xi\mathrm{d}t=-\frac{1}{R_9C}\int U_{\xi av}\mathrm{d}t\\&=-\frac{1}{R_9C}\int K(U_o^2-U_i^2)\mathrm{d}t\end{aligned} \tag{12-18}$$

式中，负号表示积分器 A_4 的输入信号与输出信号反相，由式（12-18）可知，若 $U_o<U_i$，$U_{\xi av}<0$，A_4 的输出电压为正，使 U_o 增加；反之，若 $U_o>U_i$，$U_{\xi av}>0$，A_4 的输出电压为负，

使 U_o 减小。要使整个变送器系统达到平衡状态，必须有 $U_{\xi av}=0$，积分器输出电压维持为 U_o，这时有

$$U_{\xi av}=K(U_o^2-U_t^2)=0 \tag{12-19}$$

即

$$U_o=U_i$$

所以整个系统的输出直流电压 U_o 等于输入交流电压的有效值，与交流电压的波形无关。

上述讨论的前提是变送器的输出直流电压 $U_o>0$。如果 $U_o<0$，而且 $|U_o|>U_i$，则信号 $U_{\xi av}>0$，积分器 A_4 的输入电压为正，则输出电压 U_o 朝减小方向变化，即负值更负直至积分器负方向饱和，最后使积分器不能正常工作。为了防止这种状态的发生，在 A_4 的负反馈电路两端接一个二极管 VD，以保证 $U_o>0$，否则，VD 将导通。

三、交流功率变送器原理

在电机测试的数据自动采样装置中，交流功率（以下简称“功率”）的测量与交流电压（流）一样，必须先经过变送器，将功率转换成对应的直流电压，然后再送至后一级进行采样检测。

功率变送器的主要部分是乘法器，它的直流输出电压应正比于输入电压与电流的乘积，完成关系式 $P=UI\cos\varphi$ 所表示的运算功能。乘法器的种类很多，目前最常用的有脉冲幅度、宽度调制式的时分割乘法器和霍尔元件乘法器，相对应的就有时分割乘法器式功率变送器和霍尔功率变送器。

1. 霍尔功率变送器原理

霍尔功率变送器是采用霍尔元件作为乘法器的一种功率变送器。

在第三章中已知，霍尔电动势的表达式为

$$U_H=R_H\frac{I_cB}{\delta}=K_HI_cB \tag{12-20}$$

对一个具体的霍尔元件来说，霍尔系数 R_H 与霍尔元件的厚度 δ 均为常数，则 K_H 也为常数。由式（12-20）知，霍尔电动势与磁通密度和电流的乘积成正比。

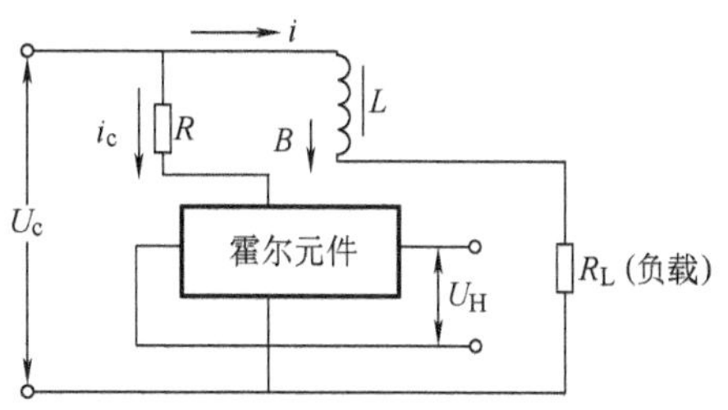

图 12-9　单相霍尔功率变送器原理图

单相霍尔功率变送器的原理图如图 12-9 所示。将霍尔元件的控制端串接一个大电阻 R 后接到电网 U_c 的两端，其中所流过的电流 i_c 与电网电压 U_c 同相且成正比。将被测量的负载电流 i 通过铁心线圈 L 产生磁通密度 B，设

$$\left.\begin{aligned}u_c&=U_m\sin\omega t\\ i&=I_m\sin(\omega t+\varphi)\end{aligned}\right\} \tag{12-21}$$

式中　φ——u_c 与 i 之间的相位差角。

则电流 i_c 为

$$i_c=K_IU_c=K_IU_m\sin\omega t \tag{12-22}$$

磁通密度 B 为

$$B=K_Bi=K_BI_m\sin(\omega t+\varphi) \tag{12-23}$$

上两式中的 K_I、K_B 在一定条件下为常数，将式（12-22）及式（12-23）代入霍尔电动

势的公式

$$U_H = K_H i_c B$$

得

$$\begin{aligned} U_H &= K_H i_c B = K_H K_I U_m \sin(\omega t + \varphi) K_B I_m \sin(\omega t + \varphi) \\ &= K_H K_I K_B \sqrt{2} U \sqrt{2} I \frac{1}{2}[\cos\varphi - \cos(2\omega t + \varphi)] \\ &= KUI\cos\varphi - KUI\cos(2\omega t + \varphi) \end{aligned} \tag{12-24}$$

式中　系数 $K = K_H K_I K_B$，在一定条件下为常数，如果滤去上式第二项的交流分量，保留第一项直流分量，则输出的霍尔电动势为

$$U_H = KUI\cos\varphi \tag{12-25}$$

由上式可见霍尔元件输出的直流电压信号与被测的有功功率 $P = UI\cos\varphi$ 成正比,。故用霍尔元件及上述简单电路可做成交流单相有功功率变送器。

若将图 12-9 中的电阻 R 改为电容或电感，则 i_c 与 u_c 相差 90°，即相位差角 $\varphi = \pm\frac{\pi}{2}$，则

$$\begin{aligned} U_H &= K\frac{1}{2}U_m I_m \cos\left(\varphi \pm \frac{\pi}{2}\right) \\ &= \mp KUI\sin\varphi \end{aligned} \tag{12-26}$$

因为无功功率 $Q = UI\sin\varphi$，故由式（12-26）可知霍尔元件的输出电压正比于无功功率 Q。

如果用三只霍尔元件可以组成三相功率变送器，其原理图如图 12-10 所示。它的工作原理与单相霍尔功率变送器相同。

霍尔功率变送器的优点有：变换速度快，频率范围宽，结构简单可靠，使用寿命较长及能适用于动态功率的测量等。其准确度为 ±0.5%，可用于电机的自动测试和控制系统中。

2. 时分割乘法器的功率变送器

（1）时分割乘法器

这种功率变送器是以时分割乘法为基本部件来进行功率转换的，时分割乘法器是以一个模拟量 u_A 调制另一个固定频率的脉冲信号 u_C，使调制后的脉冲宽度正比于 u_A 值。再用此脉冲去控制与另一模拟量 u_B 相串联的开关。使开关的断续闭合时间等于该控制脉冲的宽度，则经此开关输出脉冲的宽度对应于 u_A。而幅度对应于 u_B 值。因而，此脉冲的面积即其电压的平均值，与两个模拟量 u_A 及 u_B 的乘积成正比。故它可以完成将两个模拟量相乘的功能。

这种乘法器的原理框图如图12-11所示。其中 u_A 及 $+u_B$ 为相乘的两个电压；$-u_B$ 为与 $+u_B$ 等值异号的电压；$+U_s$ 与 $-U_s$ 为两个恒值异号的标准电压；运算放大器 A_1 与电阻 R_1、R_2 及电容 C 组成求和积分器，时钟发生器连续发出固定频率的三角波信号，它和 A_1 的输出电压 u_2 均送到比较器。当比较器的两个输入量之差值过零点时，将发出一个开关脉冲，控制电子开关 S_1 和 S_2 不断地翻转。

图 12-12 为这种时分割乘法器的波形。其中 u_C 为固定频率的三角波；u_2 为运算放大器 A_1 的输出电压。假定在时间间隔 Δt_1 内，开关 S_1 接通 $+U_s$，此时 u_2 下降；而在时间间隔 Δt_2 内，开关 S_1 接通 $-U_s$，此时 u_2 上升。在 A、B、C、D…等点，信号 u_2 与 u_C 之差值过零

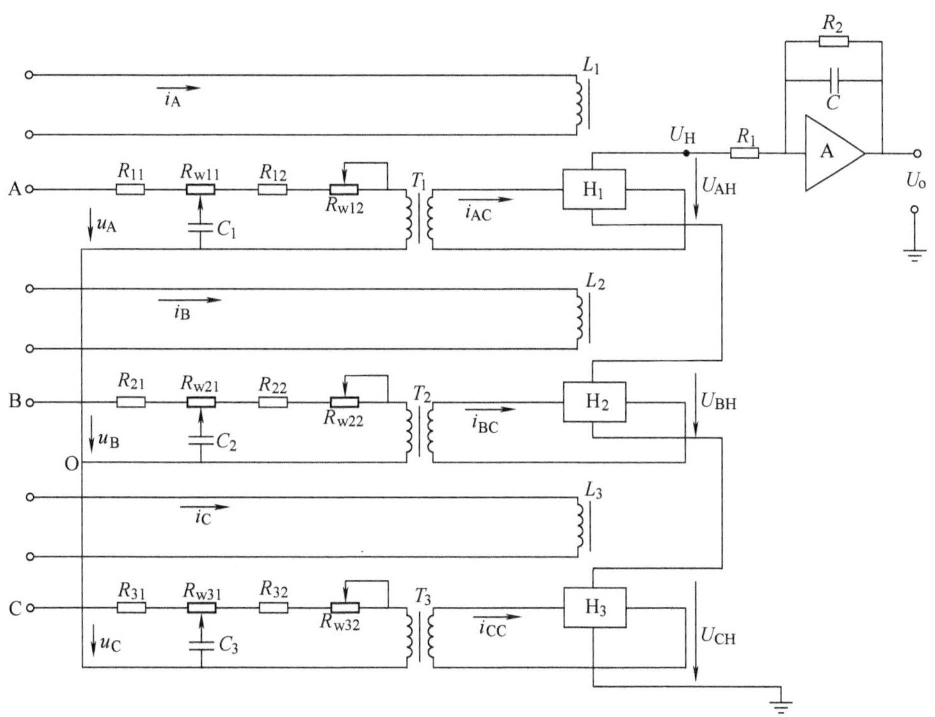

图 12-10　三相霍尔功率变送器原理图

点时，S_1、S_2 不断地翻转，U_s 与 U_b 的符号也随之不断改变。当 R_1、R_2 与 C 值确定后，u_2 的斜率由 A_1 的输入信号 u_A 及 $\pm U_s$ 之和来确定，因标准电压 U_s 值恒定，故 S_2 的输出脉冲宽度调制由 u_A 值来实现。由图 12-12 可知，三角波的周期 $T=\Delta t_1+\Delta t_2$，由一个周期内积分器的平均输入为 0 的条件，可得

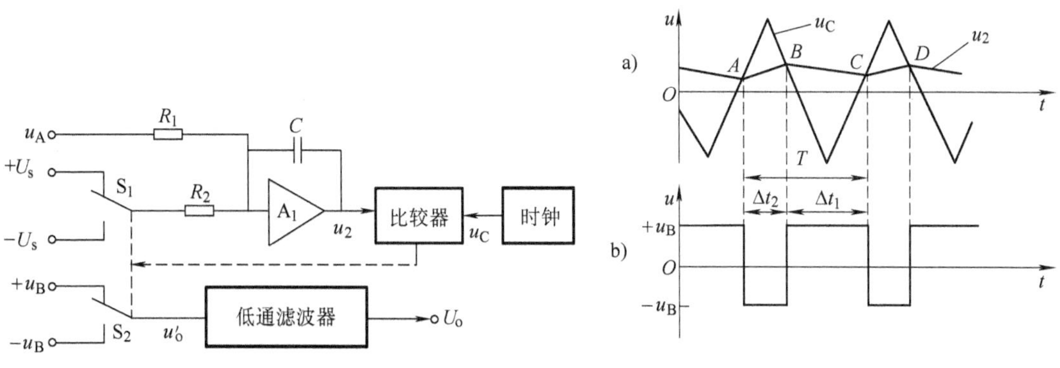

图 12-11　时分割乘法器原理框图

图 12-12　时分割乘法器波形

$$\frac{u_A}{R_1}+\frac{U_s}{R_2}\left(\frac{\Delta t_1}{T}\right)+\frac{-U_s}{R_2}\left(\frac{\Delta t_2}{T}\right)=0$$

化简为

$$\frac{\Delta t_1-\Delta t_2}{T}=\frac{-u_A}{U_s}\frac{R_2}{R_1} \tag{12-27}$$

由上式可见，用 u_A 的幅值来调制输出脉冲宽度的准确度取决于电阻 R_1、R_2 及标准电压 U_s 绝对值的稳定程度。

开关 S_2 总是与 S_1 同步翻转，在 Δt_1 时，接到 $+U_B$；在 Δt_2 时，接到 $-U_B$。不断地反复变换输入电压的极性，其波形如图 12-12b 所示。再经过低通滤波器，得到输出量的直流电压 U_o 为

$$U_o = u_B\frac{\Delta t_1}{T} + (-u_B)\frac{\Delta t_2}{T} = \frac{\Delta t_1 - \Delta t_2}{T}u_B \tag{12-28}$$

将式（12-27）式代入式（12-28）式，得

$$U_o = -\frac{R_2}{R_1 U_s}u_A u_B = K u_A u_B \tag{12-29}$$

因 R_1、R_2 及 U_s 值均恒定，故上式中 K 为常数，输出电压 U_o 的绝对值与 u_A 及 u_B 的乘积成正比。

（2）以时分割乘法器构成交流功率变送器

设被测量的交流电压为 u_A，交流电流已转换为与其同相且成正比的电压信号 u_B，作为时分割乘法器的两个相乘的信号，同时使乘法器的调制频率大大高于被测电量的频率，则在一个调制周期 T 内可以认为被测的交流电压（电流）的瞬时值不变，将同一瞬时的电压、电流瞬时值相乘，再对相乘后的直流电压进行积分，求其一个周期内的平均值。

设被测的交流电压为

$$u_A = \sqrt{2}U\cos\omega t$$

代表被测电流的电压信号为

$$u_B = K_I\sqrt{2}I\cos(\omega t + \varphi)$$

式中 U、I——被测电压、电流的有效值；

φ——电压与电流之间的相位差。

被测的瞬时功率为

$$\begin{aligned} P &= K_I\sqrt{2}U\cos\omega t\sqrt{2}I\cos(\omega t + \varphi) \\ &= 2K_I UI\cos\omega t\cos(\omega t + \varphi) \end{aligned} \tag{12-30}$$

乘法器输出的直流电压值为

$$\begin{aligned} U_o &= \frac{K'}{2\pi}\int_0^{2\pi} 2K_I UI\cos\omega t\cos(\omega t + \varphi)\,\mathrm{d}\omega t \\ &= \frac{K}{2\pi}\int_0^{2\pi} UI[\cos(2\omega t + \varphi) + \cos\varphi]\,\mathrm{d}\omega t \\ &= \frac{K}{2\pi}UI\cos\varphi \cdot 2\pi = KUI\cos\varphi \end{aligned} \tag{12-31}$$

式中 K——与变送器参数有关的常数，$K = K'K_I$。

由式（12-31）可知，时分割乘法器可以将交流电功率转换为直流电压。这种功率变送器的准确度较高，可达到 ±0.1%，但线路较复杂。

第三节 数据采样系统

数据采样系统的任务就是完成数据的记录，数据自动采样系统原理框图如图 12-13 所

示。采样系统包括采样开关、采样－保持电路、采样多路器、采样控制器等。

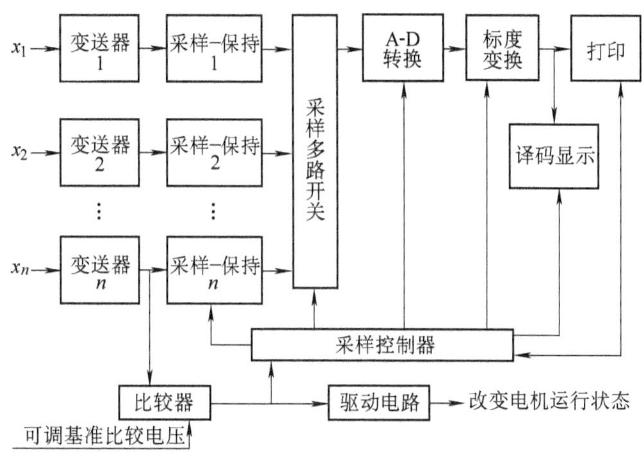

图 12-13　数据采样系统原理图

一、采样开关

采样开关一般是用场效应晶体管开关，因晶体管模拟开关的驱动电流容易流到被控的电路中去，而结型场效应晶体管可以避免这个缺点。场效应晶体管有多种类型，现以结型 N 沟道耗尽型场效应晶体管为例，说明其工作原理。

场效应晶体管是一种输入电阻很高的（可达 $10^{15}\Omega$）半导体器件，它是利用电压控制输出电流导通与否，其控制电压端几乎不需要吸取电流，所以它是电压控制器件。场效应晶体管有三个极：源极 S、漏极 D 和栅极 G。作开关应用时，源极 S 接输入信号；漏极 D 接负载，在栅极 G 与源极 S 之间加控制电压，控制 S 与 D 极之间的导通或截止，即开关的闭合或开断，如图 12-14 所示。耗尽型场效应晶体管 G、S 极之间所加的控制电压必须使其 PN 结处于反向偏置，对于结型 N 沟道型场效应晶体管，G 极电位应低于 S 极电位。当 G、S 两极电压为 0 时，S 与 D 极之间导通，开关闭合；当 G、S 极间的负电压大于管子的夹断电压时，S、D 极之间截止，开关开断。理想的开关闭合时，开关两端的电压应为 0；而开断时，通过开关的电流为 0。当开断状态时，场效应晶体管开关很接近理想开关，但当导通状态时，在开关两端有较大的电压降，如图 12-14c 所示可等效一个较大的电阻 R_0（其值为数十欧到几百欧）上的压降。因采样开关一般是接在输入信号与负载之间，故当负载电阻值越大时，R_0 压降的影响越小。

为了保证场效应晶体管开关的性能不受影响，其栅极与源极之间的 PN 结必须为反向偏置；但当控制信号的电平高于输入信号时，则为正向偏置，这是不容许的。因此，应在栅极与控制信号源之间加一个隔离二极管 VD_g，并在栅、源两极之间并联一个大电阻 R，如图 12-15所示。当栅极电平高于源极时，隔离二极管不导通，此时栅、源两极之间电压接近于 0，场效应晶体管处于导通状态。

由于源极的输入信号电平是变化的。为了有效地控制场效应晶体管的导通和截止。栅极控制信号电平的设置应为：其高电平应高于输入信号的最高电平，其低电平应低于输入信号的最低电平与管子夹断电压的代数和。例如输入信号的最低电压为－5V，管子的夹断电压为－9V，则控制信号的最低电平应低于－14V。

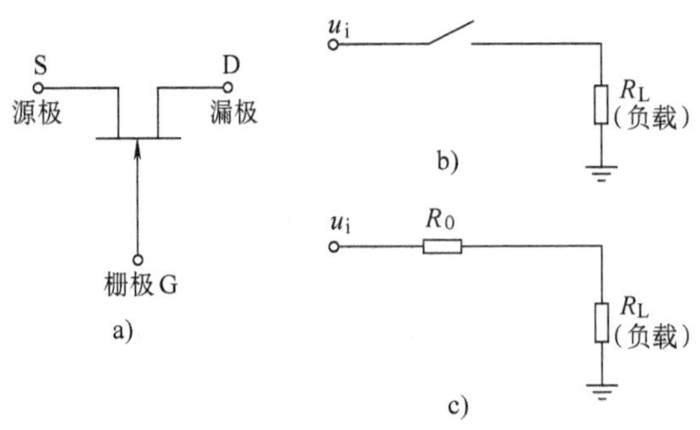

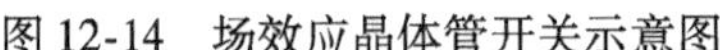

图 12-14　场效应晶体管开关示意图

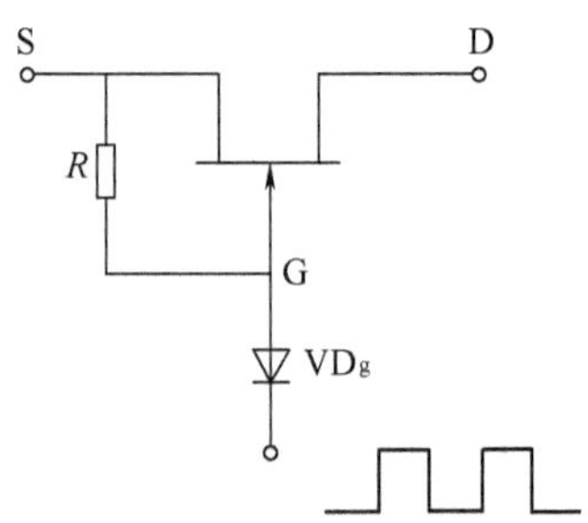

图 12-15　采样开关原理图

当场效应晶体管的负载为电容时，由于电容两端的电压变化不能突跳，其上升或下降时间的长短决定于充放电回路的时间常数。为了使负载电容上电压的变化能跟上输入信号电压的变化，控制信号脉冲的宽度应为电路充电时间常数的 10 倍。

场效应晶体管开关的优点是栅极输入阻抗很高，即栅极从控制信号源吸取的电流极小。当被测量的信号个数较多时，很多个采样开关受同一个控制信号控制，如采用场效应晶体管开关可大大降低对控制信号源的要求。

二、采样 - 保持电路

采样 - 保持电路的作用是保证对若干个被测信号同时采样，其基本线路图如图 12-16 所示。其中 VF 为采样开关；C 为保持电容，A 为缓冲放大器。它的工作过程为：输入信号经过电阻 R_1 接到采样开关输入端，即 VF 的源极，控制信号经隔离二极管到 VF 的栅极。当控制信号为高电平时，VF 接通，这时存储电容 C 上的电压跟随输入信号 u_i 而变化，经缓冲放大器 A 输出，故输出信号跟随输入信号而变化，如图 12-17 中 Δt_s 的一段波形所示，这一过程叫采样期。当控制信号为低电平时，VF 的栅极为负电平，VF 断开，采样期结束。当 VF 断开瞬间，输入信号的值将被保持在存储电容 C 上，并通过缓冲放大器 A 输出，其波形如图 12-17 中 Δt_b 一段的实线所示。这段时间称为保持期，在保持期内各路信号将通过多路器依次送给 A-D 转换器。

采样 - 保持电路的性能主要由以下几个技术指标决定：

1）采样精度，即在采样期内输出信号波形跟随输入信号的准确程度。影响采样精度的主要因素有：采样开关的导通电阻及缓冲放大器的失调和漂移，这些使采样 - 保持电路在采样期内输出信号不能很好地跟随输入信号的变化，为此可以在电路中增加一定的反馈电路来补偿。

2）保持精度，在保持期内保持信号电压不变化的程度。影响保持精度的主要因素是存储电容 C 的泄漏电阻及保持期内存储电容放大回路的时间常数，因此要求存储电容器的泄漏电阻要大，以及该电容的电容量大小选择要适当。若电容量太小，则保持期内放电时间常数小，影响保持精度的提高；反之，若电容量太大，采样时间要加长。图 12-16 中的缓冲放大器 A 在采样 - 保持电路中起输出隔离作用，它的输入阻抗高，有利于保持精度的提高。

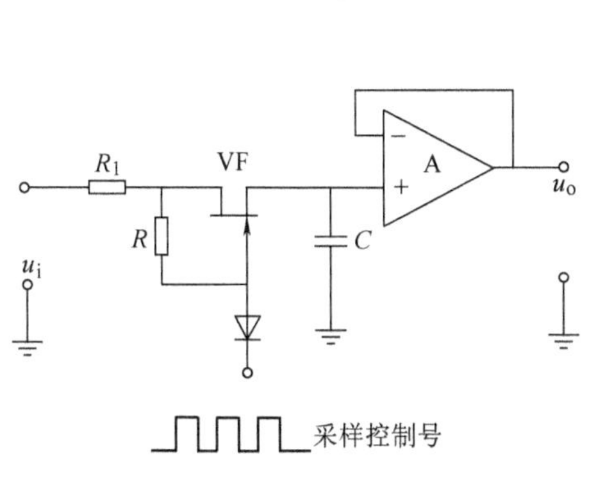

图 12-16　采样 - 保持电路的基本线路图

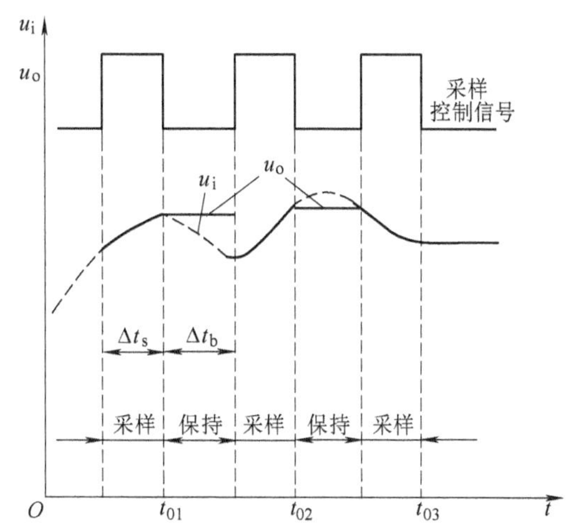

图 12-17　采样过程波形图

3）采样速度，在保证一定的采样精度及保持精度的前提下所能达到的采样周期。一般希望采样周期短，即采样速度快。若存储电容器的电容量过大，采样周期加长，采样速度将变慢。此外，采样开关的工作速度、极间电容与夹断电压，以及采样控制电路的设计都会影响采样速度。在电机过渡过程测试系统中，由于被测量变化很快，在选用采样-保持电路时必须考虑其采样速度。

三、采样多路器

在电机试验中，往往是需要对多个被测信号同时采样，即用多个采样 - 保持组件把各个模拟量信号同时采样后保持在存储电容上。采样多路器的作用是使这些电压信号依次送到 A-D 转换器，进行A-D转换。

采样多路器的原理框图如图 12-18 所示。它包括多路开关、电平转换、译码器、计数器等。多路开关是由多个场效应晶体管组成。它们的源极分别与某一路的采样 - 保持电路的输出端相接；而漏极都接到 A-D 转换器的输入端；栅极通过电平转换等与控制信号相连接。控制信号使第 k（$k=0$，1，2，…，n）号开关闭合时，则第 k 路电压被送到 A-D 转换器进行 A-D 转换，各路依次一一进行。

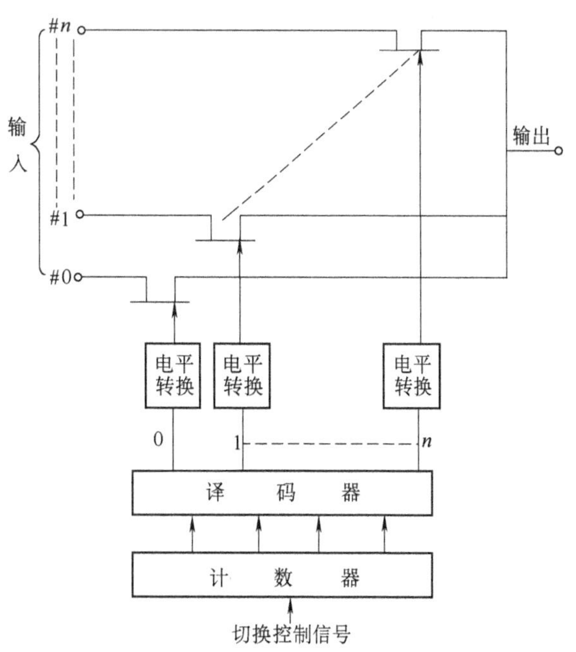

图 12-18　采样多路器原理框图

计数器是二进制的，若是 n 位的计数器，则其输出端总共有 2^n 种状态，每一种状态使译码器的 2^n 个输出端中相对应的一端为高电平。例如四位二进制计数器的输出从0000～1111共16种状态，当计数器输出为0000时，译码器的第0号输出为高电平，经过电平转换控制第0号开关，使第0号开关闭合，而其他开关均开断。依次地给计数器输入切换脉冲，计数器不断地加1，则译码器的第0，1，…，n 号输出端依次为高电平，多路开关自0号开始依次一一换接，使各路模拟电压信号依次一一送到A-D转换器。

目前，国产MOS多路开关集成电路和计数译码器集成电路都已商品化。

四、采样控制器

采样控制器的任务是保证整个采样系统按照一定的时间次序而动作。

举一个最简单的采样系统的例子来说明采样控制器是如何工作的。此采样系统要求对16个模拟电压同时采样，然后逐个地转换成数字量并用打印机自动打印出来。

此采样系统由采样-保持电路、采样多路开关、电压A-D转换器、打印机和采样控制器五部分组成，其原理框图如图12-19所示。

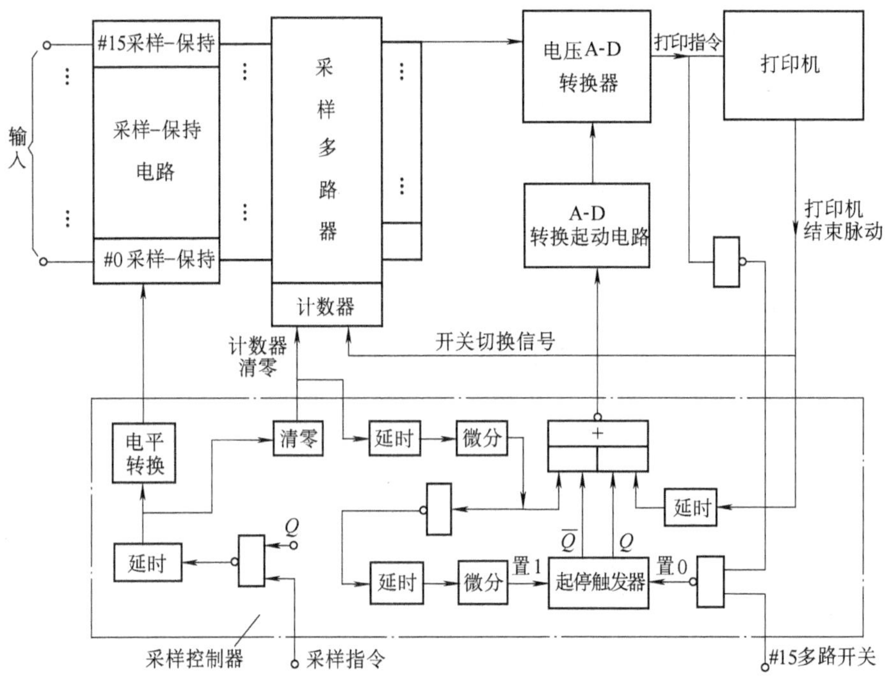

图12-19　采样控制器原理框图

要求采样系统在一个采样周期内按下列次序动作：

1）当采样系统接到采样指令后，控制器使采样-保持电路对16路模拟电压同时采样，并把信号电压保持在电容器上。

2）当采样保持电路进入保持阶段时，控制器发出清零信号，使多路开关的计数器清零，即第0号开关与A-D转换器接通。

3）当第0号开关闭合后，控制器应给A-D转换器指令。

4）当A-D转换器完成第0路模拟电压的转换后，发出打印指令，使打印机动作，打印第0路模拟电压的数据。

5）当打印机打完一个数据后，发出打印结束脉冲信号，此脉冲信号一方面进入多路开关的计数器使计数器加 1，即第 0 号开关断开，第 1 号开关接通；另一方面进入控制器，控制器接到打印结束脉冲并等第 1 号开关接通后，发出第二次电压 A-D 转换指令，使 A-D 转换器对第 1 路模拟电压进行电压 A-D 转换。当转换结束后，A-D 转换器发出打印指令，打印完后，打印机又发出结束脉冲，于是控制器又使 2 号开关接通……一直到 15 号开关接通并把数据打印完为止。

6）控制器应使系统在接受采样指令后，在 16 个数的采样过程中，不接受其他采样指令，而在一组数据采样完成后，再重新接受采样命令。

现对图 12-19 所示线路作如下说明：

1）控制器接受采样信号，使脉冲延时，延时脉冲的宽度是使在此宽度时间内，采样开关能使电容器有足够的时间充电到输入电压的幅度。此延时脉冲的下跳沿就是采样开关打开的时间，即从采样到保持的时间。因此用延时脉冲的下跳沿发出清零信号。

2）延时脉冲经过电平转换电路，使脉冲的电平能适合采样开关控制信号的电平要求。因此接受一个采样信号就使采样-保持电路采样一次。

3）控制器发出的清零信号，一方面送到多路开关的计数器进行清零；另一方面送到控制 A-D 转换器的与或非门（控制门），但此清零信号并不能立即通过控制门，还必须进行延时，这是因为要使清零信号先进入计数器，等第 0 号多路开关稳定接通后，才能发出 A-D 转换信号。

4）由于控制门是一个与或非门，清零信号能通过此控制门起动 A-D 转换器，打印机的结束脉冲也可以通过控制门起动 A-D 转换器。控制门受起停触发器的控制，当起停触发器置“0”时（$Q=0$，$\overline{Q}=1$），清零信号能通过控制门。在采样系统开始工作前，起停触发器应置“0”，这样采样信号到来后，清零信号就通过了控制门。当发出第一个 A-D 转换信号后，此清零信号又使起停触发器置“1”，以后只有打印机的结束脉冲才能通过控制门。

5）清零信号或打印机结束信号通过控制门（与或非门）后，经电平转换电路加到 A-D 转换起动电路中的干簧继电器线圈上。在信号的触发下，干簧继电器触点闭合，使 A-D 转换器遥控采样，触点短路一次，A-D 转换器就进行一次电压 A-D 转换。

6）当第 15 号开关接通时，即多路开关译码器的#15 输出线置“1”，控制起停触发器的与门被打开。然后，当 A-D 转换器对打印机发出最后一个打印指令后，此时打印指令同时使起停触发器置“0”，此时系统又进入等待采样指令的状态。

7）在清零信号被起停触发器封锁住的同时，起停触发器的 $\overline{Q}$ 端为“0”，此 $\overline{Q}$ 端接到采样信号的输入端，封锁住采样信号，使之不能进入采样控制器。

第四节 A-D 转换器

电机的自动测试装置中，模拟量-数字量的转换实际上是通过各种传感器，先将模拟量变为电压，然后进行电压 A-D 转换（模-数转换）。A-D 转换是数据采集系统的重要环节。

实现数字化测量，将模拟变化量转换为相应的断续变化的数字量，然后以脉冲电量的形式进行处理和显示，如图 12-20 所示。

A-D 转换器是数字化测量的关键部件，其原理框图如图 12-21 所示。在实际应用中，先把各种模拟物理量转换成直流电压，再转换为数字量，这种转换的准确度可达 $10^{-3}\sim10^{-5}$。

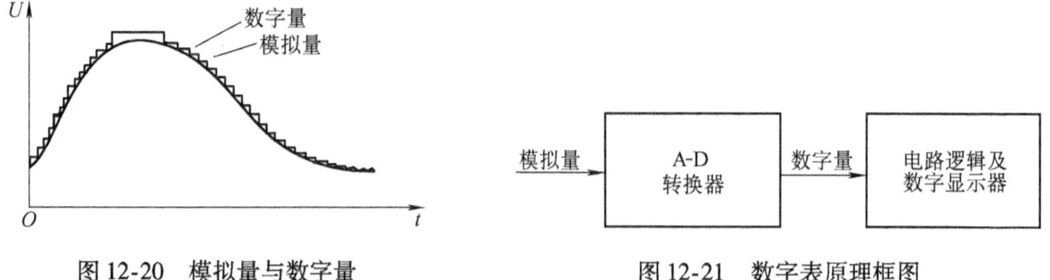

图 12-20　模拟量与数字量　　　　图 12-21　数字表原理框图

A-D 转换器的种类有计数式 A-D 转换器、逐次逼近型 A-D 转换器、双积分型 A-D 转换器和并行 A-D 转换器。不论何种 A-D 转换器，其基本环节包括模拟信号输入端、数字量并行输出端、启动转换的外部控制信号、转换完毕转换器发出的转换结束信号等。

下面介绍两种常见的 A-D 转换器的工作原理及其应用。

一、逐次逼近型电压 A-D 转换器

逐次逼近型电压 A-D 转换的基本原理类似用天平称重物。用天平称重物时，是用一套标准砝码由大到小逐个与被称物的重量进行比较。先用最重的砝码与被称重量比较，若被称质量比砝码重，则留在秤盘上；若被称质量比砝码轻，则砝码取下。然后再加上较轻的一个砝码进行比较……一直比较到天平平衡为止，如图12-22所示。

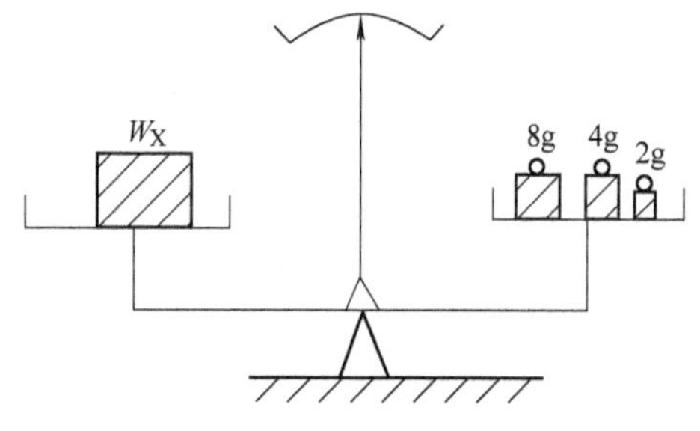

图 12-22　逐次逼近型电压 A-D 转换器原理示意图

逐次逼近型电压 A-D 转换器是用一套标准电压作为比较标准。这一套标准电压中的相邻两个电压为 2 倍的关系，即二进制的关系。例如一套标准电压，分别为 2.5V、2.5/2V（即 1.25V）、$2.5/2^2$V（即 0.625V）、$2.5/2^3$V（即 0.3125V）、…、$2.5/2^{10}$V（即 2.441×10^{-3}V）共十一种电压。

现在来研究如何把一个 3V 电压转换成为二进制数码。

第一步，先用最大标准电压 2.5V 与 3V 进行比较，结果 2.5V <3V，所以这一个标准电压要保留下来，用数码寄存器的最高位（如第 10 位）置“1”来记下这一位要保留。

第二步，在 2.5V 上再加上 1.25V 后，与 3V 进行比较，结果是（2.5V + 1.25V）>3V，应把 1.25V 去掉，这用数码寄存器第 9 位置“0”来表示。

第三步，再把 0.625V 加上去后，与 3V 比较，结果是（2.5V + 0.625V）>3V，0.625V 仍应去掉，数码寄存器第 8 位仍置“0”。

第四步，再把 0.3125V 加上去后，与 3V 比较，结果是（2.5V + 0.3125V）<3V，则 0.3125V 应保留，数码寄存器第 7 位应置“1”。

依此类推，直至试到 $2.5/2^n$V 这个电压为止，这样 3V 电压用数码寄存器记下的二进制数为 10011001100，其中，最高位 1 代表 2.5V，低位所表示的电压逐次减低一半。上述过程完成了电压 A-D 转换，图 12-23 为这种转换器的原理框图。

逐次逼近型电压 A-D 转换器工作时（见图 12-23），通过程序控制器启动 D-A 转换器中的

电子开关，使输出的模拟电压 U_o 与被测电压 U_i 相比较，若 $U_i > U_o$，则说明砝码太少，应予保留，这时可逆计数器作加法计数；此计数值再通过 D-A 转换器输出新的电压 U_o' 再次与 U_i 比较，若 $U_i < U_o'$，则说明砝码太大，应舍去一些，可逆计数器作减法计数。这样不断地大者弃、小者留，逐次累积，逐步逼近，最后所保留的数码总和（电压砝码）即可近似等于 U_i 值。于是，可逆计数器所计的数字量就代表了模拟电压值 U_i，完成了 A-D 转换。

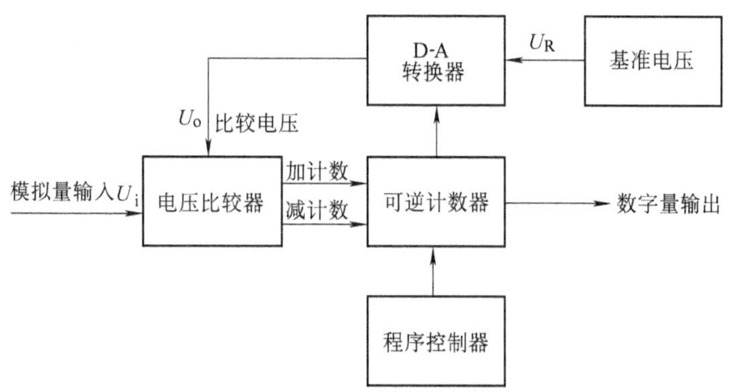

图 12-23　逐次逼近型电压 A-D 转换器原理框图

逐次逼近比较型电压 A-D 转换器的精度与准确度仅决定于基准电压和 D-A 转换器的精度与准确度及比较器的灵敏度，其误差因素较少。

二、双积分型电压 A-D 转换器

此种电压 A-D 转换器的原理是将输入电压转换成与其平均值成正比的时间间隔，然后用计数器记下此时间间隔内的时基脉冲的数目。

它的原理框图如图 12-24 所示。开始工作前，逻辑控制开关 S 接地，计数器复零，处于预备阶段，然后以下述两个阶段开始工作，如图 12-25 所示。

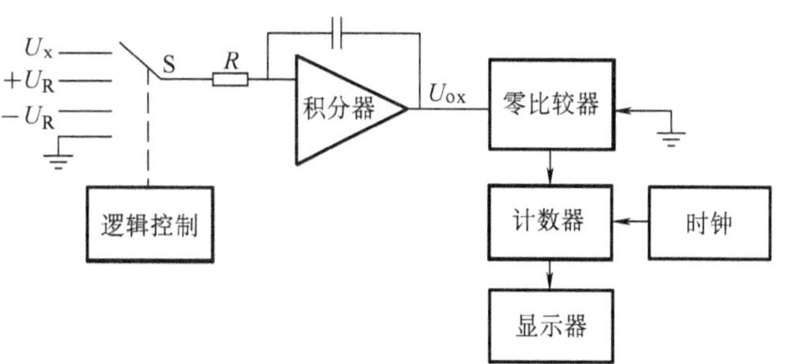

图 12-24　双积分型电压 A-D 转换器原理框图

工作过程可分为采样阶段和测量比较阶段。

1）预备阶段：开始工作前逻辑控制开关 S 接地，计数器复零。

2）采样阶段：控制开关 S 与被测电压 U_x 接通，计数器门打开对时钟脉冲进行计数；同时积分器对被测电压 U_x 积分，经过一个固定时间 T_1 后计数器达到满限量值 N_1。此时计数器发出溢出脉冲使计数器复零并将 S 接向基准电压 U_R，采样阶段的时间 T_1 是固定的（$T_1 = N_1 \times$时钟周期），积分器的输出电压 U_{ox}值正比于被测电压 U_x 的平均值，故又称采样阶段为定时积分阶段。

3）测量阶段：当 S 与 U_x 极性相反的参考电压 $+U_R$（或 $-U_R$）相接后，积分器从原来 U_{ox}值向零电平方向反积分，同时计数器又从零开始计数。当积分器输出电平为零时，零比较器动作，发出关门信号使计数停止，并将此时的数字值 N_1 记忆下来。数字值 N_1 即代表了

输入电压 U_x 的平均值。此阶段的特点为：被积分的电压是固定的参考电压 U_R，故此阶段又称为定值积分阶段。

在采样阶段，积分器输入电压 U_x 作定时积分

$$U_{ox} = -\frac{1}{RC}\int_0^{T_1} U_x \mathrm{d}t \tag{12-32}$$

在 T_1 期间，被测电压 U_x 的平均值为

$$\overline{U}_x = -\frac{1}{T_1}\int_0^{T_1} U_x \mathrm{d}t$$

则

$$U_{ox} = -\frac{T_1}{RC}\overline{U}_x \tag{12-33}$$

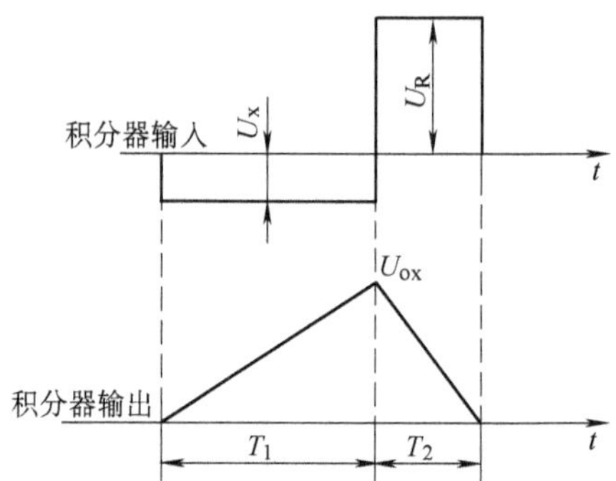

图 12-25　二次积分示意图

在测量阶段 T_2 终了时，积分器输出为零：

$$0 = -\frac{T_1}{RC}\overline{U}_x + \frac{1}{RC}\int_0^{T_2} U_R \mathrm{d}t \tag{12-34}$$

由于 U_R 为常数，则有

$$\frac{T_1}{RC}\overline{U}_x = \frac{T_2}{RC}U_R \tag{12-35}$$

$$T_2 = \frac{T_1}{U_R}\overline{U}_x \tag{12-36}$$

因为 $T_1 = N_1T_0$，$T_2 = N_2T_0$，这里 T_0 为时钟周期，则

$$N_2T_0 = \frac{N_1T_0}{U_R}\overline{U}_x \tag{12-37}$$

$$N_2 = \frac{N_1}{U_R}\overline{U}_x \tag{12-38}$$

这样，计数器在 T_2 时间内所计的数码 N_2 正比于被测电压 U_x，完成了从模拟量到数字量的转换。

双积分型电压 A-D 转换器在两次积分过程中，使用同一个积分器和同一个时钟周期 T_0，因此，只要 R、C、T_0 在每次测量期内保持稳定，其误差便可抵消。所以，这种 A-D 转换器的精度比较高。另外，双积分型电压 A-D 转换器是平均值转换，对于瞬时脉冲干扰有较好的抑制能力；它与逐次逼近型电压 A-D 转换器相比，转换速度较慢。

三、A-D 转换器的应用

A-D 转换器的应用主要在两方面：

1）组成数字式测量仪表，除了电压电流功率电量可以通过它转换为数字量外，许多非电物理量（如温度、压力、位移等）在转换为模拟量之后也可利用 A-D 转换器转换为数字量；

2）将模拟量转换为数字量后，送入计算机，利用计算机对各种物理量进行智能化处理。

第五节　试验数据的输出设备

电机试验数据的输出有多种形式，如可用打印机将一组数据打印出来；也可用函数记录仪（X-Y 记录仪）将几组数据间的函数关系以曲线形式绘出；也可用一些显示设备（如屏幕显示，数码显示等）将数据显示出来，用绘图仪按计算机输出的数字量数据直接绘制曲线，并书写各种符号。

一、打印机

打印机的种类较多，有针式打印机、热敏打印机、喷墨打印机和激光打印机等。喷墨打印机和激光打印机具有打印质量高、速度快、噪音低等优点，已得到广泛应用，但体积较大。针式打印机既有大型打印机也有小型及微型打印机，目前仍广泛应用于测试仪器设备中，常用行式打印机，有窄行和宽行之分。点阵式的行式打印机，具有打印速度较快、价廉、运动部件少以及与计算机连接方便等优点。点阵式打印机的结构如图 12-26 所示。它的打印头上有 7 根打印针，每次可在纸上水平地打印出 7 个点。通过打印头在水平方向移动及卷筒纵向走纸，可打印出完整的字符。打印头的结构如图 12-27 所示。所打印字符是 7 ×9 点阵。

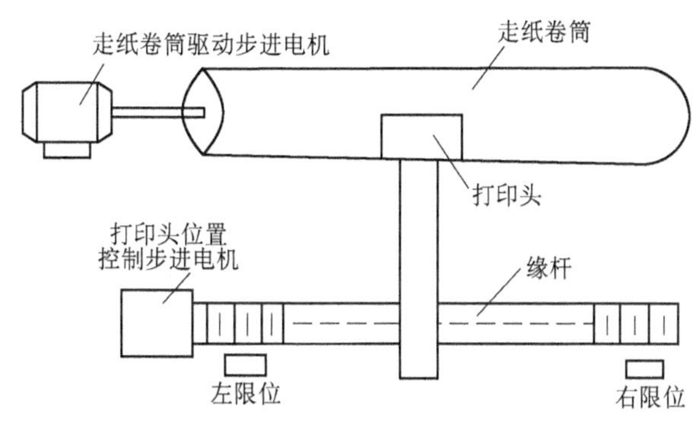

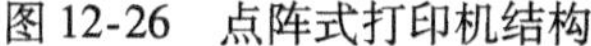
图 12-26　点阵式打印机结构

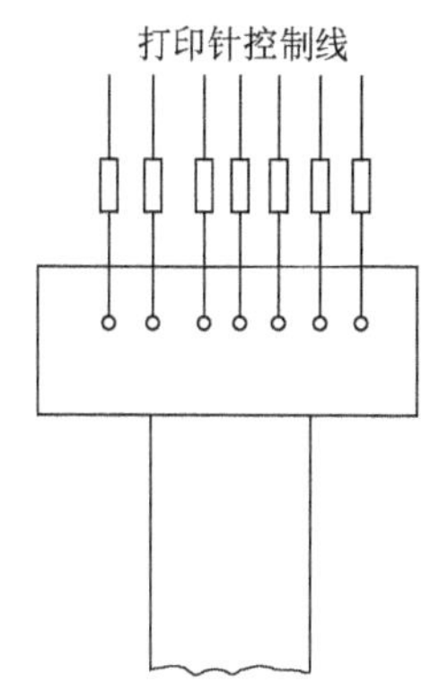

图 12-27　打印头结构

为了打印出所需的字符，打印头的位置、走纸卷筒传动用步进电机的步数及打印针动作这三者需要有正确的组合。它们的动作是由计算机来控制的，计算机通过接口电路与打印机连接。当需打印时，计算机先检测打印机是否处于“忙”状态，如在“忙”状态，则等待并继续检测；如处于“不忙”状态，则发出打印命令，将待打印数据送到打印机的缓存器中，然后开始打印。每当打印完一行后，由程序检查是否需要继续打印，如需要打印，由计算机控制卷筒步进到新的位置继续打印，直到全部字符打印完为止。

二、函数记录仪（X-Y 记录仪）

函数记录仪可在直角坐标轴上自动描绘两个量的函数关系，即 $y=f(x)$。根据被描绘的量是模拟量或数字量，函数记录仪可分为模拟式及数字式两大类，后者常与数字电子计算机配套使用。现仅以 LZ3 型为例，将模拟函数记录仪的基本工作原理介绍如下。

LZ3 型函数记录仪是一种通用的自动记录仪。它在 y 方面设有多（只）笔，可以同时描绘几个 y 变量与 x 变量之间的函数关系，即 $y_1=f(x)$、$y_2=f(x)$、$y_3=f(x)$ 等。LZ3 型函数

记录仪还在 x 轴方向带有走纸机构，因此，它还能自动描绘 y 变量对时间的函数关系，即 $y_1=f(t)$、$y_2=f(t)$ 等。

LZ3 型函数记录仪具有记录幅面大（x 轴：30cm；y 轴：25cm）、灵敏度高(0.5mV/cm)、精度高（0.5%）、速度快（y 轴的全行程时间≤0.5s）等特点，适宜于自动记录各种电量及非电量（需配上非电量-电量转换器）之间以及这些量与时间之间的关系曲线，因而常用作电子模拟计算机或自动采样系统的输出装置。

LZ3 型函数记录仪是一种采用自动平衡原理的记录仪。它的两个轴各有一套独立的随动系统带动（如是多笔，则系统作相应地增加）。仪器的原理图如图 12-28 所示。

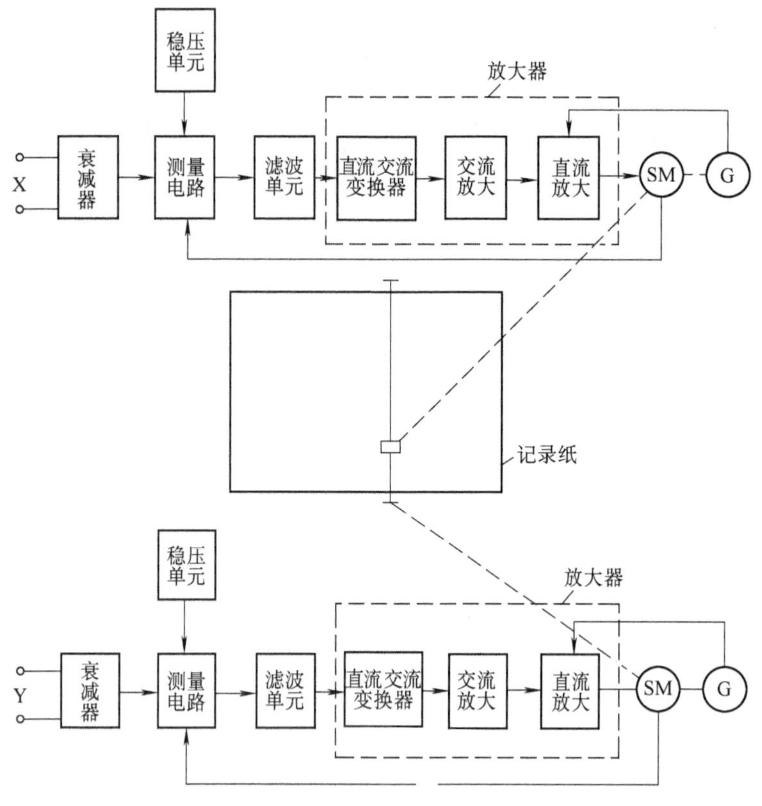

图 12-28　函数记录仪的原理图

图中外界被测信号首先通过衰减器，然后送入测量电路。由于 LZ3 型函数记录仪的输入范围为 10V/cm ~ 0.5mV/cm，其中除 0.5mV/cm 一档将被测信号直接送入测量线路不经衰减器外，其余各档均经过衰减器。衰减器实际上是一个分压电路（见图 12-29）。在较低量程（<0.5V/cm）时，改变输入电阻；高量程（≥0.5V/cm）时，则改变输出电阻或同时改变输入、输出电阻。测

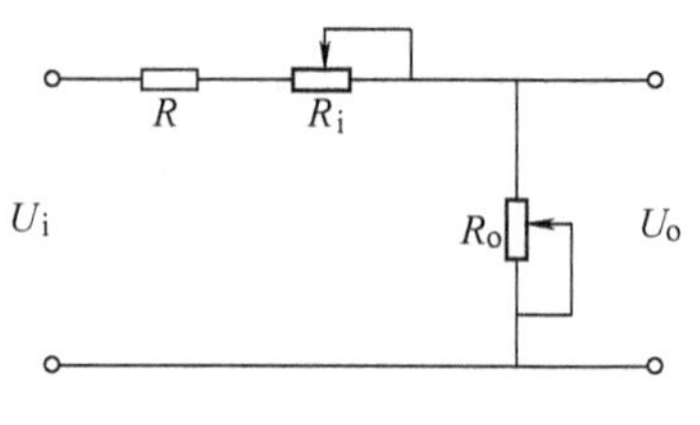

图 12-29　衰减器原理图

量电路由一个稳压单元及测量电位器组成。外界被测信号与测量电位器的电压比较后，其偏差电压即由直流-交流变换器进行调制变成50Hz的交流信号，这一微小的交流信号经交流放大级放大后，经解调器将交流信号变为直流信号。经直流电压放大级及功率放大级后，驱动直流伺服电动机SM，伺服电动机SM带动测量电位器的触头使偏差电压趋于零。LZ3型函数记录仪的记录笔则通过齿轮、拉线与伺服电动机SM相连。因此当伺服电动机SM转动时，记录笔就在X轴与Y轴上移动，在记录纸上描绘出相应的曲线。为了使仪器在快速时稳定运行，采用具有测速发电机G的反馈系统。

三、绘图机

绘图机是直接用数字量控制的多功能记录仪器。它内部装有微电脑（CPU及存储器），所以兼有记录仪及打印机双重功能。它不仅能描绘各种曲线，还能描绘各种图形及符号。此外它还具有自动更换不同颜色的绘图笔，书写数十种不同大小的字符，在4个坐标方向旋转字符以及画出带分度线的X-Y坐标轴等多种功能，因而往往被称为智能化绘图机。绘图机通常直接和计算机连接作为计算机的输出设备，以下以CX6000型绘图机为例，介绍其工作原理。

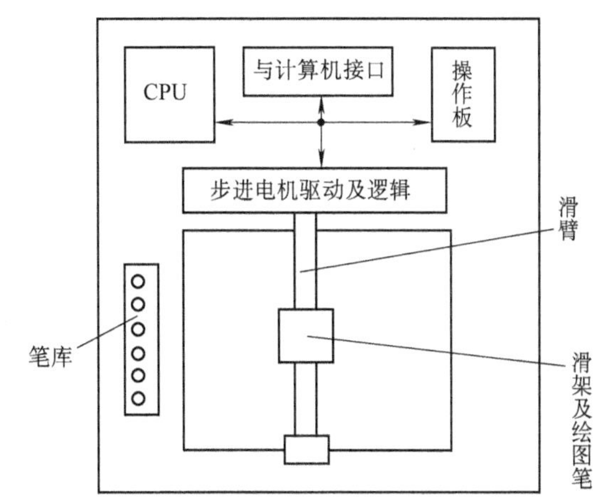

图12-30　绘图机原理示意图

图12-30为CX6000型绘图机的原理示意图，笔库中装有6种颜色绘图笔，计算机可通过程序来控制绘图笔的更换。绘图机中基本运动部件为滑臂及滑架，滑臂左右移动使绘图笔在X方向移动；滑架在滑臂上纵向滑动，完成绘图笔Y方向的移动。两者的移动均由步进电机驱动。绘图笔的起落由电磁铁操作，而步进电机及电磁铁均由绘图机内部的微电脑控制。操作板上有控制按键，用于手动控制绘图笔的起落及四个方向的移动。但此按键是仅供调机或进入某种工作方式而设置的。计算机控制绘图机工作时，将绘图命令通过绘图机内部的接口送到内部的CPU，经过缓冲存储、译码后，控制电磁铁及步进电机驱动系统工作，以完成各种绘图任务。

计算机和绘图机之间通过图12-31所示流程图交换信息，并控制绘图机工作。图12-31a意为：计算机先检测绘图机“忙”否？如“忙”，则继续检测并等待，直到“不忙”时，发选通信号，通知绘图机输出数据已准备就绪，送到锁存器中，并缓存。图12-31b意为：绘图机收到选通脉冲后，立即置“忙”标志，以防止计算机不等绘图机取走数据就接着送下一字节，造成丢码出错，然后从接口读入一个字符码，再把“忙”置成“不忙”，表示数据已读走，主机可送下一数据备用。接着绘图机内的CPU对输入的字符代码进行解释，收到结束符前，进行缓存；收到结束符后，再判断命令的正确性以决定是驱动电机工作，还是指示出错。如此反复进行，直到完成全部曲线或图形符号的绘制任务为止。

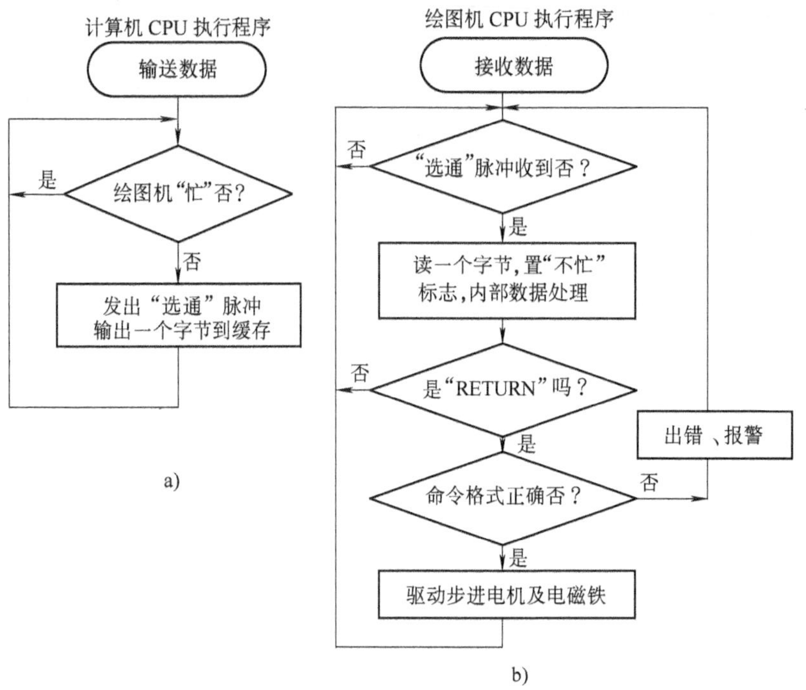

图 12-31　计算机与绘图机之间信息交换流程图

第六节　曲线拟合

电机试验后，需要绘制出若干电机特性曲线。计算机根据已知试验数据来自动绘制曲线，必须建造一条最佳曲线方程。根据最小二乘法原理，对一组数据求出一个代表它的最佳曲线数学表达式，称为曲线拟合。曲线拟合有两个任务：①选择合适的数学模型；②确定表达式中的待定系数。

常用的曲线拟合方法很多，有高次多项式拟合、分段拟合、样条函数拟合、指数拟合等。拟合曲线的选择要考虑曲线的平滑性、给定数据点的准确性以及拟合函数方程的繁简程度。

拟合曲线的选择，可以通过对已知同类型电机试验的相应数据曲线形状与各种函数曲线进行比较，找出类似的函数方程。另外，如果某项试验数据的变化趋势已有理论推导的结果，那就可使用这一结果。有时，某次试验曲线并不是整个地与某种函数曲线类似，而是分段地类似于几种不同的函数曲线，这时就要考虑采用分段拟合的方法。

下面，以实例介绍曲线拟合的过程。在对电机的空载数据进行曲线拟合时，单独使用直线拟合或高次多项式拟合常常不能符合要求。为了使拟合出来的曲线方程既符合实际情况又简单，可用分段拟合的方法，如对电机空载输入功率与电压标幺值的 $P_0=f(u)$ 曲线使用“二次”和“三次”两段曲线来拟合。

设这两段曲线的连接点在 x_0 处，其函数方程为

$$y = f(x) = \begin{cases} ax^2 + bx + c, x \leqslant x_0 & (12\text{-}39) \\ a_1x^3 + b_1x^2 + c_1x + d_1, \quad x > x_0 & (12\text{-}40) \end{cases}$$

在连接点 x_0 处，要求两个函数相等、一阶导数相等、二阶导数相等。这三个约束条件可将 a、b、c、a_1、b_1、c_1、d_1 这七个特定系统消去其中的三个，如消去 a、b、c，则可得函数表达式为

$$y = f(x) = \begin{cases} a_1(3x_0x^2 - 3x_0^2x + x_0^3) + b_1x^2 + c_1x + d_1, x \leqslant x_0 & (12\text{-}41) \\ a_1x^3 + b_1x^2 + c_1x + d_1, \quad x > x_0 & (12\text{-}42) \end{cases}$$

对每个已知试验数据，对（y_i，x_i）分别求出它的残差 $v_i = y_i - f(x_i)$ （$i = 1, 2, \cdots, n$），令 $Q = \sum_{t-1}^{n} v_i^2$ 为残差二次方和，它是 a_1、b_1、c_1、d_1 的函数。用最小二乘法使 Q 最小，可定出这四个系数。这里给出计算 a_1、b_1、c_1、d_1 的线性方程

$$A_{11}a_1 + A_{12}b_1 + A_{13}c_1 + A_{1i}d_1 = B_1 \tag{12-43}$$

$$A_{21}a_1 + A_{22}b_1 + A_{23}c_1 + A_{2i}d_1 = B_2 \tag{12-44}$$

$$A_{31}a_1 + A_{32}b_1 + A_{33}c_1 + A_{3i}d_1 = B_3 \tag{12-45}$$

$$A_{41}a_1 + A_{42}b_1 + A_{43}c_1 + A_{4i}d_1 = B_4 \tag{12-46}$$

其中方程组的各系数由下式确定：

$$A_{11} = \sum^{N_1}(x_0^3 - 3x_0^2x_i + 3x_0x_i^2)^2 + \sum^{N_2} x_i^6 \tag{12-47}$$

$$A_{12} = A_{21} = \sum^{N_1}(x_0^3 - 3x_0^2x_i + 3x_0x_i^2)x_i^2 + \sum^{N_2} x_{i2} \tag{12-48}$$

$$A_{13} = A_{31} = \sum^{N_1}(x_0^3 - 3x_0^2x_i + 3x_0x_i^2)x_i + \sum^{N_2} x_i^4 \tag{12-49}$$

$$A_{14} = A_{41} = \sum^{N_1}(x_0^3 - 3x_0^2x_i + 3x_0x_i^2) + \sum^{N_2} x_{i2} \tag{12-50}$$

$$A_{23} = A_{32} = \sum^{n} x_i^3 \tag{12-51}$$

$$A_{22} = \sum^{n} x_i^4 \tag{12-52}$$

$$A_{33} = A_{24} = A_{42}\sum^{n} x_i^2 \tag{12-53}$$

$$A_{34} = A_{43} = \sum^{n} x_i \tag{12-54}$$

$$A_{44} = n \tag{12-55}$$

$$B_1 = \sum^{N_1} f(x_i)(x_0 - x_i)^3 + \sum(x_t^3 f(x_i)) \tag{12-56}$$

$$B_2 = \sum^{n}(f(x_i)x_i^2) \tag{12-57}$$

$$B_3 = \sum^{n} (f(x_i)x_i) \tag{12-58}$$

$$B_4 = \sum^{n} f(x_i) \tag{12-59}$$

这组式子中，n 为数据的个数，例如某次试验做了九个点，则 $n=9$，N_1 为这九个试验点中 $x_i < x_0$ 的点数；N_2 为 $x_i > x_0$ 的点数。例如 $n=9$，$x_1=0.4737$，$x_2=0.4737$，$x_3=0.5789$，$x_4=0.6842$，$x_5=0.7895$，$x_6=0.8947$，$x_7=1$，$x_8=1.1053$，$x_9=1.2105$；若取 $x_0=0.8$，则 $N_1=5$，$N_2=4$，显然 $N_1+N_2=n$。$\sum^{N_1} x_i$ 表示属于这 N_1 个点的值的全体之和，余此类同 。

解上面这个方程组后，就可得到曲线方程的一个解。通过选取不同的 x_0 值，得到各种不同的解，并计算它们的 Q 值，取其中 Q 值最小的方程即为所求最佳曲线解。如果没有计算机，则进行上述运算十分困难。还有一种用“直线-三次”函数分段拟合空载试验的$P_0'-u_0^2$ 曲线的方法，实用效果也较好。

第七节　试验数据的微机处理

电机试验形式多样、数据较多，完全依靠人力来处理这些数据既费时又费力且容易出错。特别是在根据试验数据作某些分析时（如负载试验后，额定功率输出点的效率、电流、功率因数等参数的计算及空载试验后对铁耗、机械损耗作定量分离等），人为的因素对结果有着很大的影响。利用微机系统具有迅速、准确和存储能力的特点可以高效地自动处理试验数据，消除人为因素对试验结果造成的误差，大大提高试验结果的可靠性。同时，由于数据处理的自动化程度较高，可节省大量的人力，提高工作效率。

在电机自动化系统中，试验数据的自动处理由下列七个部分组成：

1）对某试验数据的自动转换；

2）消除采样中的随机误差及剔除坏值；

3）计算各项参数及所需试验结果；

4）按规定格式打印出试验报告；

5）根据试验数据进行曲线拟合；

6）自动绘制电机性能曲线；

7）保存试验数据和结果供以后使用。

下面讨论其中的一些问题。

一、数据转换

计算机是测试系统的控制和处理中心。各种仪器、接口、变送器都将其采集的数据送到计算机中来。这些数据中有各种码制的数字量和各种模拟量，为了正确进行计算就必须设计这样的程序：能把各种信号量都转换成计算内部进行运算时所使用的数据形式，有时还要对一些数据作一些比例调整，使之能直观地表示对应参数的实际值。

对于数字量来说，通常要作由二十进制到二进制、反码到原码等码制转换，然后根据这些数据的正负号代码、小数点位置代码及数字仪表显示数据的比例将它们还原成实际的数值，并赋值给编程（高级）语言的某个变量，才能使其参加运算。

由各变送器送来的模拟量信号通过 A-D 板后变成某二进制整数放在内存数据单元内，下面通过例子来说明对它的计算。设 A-D 板为 12 位，使用原码转换，A-D 板电压输入量程为 0 ~ 5V，满量程表示 500V 电压；0 输入表示 0V 电压。对电压的采样数据为 $(110000101000)_2=(3112)_{10}$，因为 $(111111111111)_2=(4095)_{10}$ 表示 500V 电压，所以有

$$\frac{x}{3112}=\frac{500}{4095}$$

经运算后得知采集的电压为 $x=380\text{V}$。

各种接口和 A-D 板对数据的转换在细节上有所不同，但在原理上都是一样的。

二、随机误差消除和坏值剔除

这里介绍一种常用的坏值判别准则（格拉布斯准则）。

设对某量等精度测得值为 x_1，x_2，…，x_n，算出平均值 $\bar{x}=\sum_{i=1}^{n}x_i/n$，每个值的残差 $v_i=x_i-\bar{x}(i=1,2,3,\cdots,n)$，按照 Bessel 公式算出单个测量值标准差

$$\sigma=\left[\sum_{i=1}^{n}v_i^2/(n-1)\right]^{\frac{1}{2}} \tag{12-60}$$

选取危险率 α，危险率表示错误地将一个数据判为坏值的概率。通常选取 α 为 0.01 ~ 0.05 之间的数。由表 12-1 所示的格拉布斯数值表示 $\lambda(\alpha,n)$ 的值。对任一 x_i（$i=1,2,3,\cdots,n$）进行检查，如果 $|v_i|>\sigma\lambda(\alpha,n)$，则认为 x_i 是坏值。

表 12-1　格拉布斯 λ（α，n）数值

n \ α	0.01	0.05	n \ α	0.01	0.05	n \ α	0.01	0.05
3	1.15	1.15	12	2.55	2.29	21	2.91	2.58
4	1.49	1.46	13	2.61	2.33	22	2.94	2.60
5	1.75	1.67	14	2.66	2.37	23	2.96	2.62
6	1.94	1.82	15	2.70	2.41	24	2.99	2.64
7	2.10	1.94	16	2.74	2.44	25	3.01	2.66
8	2.22	2.03	17	2.78	2.47	30	3.10	2.74
9	2.32	2.11	18	2.82	2.50	35	3.18	2.81
10	2.41	2.18	19	2.85	2.53	40	3.24	2.87
11	2.48	2.24	20	2.88	2.56	50	3.34	2.96

例　空载试验时，在某试验点上测得输入功率读数 P_i（$i=1,2,\cdots,10$）如下：

i	P_i	v_i
1	6504.8	-2.910
2	6505.0	-2.710
3	6506.0	-1.710
4	6505.5	-2.210
5	6504.9	-2.810
6	6530.2	22.4897
8	6505.0	-2.710
9	6505.7	-2.010
10	6504.7	-3.010

算出功率平均值 $\overline{P}=6507.7$，每个 P_i 的残差 $v_i=P_i-\overline{P}$ 也记于表 12-1 中。由公式计算出 $\sigma=7.9132$，选取 $\alpha=0.05$，在格拉布斯数值表中查得 $\lambda(0.05,\ 10)\ =2.18$，故 $\lambda\sigma=17.2508$。将 v_i 逐个与 $\lambda\sigma$ 进行比较，因为 $|v_6|\ =22.489>\lambda\sigma$，所以可以断定 P_6 为坏值。将 P_6 去除后，剩下的 9 个数据再作一次检查，得到

i	P_i	v_i
1	6504.8	-0.477
2	6505.0	-0.277
3	6506.0	0.722
4	6505.5	0.222
5	6504.9	-0.377
6	6505.3	0.022
7	6505.3	0.022
8	6505.0	-0.277
9	6505.7	0.422

仿照前面的计算过程，有

$\overline{P}=6505.2$，$\sigma=0.399$，$\lambda(9,\ 0.05)\ =2.11$，$\lambda\sigma=0.842$

将 v_i 逐个进行比较后，得到的这组数据中已无坏值。

应该指出的是被剔除的坏值应是个别的、偶然的，否则就应该从数据的来源上找原因。

三、试验结果输出和数据保存

在试验完成且所有数据送至计算机处理完毕后，自动测试系统打印的试验报告和绘制的试验曲线应尽量满足用户的要求。试验报告的格式要根据不同的用户、不同的需要作灵活处理。对用户要求的数据，必须正确地以一定格式输出。对用户不一定要的数据，则没有必要打印。试验报告的标题、数据说明等部分内容最好打印成英文和汉字两种，供用户进行选择。此外，还要考虑重复打印多份副本，在开始绘制曲线之前，先在显示屏幕上给用户一些提示，提醒用户作好必要准备。曲线绘制完后，应把所有试验数据都保存在磁盘等存储器上，并相应地编制一些应用程序，以方便日后对该试验报告进行查询、显示、打印等要求。存入磁盘的数据最好还要有一份以上的副本，以防磁盘万一被损坏而造成数据的丢失。

计算机的试验数据处理程序主体框图如图 12-32 所示。

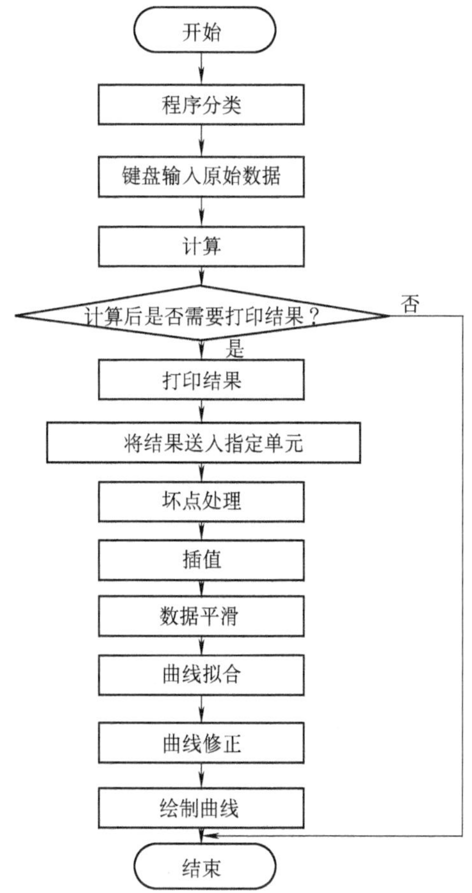

图 12-32　试验数据微机处理主体框图

第八节　电动机出厂试验的自动测试系统

图 12-33 为电机出厂试验原理图。根据标准规定，对于小型异步电动机，需进行直流电阻、耐压、匝间绝缘、空载、堵转和空转六个项目的试验。自动测试装置与流水线体、试验用强电等配合，可自动完成六个试验项目的测试。

控制单元采用 MOTOROLA 公司的工业用 MC9S12DP256 高级嵌入式单片机，它是 16 位单片机，具有 256KB 可读写的 FLASH 内存，用于存放用户程序；有 4KB 的 EEPROM，用于存放电机的设定参数。12KB RAM 作为测试过程的中间数据缓冲区，具有内置的 16 路多路开关可以对 16 路信号进行 A-D 转换，A-D 转换器分辨率为 10 位，用于检测直流电阻、空载（短路）、匝间绝缘和耐压四个信号。

电机出厂试验中，大多数试验项目合格与否都是用测得参数值与该参数的基准值相比较或给出其上下限，小于基准值或在上下限范围内为合格，否则为不合格。若有一项不合格，则应停止这台电机的测试，同时报警。同一台电机空载电流与堵转电流相差很

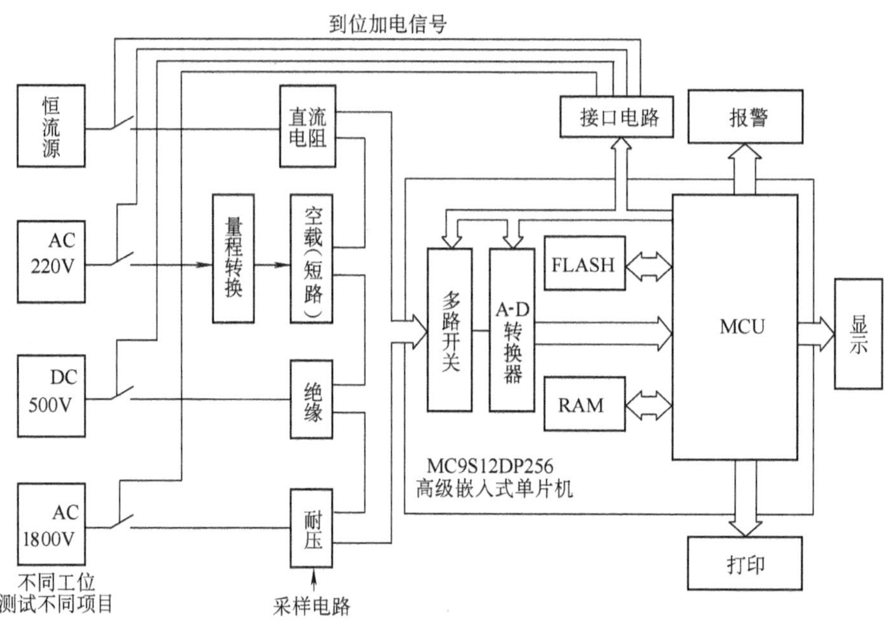

图 12-33 电机出厂试验原理框图

大，为了提高测量精度，希望将不同大小的采样信号都放大到接近 A-D 转换器的额定值。因此要求在做空载与堵转试验时，采用不同的放大倍数（即变更量程）。最后在输出显示或打印结果时，要求折算成相同单位的量值，因此必须对采得的二进制数进行必要的数据处理，即乘以转换系数。对于上面所提到的反映电机性能的标准参数、极限值、放大倍数、量纲转换系数等，不同规格的电机数值不一样，因此必须事先在微型计算机的存储器（一般应放在 EEPROM 中）中开辟一个区域，存放这些参数，把这个区域叫做基准区。

开始测量前，将测试的初始化程序、采样程序、数据处理程序送到存储器所开辟的工作区域（对于专用机，则事先写入在 FLASH 中）。初始化程序应包括：①清空存放采样值的存放区域；②显示清零；③置必要的初始化标志；④可编程接口的初始化，如将接口置成输入或输出方式，以便通过它读采样值；其中某几位设定为输入端，用来接收由外界给出的电机规格号和测试方法（测单项或全面测试，单项测试时测哪个项目）编号、到位信号（用于向微型计算机发出该项可以进行测试的联络信号）等；某几位设定为输出端，用它来发出多路开关通道选择、采样保持控制逻辑、启动 A-D 转换、给电机加电等信号。

启动测试时，首先由键盘给出电机规格号和测试方法编号，然后启动测试。微处理器不断扫描键盘，询问电机规格，根据键盘输入的电机规格号到相应的基准区取出基值备用，显示初始化后判断电机是否到位，第几工位有电机；并扫描键盘询问测试方式，是单测，再进一步判断是测量哪个项目后，调相应的测试、处理程序。根据最后的处理结果，判断电机是否合格，若合格，使记录合格台数的计数器加 1；若不合格，则记录不合格台数的计数器加 1，并发出灯光和音响报警信号。最后打印输出结果。

第九节　电动机特性自动测试系统

一、电动机自动测试系统的硬件

图 12-1 所示为应用计算机的电机特性测试系统框图，该系统主要由四部分组成：

1）电动机试验电源负载部分；

2）输入信号变换部分；

3）模拟量数据处理部分；

4）微计算机部分。

二、电动机自动测试系统的软件

电动机自动测试系统的软件含有主程序和子程序。主程序用来控制某一特定试验项目的全部试验流程，包括对试验数据的测量、采集、处理、输出控制及对试验过程的实时控制。子程序是把各主程序中的公共部分，如数据采集、数据处理，电机的起停控制等，编制成若干子程序，供主程序调用。

1. 电动机自动测试系统的主程序

根据试验的项目不同，例如空载、负载、堵转等，分别编制不同的主程序，存放在磁盘中，进行某项试验时，可从磁盘中调用进行试验。

现以异步电动机负载试验为例，介绍某自动测试系统负载试验主程序的流程图，如图 12-34 所示。由图中可见，负载试验分为 8 个阶段。

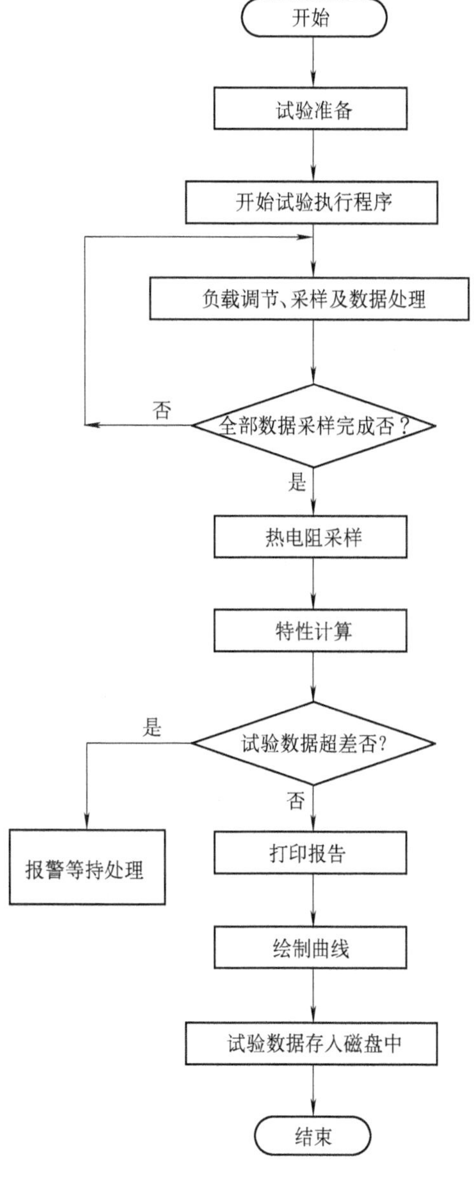

图 12-34　主程序流程图

（1）试验准备阶段

图 12-35 为试验准备阶段的操作流程图。其中第 1 步是根据被试电机的功率、电流、转速等参数将数字式转矩转速仪、功率表、热电阻仪及电流互感器等的量程开关放在适当的位置上，自动/手动开关放在自动位置上；第 2 步是接通强电控制柜、仪表控制柜及微机的电源，如需打印及绘制曲线，还应接通打印机及绘图机的电源；第 3 步是将软磁盘（或移动内存）中的试验程序送入微机的内存中，也可事先存放到硬盘中；第 4 步是将被试电机的铭牌数据及有关的原始数据（如试验日期、功率等）通过键盘输入计算机。

（2）试验开始及执行程序阶段

图 12-36 为开始试验阶段的操作流程图。图中第 1 步是由试验人员通过键盘操作启动微机便开始执行程序；第 2 步是由打印机将试验准备阶段输入的原始数据打印在报告的上部；第 3 步是微机发出命令，调节电源机组的电压（降压起动用）后，接通被试电机的电源，使异步电动机起动，如被试电机已在进行热试验，则此步不再执行。

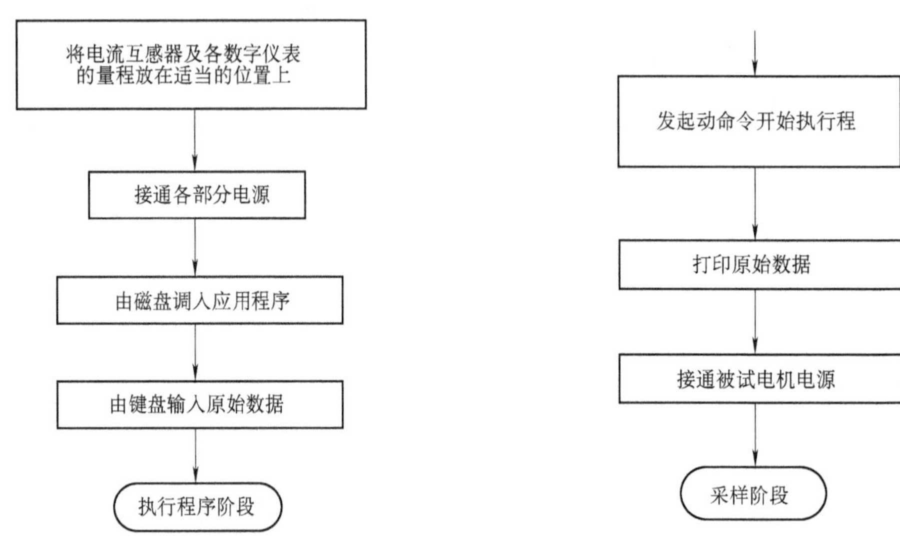

图 12-35　试验准备阶段的操作流程图

图 12-36　开始试验阶段的操作流程图

（3）负载调节、采样及数据处理阶段

图 12-37 为负载调节、采样及数据处理阶段的操作流程图。图中第 1 步是由微机发出负载调节命令，通过 D-A 转换器及负载直流电机来改变被试电机的负载。计算机通过采样若判断被试电机的负载未达到预定要求时，则继续发出调节命令，直到达到预定要求时为止。第 2、3 步是微机分别通过模拟量输入通道及数字输入通道进行采样，将数据送入微机。为了削弱随机误差，通常进行多点采样。在采样点数未达到预定要求时，则继续进行采样，直到达到规定点数为止。第 4 步是数据处理，包括坏值剔除、求取各次采样点的平均值等，然后判断负载试验的全部负载点是否都已测定。如未测完，则重新调节新的负载点，重复进行采样及数据处理过程，直到全部负载点测完为止。

（4）热电阻采样阶段

此阶段可分为两步：第一步先切断被试电机的电源；第二步进行热电阻采样，向微机申请中断后将热电阻值取入微机中，如用带电电阻测试仪，可以不切断电源而进行热电阻采样。

（5）特性参数计算阶段

由图 12-34 可见，微机将采样数据及计算的参数值与规定值进行比较，如发现超差，例如效率大于 100% 时，则自动转入报警步骤，停止执行程序，发出声光报警信号，同时在屏幕上显示超差内容，等待试验人员检查并排除故障。如未发现有超差情况，则直接进入下一阶段。

（6）打印阶段

图 12-38 为打印阶段的操作流程图。由图可见，在打印完第一份试验报告后，屏幕上询

问是否需要报告副本？如需要，通过键盘操作通知计算机，则重复打印一份报告；如不需要，也通过按键通知程序转入下一阶段。

(7) 曲线绘制阶段

图12-39为曲线绘制阶段的操作流程图。图中第1步是由微机根据原始数据，按最小误差的原则绘制成曲线。第2步是曲线绘制，包括用不同的颜色绘制不同的曲线、标出原始数据点及曲线名称等，对副本的处理方法与打印机副本处理方法一样，不需副本时转入下一阶段。

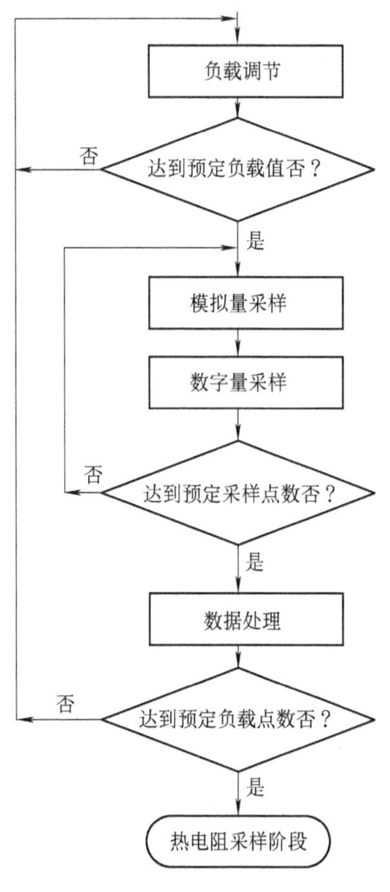

图12-37　负载调节、采样及数据处理阶段的操作流程图

(8) 试验数据存储阶段

将试验的原始数据及计算后的参数等存入软磁盘，供以后需要时调用。如不需要存储，本阶段可略去，直接进入结束阶段，本次试验到此全部完成。

2. 电动机自动测试系统的子程序

在不同的电动机试验项目的主程序中，在若干部分为各主程序中共同需要，如数据采集、数据处理、电动机的起停控制等。因此可将这些公共部分编成若干子程序，供主程序调用，这样可以大大简化主程序的编制。为了加快执行速度以及满足控制命令的需要，子程序常用机器语言编制。

不同的子程序有不同的流程图，现以模拟量采样为例，介绍子程序的流程图。

图12-40为模拟量采样子程序的流程图。设在电动机自动测试系统中有8个模拟量，如电压、电流、电阻、温度等，因此需有8路模拟通道。第1步是计算机发出选通命令，使某一模拟通道的模拟开关闭合，并使与该通道连接的模拟量送到A-D转换器的端口上。第2步是计算机向A-D转换器发动起命令，A-D转换器开始对被测量进行转换。转换过程中，计算机不断对A-D转换器进行检测，直到转换完成后进入下一步。第3步是将转换后的数字量取入计算机的内存中，然后由计算机判别所有被测模拟量是否已全部采集完毕；如尚未完毕，则返回到第1步前，重新选通另一通道，重复进行上述过程，直到

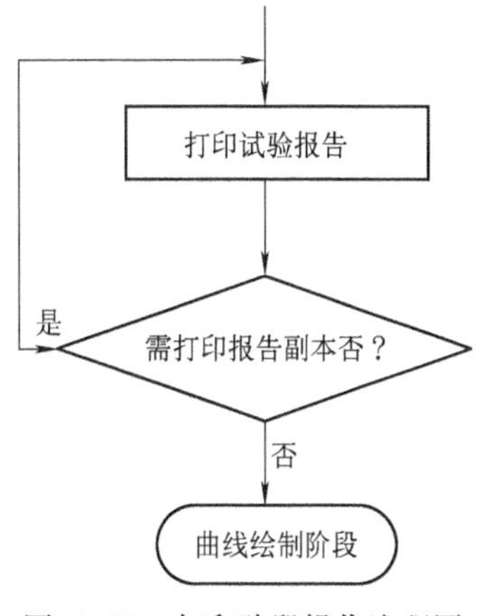

图12-38　打印阶段操作流程图

全部模拟量采样结束。然后转入下一环节。

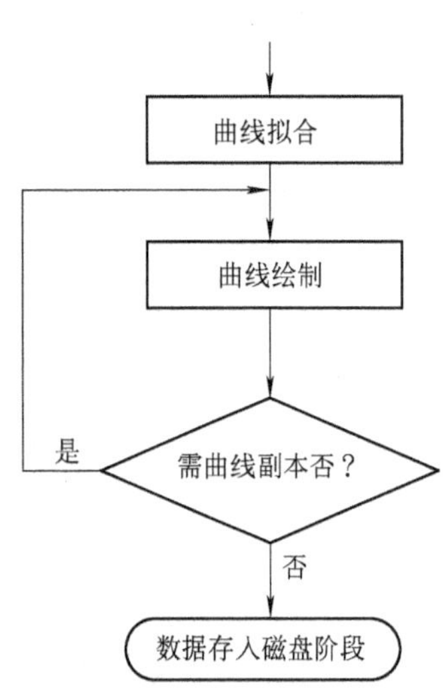

图 12-39　曲线绘制阶段的操作流程图

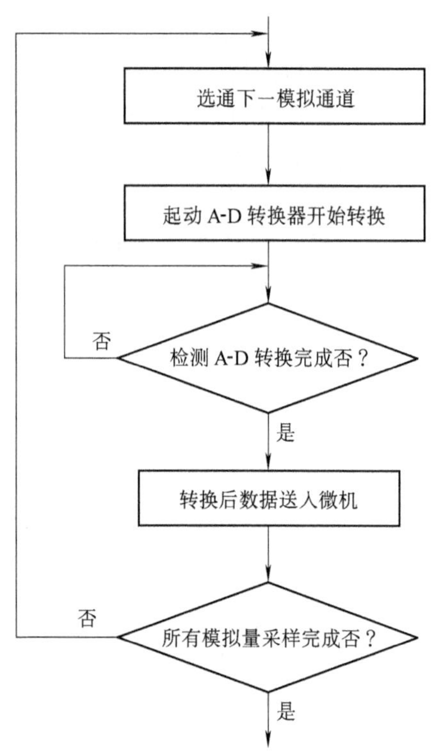

图 12-40　模拟量采样子程序流程图

参 考 文 献

[1] 才家刚. 电机试验技术及设备手册 [M]. 3 版. 北京：机械工业出版社，2015.

[2] 何秀传. 电机测试技术 [M]. 北京：机械工业出版社，1985.

[3] 徐伯雄，等. 电机量测 [M]. 北京：清华大学出版社，1990.

[4] 冯雍明. 电机的工业试验 [M]. 北京：机械工业出版社，1990.

[5] 任仲岳. 电机电工的微机测试 [M]. 上海：上海交通大学出版社，1986.

[6] 电机工程手册编委会. 电机工程手册：电机卷 [M]. 北京：机械工业出版社，1996.

[7] 郑治同. 电机实验 [M]. 北京：机械工业出版社，1981.

[8] 陈忠，等. 微特电机测试技术 [M]. 上海：上海科学技术版社，1986.

[9] 李树人，等. 转速测量技术 [M]. 北京：中国计量出版社，1986.

[10] 张有颐，等. 转矩测量技术 [M]. 北京：中国计量出版社，1986.

[11] 舒波夫. 电机的噪声和振动 [M]. 沈官秋，译. 北京：机械工业出版社，1980.

[12] 陈永校，等. 电机噪声的分析和控制 [M]. 杭州：浙江大学出版社，1987.

[13] 唐任远. 现代永磁电机理论与设计 [M]. 北京：机械工业出版社，2002.

[14] 汤蕴璆，等. 电机理论与行为 [M]. 北京：机械工业出版社，1983.

[15] 汪国梁. 电机学 [M]. 北京：机械工业出版社，1987.

[16] 许实章. 电机学 [M]. 北京：机械工业出版社，1980.

[17] 李德成，等. 单相异步电动机原理设计与试验 [M]. 北京：科学出版社，1993.

[18] 杨渝钦. 控制电机 [M]. 北京：机械工业出版社，1981.

[19] 申忠如，等. 电气测量技术 [M]. 北京：科学出版社，2003.

[20] 陈立周. 电气测量 [M]. 北京：机械工业出版社，1984.

[21] 林德杰，等. 电气测试技术 [M]. 北京：机械工业出版社，1996.

[22] 蒋焕文，等. 电子测量 [M]. 北京：中国计量出版社，2002.

[23] 吴训一. 自动检测技术：上册 [M]. 北京：机械工业出版社，1981.

[24] 陈守仁. 自动检测技术：下册 [M]. 北京：机械工业出版社，1982.

[25] 常健生. 检测与转换技术 [M]. 北京：机械工业出版社，1992.

[26] 夏天长. 系统辨识（最小二乘法）[M]. 北京：清华大学出版社，1983.

[27] 贺洪斌，等. 电工测量基础与电路试验指导 [M]. 北京：化学工业出版社，2004.

[28] 石允初. 60 赫兹的三相异步电动机如何用 60 赫兹电源做型式试验 [J]. 中小型电机，1978，5（4）：41-45.

[29] 武建文. 单相电动机离心开关断开转速的微机测试 [J]. 沈阳工业大学学报，1993，15（3）：75-78.

[30] George J. Wakileh. 电力系统谐波——基本原理、分析方法和滤波器设计 [M]. 徐政，译. 北京：机械工业出版社，2003.

[31] Grady W-M, et al. Power factor correction and power system harmonics [R]. Short course, New Mexico State University, 1993.

[32] IEEE Working Group on Power System Harmonics. Power system harmonics [R]. Tutorial Course, 84 EHO 221-2-PWR. New York: IEEE Power Engineering Society, 1984.

[33] IEEE. IEEE519: 1992. IEEE recommended practices and requirements for harmonic control in eleeuical power systems [S]. New York: IEEE, 1992.